AF516529

भारत की सलाद फसलें

भारत की
सलाद फसलें

प्रो. के. आर. मौर्य

एम.एस., सी.एजी., पी. एच. डी., एफ.एच.एस.आई.

पूर्व कुलपति एवम् अधिष्ठाता कृषि

राजेन्द्र कृषि विश्वविद्यालय, बिहार, पूसा (समस्तीपूर) – 848 125

सतीश सीरियल पब्लिशिंग हाउस

दिल्ली–110033

Published by :

SATISH SERIAL PUBLISHING HOUSE
403, Express Tower, Commercial Complex, Azadpur, Delhi-110033 (INDIA)
Phone : 011-27672852 Fax : 91-11-27672046
E-mail : info@satishserial.com, hkjain1975@yahoo.com

ISBN 978-93-81226-12-4

Typeset at: Harminder Singh Kharb *for* Laxmi Art Creation
Printed at: Salasar Imaging Systems, Delhi-35

स्वर्गीय माँ के चरणों में सादर समर्पित

डा॰ के॰ आर॰ मौर्य

डा0 रेणु कुमारी कुशवाहा
मंत्री
कृषि विभाग, बिहार सरकार
Dr. Renu Kumari Kushwaha
Minister
Dept. of Agriculture, Govt. of Bihar

प्राक्कथन

मनुष्य के आहार में शाक–सब्जियों तथा फलों की विशेष अहमियत है। मनुष्य जब आदिम अवस्था में जंगलों में रहता था उस समय उसका मुख्य आहार शाक–सब्जी तथा फल ही था जिसे वह बिना आग पर पकाये ही खाता था। आज भी हमलोग कुछ शाक–सब्जियों को कच्चा ही खाते हैं जिसे सलाद कहते हैं।

मानव आहार में सलाद फसलों के विशेष महत्त्व को नकारा नहीं जा सकता है। सलाद फसलों में गाजर, मूली, चुकन्दर, मिश्रीकंद, आमादि, अदरक, केला, पपीता, सेब, नाशपाती, नींबू, संतरा, मोसम्बी तथा चकोतरा आदि का भारतीय कृषि में विशेष महत्त्व है। सलाद फसलें भारत के लोगों को अधिक लोकप्रिय इसलिए भी हैं क्योंकि ये फसलें ही भगवान श्री राम, माता जानकी तथा भ्राता लक्ष्मण के 14 वर्षो के वनवास काल में उनके भोजन का मुख्य स्रोत थीं। इनका वर्णन भारतीय ग्रंथो, वेद, पुराण, उपनिषद् तथा श्री रामचरित मानस इत्यादि में भरा तो पड़ा है किन्तु इस विषय पर अभी तक हिन्दी भाषा में कोई पुस्तक प्रकाशित नहीं हुई है। यह बड़ी ही दुर्भाग्य की बात है कि इन फसलों पर जो भी साहित्य उपलब्ध है वह यत्र–तत्र बिखरा पड़ा है। डा0 के0आर0 मौर्य ने बिखरी हुई साहित्य को एकत्रित कर के भारत की सलाद फसलें नामक उपयोगी पुस्तक की रचना की है जो उद्यान जगत में एक सराहनीय कदम है।

भारत की सलाद फसलें नामक पुस्तक में विभिन्न फसलों के उत्पादन–तकनीकी, उन्नत किस्में, खाद्यमान तथा उनके औषधीय गुणें का वर्णन किया गया है। अनेक रंगीन

कार्यालय : विकास भवन, द्वितीय तल, बेली रोड, पटना–800 001 (बिहार)
दूरभाष : 0612–2231212 फैक्स : 0612–2215526
आवास : 16, बेली रोड, पटना–800 001 (बिहार)
दूरभाष : 0612–2285569 मोबाईल : 9431818702, 9431821904

Office : Vikas Bhawan, 2nd Floor, Bailey Road, Patna-800 001 (Bihar)
Phone : 0612-2231212 Fax : 0612-221556
Resi. : 16, Bailey Road, Patna-800 001 (Bihar)
Phone : 0612-2285569 Mobile : 9431818702, 9431821904

e-mail : dr.renukumar@ymail.com Website : www.gov.bih.nic.in

चित्र इस पुस्तक को और आकर्षक तथा उपयोगी बना देते है। यह पुस्तक कृषि तथा उद्यान विज्ञान के शिक्षकों, वैज्ञानिकों, छात्र–छात्राओं, बागवानी प्रेमियों, किसानों, प्रसार कार्यकर्ताओं, गृहिणियों आदि के लिए अत्यंत उपयोगी तथा मार्गदर्शक सिद्ध होगी, ऐसी मेरी धारणा है।

सलाद फसलों पर हिन्दी में अभी तक कोई सारगर्भित पुस्तक उपलब्ध नहीं थी। अतः इस दिशा में इस पुस्तक का प्रकाशन एक सामयिक तथा सराहनीय प्रयास है। इसके लिए मैं इसके लेखक डा0 मौर्य को अपनी हार्दिक शुभकामना एवं बधाई देती हूँ।

5/6/10

(रेणु कुमारी कुशवाहा)

प्रास्तावना

पूरी दुनिया में भारत की धरती पवित्रता, सत्य–अहिंसा, सादा जीवन उच्च विचार तथा शाकाहार के लिए प्रसिद्ध रही है। ''वसुधैव कुटुम्बकम्'' का नारा इसी धरती की देन है। पूरी दुनिया को सत्य–अहिंसा तथा शाकाहार का पाठ सर्वप्रथम भारत ने ही पढ़ाया था। हमलोगों के प्राचीन ग्रन्थों में इस बात का स्पष्ट वर्णन है कि सत्य–अहिंसा तथा शाकाहार को अपनाने वाला इंसान दीर्घायु होता है तथा वह कभी पापी या कुकर्मी या अपराधी नहीं हो सकता है। वह दूसरों को तकलीफ में देखकर खुद दुखी हो जाता है। यही कारण था कि प्राचीन काल में लोग बहुत तेजस्वी, लंबे, शक्तिशाली और लंबी आयु वाले होते थे, उनको बुढ़ापा जल्दी छूता तक नहीं था न तो उनकी आँखों की रोशनी कम होती थी और नहीं उनके दाँत असमय में टूटते थे।

भारतीय जन–मानस की ऐसी धारणा है कि हम जैसा भोजन करते है वैसा ही हमारा विचार हो जाता है। शराब, मांस, मछली, मुर्गी आदि खाने वाले अधिकांश लोग मिथ्यावादी, चार सौ बीस, झाँसा देने वाले और असंतुलित विचारधारा के होते हैं। इस तरह के लोग छिपकर पीछे से किसी पर आक्रमण करते हैं परन्तु अधिकांश शाकाहारी लोग सात्विक विचार के सत्यवादी तथा दयालु प्रकृति के होते हैं।

भारतीय भोजन में शाक–सब्जियों तथा फलों का महत्वपूर्ण स्थान है। दुनिया में मनुष्य को छोड़ कर कोई ऐसा प्राणी नहीं है जो अपने भोजन को आग पर पका कर खाता है। केवल मनुष्य ही ऐसा जीव है जो अपना भोजन आग पर पका कर खाता है। यही कारण है कि उसका भोजन पौष्टिक नहीं रह पाता है क्योंकि आग पर पकाये गये भोजन के अधिक तत्व नष्ट हो जाते हैं। जिन फलों तथा शाक–सब्जियों को हम बिना आग पर पकाये खाते हैं उन्हें हम सलाद कहते हैं। गाय, बैल, भैंस, उँट, हाथी, जिराफ, तोता, कबूतर, खरगोश, गैंडा आदि शाकाहारी जानवार है जिनका भोजन पेड़–पौधे हैं जिसे वे कच्चे खाते हैं।

भारत जैसे शाकाहारी देश में जानवरों का मांस खाने की प्रवृति बड़ी तेजी से बढ़ रही है जिसका प्रभाव यह है कि भारत के लोगों की संस्कृति नष्ट होती जा रही है तथा यहाँ कोढ़ियों की संख्या में इजाफा हुआ है। लोगों को तरह–तरह के रोग हो रहे हैं और उम्र भी कम हुई है तथा इंसान का आकार एवम् वजन भी कम होता जा रहा है। दुर्भाग्य का विषय यह है कि भारत जैसे देश में सलाद फसलों की खेती नामक विषय पर कोई पुस्तक अभी तक हिन्दी भाषा में प्रकाशित नहीं हुयी है। इस कमी को पूरा करने के लिए मैंने **"भारत की सलाद फसलें"** नामक पुस्तक की रचना की है जो इस विषय की प्रथम पुस्तक होगी। इस पुस्तक में सब्जी, अनाज तथा फल वर्ग के सलाद फसलों की बागवानी, पोषणमान् तथा औषधीय गुणों का वर्णन सरल हिन्दी भाषा में दिया गया है जो अधिक लाभप्रद तथा उपयोगी है।

भारत की सलाद फसलें नामक इस पुस्तक की रचना करने में मैंने अनेक विद्वान लेखकों द्वारा विभिन्न पत्र–पत्रिकाओं में प्रकाशित सामग्री को एकत्र कर के एक नया रूप देने का प्रयास किया है जिसके लिए मैं उन सभी लेखकों का ऋणी हूँ। पुस्तक को आकर्षक बनाने हेतु रंगीन फोटोग्राफ भी दिये गये हैं। यह पुस्तक उद्यान के छात्र–छात्राओं, उद्यान अधिकारियों, गृहिणियों, वैज्ञानिकों, उद्यान प्रसार कार्यकताओं तथा उद्यान प्रेमियों का मार्गदर्शन करेगी तथा उपयोगी सिद्ध होगी, ऐसी मेरी धारणा है।

मैं **अपनी पत्नी निर्मल मौर्य, पुत्र आशुतोष, पुत्रियाँ इरा, इला, डा॰ इमा, नतिनी साक्षी दीया तथा नाती रोमिर** के द्वारा प्राप्त स्नेह के कारण ही इस पुस्तक को पूरा करने में सफल हो सका हूँ।

श्री एच॰ के॰ जैन, सतीश सीरियल पब्लिशिंग हाउस, नई दिल्ली का मैं विशेष आभारी हूँ जिन्होंने इस पुस्तक के प्रकाश्न हेतु अपनी सहमति प्रदान की तथा इसे इस रूप में लाने में बहुत ही कठिन परिश्रम किया है। इस पुस्तक की पाण्डुलिपि तैयार करने के लिए मैं संतोष कुमार सिंह को हार्दिक धन्यवाद देता हूँ। जिन्होंने इस कार्य को बड़ी लगन से किया है।

के॰ आर॰ मौर्य

(प्रो॰ के॰ आर॰ मौर्य)

पटना
बसंत पंचमी, 2011

विषय सूचि

सब्जी वर्ग की प्रकन्द तथा कन्द–मूल वाली सलाद फसलों की उत्पादन–प्रौद्योगिकी..........................

सब्जी वर्ग की फलदार सलाद फसलों की उत्पादन–प्रौद्योगिकी..........................

सब्जी वर्ग की पत्तीदार सलाद फसलों की उत्पादन–प्रौद्योगिकी..........................

फल वर्ग की सलाद फसलों की उत्पादन– प्रौद्योगिकी

अनाज, दलहन, तेलहन तथा मसाला वर्ग की सलाद फसलों की उत्पादन– प्रौद्योगिकी........

भारतीय आहार–दर्शन

अध्याय 1

भारतीय आहार–दर्शन

हमारा शरीर पृथ्वी, जल, अग्नि, वायु तथा आकाश पंचमहाभूतों से निर्मित है और इन पांचों के द्वारा ही शारीरिक त्रिदोषों की उत्पत्ति भी होती है। वायु और आकाश से वात, अग्नि से पित् तथा पृथ्वी और जल के योग से कफ की उत्पत्ति होती है। यही वात, पित, कफ (त्रिदोष) शरीर को स्थिर रखते हैं लेकिन इनके विकृत होने पर शरीर में अनेक प्रकार की व्याधियां उत्पन्न हो जाती हैं। युक्तायुक्त आहार, निद्रा और ब्रह्मचर्य ये तीनों त्रिदोषों को समान रखते हुए शरीर को आरोग्यता प्रदान करते हैं, इसलिए इन्हें उपस्तंभ के रूप में माना जाता है। इन तीनों का सम्यक योग हमारे शरीर को आजीवन बल, वर्ण और पुष्टि देने वाला होता है। फिर भी इन तीनों में आहार ही प्रमुख है।

आहार की परिभाषा

जो द्रव्य मुख मार्ग द्वारा अन्न नलिका से होते हुए आमाशय में पहुंचता है उसे आहार कहते हैं। यह सात धातुओं (रस, रक्त, मांस मेद, अस्थि, मज्जा, शुक्र) का

निर्माण करके प्रतिदिन के विभिन्न कार्यों द्वारा उत्पन्न निर्बलता को पूरा भी करता है और शारीरिक शक्ति को बढ़ाकर प्राणी को जीवित भी रखता है।

आहार का वर्गीकरण

प्रत्येक प्राणी का आहार देश, ऋतु, आयु एवं प्रकृति के अनुसार पृथक–पृथक होता है, इसलिए भोजन के द्रव्यों के विषय में कोई निश्चित नियम नहीं है। आहार का वर्गीकरण निम्नलिखित है :

1. बनाने की विधि के आधार पर आहार का वर्गीकरण

- **पक्का आहार** : वह आहार जिसे हम आग पर पका कर बनाते है उसे पक्का आहार कहते हैं जैसे चावल, रोटी, पूड़ी, हलवा, सब्जी, मछली, मांस, दाल, पकौड़े, कढ़ी इत्यादि।
- **कच्चा आहार** : वह आहार जिसे हम कच्चा ही खाते हैं उसे कच्चा आहार कहते हैं जैसे फल तथा सलाद वाली सब्जियाँ।

2. प्राप्ति के आधार पर आहार का वर्गीकरण

- पशु, पक्षियों तथा कीड़ों द्वारा प्राप्त आहार जैसे मांस, मछली, अण्डे, दूध तथा शहद।
- पेड़–पौधों तथा फफूंद द्वारा प्राप्त आहार जैसे फल, सब्जियाँ, दाल, चावल, गेहूँ, मक्का, ताड़ी तेल, मसाले तथा मशरूम।

3. आहार के अवस्था के आधार पर वर्गीकरण

- ठोस आहार जैसे विभिन्न प्रकार के अनाज तथा दाल।
- द्रव आहार जैसे दूध, फलों का रस, गन्ना का रस, ताड़ी, अन्य पेय पदार्थ तथा नारियल का पानी।

4. जीवन तथा मरण के आधार पर आहार का वर्गीकरण

- सजीव या जीवित आहार जैसे फल, सब्जियाँ, अनाज तथा मसाले।
- निर्जीव या मरा आहार जैसे पशु–पक्षियों का मांस, मछली इत्यादि।

संतुलित आहार के मुख्य अवयव

आहार वैज्ञानिकों के अनुसार संतुलित आहार के मुख्य 6 अवयव होते हैं :

1. कार्बोहाइड्रेट्स

- भोजन का यह तत्व कार्य करने के लिए ऊर्जा प्रदान करता है।
- यह भोजन में स्टार्च, केन सुगर, ग्लूकोज, फ्रुक्टोज तथा लैक्टोज के रूप में पाया जाता है।
- भोजन की 60–70 प्रतिशत ऊर्जा केवल कार्बोहाइड्रेट्स से शरीर को मिलती है।
- कार्बोहाइड्रेट्स के पाचन से ग्लूकोज बनता है जो शरीर को ऊर्जा देता है।

2. प्रोटीन

- भोजन का यह तत्व शरीर की वृद्धि तथा वजन बढ़ाने का कार्य करता है।
- यह भी कुछ अंश तक ऊर्जा प्रदान करता है।
- शरीर को कुल वजन का 20 प्रतिशत प्रोटीन होता है।
- शरीर का प्रोटीन भोजन के प्रोटीन से बनता है।
- प्रोटीन का निर्माण साधारण रसायन जिसे अमीनो एसिड कहते हैं, से होता है तथा प्रोटीन का पोषणमान अमीनो एसिड के गुणवत्ता पर निर्भर करता है।

3. वसा

- भोजन में वसा ऊर्जा का एक स्रोत है।
- इसमें आवश्यक फैटिएसिड्स होते हैं।
- अच्छी सेहत के लिए वसा आवश्यक है।
- वसा की कमी से चर्म रोग होता है।

4. खनीज पदार्थ

- शरीर में कुल 24 खनीज तत्व पाये जाते हैं जो भोजन से मिलते हैं।
- महत्वपूर्ण खनीजों में फॉस्फोरस, कैल्शियम, पोटैशियम, सोडियम, क्लोराइड, मैगनिशियम, लोहा, ताँबा, आयोडिन, जस्ता, कोबाल्ट तथा फ्लोरिन मुख्य हैं।

- कैल्शियम तथा फॉस्फोरस हड्डी तथा दाँत निर्माण में सहायक होते हैं।
- सोडियम, पोटैशियम तथा क्लोराइड शरीर में पानी की मात्रा को नियंत्रित करता है।
- लोहा और ताँबा रक्त में हिमोग्लोबिन का निर्माण करते हैं।
- आयोडिन थायरायड ग्लैन्ड के क्रिया को नियंत्रित करता है।

5. विटामिन्स

- भोजन में कुछ रसायन सूक्ष्म मात्रा में पाये जाते हैं उन्हें विटामिन्स कहते हैं।
- अब तक 17 विटामिन्स की खोज हो चुकी है।
- सभी विटामिन्स मानव शरीर के साधारण कार्यों के लिए आवश्यक होते हैं।
- विटामिन्स को दो भागों में वर्गीकश्त किया गया है।
    - वसा में घुलनशील विटामिन्स जैसे ए, डी, इ एण्ड के।
    - जल में घुलनशील विटामिन्स जैसे बी–1, रिबोफ्लेविन, बी–6, नियासिन, पैन्टोथेनिक एसिड, फोलिक एसिड, बायोटिन, विटामिन–सी तथा पी।

6. जल

- हमारे शरीर में कुल वजन का 65–70 प्रतिशत जल होता है।
- शरीर की कोशिकाओं के कोशिका द्रव्य का 90 प्रतिशत भाग जल होता है।
- हमारे मस्तिष्क का 74.5 प्रतिशत, गुर्दे का 82.7 प्रतिशत, मांसपेशियों का 75.6 प्रतिशत, रक्त का 83.0 प्रतिशत, दंत उत्तको का 10 प्रतिशत तथा हड्डियों का 23 प्रतिशत भाग जल होता है।
- जल रक्त को जमने से बचाता है तथा रक्त की शुद्धिकरण भी करता है।
- अतः जल जीवन का आधार है।
- मनुष्य को हमेशा शुद्ध जल ग्रहण करना चाहिए।

किसी भी भोजन में इन अवयवों का उचित मात्रा में होना नितांत आवश्यक है। किसी एक की भी लगातार कमी से शरीर में कमी के लक्षण उत्पन्न हो जाते हैं और तरह–तरह के रोगों का शिकार हमारा शरीर हो जाता है। अतः भोजन संतुलित (बैलेन्सड्) होना चाहिए।

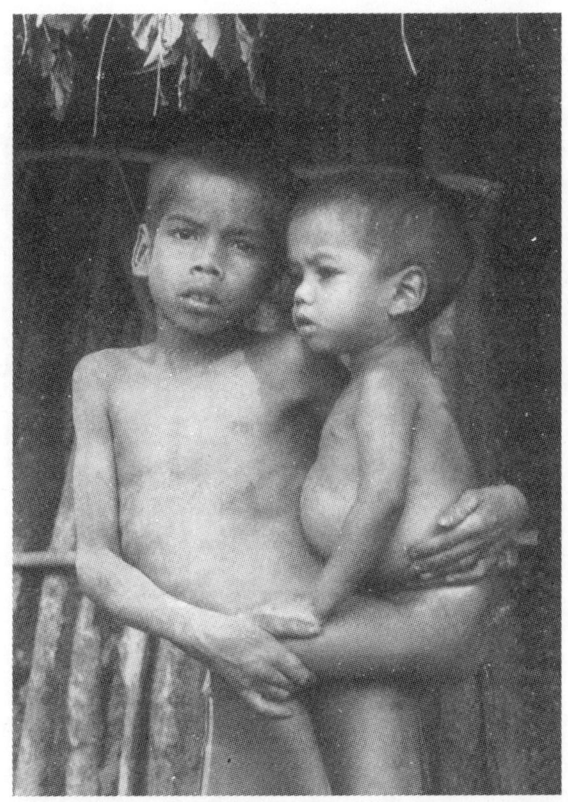

आज भी विश्व में करोड़ो व्यक्ति तथा बच्चों को भरपेट भोजन नहीं मिल पाता है। जिससे उनकी स्वास्थ्य बिगड़ जाती है और वे नानाप्रकार के रोगों के शिकार हो जाते हैं।

आज भी गरीब देशों में खाद्य एवम् पोषण असुरक्षा मुँह बाये हुए है।

भोजन के मुख्य श्रोत अनाज।

भोजन के स्रोत – दलहनी फसलें

शाकाहारी भोजन का स्रोत – सब्जियाँ

जीवित भोजन – फल

मशरूम एक प्रकार का फफूँद है जो भोजन के काम आता है।

मधुमक्खियों से हमें शहद मिलता है।

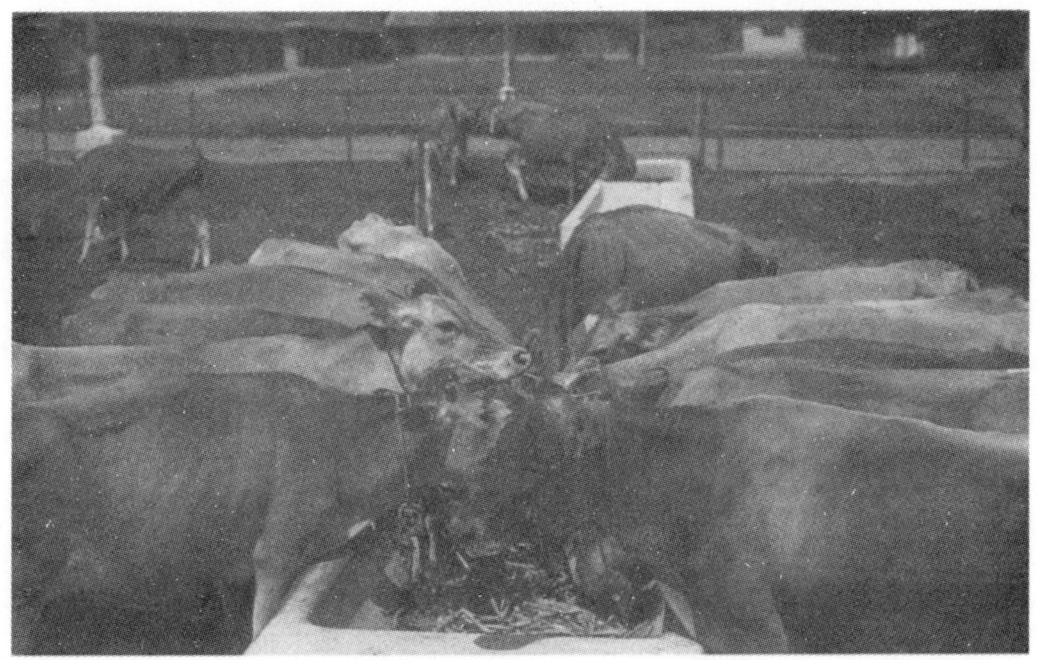

पशुओं से हमें दूध तथा मांस प्राप्त होता है।

मुर्गियों से अण्डे तथा मांस मिलता है।

शाकाहारी भोजन अमृत के समान होता है उसमें फल–सब्जियों, चटनी, सलाद अवश्य होना चाहिए।

आहार (भोजन) ग्रहण करने का समय

आहार ग्रहण करते समय हमें समय का भी विशेष ध्यान रखना चाहिए। कुछ व्यक्ति चाहे जब भोजन करने बैठ जाते हैं वे स्वतः रोग को बुलावा देते हैं। साधारणतः प्रातःकाल और सायंकाल के समय ही भोजन के लिए श्रेष्ठ माने जाते हैं। प्रातःकाल से अभिप्राय है 10 से 12 बजे तक और सायंकाल से अभिप्राय है 6 से 8 बजे तक। इन दोनों समयों के बीच बार–बार ग्रहण किया गया भोजन आमाशय, आंतों और पाचकाग्नि की क्रिया को मंद करता है। एक बार आहार ग्रहण करने के बाद कम–से–कम तीन घंटे का अंतर अवश्य रखना चाहिए, क्योंकि इस अवधि में आहार की पाचन क्रिया होती है। यदि इसी बीच में दूसरा आहार ग्रहण करें तो पहले किए गए आहार का कच्चा रस आहार के साथ मिलकर दोष उत्पन्न कर देगा।

भोजन करने के सलीके

खानपान को लेकर जापानियों का मंत्र है 'हारा–हाचिबू' जिसका अर्थ है – तब तक ही खाएं जब तक आपकी 80 फीसदी भूख न मिट जाए। इसका फायदा यह है कि आपको गैरजरूरी मोटापा तंग नहीं कर पाएगा। आप के लिए सलाह है कि स्लिम व्यक्ति की तरह खाएं। खाने का चयन स्वास्थ्यकर तरीके से हो, धीरे खाएं और तभी खाएं जब भूख लगे। इसके लिए समय भी तय रखें तो बेहतर होगा।

टीवी से खाने का नाता तोड़िये

जब आप टी.वी. देखते हैं तो बिना दिमाग लगाए खाते हैं। चाहे जंक हो या हेल्थ फूड, आपको पता होना चाहिए कि आप जो खा रहे हैं वह कितनी मात्रा में आपके सिस्टम में जा रहा है।

हमेशा अपने पास सेव रखें। आपको पता नहीं भूख कब लग जाए, तो इसके लिए हेल्दी स्नैक्स या खाने–पीने की चीज, फल इत्यादि अपने पास जरूर रखें।

भूखे खरीदारी करने न निकले

यह आपकी सेहत के लिए अच्छा है। जब सुपरमार्केट में भूख लगती है तो आप आसपास मिलने वाले सामान की ओर खिंचे चले जाते हैं। आपको शॉपिग से पहले खाना खाकर जाना चाहिए। आपकी पेट की भूख आपकी ट्राली के भरने का कारण बन सकती है।

बचा–खुचा (बासी) खाने से बचें

ऐसा मान कर न खाएं कि यह आपका आखिरी भोजन है। बचे खाने को बांट दें। प्राकृतिक रूप से स्लिम लोगों से पूछें ? वे क्या खातें है, आपको हमेशा यह उत्तर मिलेगा कि जब भूख होती है तभी खाते हैं और नियंत्रित खाते हैं। सादा भोजन लम्बी आयु का आधार कहा गया है। अतः अधिक चटपटा, तला, मसालेदार, मांसाहारी तथा फास्ट भोजन से परहेज रखना ही स्वास्थ्य के लिए श्रेयस्कर होगा। क्योंकि भोजन का हमारे आचार–विचार पर गहरा प्रभाव पड़ता है।

भोजन के विषय में जानने योग्य बातें

हमारा जीवन आहार पर निर्भर है। भोजन तो हम रोज–रोज करते हैं लेकिन उसके विषय में हमारा ज्ञान, हमारी जानकारी, हमारी समझ अधूरी है जिससे हम भोजन के बारे में अनेक गलतियाँ कर बैठते हैं और उसका बुरा प्रभाव हमारी सेहत पर पड़ता है जिसके लिए हमें डाक्टर के पास जाना पड़ जाता है। अतः भोजन के बारे में कुछ आवश्यक बातें निम्नलिति हैं जो सबके लिए अनुकरणीय हैं :–

- मुख्य भोजन करने से पहले ही सलाद की पूरी मात्रा खा लेना चाहिए। इससे चावल रोटी की मात्रा कम हो जायेगी। कभी भी भोजन मुंह खोल कर या जोर से आवाज करके नहीं खाना चाहिए। मुंह में खाना भर कर कभी भी बातें नहीं करनी चाहिए। भोजन को अच्छी प्रकार से चबाकर खाना चाहिए।

- रात का भोजन हल्का तथा सुबह का नाश्ता पुष्ट यानी भरपूर होना चाहिए तथा सुबह उठते ही एक ग्लास पानी पीना चाहिए।

- भोजन में दूध और मछली का सेवन एक साथ नहीं करना चाहिए। इसी प्रकार शहद और घी को समान मात्रा में मिलाकर नहीं खाना चाहिए तथा दूध के साथ

मूली, पोदीना, लहसुन, हरा आंवला, नींबू, जामुन, इमली, कैथ और अमरूद नहीं खाना चाहिए।

- भोजन पच जाने के बाद ही दूसरी बार भोजन करना चाहिए। सुबह भोजन के बाद शाम को यदि अपच मालूम हो, तो कुछ नरम भोजन लें पर रात के भोजन के बाद सुबह अपच हो तो बिल्कुल भोजन नहीं करन चाहिए।
- भूख लगने पर पानी और प्यास लगने पर भोजन नहीं करना चाहिए, इससे स्वास्थ्य को हानि पहुंचती है। हजार काम छोड़कर नियमित समय पर भोजन करना चाहिए।
- इस बात को हमेशा याद रखें कि भोजन करने के बाद क्रोध नहीं करना चाहिए और भोजन के तुरंत बाद व्यायाम या संभोग नहीं करना चाहिए, इससे स्वास्थ्य को हानि पहुंचती है।
- भोजन करते समय शुरू में मीठे, बीच में नमकीन और अंत में कसैले पदार्थों को खाना चाहिए। भोजन करने से पहले केला और ककड़ी नहीं खानी चाहिए।
- बासी, ठंडा, कच्चा अथवा जला हुआ और दोबारा गर्म किया हुआ भोजन स्वास्थ्य के लिए लाभप्रद नहीं होता। दोपहर को भोजन करने के बाद थोड़ा आराम करना लाभदायक होता है और रात के भोजन के बाद थोड़ा टहलना हितकर होता है।
- भोजन में दूध, दही, मट्ठा का प्रयोग करना हितकर होता है। इन सबका सेवन दीर्घजीवी व स्वस्थ बनाता है। रात के भोजन के बाद दूध पीना चाहिए। रात में दूध सेवन अमृत तुल्य माना गया है।
- भोजन के बाद फल खाने चाहिए। हां, कुछ फलों को भोजन के साथ सलाद के रूप में भी खाया जा सकता है।
- भोजन करने के तुरंत बाद सोना नहीं चाहिए। चाहे वह दोपहर का भोजन हो या रात का। भोजन व रात के सोने में कम–से–कम दो घंटे का अंतर होना चाहिए। भोजन सामग्री में कड़े पदार्थ सबसे पहले, नरम पदार्थ बीच में और पतले पदार्थ अंत में खाने चाहिए।
- भोजन को कभी भी ठूंस–ठूंस कर नहीं खाना चाहिए। इससे कई रोग हो सकते हैं। भोजन तीन–चौथई पेट ही करना चाहिए। विशेषज्ञों का कहना है कि स्वस्थ रहने का सर्वोत्तम उपाय यह है कि भूख से कम भोजन किया जाए।

- भोजन करने के बाद पेशाब जरूर करना चाहिए। यह पेट की गंदगी को बाहर निकालता है तथा पथरी बनने से रोकता है। भोजन के बीच में प्यास लगने पर थोड़ा–थोड़ा करके पानी पीना चाहिए। भोजन के अंत में तुरंत पानी नहीं पीना चाहिए। भोजन के एक घंटे बाद खूब पानी पीना चाहिए।
- सर्दी के दिनों में (जाड़े के मौसम में) भोजन से पूर्व थोड़ा–सा अदरक व सेंधा नमक खाना चाहिए, इससे पाचन शक्ति बढ़ जाती है। जहां तक हो सके, भोजन हमेशा एकांत में करना चाहिए।
- भोजन करने से पहले और भोजन करने के बाद हाथ, मुंह और पैरों को ठंडे पानी से धोना चाहिए। इससे अनेक लाभ होते हैं।
- समस्त प्राणियों में अन्न ही प्राण है, क्योंकि अन्न से ही प्राणी जीवित रहते हैं। शरीर, वर्ण, प्रसन्नता, स्वर का ठीक रहना, जीवन, प्रतिभा, सुख, संतोष, पुष्टता, बल, बुद्धि आदि सब कुछ अन्न पर आधारित है। अतः अन्न जीवन का मूल आधार ही है।

❑❑❑

अध्याय 2

सलाद फसलें–परिचय तथा महत्व

विश्व में भारत की पहचान एक शाकाहारी देश के रुप में है। दुनिया को ज्योतिष, योग, शान्ति–अहिंसा तथा आर्युविज्ञान का पाठ पढ़ाने वाला यह देश शाकाहार की शिक्षा का भी विश्व गुरु रहा है। आज भी भारत की अधिकांश जनता शाकाहारी है लेकिन विडम्बना यह है कि यहाँ प्रति व्यक्ति प्रति दिन मात्र 155 ग्राम शाक–सब्जी ही खा पाता है जबकि मांसाहारी देश अमेरिका में प्रति व्यक्ति प्रतिदिन 320 ग्राम, ब्रिटेन में 425 ग्राम, जापान में 500 ग्राम, फ्रांस में 300 ग्राम तथा पाकिस्तान में मात्र 70 ग्राम शाक–सब्जी खाता है। इसका मूल कारण यह है कि दुनिया के इन देशों ने (पाकिस्तान को छोड़कर) भोजन में शाक–सब्जियों के महत्व को अच्छी प्रकार समझ लिया है। उनका मानना है कि प्राचीन काल से भारतीय शाकाहारी भोजन करते थे जिससे वे अधिक बुद्धिमान, प्राक्रमी तथा लम्बी उम्र वाले होते थे। उनकी आँखे चमकीली तथा तेज, दॉत मजबूत, बाल घने तथा काले, शरीर निरोग सुदृढ़ तथा शक्तिशाली होता था। उनकी पाचन शक्ति कभी कमजोर नहीं पड़ती थी। भारत

ऋषि मुनियों का देश है। यहाँ एक से बढ़ कर एक विद्धान तथा दार्शनिक हुए हैं जो शाकाहार की ही देन है।

मनुष्य के अतिरिक्त कुछ पशु–पक्षियों ने भी शाकाहार को ही अपना पसंदीदा आहार चुना है। पशुओं में गाय, भैंस, बकरी, हिरण, जिराफ, घोड़ा, हाथी, गैंडा तथा उँट शाकाहारी पशु हैं। शाकाहारी पक्षियों में तोता तथा कबूतर उल्लेखनीय हैं जो लम्बी जिन्दगी भी जीते हैं। हाथी, गैंडा, जिराफ, उँट तथा घोड़ा शाकाहारी होते हुए भी काफी शक्तिशाली जीव हैं तथा प्रकृति से भी शान्तिप्रिय तथा अहिंसक हैं। दुनिया में उग्रवाद का बोल–बाला मांसाहारी भोजन के कारण ही तेजी से बढ़ रहा है तथा आज का मानव भी मांसाहारी भोजन के कारण नाना प्रकार की बुराईयों से ग्रसित हो चुका है।

जब हम शाकाहार की तरफ नजर उठा कर देखते हैं तो मानव के शाकाहार और पशुओं के शाकाहार में काफी अंतर नजर आता है। मानव शाक सब्जियों को तेल, घी इत्यादि में तलकर, उसमें नमक मसालें इत्यादि डालकर आग पर पका कर खाता है परन्तु जानवर अपने शाकाहारी भोजन को ताजी अवस्था में कच्चे ही खाते हैं। शायद इन्ही मूक पशुओं के देखा–देखी मानव भी कुछ शाक–सब्जियों को कच्चा खाना सीखा होगा, ऐसी लेखक की धारणा है। आग पर पकाने से सब्जी में विद्यमान भोजन के काफी तत्व नष्ट हो जाते हैं परन्तु सब्जी का स्वाद अवश्य बढ़ जाता है।

सलाद फसलों की हमारे रोज–रोज के आहार में विशेष अहमियत है। भोजन शुरू ही सलाद खाने से करें। पहले पूरा सलाद खायें, तत्पश्चात मुख्य भोजन करें। ऐसा करने से चावल या रोटी खाने की आवश्यकता कम होगी और आप अनर्थ का चावल तथा रोटी की अधिक मात्रा खाने से बचेगें। सलाद खाने से शरीर को भोज्य रेशे की प्राप्ति होती है जिससे कब्जियत की शिकायत कभी नहीं होती है।

सलाद फसलों का विभिन्न महत्व

सलाद फसलों से उत्पादक तथा उपभोक्ता को विभिन्न प्रकार के फायदे मिलते हैं जिनका वर्णन नीचे दिया जा रहा है :

सलाद फसलें–अधिक तथा शीघ्र आय का स्रोत

सलाद फसलों का मानव जीवन में विशेष अहमियत है जिससे इनका महत्व काफी बढ़ जाता है। भारत में उगाई जाने वाली फसलों में सलाद वाली फसलें शीघ्र

तथा अधिक आमदनी की स्रोत हैं। धान, मक्का, बाजरा, दलहन तथा तेलहन की तुलना में हरी मिर्च, हरी धनिया, गाजर तथा टमाटर से प्रति हेक्टर अधिक शुद्ध आय प्राप्त होती है। धान तथा मक्का से प्रति हेक्टर 25–30 हजार रुपये की शुद्ध आमदनी होती है जबकि अदरक से 1–1.2 लाख, हरी धनिया से 80 हजार तथा संकर टमाटर से 1.5 लाख। कुछ सलाद फसलें जैसे हरी धनिया, पुदीना तथा हरी मिर्च तो कम समय में नियमित आय देने लगती हैं। अतः ये सलाद फसलें छोटे किसानों के लिए वरदान हैं।

सलाद फसलें कार्बोहाइड्रेट्स की उत्तम स्रोत

गाजर, चुकन्दर, मूली, प्याज, मिश्रिकन्द अंकुरित गेहूँ, फल जैसे पपीता, केला तथा सेव कार्बोहाइड्रेट्स के उत्तम स्रोत हैं तथा इनके सेवन से शरीर को उर्जा मिलती है। सलाद फसलें भोज्य–रेशे की भी बढ़िया स्रोत हैं। इनसे प्राप्त रेशे ऑतों के परिचालन में सहायक होते हैं जिससे पाचन प्रणाली ठीक बनी रहती है तथा कब्जियत की शिकायत नहीं हो पाती है। दिनभर कुर्सी पर बैठ कर काम करने वाली महिलाओं तथा पुरुषों को प्रायः कब्जियत काफी परेशान करती है। ऐसे लोगों को अपने रोज–रोज के भोजन में सलाद को प्रधानता देनी चाहिए।

मिश्रिकन्द एक ऐसी सलाद फसल है जिसे छिलकर मजदूर लोग एक से डेढ़ किलों तक खाकर काम में लग जाते हैं क्योंकि मिश्रिकन्द में कार्बोहाइड्रेट्स के साथ शर्करा भी पायी जाती है जो खानेवालों को सीधे उर्जा प्रदान करती है।

सलाद फसलें अर्थात प्रोटीन, खनीज तथा विटामिन का भंडार

सलाद फसलों में प्रोटीन, खनीज जैसे कैल्शियम, फॉस्फोरस तथा लोहा, विटामिन जेसे कैरोटीन, विटामिन–बी तथा सी की अधिकता होती है जिससे इनके सेवन से शरीर शक्तिशाली, निरोग तथा कान्तियुक्त बना रहता है। दाँत तथा हड्डियाँ मजबूत होती हैं और लोहा के कारण शरीर में रक्त अल्पता नहीं होती है। मानव शरीर से प्रतिदिन 20–30 मि॰ग्रा॰ खनीज पदार्थ उत्सर्जित होते हैं जिनकी लगातार आपूर्त्ति प्रतिदिन सलाद खाने से होती रहती है।

सलाद फसलें अधिक अम्लीयता को उदासीन करने में सक्षम

जो लोग सड़ा–गला मांस आहार के रूप में बराबर लेते हैं उनकी ऑतों में अधिक अम्ल बनता है जिससे वह आदमी अति अम्लीयता रोग का स्थायी रोगी बन

जाता है। सलादों में सोडियम, पोटैशियम तथा मैगनिशियम नामक खनीज तत्व पाये जाते हैं जो क्षारीय प्रकृति के होते हैं तथा अम्लीयता को उदासीन करते हैं। अतः अपने भोजन में हमें सलाद प्रतिदिन लेना चाहिए जिससे हमारे भोजन का 80 प्रतिशत भाग क्षारीय तथा केवल 20 प्रतिशत भाग ही अम्लीय रहे। इस सिद्धांत को चरितार्थ करने के लिए अंकुरित अनाज जैसे गेहूँ, चना, मूँग, मेथी, फल जैसे पपीता, सेव, नाशपाती, केला, धनिया की हरी पत्तियाँ, गाजर, मूली, चुकन्दर तथा प्याज की सलाद लेनी चाहिए।

पादप रसायनों का स्रोत–सलाद फसलें

प्रदूषण, विकिरण के प्रभाव, धूम्रपान तथा शरीर में घटित होती रहती चयापचयी क्रियाओं के प्रभाव से हमारे शरीर में स्वतंत्र रेडिकल बनते हैं, इन्हें उदासीन नहीं करने पर ये भयानक रोगों जैसे कैंसर, हृदय रोग तथा गठिया को जन्म देते हैं। विभिन्न सलाद फसलों में पायें जाने वाले रसायन जैसे टमाटर का लाइकोपीन एवम् एस्कार्बिक एसिड, अदरक का जिंजीरौल, पपीते में पाये जाने वाला पेप्सीन प्याज के गन्धक के यौगिक तथा हरी मिर्च की कैप्सेसीन विभिन्न रोगों को पनपने से रोकता है।

सलाद औषधि के रूप में

कुछ ऐसी सलाद फसलें है जिनका नियमित सेवन कुछ खास रोगों को होने से रोक देता है, जैसे खीरा का सलाद बराबर खाने वाले को गुर्दे का रोग नहीं होता है। गाजर के सेवन से रतौंधी नामक रोग से बचा जा सकता है। जहाँ कच्ची प्याज के सेवन से हृदय रोग नहीं होता है वहीं पानी में फुलाये गये मेथी के दाने रक्त शर्करा को नियंत्रित करते हैं।

सलाद फसलों का भारत में निर्यात

प्याज, अदरक, टमाटर, पत्ता गोभी, हरी धनिया, गाजर का भारत से प्रति वर्ष विश्व के अन्य देशों को निर्यात किया जाता है जिससे अपने देश को बहुमूल्य विदेशी मुद्रा प्राप्त होती है अर्थात सलाद फसलें अपने देश की आर्थिक स्थिति भी मजबूत करने में सहायक सिद्ध हो रहीं हैं।

गमलों में सलाद के लिए मूली तथा गाजर उगाना उत्तम प्रयास है।

सलाद के लिए गृह वाटिका में अनार लगाए।

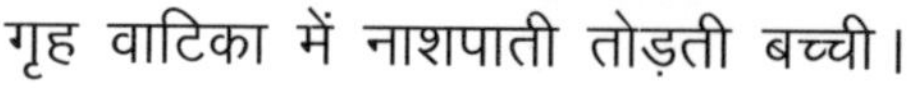
गृह वाटिका में नाशपाती तोड़ती बच्ची।

आँगन–बाड़ी में घरेलू स्तर पर सलाद के लिए उगाई गई टमाटर की किस्म – रश्मि

क्रमांक	सलाद का नाम	निर्यात की मात्रा (मी॰ टन)	निर्यात से प्राप्त आय (करोड़ रूपये)
1	प्याज	441850	442.00
2	अंगूर	15000	60.00
3	खीरा	10766	1.78
4	तरबूज तथा खरबूज	3593	1.60
5	मेथी	7000	12.59
6	धनिया	1400	28.80

सलाद फसलों की खेती अर्थात अधिक रोजगार का सृजन

चूँकि सलाद–फसलों की सघन तथा वैज्ञानिक खेती होती हैं जिसके उत्पादन तथा बिक्री में अधिक मजदूरों की आवश्यकता पड़ती है। इस प्रकार इनकी खेती में

अधिक रोजगार का सृजन होता है जो राष्ट्रीय दृष्टिकोण से महत्वपूर्ण है। वर्त्तमान समय में उपभोक्तओं के अधिक जागरूक होने के कारण आवश्यकता इस बात की है कि उच्च गुणवत्तावाली सलाद फसलों की जैविक खेती की जाय जिससें अधिक रोजगार लोगों को मिले तथा किसानों को अच्छी आमदनी प्राप्त हो सके और उनका जीवन स्तर अच्छा हो सके।

□□□

अध्याय 3

सलाद फसलों का वर्गीकरण

अब यह बात किसी से छिपी नहीं है कि भारत खाद्यान के मामले में तो सफलता हासिल कर चुका है परन्तु पोषण के मामले में अभी भी लक्ष्य से कोसों दूर है। शाक–सब्जिया, संतुलित आहार के प्रमुख स्रोत हैं जिनका योगदान भारतीय भोजन में 40 प्रतिशत का है। भारत शाकाहारी देश होते हुए भी विश्व के सब्जी उत्पादन में चीन के बाद दूसरे नम्बर पर है। भारत का कुल सब्जी उत्पादन सन् 2001 में 101. 34 मिलियन टन था तथा प्रति व्यक्ति प्रतिदिन उपलब्धता 155 ग्राम ही था जो आहार विशेषज्ञों के अनुसार 285 ग्राम होना चाहिए। यदि हम भारत की वर्त्तमान जनसंख्या को 200 ग्राम औसत शाक–सब्जी प्रति दिन प्रति व्यक्ति खिलाते हैं तो हमें 100 मिलियन टन और अधिक सब्जी उपजानी होगी। इसके लिए हमें वैज्ञानिक तौर तरीके से जल्द पैदा होने वाली सलाद फसलों की संकर तथा अधिक उपज देने वाली किस्मों की खेती पर विशेष जोर देना होगा।

सब्जी तथा सलाद में अन्तर

सब्जी

पौधों का कोई भाग (जड़, तना, पत्तियाँ, फूल, फल तथा बीज) जिसे हम आग पर पका कर परन्तु मुख्य भोजन के साथ–साथ खाते हैं, उसे सब्जी कहते हैं। उदाहरणार्थ – गाजर, मूली, चुकन्दर की जड़ों की सब्जी बनती है। चौलाई, पालक, लाल साग तथा अरबी की पत्तियॉ तथा तनों की सब्जी होती है। परन्तु बैंगन, टमाटर, शिमला मिर्च, भिंडी, कद्दू, लौकी, नेनुआ, करेला, खीरा, परवल, चटैल के फलों की सब्जी खायी जाती है। जबकि फूल गोभी तथा ब्रोकली के फूलों की तथा राजमा और ग्वार के बीजों की सब्जी बनाई जाती है। प्याज के मांसल शल्क कन्द की तथा सहजन, केले तथा कटहल के कच्चे फलों की सब्जी बनती है।

सलाद

जब हम किसी भी शाक–सब्जी, फल तथा अंकुरित अनाज को बिना आग पर पकाये, कच्ची अवस्था में मुख्य भोजन के साथ या पहले खाते हैं उसे सलाद कहते हैं। साधारणतया सलाद को अधिक स्वादिष्ट बनाने के लिए उस पर काला नमक, काली मिर्च पाउडर या चाट मसाला और नींबू का रस डाला जाता है। उत्तर भारत में मजदूर वर्ग के लोग मक्के की रोटी को कच्ची प्याज और हरी मिर्च के साथ भरपेट खाकर पानी पी लेते हैं मानो कच्ची प्याज तथा हरी मिर्च ही उनकी जायकेदार सब्जी है। सलाद खाने का अभिप्राय है सोलर एनर्जी को ताजे फलों तथा शाकों के माध्यम से शरीर में अवशोषित करना।

सलाद फसलों का वर्गीकरण

सलाद–फसलों को उनके गुणों के आधार पर मुख्य तीन वर्गों में बाँटा गया है:

1. सब्जी वर्ग की सलाद फसलें
2. फल वर्ग की सलाद फसलें
3. अनाज, दलहन तथा तेलहन वर्ग की सलाद–फसलें

1. सब्जी वर्ग की सलाद फसलें

सब्जी वर्ग की सलाद फसलों को उनके विभिन्न भाग जो सलाद के रूप में इस्तेमाल किये जाते हैं, उनके आधार पर पाँच वर्गों में बाँटा गया है :–

- **जड़ वाली सलाद–फसलें**

  मिश्रीकन्द, गाजर, मूली तथा चुकन्दर।

- **पत्तीदार सलाद–फसलें**

  पत्ता गोभी, हरी धनिया, सोवा, पुदीना, लेट्यूस, तथा सेलरी।

- **फलों वाली सलाद–फसलें**

  टमाटर, हरी मिर्च, खीरा, ककड़ी तरबूज तथा खरबूज।

- **मांसल शल्क–कन्दों वाली सलाद–फसलें**

  प्याज।

- **प्रकन्दों वाली सलाद–फसलें**

  अदरक तथा आमादि।

सब्जी वर्ग की सलाद–फसलों का वानस्पतिक वर्गीकरण

क्रमांक	हिन्दी नाम	अँग्रेजी नाम	वानस्पतिक नाम	पौध–परिवार
1	अदरक	जिन्जर	जिन्जीवर आफिसिनेल	जिन्जीवरेसी
2	आमादि	मैंगो जिंजर	कुरकुमा अमादा	जिन्जीवरेसी
3	ककड़ी	लांग मेलन	कुकुमिस मेलो वैरा॰ यूटिलिसीमस्	कुकुरबिटेसी
4	खरबूज	मस्क मेलन	कुकुमिस मेलो	कुकुरबिटेसी
5	खीरा	कुकुम्बर	कुकुमिस सैटाइवस्	कुकुरबिटेसी
6	गाजर	कैरट	डेउकस् कैरोटा	अम्बेलीफेरी
7	चुकन्दर	बीट	बीटा वल्गेरिस	ब्रेसीकेसी
8	तरबूज	वाटर मेलन	सिट्रुलस लेनेटस्	कुकुरबिटेसी
9	टमाटर	टोमैटो	लइकोपारसीकान इस्कुलेन्टम्	सोलेनेसी
10	पत्तागोभी	कैबेज	ब्रैसिका ओलेरेसिया वैरा॰ कैपीटाटा	ब्रेसीकेसी
11	प्याज	ओनियन	ऐलियम सेपा	एलीएसी

12	मिश्रीकन्द	याम बीन	पैचीराइजस इरोसस्	फेबेसी
13	मूली	रैडिस	रेफेनस सटाइवस्	ब्रेसीकेसी
14	सलाद	लेट्यूस	लेक्टूका सटाइवा	कम्पोजिटी
15	धनिया	कोरिएन्डर	कोरिएन्ड्रम् सटाइवम्	अम्बेलीफेरी
16	मिर्च	चिली	कैप्सिकम एनम्	सोलेनेसी
17	सोवा	डिल	एनीथम् सोवा	अम्बेलीफेरी
18	सेलरी	सेलरी	एपीयम् ग्रेवियोलेन्स	अम्बेलीफेरी
19	पुदीना	मिन्ट	मेन्था बीरीडिस	लेबिएटी

2. फल वर्ग की सलाद–फसलें

अनार, अंगूर, केला, कागजी नींबू, मोसम्बी, चकोतरा, नाशपाती, पपीता, संतरा, स्ट्राबेरी तथा सेव।

फल वर्ग की सलाद–फसलों का वानस्पतिक वर्गीकरण

क्रमांक	हिन्दी नाम	अँग्रेजी नाम	वानस्पतिक नाम	पौध–परिवार
1	अनार	पोमग्रेनेट	प्युनिका ग्रेनेटम्	प्यूनिकेसी
2	अंगूर	ग्रेप	विटिस वीनीफेरा	विटेसी
3	केला	बनाना	म्यूसा सेपिएन्टम्	म्युसेसी
4	चकोतरा	पमेलो	सिट्रस ग्रैंडिस	रूटेसी
5	नासपाती	पियर	पायरस कमुनिस	रोजेसी
6	नींबू	लाइम लेमन	सीट्रस् आरंटीफोलिया सिट्रस् लीमोन	रूटेसी
7	पपीता	पपाया	केरीका पपाया	कैरीकेसी
8	मोसम्बी	स्वीट औरेंज	सिट्रस् सायनेंसिस	रूटेसी
9	संतरा	औरेंज	सिट्रस् रेटीकुलाटा	रूटेसी
10	स्ट्राबेरी	स्ट्राबेरी	फ्रेगेरिया वेस्का	रोजेसी
11	सेव	एपिल	मैलस पुमिला	रोजेसी

भारतीय परिवेश में फल वर्गीय सलाद फसलों का इस्तेमाल अकेले या सब्जी वर्गीय सलादों के साथ मिश्रित रूप में सलाद में वृहत पैमाने पर हो रहा है। जैसे–जैसे पोषण सुरक्षा का ज्ञान बढ़ रहा है वैसे–वैसे सलाद में फलों का इस्तेमाल भी तेजी से जोर पकड़ रहा है। जिसमें पके ताजे केले के चिप्स पके अनार के दाने स्ट्राबेरी तथा संतरा की फाकें, पके पपीता तथा सेव और नाशपाती के छोटे–छोटे टुकड़े मुख्य हैं। **सब्जी वर्ग की सलाद फसलों के साथ यदि फलों को मिश्रित करते हैं तो इस प्रकार की सलाद को सब्जी–फल मिश्रित सलाद कहते हैं जिसका पोषण मान अधिक होता है।**

विश्व के कई ठण्डे देशों में कुछ ऐसी फसलें सलाद के लिए इस्तेमाल की जाती हैं जिनका स्वाद तथा गंध भारतीयों को नहीं भाता है और उनकी खेती यहाँ कोई नहीं करता है जैसे पार्सनीप, पार्सलें, शैलोट, चीभ, लीक, चेरविल, इन्डीव और क्रेश इत्यादि।

3. अनाज, दलहनी तथा तेलहनी सलाद–फसलें

यह सत्य है कि आवश्यकता आविष्कार की जननी हैं। मनुष्य को जैसे–जैसे अपने पोषण का गहरा ज्ञान होता जाता है वह नया–नया भोजन का स्रोत ढूढ़ लेता है। आज–कल सलाद में जब तक अंकुरित गेहँ, चना, मूँग या कच्चा हरा चना या हरी मटर के दानें नहीं पड़ते हैं तब तक वह पूर्ण नहीं माना जाता है। ये अंकुरित या कच्ची ताजी दलहनी फसलें सलाद को प्रोटीन से ओत–प्रोत कर देती हैं तथा खाने वाले को अधिक स्वाद की प्राप्ति होती है। अतः आज से आप भी सलाद में अंकुरित गेहूँ, चना, मूँग, मूँगफली तथा कच्चा हरा चना तथा हरी मटर के कुछ दानें डालकर खाना सिखिये। इससे आप का शरीर चुस्त–दुरूस्त, फुर्तिला, ताकतवर और स्वस्थ बना रहेगा। कोई रोग कभी भी इस प्रकार के सलाद खाने वाले को नही छुयेगा।

सलाद में सब्जियों का महत्वपूर्ण योगदान है।

फलों का रूप, रंग तथा स्वाद सभी के मन को जीत लेता है। ये फल धरती पर कुदरत की अदभुत करिश्मा हैं जो देवी–देवताओं को भी प्रिय हैं। अतः इन्हें अपने भोजन में अवश्य सम्मिलित किजिए।

गृह वाटिका में सलाद हेतू उगाई गई गेहूँ की फसल।

सलाद के लिए गृह वाटिका में तैयार मूँगफली।

अनाज, दलहनी तथा तेलहनी सलाद–फसलों का वानस्पतिक वर्गीकरण

क्रमांक	हिन्दी नाम	अँग्रेजी नाम	वानस्पतिक नाम	पौध–परिवार
1	गेहूँ	व्हीट	ट्रीटीकम्–वल्गेयर	ग्रेमिनी
2	चना	बेंगाल ग्राम	साईसर एरिटिनम्	लेग्यूमिनोसी
3	हरी मटर	गार्डेन पी	पाईजम् सटाइवम्	लेग्यूमिनोसी
4	मेथी	फेनूग्रीक	ट्रिगोनेला फोइनम्–ग्रेइकम्	लेग्यूमिनोसी
5	मूँग	ग्रीन ग्राम	विग्ना रेडियाटा	लेग्यूमिनोसी
6	मूँगफली	ग्राउन्डनट	एरैचिस हाईपोजिया	लेग्यूमिनोसी

❑❑❑

अध्याय 4

शाकाहार – प्राकृतिक जीवन पद्धति का आधार

विधाता ने सभी प्राणियों को रचते समय मनुष्य को सबसे श्रेष्ठ इसलिए बनाया था कि वह प्रकृति की तथा सभी प्रमाणियों की रक्षा करता रहेगा और यह धरती स्वर्ग बनी रहेगी। परन्तु मनुष्य अब रक्षक से भक्षक हो गया है। वह कमजोर नीरीह जानवरों तथा पशु–पक्षियों का विनाश करके अपना ही अस्तित्व मिटा देना चाहता है। मनुष्य की प्रवृति में यह बदलाव क्या उसके विनाश का कारण होगा?

यह सर्वविदित है कि सारे विश्व में एक से एक नए और भयंकर रोग उत्पन्न हो रहे हैं और बढ़ रहे हैं और अनेक लोग असाध्य बीमारियों से आक्रांत होकर, असमय ही काल–कवलित हो रहे हैं। अस्पतालों तथा चिकित्सकों की बढ़ती संख्या यह प्रकट करती है कि स्थिति 'ज्यों–ज्यों दवा की, मर्ज बढ़ता ही गया' वाली हो रही है। इसका मूल कारण है हमारी जीवन पद्धती का अप्राकृतिक होना। अब वैज्ञानिक तथ्यों से भी यह स्पष्ट हो गया है कि अच्छे स्वास्थ्य का आधार सिर्फ 'शाकाहार जीवन पद्धति' ही हो सकती है।

मांसाहार का आधार–हिंसा

संसार के सभी धर्म हिंसा का विरोध करते है और मांसाहार जीवन पद्धति का आधार ही है हिंसा। भारतीय संस्कृति का आधार है आध्यात्मिक जीवन और आध्यात्मिक जीवन का आधार है योग। पतंजलि ऋषि ने योग के आठ अंग बताए है जिसमें 'यम' प्रमुख नियम है। यमों में सबसे प्रथम है – अहिंसा अर्थात् जीवों पर दया। यानी अकारण किसी भी जीव को कष्ट नहीं पहुँचाना है। फिर उसे मारने या मार कर खाने का तो प्रश्न ही नहीं उठता।

विश्व के महान बुद्धिजीवी शाकाहारी थे

यह कहना भी गलत और भ्रामक है कि केवल मांसाहारी ही, बुद्धिजीवी हो सकता है। इस तथ्य को निरस्त करने वाला प्रमाण यह है कि संसार के कई महान् बुद्धिजीवी शाकाहारी थे जैसे – रूसो, इमर्सन, शैली, शेक्सपियर, अर्स्तु, प्लुटो, एच॰जी॰ वेल्स, जार्ज बनार्ड शॉ, लियोनार्दो द विंची, आइन्सटीन, एनी बेसेंट, टाल्सटाय आदि।

शाकाहारी भोजन अधिक पौष्टिक

यह खेदजनक है कि अक्सर मांसाहारी व्यक्ति और कुछ भ्रमित चिकित्सक अब भी यह कहने से नहीं हिचकते कि मांसाहार में स्वास्थ्य के लिए आवश्यक प्रोटीन अधिक मात्रा में मिलता है। यह सरासर गलत है। यदि सरकारी आंकड़े ही लें तो 100 ग्राम अंडे में जहां 13 ग्राम प्रोटीन होता है वहीं पनीर में 24 ग्राम और मूँगफली में 31 ग्राम तथा दूध से बने हुए पदार्थों में तो इससे भी अधिक होता है। कैलोरी की बात करें तो जहां 100 ग्राम अंडे में 160 कैलोरी तथा मुर्गे के गोश्त में 114 कैलोरी प्राप्त होती है, वही दालों की इसी मात्रा में 330 कैलोरी, मूँगफली से 450 कैलोरी और मक्खन निकले दूध एवं पनीर से 348 कैलोरी मिलती है। फिर अंडे की बजाय दाल सस्ती भी है। इसके विपरित 100 ग्राम अंडे में कोलेस्ट्रॉल, जो ह्रदय का दुश्मन होता है, कि मात्रा 55 मिली ग्राम और मुर्गे के गोश्त में 60 मिली ग्राम होती है जबकि सभी प्रकार के फल, सब्जी, मूँगफली आदि कोलेस्ट्रॉल रहित होते हैं।

शाकाहार अर्थात प्रचुर रोग–रोधिता की क्षमता

मनुष्य का स्वाभाविक आहार फल और शाक है, न कि मांस। हाल ही में संघीय जर्मनी में लगभग 2000 लोगों पर किए गए सर्वेक्षण से पता चला है कि शाकाहार का

रक्त प्रवाह तथा ह्रदय पर विशेष रूप से अनुकूल प्रभाव पड़ता है। शाकाहारी में मूत्र एसिड के तत्व अल्प होते हैं जो उन्हें गठिया रोग होने से बहुत हद तक बचाए रखता है और उनकी किडनी भी अच्छा काम करती है। विशेष बात यह है कि मूल संवहनी में खराबी से जुड़े जोखिम प्रायः कम होते है।

शाकाहारी भोजन–जीवित भोजन

शाकाहारी भोजन इसलिए भी श्रेष्ठ है कि मांस मृत पदार्थ है, जबकि सब्जी नहीं। यदि किसी सब्जी जैसे आलू, ओल, अरवी, शकरकन्द, अदरक, लहसुन, राजमा, तथा मेथी के आधे कटे भाग तथा मटर के बीज को भी बो दिया जाय तो वह पुनः सब्जी के पेड़ के रूप में कुछ समय बाद उग जाएगी। यह इसलिए संभव है कि सब्जी एक जीवित पदार्थ है किन्तु यह बात एक कत्ल की गई भेड़, मुर्गी या मेमना के विषय में नहीं कही जा सकती ।

मांसाहारी भोजन अर्थात् अपराध तथा रोगों की वृद्धि

अब यह अच्छी तरह प्रमाणित हो चुका है कि आहार का अपराध से गहरा संबंध है। यह पाया गया है कि शाक और अन्न पर निर्भर रहने वाले प्रायः शांत और विनम्र होते हैं। यदि उनमें पहले से अपराधी प्रवृति रही भी हो तो वह शांत हो जाती है। इसके विपरीत पाया गया है कि मसालेदार और तले–भुने मांसाहारी भोजन खाने से मनुष्य की प्रवृति आवेशग्रस्त रहती है और छोटे–छोटे कारणों से वह उत्तेजित प्रवृतियाँ अपनाने लगता है। यह परिवर्त्तन उनमें भी होता देखा गया है जो सात्विक भोजन करने के कारण विनम्र और सज्जन थे।

मांसाहार द्वारा रोगों का हस्तान्तरण

मांस के लिए जीवित प्राणी का वध करना पड़ता है। उस समय उसे कितनी पीड़ा होती है इसका एक संक्षिप्त अनुभव हम अपने शरीर में सुई जैसे हल्की धारदार वस्तु चुभों कर देख सकते है। यह पीड़ा सूक्ष्म रूप में मांस के साथ जुड़ी रहती है और खाने वाले की मानसिक स्थिति में निष्ठुरता एवं क्रुरता का समावेश करती है।

इससे भी बड़ी बात यह है कि पाले हुए पशुओं का आहार–विहार प्राकृतिक न रहने के कारण उनके रक्त तथा मांस में कितने ही प्रकार के रोगों का प्रवेश हो जाता है। जब किसी जानवर को मारा जाता है तो वह इतना भयभीत हो जाता है कि ये

सलाद के लिए टमाटर की किस्म – लावोनिटा

सलाद वाली टमाटर की बेहतर किस्म – अर्का गौरव

चकोतरा का फल सलाद के लिए।

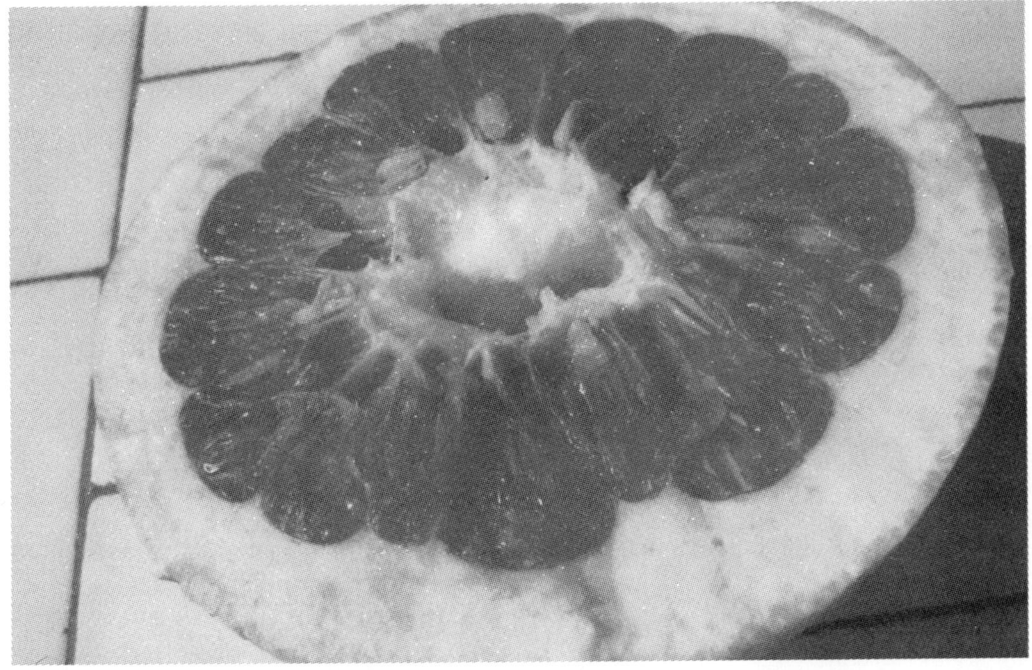

चकोतरा के पके फल की लाल फांके – उत्तम सलाद।

रोग तत्काल गंभीर रूप धारण कर लेते हैं और उनके जहरीले तत्व उसके शरीर में फैल जाते है और मांस के रूप में उन व्यक्तियों के शरीर में पहुँचते हैं जो इसे खाते है। इनमें से कुछ विषाणु ऐसे होते है जो पकाने पर भी नष्ट नहीं होते। परिणामस्वरूप उनका त्याग कर पाने का सामर्थ्य हमारा शरीर खो देता है। नतीजा यह होता है कि हम कई शारीरिक और मानसिक बीमारियों के शिकार हो जाते हैं। उदाहरणार्थ सूअर का मांस खाने पर मिरगी का रोग होने का प्रमाण मिला है।

मांसाहारी अब शाकाहारी तथा शाकाहारी अब मांसाहारी बन रहे हैं

पश्चिमी देशों में अब चिकेन कॉर्नर से ज्यादा भीड़ वैष्णव भोजनालय में देखी जा रही है जबकि हमारे देश में मांसाहार की प्रवशत्ति तेजी से बढ़ती जा रही है। परम्परागत शाकाहारी भी अब मांसाहारी आहार लेने लगे हैं। मांस, मुर्गा, मछली और सुअर का मांस जैसे तथाकथित स्टेट्स फूड नई पीढ़ी के लिए आधुनिकता का प्रतीक बन गया है। एक आँकड़े के मुताबिक हमारे देश के 50 करोड़ लोग मांसाहारी हैं जो चिन्ता का विषय है क्योंकि राम–कृष्ण के इस देश में जहाँ गंगा, यमुना बहती हैं, यह मांसाहार, परिवार में, समाज में और देश में विकृति फैला देगा और एक दिन भारत की संस्कृति तथा सभ्यता समाप्त हो जायेगी। अतः इसे रोकना आपका तथा हमारा पुनीत कर्त्तव्य है। तो आईए, भारत के शाकाहार के इस अदभुत धरोहर को हम अपने घर, समाज तथा देश में संभाल कर रखें।

□□□

अध्याय 5

सलाद अर्थात कच्चा आहार – सेहत को अद्भुत उपहार

यह बात अब किसी से छिपी नहीं है कि सूचना–प्रौद्योगिकी के इस युग में मनुष्य के जीवन शैली में तेजी से परिवर्त्तन हुआ है। इसका प्रभाव उसके रहन–सहन तथा खान–पान पर भी काफी पड़ा है। इंसान के पास अब इतना समय नहीं रह गया है कि फुर्सत से दाल, भात, सब्जी और अचार बैठ कर खा सके। ऐसी परिस्थिति में वह चाहता है कि उसका भोजन खूब पौष्टिक हो जो आसानी से तैयार किया जा सके। इस श्रेणी में फल–सब्जियों तथा अंकुरित अनाजों का मिश्रित सलाद अधिक लोकप्रिय हो गया है। **जिन साग–सब्जियों, फलों तथा अंकुरित अनाजों को हम बिना आग पर पकाये कच्ची अवस्था में खाते हैं उन्हें सलाद कहते हैं।** दुनिया में मनुष्य ही एक मात्र प्राणी है जो अपना भोजन आग पर पका कर खाता है नहीं तो अन्य सभी प्राणी अपना भोजन बिना आग पर पकाये ही खाते हैं और निरोग तथा खूब शक्तिषाली होते है जैसे – हाथी, गेंडा, ऊँट, घोड़ा, साड़, गाय, भैंस आदि। यदि मनुष्य भी अपना भोजन कच्ची अवस्था में खाने का अभ्यस्त हो जाय तो उसको भी इन जानवरों जैसी सेहत एंव शक्ति प्राप्त हो सकती है और कोई रोग भी उसकी

तरफ ताकेगा नहीं। अतः यह कथन अक्षरसः सत्य है कि **कच्चा आहार–सेहत को अद्भूत उपहार है**। इस कथन की पुष्टि हमारे वेद शास्त्रों ने भी की है।

कच्चा आहार अत्यन्त पवित्र तथा पौष्टिक माना जाता है। यही कारण है कि चाहे सूर्य भगवान को अर्ध देने की बात हो, सत्यनारायण भगवान की कथा हो या माँ सरस्वती की पूजा हो, सबमें प्रसाद के रूप में केला, सेव, शकरकन्द, मिश्रिकन्द, कच्ची हल्दी, गागल नींबू, पान, ककड़ी तथा खरबूज का प्रसाद ही अर्पित किया जाता है जो कच्चे आहार के अहमियत तथा महत्व को दर्षाता है। यह इस बात का भी बड़ा सबूत है कि प्राचीन काल में कच्चे आहार लेने की ही परम्परा थी जो कालान्तर में अपनी सही दिषा ही बदल दिया।

कन्द–मूल तथा फल ऋषि–मुनियों का भोजन है। इसे खाकर वे लम्बी जिन्दगी जीते थे। युग कोई भी हो, सबमें कन्द–मूल तथा फल देवताओं का आहार रहा है। द्वापर युग में जब भगवान श्रीराम को वनवास हुआ तब उन्हें तपस्वी के वेष–भूषा में रहना तथा भोजन में कन्द–मूल तथा फल खाने तथा भूमि शयन का बन्धन था। जब माता जानकी , भगवान श्रीराम तथा भ्राता लक्ष्मण के साथ वन जाने की हठ करती है तो श्रीराम जी सीता जी को समझाते हुए कहते हैं कि :

भूमि शयन बलकल वसन, असनु कन्द, फल, मूल ।
ते कि सदा सब दिन मिलहीं, सबुई समय अनुकूल ।।

हे जानकी तुम्हें जमीन पर सोना, पेड़ों की छाल के वस्त्र पहनना और कन्द, मूल, फल का भोजन करना होगा। और वे भी क्या सदा, सब दिन मिलेंगे? सब कुछ अपने–अपने समय के अनुकूल ही मिल सकेगा।

कुस कंटक मग कॉकर नाना। चलब पयादेहिं बिनु पदत्राना।
चरन कमल मश्दु मंजु तुम्हारे। मारग अगम भूमिधर भारे ।।

रास्ते में कुश, काँटे और बहुत से कंकड़ है। उन पर बिना जूते के पैदल ही चलना होगा। तुम्हारे चरण कमल कोमल और सुन्दर हैं और रास्ते में बड़े–बड़े दुर्गम पर्वत है।

कंदर खोह नदी नर नारे । अगम अगाध न जाहिं निहारे ।
भालु बाघ बृक केहरि नागा। करहिं नाद सुनि धीरजु भागा।।

पर्वत की गुफाएँ, खोह, नदियाँ, नद और नाले ऐसे अगम्य और गहरे है कि उनकी ओर देखा तक नहीं जाता। रीछ, बाघ, भेड़िये, सिंह और हाथी ऐसे शब्द करते हैं कि उन्हें सुनकर धीरज भाग जाता है।

नर अहार रजनीचर चरहीं। कपट बेष बिधि कोटिक करहीं ।
लागइ अति पहार कर पानी। बिपिन बिपति नहि जाइ बखानी ।।

मनुष्यों को खाने वाले निषाचर फिरते रहते हैं। वे करोड़ो प्रकार के कपट रूप धारण कर लेते हैं। पहाड़ का पानी बहुत ही लगता है। वन की विपत्ति बखानी नहीं जा सकती है।

ब्याल कराल बिहग बन घोरा। निसिचर निकर नारि नर चोरा।
डरपहिं धीर गहन सुधि आएँ। मृगलोचनि तुम्ह भीरू सुभाएँ ।।

वन में भीषण सर्प, भयानक पक्षी और स्त्री पुरूषों को चुराने वाले राक्षस झुंड के झुंड रहते हैं। वन की भयंकरता याद आने मात्र से धीर पुरूष भी डर जाते हैं। फिर हे नयनि, तुम तो स्वभाव से ही डरपोक हो।

हंसगवनि तुम्ह नहिं बन जोगू। सुनि अपजसु मोहि देइहि लोगू ।
मानस सलिल सुधा प्रतिपाली। जिअई कि लवन पयोधि मराली ।।

हे हंसवानी, तुम वन के योग्य नहीं हो। तुम्हारे वन जाने की बात सुनकर लोग मुझे अपयष देंगे। मानसरोवर के अमश्त के समान जल से पाली हुई हंसनी कहीं खारे समुद्र में जी सकती है।

सुनि मृदु बचन मनोहरि पिय के। लोचन ललित भरे जल सिय के।
सीतल सिख दाहक भई कैसे। चकइहिं सरद चंद निसि जैसे ।।

प्रियतम के कोमल तथा मनोहर वचन सुनकर सीताजी के सुन्दर नेत्र जल से भर गये। श्रीरामजी की ये शीतल सीख उनको कैसी जलानेवाली हुई, जैसे चकवी को शरद ऋतु की चाँदनी रात होती है।

जहँ लगि नाथ नेह अरू नाते। पिय बिनु तियहि तरनिहु ते ताते।
तनु धनु धामु धरनि पुर राजू। पति बिहीन सबु सोक समाजू ।।

हे नाथ! जहाँ तक स्नेह और नाते हैं, पति के बिना स्त्री को सभी सूर्य से भी बढ़कर तपाने वाले हैं। शरीर, धन, घर, पृथ्वी, नगर और राज्य, पति के बिना स्त्री के लिये यह सब शोक का समाज है।

भोग रोगसम भूषन भारू । जम जातना सरिस संसारू ।
प्राणनाथ तुम्ह बिनु जग माहीं। मो कहुँ सुखद कतहुँ कछु नाही।।

भोग रोग के समान है, गहने भार रूप हैं और संसार यम–यातना (नरक की पीड़ा) के समान है। हे प्राणनाथ! आपके बिना जगत में मुझे कहीं कुछ भी सुखदायी नहीं है।

जिय बिनु देह नदी बिनु बारी। तैसिअ नाथ पुरूष बिनु नारी ।
नाथ सकल सुख साथ तुम्हारें। सरद बिमल बिधु बदनु निहारें।।

जैसे बिना जीव के देह और बिना जल के नदी, वैसे ही हे नाथ! बिना पुरूष के स्त्री है। हे नाथ! आपके साथ रहकर आपका शरद–पूर्णिमा के निर्मल चन्द्रमा के समान मुख देखने से मुझे समस्त सुख प्राप्त होंगे।

वन देवन वन देव उदारा, करिहै सासु ससुर सम सारा ।
कुस कसलय साथरी सुहाई, प्रभु संग मंजु मनोज तराई।।

उदार वन देवी और वन देवता ही सास–ससुर के समान हमारा पालन करेंगे। कुष और पत्तों की साथरी ही आप के साथ कामदेवी के तोष के समान शोभयमान होगी।

कन्द मूल फल अमिय अहारू, अवध सौध सत सरिस पहारू ।
क्षण–क्षण प्रभु पद कमल विलोकी, रहिहौ मुदित दिवस जिमि कोकी।।

और कन्द–मूल, फल अमश्त के समान भोजन होंगे और पहाड़ अयोध्या के राज महल के समान सुखदायी होगा। तथा क्षण–क्षण में मैं आप के चरण कमलों को देखकर प्रसन्न रहूँगी।

मिश्रित फल सलाद – पौष्टिकता से ओत–प्रोत

अनार की किस्म – गनेश के पके रसीले फल सलाद के लिए बेहतर विकल्प।

कन्द–मूल फल अमृत के समान भोजन हैं।

लाल टमाटर में विद्यमान लाइकोपीन हमें विभिन्न रोगों से बचाता है।

गाजर में विद्यमान कैरोटीन हमारी आँखों को रोगों से बचाता है।

हरी सब्जियाँ तथा फल सौन्दर्य वर्धन के लिए आवश्यक है।

घर के लिए सलाद – खीरा

अस कहि सीय बिकल भइ भारी। बचन बयोगु न सकी सँभारी ।
देखि दसा रघुपति जियँ जाना। हठि राखें नहिं राखिहिं प्राना ।।

ऐसा कहकर सीताजी बहुत ही व्याकुल हो गयी। वे वचन के वियोग को भी न सम्भाल सकीं। उनकी यह दषा देखकर श्रीरघुनाथ जी ने अपने जी में जान लिया कि हठपूर्वक इन्हें यहाँ रखने से ये प्राणों को न रखेंगी। अर्थात प्राण त्याग देंगी।

कहेउ कृपाल भानुकुलनाथा। परिहरि सोचु चलहु बन साथा ।
नहिं विषाद कर अवसरू आजू। बेगि करहु बन गवन समाजू।।

तब कृपालु, सूर्यकुल के स्वामी श्रीराजी ने कहा कि सोच छोड़कर मेरे साथ वन को चलो। आज विषाद करने का अवसर नहीं है। तुरंत वन गमन की तैयारी करो।

कहि प्रिय वचन प्रिया समुझाई। लगे मातु पद आसिष पाई ।
बेगि प्रजा दुख मेटब आई। जननी निठुर बिसरी जनि जाई।।

श्री रामचन्द्र जी ने प्रिय बचन कहकर प्रियतमा सीताजी को समझाया। फिर माता के पैरों लगकर आर्षीवाद प्राप्त किया। माता ने कहा बेटा! जल्दी लौट कर प्रजा के दुःख को मिटाना परन्तु इस निठुर माता को भूला मत देना।

बारहिं बार लाई उर लीन्ही। धरि धीरजु सिख आसिष दीन्ही ।
अचल होउ अहिवातु तुम्हारा। जब लगि गंग जमुन जल धारा।।

माँ कौषल्या सीताजी को बार–बार ह्रदय लगायीं और धीरज धरकर षिक्षा दी और आशीर्वाद दिया कि जब तक गंगाजी और यमुनाजी में जल धारा बहती रहेगी तब तक तुम्हारा सुहाग अचल रहेगा।

तुलसीदास कृत रामचरित मानस में वनवास काल में भगवान राम, भ्राता लक्ष्मण तथा जगत जननी माँ जानकी का चौदह वर्ष तक कन्द मूल तथा फल ही आहार था जिसे जंगलों से अपने आवश्यकता भर ही लिया जाता था। इन कन्द–मूल तथा फलों का प्रकृति अपनी गोद में तथा देख–रेख में शान्त एवं सुखद वातावरण में पैदा किया था जिस पर न कोई विषैली दवा छिड़की गई थी और न कोई रासायनिक उर्वरक दिया गया था। इस तरह का भोजन कितना पौष्टिक तथा शक्तिवर्द्धक होगा, इसका अनुमान लगाना कठिन है। इस प्रकार की प्राकशतिक खेती में मृदा की उर्वरा शक्ति भी बनी रही तथा पर्यावरण भी अछूता एवं स्वच्छ बना रहा। उस समय के लोग प्रकृति तथा पर्यावरण के साथ किसी प्रकार का छेड़छाड़ नहीं करते थे बल्कि प्रकृति में ईश्वर का वास समझ कर उसकी पूजा–अर्चना करते थे।

पौराणिक समय में हमारे ऋषि–मुनियों का आहार कच्चे फल और साग–सब्जी होते थे। वे तो वर्षों तक कन्द मूल खाकर ही अपने जीवन का शतक पूरा कर लेते थे। अच्छे स्वास्थ्य, मानसिक विकास और शारीरिक परिपुष्टता के लिए कच्चे कन्द–मूल और फल तथा अंकुरित अनाज अत्यंत उपयोगी हैं। सभी प्रकार के विटामीन, कार्बोहाईड्रेट, एन्जाइम्स, शर्करा, प्रोटीन जो शरीर के लिए आवश्यक एवं पोषक तत्व है, हमें कच्चे फल, सब्जी, अंकुरित अनाज आदि से अच्छी मात्रा में मिल जाते हैं।

चिकित्सा शास्त्र में वैज्ञानिक भी अंकुरित अनाज, हरी सब्जी तथा फल आदि को ही बेहतर पोषक तथा संतुलित आहार मानते हैं। उच्च रक्तचाप हुआ तो उबली सब्जी खाओ। जिससे रक्तचाप भी कम होगा और सभी पोषक तत्व भी मिल गये। बुखार है तो दाल उबाल कर पिला दो या मूंग को अंकूरित करके दो। अंकूरित दालें

तो आम आदमी का बेहतर नास्ता हैं। अंकुरित चने से हमें बहुत अधिक मात्रा में प्रोटीन तथा रेशे मिलते हैं।

ग्रीन ब्लड

प्रख्यात आहारविद् हैंस एण्डर्सन ने अपनी पुस्तक 'द न्यू फूड थिरेपी' में यह सिद्ध कर दिया कि कच्चे अन्न, फल, सब्जियां सूरज की किरणों की शक्ति को अवषोषित कर अपने को उर्जा से भर लेती हैं। उनके अनुसार इन्हें पचाने में कोई विषेष परिश्रम नहीं करना पड़ता।

चिकित्सा वैज्ञानिक डा॰ इयार्प थॉमस के अनुसार अंकुरित अन्न निश्चित रूप से आज के युग के लिए एक उपयुक्त औषधीय आहार है। रोग नाशक और आरोग्य संवर्धन की क्षमता रखने वाले इस आहार को उन्होंने सभी उम्र के व्यक्तियों तथा बच्चों के लिए उपयुक्त आहार बताया है। उनके अनुसार इसका उपयोग करने के लिए एक कप गेहूँ को दो कप पानी में 24 घंटे भिगोकर रख दिया जाता है। फिर उसका पानी निथार लेते है फिर इस पानी को छान कर प्रतिदिन दो गिलास देने से शरीर की दुर्बलता कम होती है, स्फूर्ती आती है तथा ब्लड कैंषर समाप्त होता नजर आता है। 'ग्रीन ब्लड' यानी हरी शाक सब्जियां, अंकुरित दालों का क्लोरोफिल युक्त रस। इसी रस से रक्त की शुद्धि तथा वृद्धि दोनों ही होता है। यह कहना गलत नहीं कि ग्रीन ब्लड यानी अंकुरित अनाज और दालें, हरी शाक सब्जियों का रस एक टॉनिक की तरह शक्तिवर्द्धक है। यह क्लोरोफिल ही सूरज की किरणों की उर्जा को सोखकर उन्हें अनेक पौष्टिक यौगिकों में बदल देता है।

एक अमेरिकी महिला चिकित्सा विज्ञानी तो ज्वार के रस से ही मरीजों का प्राकशतिक उपचार करती है। उसके अनुसार ज्वार के अतिरिक्त गेहूँ एक उत्तम अंकुरित आहार है। अंकुरित गेहूँ को उन्होंने 'कैंसर रोधी' बताया है क्योंकि अंकुरित गेहूँ में लेट्राइल पाया जाता है। यह अंकुरित अनाजों और कच्ची सब्जियों में अन्य भोज्य पदार्थों की तुलना में सौ गुना अधिक पाया जाता है। इसी तरह से अंकुरित सेम मधुमेह की रोगियों के लिए बहुत लाभकारी है। अंकुरित सेम से इंसुलिन बनने में मदद मिलती है। ठीक यही प्रभाव मेथी के भिगोये गये बीजों का भी पाया गया है।

सलाद से सौन्दर्यवर्द्धन

इसी प्रकार गाजर, मूली, चुकन्दर, बंदगोभी को कच्चा ही खाया जाए तो बहुत ही स्वास्थ्यवर्द्धक होने के साथ सौंदर्यवर्द्धक भी है। आजकल तो आप ब्यूटी पार्लर

में भी जायें तो इन कच्ची सब्जियों के फेस पैक वहाँ भी उपलब्ध हैं। गाजर खाने में जितनी स्वादिष्ट और पौष्टिक है, उतनी ही सौंदर्य प्रसाधन की दृष्टि से भी उत्तम है। चेहरे पर इसका रस नियमित रूप से लगाने पर मुहांसों से छुटकारा मिल जाता है। गाजर का सूप पीजिए और दिल को मजबूत बनाइये। रक्त शुद्धि में भी गाजर का बहुत महत्व है। लिखने–पढ़ने वाले लोग रोज गाजर खाये तो स्मरण शक्ति बढ़ेगी। इसी तरह लेखक, वकील, संपादक, पत्रकार, विद्यार्थी तथा अध्यापकों को तो गाजर का निरंतर सेवन करना चाहिए।

कच्चे फलों में पपीता, अनार, अंगूर, सेब, नासपाती आदि सौंदर्यवर्द्धक होने के साथ–साथ पेट की बीमारियों को भी दूर करते हैं। अगर कच्चा पपीता सिरके में डालकर नमक मिलाकर खायें तो इससे पेट की सभी बीमारियाँ दूर भागती है। कच्चे पपीते का छिलका उतार कर उसकी छोटी–छोटी फांके काट लें और कांच के मर्तबान में सिरके में डुबो दें। करीब हफ्ते भर में यह अचार खाने लायक तैयार हो जाता है जो पेट को निरोग बना देता है।

कन्द–मूल तथा फल मानव को प्रकृति प्रदत्त पौष्टिक कच्चे आहार हैं जिनकी अहमियत को स्वास्थ्य के लिए सभी युगों में सराहा गया है। इनके प्राकृतिक रूप में सेवन को नकारा नहीं जा सकता है।

❑❑❑

अध्याय 6

सलाद बनाने तथा सजाने की कला

भारतीय संस्कृति में रोज–रोज के भोजन को माता लक्ष्मी का प्रसाद माना गया है यही कारण है कि हम अपना भोजन ग्रहण करने के पहले माँ लक्ष्मी तथा नारायण को भोजन प्रदान करने हेतू प्रणाम करते हैं और ऐसी प्रार्थना करते हैं कि हे लक्ष्मी–नारायण आप की कृपा से, इसी प्रकार हमें आगे भी पवित्र भोजन की प्राप्ति होती रहे। तब हम अपने भोजन की शुरूआत सलाद से करते हैं और सलाद की पूरी–पूरी मात्रा खाने के बाद ही मुख्य भोजन के अन्य सामग्रियों को खाते हैं। हमेशा यही सोच तथा खाने का तरीका अपनाना चाहिए।

सलाद बनाने की विधियाँ

सलाद एक जीवित भोजन है जिसे बनाने के लिए हम फलों, सब्जियों, अनाजों जैसे गेहूँ, चना, मटर, मूँग, मूँगफली तथा मेथी आदि का इस्तेमाल करते हैं। सलाद बनाने के पहले फलों, सब्जियों को दो–तीन बार स्वच्छ पानी में अच्छी प्रकार धो लें तथा उन्हें साफ कपड़े से अच्छी प्रकार पोंछ ले। सलाद काटने वाली चाकू स्टेनलेस

स्टील की होनी चाहिए और काटने से पहले उसे भी धो लें। गाजर, मूली, चुकन्दर को छिलनी से छिल लेने से सलाद स्वच्छ तथा आकर्षक बनती है। इसे आप अपनी इच्छानुसार लम्बे या गोल आकार के टुकड़ों में काटें। कुछ महिलायें यह कार्य कद्दूकस से आकर्षक आकार में मूली, चुकन्दर, गाजर, मिश्रीकन्द, प्याज आदि को काटती हैं तथा गाजर, मूली, चुकन्दर का कद्दूकस करके नारंगी, सफेद तथा बैंगनी रंग के मिश्रण वाली धनिया की हरी पत्तियों से सजी सलाद बनाती हैं जो खाने वाले के मन को प्रसन्न कर देती है। सलाद में हरी मिर्च, हरी धनिया, काला नमक तथा चाट मसाला सलाद के रूप रंग तथा स्वाद को बढ़ा देता है। विभिन्न प्रकार के सलाद बनाने तथा परोसने की विधि प्रस्तुत अध्याय में दी गई है आप उपनी पसन्द के अनुसार उनको अपनायें।

सलाद सजाने तथा परोसने की विधि

आजकल शादी–विवाह में, बड़े–बड़े सेमिनार तथा सिम्पोजिया में कैटरर सलाद को अपने अपने ढंग से सजाते हैं। छिले हुए खीरे, अंगूर, गाजर तथा अन्य सलाद की सामग्रियों से वह सलाद टेबुल पर किसी पक्षी या मछली या डायनासोर की आकृति बना देते हैं जो मेहमानों के दिल को जीत लेता है परन्तु घर में, सलाद को चायना मिट्टी के बने आर्कषक प्लेट पर सजायें। सलाद खाने के टेबुल पर बैठे हर व्यक्ति के लिए टेबुल के केन्द्र में एक जगह पर ही रखें। उसे निकालने के लिए एक फोरसेप (चिमटी) रखनी होगी तथा कुछ खाली क्वार्टर प्लेट्स भी। कुछ लोग सलाद में नमक अपने हिसाब से कम या अधिक लेते हैं अतः टेबुल पर कालीमिर्च पाउडर और नमक अलग से नमक केश में रखना चाहिए। टेबुल पर की सलाद समाप्त हाने पर यदि कोई माँगे तो, किचेन में रखी हुयी सलाद तुरन्त लाकर चिमटी से निकाल कर देनी चाहिए। मेहमानों को भोजन कराते समय गृह स्वामी तथा गृहिणी दोनों को खूब प्रसन्न चित्त रहना चाहिए ताकि मेहमानों को लगे कि उनकी इस घर में विशेष अहमियत है तथा मान–मर्यादा भी है। यह भोजन को अधिक स्वादिष्ट बना देता है तथा इस परिवेश में किसी चीज की कमी खटकती नहीं है।

वेज सलाद

सामग्री : 4–5 जैतून, 50 ग्राम मशरूम लंबे कटे, 2 बड़े गाजर लंबे कटे, 50 ग्राम ब्रॉकली लंबी कटी, 1/2 कटोरी बारीक कटी लाल बंद गोभी, 50 ग्राम चेरी टमाटर, 1 मध्यम आकार की फूलगोभी, 1 छोटा टुकड़ा अदरक बारीक कटा, 4–5

फांकें लहसुन, स्वादानुसार नमक, 1 छोटा चम्मच चीनी, 2 बड़े चम्मच जैतून का तेल, 1/2 कटोरी हरी शिमला मिर्च बारीक कटी।

विधि : एक पतीले में पानी गरम कर उसमें नमक, मशरूम, गाजर, ब्रॉकली, लाल बंदगोभी, फूलगोभी और शिमला मिर्च डाल दें। पांच मिनट उबालने के बाद आंच बंद कर पानी निथार लें। इस पानी को रख लें, फेंकें नहीं। एक कड़ाही में तेल गरम कर उसमें अदरक और लहसुन हल्का लाल भून लें। सारी उबली सब्जियां इसमें मिला लें। पांच मिनट तक हिलाएं और फिर चीनी मिलाएं। आंच बंद कर लें। निथरा पानी थोड़ी मात्रा में मिलाएं और जैतून व चेरी टमाटर ऊपर से सजाएं।

लो कैलोरी फ्रूट सलाद

सामग्री : 1 बड़ा सेब चौकोर कटा हुआ, 1 छोटा पपीता, 50 ग्राम काले अंगूर, 50 ग्राम हरे अंगूर, 1/2 कटोरी ताजे अनार के दाने, 2 केले गोल कटे, 2–3 आडू चौकोर कटे, 250 मिलीलीटर स्किम्ड मिल्क, 4 बड़े चम्मच कस्टर्ड पाउडर, 120 ग्राम शुगर फ्री, सजाने के लिए लाल चेरी।

विधि : सारे फलों को फ्रिज में बंद डिब्बों में रख दें। एक कटोरी में 3 बड़े चम्मच दूध ले कर उसमें कस्टर्ड पाउडर घोल लें। बाकी दूध को गरम कर उसमें शुगर फ्री और घुला कस्टर्ड पाउडर मिला लें। हल्के–हल्के धीमी आंच पर हिलाते रहें, ताकि कस्टर्ड नरम हो जाए। कस्टर्ड तैयार होते ही आंच बंद कर दें और इसे ठंडा कर फ्रिज में 25–30 मिनट के लिए रख दें। परोसने से पहले एक बोल में सारे फल डालें और उपर से कस्टर्ड मिलाएं। चेरी से सजा कर परोसें।

तरबूज, पका पपीता और पनीर सलाद

सामग्री : 1/2 किलो तरबूज चौकोर कटा, 1 किलो पका पपीता चौकोर कटा, 100 ग्राम पनीर चौकोर कटा, 250 ग्राम टमाटर चौकोर कटा, 100 ग्राम सलाद पत्ता, 1 बड़ा प्याज बारीक कटा, 100 ग्राम पुदीने के पत्ते बारीक कटे, 3 बड़े चम्मच जैतून का तेल, 2 बड़े चम्मच नींबू का रस, स्वादानुसार नमक।

विधि : जैतून का तेल, नींबू का रस और नमक को मिला कर ड्रेसिंग तैयार कर लें। एक बोल में सलाद की सारी सामग्री मिला कर ड्रेसिंग डालें व अच्छी तरह मिला लें। स्वादिष्ट सलाद परोसने के लिए तैयार है।

नूडल्स, मिक्स वेज और तिल का सलाद

सागग्री : 2 कटोरी नूडल्स उबले हुए, 100 ग्राम गाजर चौकोर कटी, 100 ग्राम शिमला मिर्च बारीक कटी, 200 ग्राम लाल बंदगोभी, 100 ग्राम सलाद पत्ते बारीक

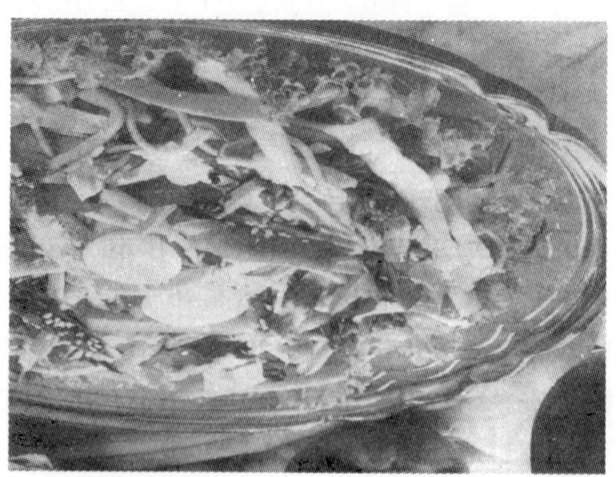

कटे, 2 छोटे चम्मच सफेद तिल हल्के भुन, 1/2 कटोरी हरा प्याज बारीक कटा, 3 बड़े चम्मच सोया सॉस, 4–5 फांकें लहसुन बारीक कटा, 1 बड़ा चम्मच अदरक बारीक कटा, 3 बड़े चम्मच तिल का तेल, 1 छोटा चम्मच गोल मिर्च पाउडर।

विधि : सोया सॉस, लहसुन, अदरक, गोल मिर्च पाउडर और तिल का तेल मिला कर ड्रेसिंग तैयार कर लें। बड़े सलाद बोल में सारी सामग्री तिल के अतिरिक्त मिला लें। फिर इसमें ऊपर से ड्रेसिंग मिलाएं और भुने तिल से सजा कर परोसें।

फ्रेश सलाद

सामग्री : जैतून का तेल 2 छोटे चम्मच, लहसुन की कलियां 2, बारीक कटी पत्तागोभी 1/2 कप, बेबीकॉर्न 2, अंकुरित मूंग 1/2 कप, पपीते के टुकड़े 1/2 कप, खीरे के टुकड़े 1/2 कप, टमाटर 1/2 कप, शिमला मिर्च 1/2 कप, मूंगफली के दाने 2 बड़े चम्मच, पिसी गई 1 छोटा चम्मच, चीनी 2 छोटे चम्मच, नमक स्वादानुसार, काली मिर्च 1 छोटा चम्मच।

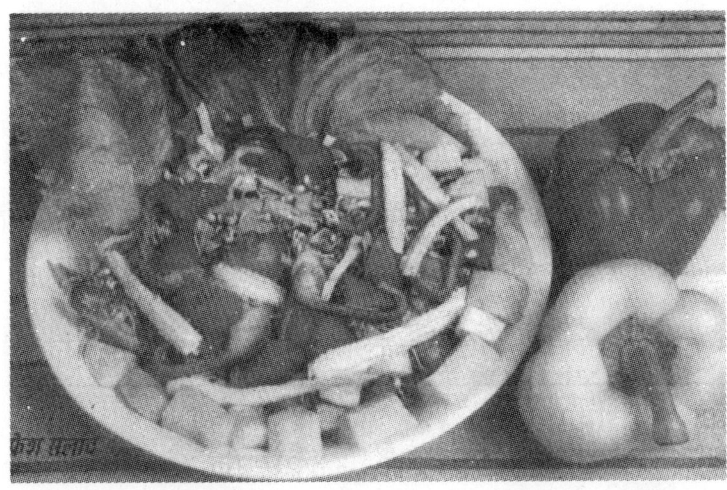
फ्रेश सलाद

विधि : एक पैन में तेल गरम करें और उसमें लहसुन की कलियां डाल दें। कुछ देर पकाएं। अब तेल में से लहसुन की कलियां निकाल कर बाकी सामग्री हल्के हाथ से मिला लें। फ्रेश सलाद तैयार है।

मेक्सिकन बादाम सलाद

सामग्री : पका पपीता 2 कप, भीगे हुए बादाम 1 कप, उबली हुई पालक 1/2 कप, नींबू का रस 1 बड़ा चम्मच, ऑलिव ऑइल 2 बड़े चम्मच, अदरक–लहसुन का

पेस्ट 1 छोटा चम्मच, तुलसी के सूखे पत्ते 3–4, चीनी का बूरा इच्छानुसार, नमक स्वादानुसार, टमाटर सॉस 1 छोटा चम्मच।

विधि : भीगे बादामों को छील लें। इन्हें साबूत रख लें। पपीता, पालक और बादाम को एक सलाद बोल में मिक्स कर लें। इसके उपर नींबू का रस, लहसुन व अदरक का पेस्ट, चीनी का बूरा, तुलसी के पत्ते, ऑलिव ऑइल, नमक और टमाटर सॉस डाल कर हल्के हाथ से हिलाएं। सलाद परोसने के लिए तैयार है।

पत्तागोभी, मूंगफली तथा शिमला मिर्च की सलाद

सामग्री : मूंगफली 500 ग्राम, टमाटर 50 ग्राम, शिमला मिर्च 50 ग्राम, पत्तागोभी 50 ग्राम, चाट मसाला 25 ग्राम, सेंधा नमक स्वादानुसार।

विधि : छिली हुई मूंगफली को 12 घंटे पानी में फुला लें। बारीक कटी पत्तागोभी, हरी धनिया मिर्च और टमाटर डालकर उपर नमक डालें। पूरे मिश्रण को आपस में अच्छी तरह मिला लें। परोसते समय उपर से चाट मसाला बुरक दें। बारीक, कटे टमाटर से सजाएं।

सलाद बनाने से पहले फलों तथा सब्जियों को स्वच्छ जल में धो लें।

विभिन्न रंगों के फल तथा सब्जियों से बनाई गई सलाद अत्यन्त पौष्टिक एवम् आकर्षक।

फल तथा सब्जियों का मिश्रित सलाद बच्चों को भी प्रिय है।

सलाद बनाते समय मौसमी फलों तथा सब्जियों का समावेश अवश्य करें।

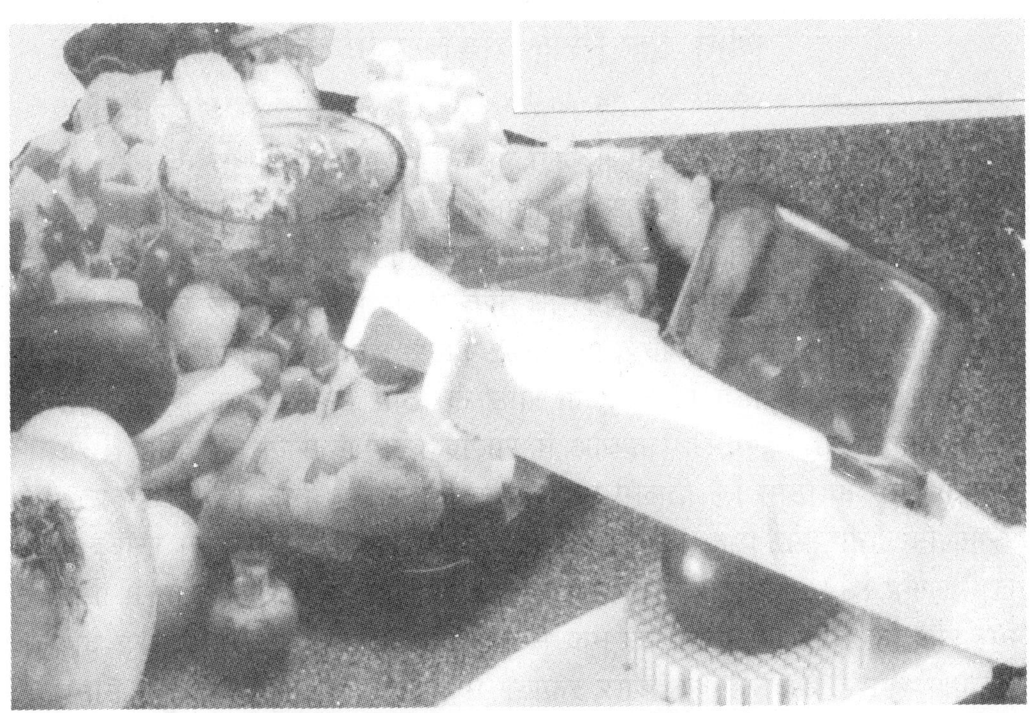

सलाद को विभिन्न आकार में काटें। इससे सुन्दरता बढ़ जाती है।

रंगीन फलों और सब्जियों का रंगीन सलाद – किनता आकर्षक।

ताजगीभरा सलाद

हरा-भरा सलाद सिर्फ कचनार सी कायावाली मॉडलों के लिए ही उपयोगी नहीं है। इनकी ताजगी आपके तन-मन को भी तरंगित कर देगी।

वेज सलाद

सामग्री : 4-5 जैतून, 50 ग्राम मशरूम लंबे कटे, 2 बड़े गाजर लंबे कटे, 50 ग्राम ब्रॉकली लंबी कटी, 1/2 कटोरी बारीक कटी लाल बंद गोभी, 50 ग्राम चेरी टमाटर, 1 मध्यम आकार की फूलगोभी, 1 छोटा टुकड़ा अदरक बारीक कटा, 4-5 फांकें लहसुन, स्वादानुसार नमक, 1 छोटा चम्मच चीनी, 2 बड़े चम्मच जैतून का तेल, 1/2 कटोरी हरी शिमला मिर्च बारीक कटी।

विधि : एक पतीले में पानी गरम कर उसमें नमक, मशरूम, गाजर, ब्रॉकली, लाल बंदगोभी, फूलगोभी और शिमला मिर्च डाल दें। पांच मिनट उबालने के बाद आंच बंद कर पानी निथार लें। इस पानी को रख लें, फेंकें नहीं। एक कड़ाही में तेल गरम कर उसमें अदरक और लहसुन हल्का लाल भून लें। सारी उबली सब्जियां इसमें मिला लें। पांच मिनट तक हिलाएं और फिर चीनी मिलाएं। आंच बंद कर लें। निथरा पानी थोड़ी मात्रा में मिलाएं और जैतून व चेरी टमाटर ऊपर से सजाएं।

अध्याय 7

व्रत उपवास में फलाहारी व्यंजन

भारतीय जीवन शैली में व्रत–उपवास की विशेष अहमियत प्राचीन काल से चली आ रही है। हमारे ऋषि–मुनियों ने जीवन में यह व्यवस्था तन और मन की शुद्धिकरण हेतु स्थापित किया था। ये व्रत–उपवास अब हमारे धर्म से जुड़ चुके हैं। देवी–देवताओं की पूजा–अर्चना तथा व्रत–उपवास करके उन्हें प्रसन्न करने का यह एक पवित्र जवीन पद्धति है। शिव पुराण में एक जगह माँ पार्वती द्वारा महादेव भगवान शिव की प्राप्ति हेतु पेड़ की पत्तियाँ खाकर उपवास करने का वर्णन है। कुछ समय बाद माँ ने उसे भी त्याग दिया था। इसी वजह से माँ पार्वती का एक नाम अपर्णा भी है। इसके बाद माँ जल पीकर कुछ दिनों तक तपस्था की थीं। फिर उन्होंने निर्जला व्रत करके भगवान शिव को प्राप्त किया था। देवी–देवताओं के प्रति सच्ची श्रद्धा सिद्ध करने हेतु व्रत–उपवास में भोजन तथा जल ग्रहण करना वर्जित है। यह हठयोग की पहली कड़ी है। राष्ट्रपिता महात्मा गाँधी भी अपनी माँगें ब्रिटिश सरकार से मनवाने के लिए कभी मौन व्रत तो कभी भूख हड़ताल करते थे।

व्रत–उपवास, हठयोग का पहला कदम

भारतीय दर्शन में हठ–योग करने के कई तौर–तरीके बताये गये हैं जैसे व्रत–उपवास, अन्न का त्याग, एक पैर पर खड़ा रहना, आग पर चलना, पानी में खड़ा रहना, श्वास को रोकना आदि। परन्तु इनमें पारिवारिक लोगों के लिए व्रत–उपवास अत्यन्त सुलभ है तथा आसान भी है। व्रत–उपवास दो प्रकार के होते हैं :– प्रथम निर्जला व्रत जिसमें जल भी ग्रहण नहीं किया जाता है। दूसरा फलाहारी व्रत जिसमें व्रत करने वाला अनाज का बना भोजन तथा नमक नहीं खाता है परन्तु वह फलों तथा कुछ सब्जियों जैसे गाजर, सुथनी, मिश्रीकन्द, शकरकन्द, आलू आदि का सेवन करता है।

हिन्दू लोग रामनवमी, कृष्ण जन्माष्टमी, शारदीय नवरात्रि, शिव रात्री, एकादशी, जीतिया, तीज, करवा चौथ, छठ, कन्या दान के दिन तथा सूर्य ग्रहण आदि अवसरों पर व्रत–उपवास करते हैं। शारदीय नवरात्री पर तो कुछ नौ दिनों का उपवास करते हैं कुछ स्त्री पुरूष तो नौ दिनों का पूर्ण उपवास करते हैं और अपनी छाती पर कलश स्थापित करते हैं। क्या आस्था है, माँ के पूजा अर्चना में, भक्तों की जो बेमिसाल है। अन्य अवसरों पर एक या दो दिनों का व्रत होता है और व्रत तोड़ने के बाद ही भोजन करने की इजाजत होती है। साधारणतया गंगा जल या गाय के कच्चे दूध या तुलसी की पत्तियों को खाकर व्रत तोड़ा जाता है। इन अवसरों के लिए राम दाना, सिघाड़े का आटा तथा साबूदाना को फलाहार में रखा गया है।

इस्लाम धर्म में भी रमजान के पवित्र महिने में, मुसलमान भाई पूरे एक महिने तक, दिन में निर्जला व्रत रखते हैं और संध्या के समय रोजा खोलते हैं तथा तरह–तरह के फल तथा खाना खाते हैं और रात में तीन–चार बजे पुनः सरगी के रूप में खाना खा लेते हैं। उनका मानना है कि रमजान के पवित्र महिने में व्रत–उपवास रखने से उनके शरीर तथा मन की शुद्धि हो जाती है।

व्रत–उपवास अर्थात तन और मन की शुद्धता

नवरात्र के नौ दिनों या रमजान के एक महिने के या अन्य अवसरों के एक या दो दिनों के व्रत और उपवास से हमारे तन और मन की शुद्धता होती है। हमारे पूजा पाठ और परम्पराएं कुछ इस तरह की हैं जो हमारे सेहत के लिए भी अच्छी हैं। बदलते मौसम में अपने शरीर को स्वस्थ रखने का यह एक उपाय भी है नवरात्र का व्रत। दिन में खान–पान में संयम और उपवास से तन की शुद्धि होती है तो

पूजा–पाठ और आराधना ध्यान करने से मन की शुद्धि। उपवास हमें संयम करना सिखाता है। यदि खान–पान के मामले में संयम बरता जाये तो यह सेहत के लिए भी सही है। नवरात्र हमें संयम सिखाता है। ध्यान और आराधना से मन एकाग्र होता है और मन को शांति मिलती है।

सारे पूजा–पाठ, व्रत–उपवास परमात्मा के प्रति सच्ची श्रद्धा, मन शुद्धि के साथ–साथ तन शुद्धि की प्रेरणा देता है। पहले के ऋषि–मुनियों ने व्रत–उपवास को इस लिए आत्मसात किया था ताकि मानसिक सौंदर्य के साथ–साथ शारीरिक कसाव के मध्य अपने शरीर को स्वच्छ रखे, आजीवन कर्तव्यपरायण बने रहें। उन्होंने उपवास से ज्यादा महत्व फलाहार को माना है, तथा फल भी कभी भर पेट न खाकर घंटे–डेढ़ घंटे के मध्य ग्रहण करना चाहिए। यदि आपका बल्ड प्रेशर कम रहता है तो नमक कभी न छोड़े। सादे नमक की जगह सेंधा नमक का प्रयोग करें। नौ दिनों तक फलाहारी रहना कष्टदायक जरूर है, पर यदि आप अपने खान–पान में थोड़ा बदलाव कर लें तो आपको महसूस नहीं होगा कि आपने उपवास भी रखा है। चटपटा जायकेदार फलाहारी बनाने के लिए कुछ नए तरीके से व्यंजन बनाएं।

कच्चे पपीते की बरफी

कच्चे पपीता को छिल कर कद्दूकस कर लें तथा उसे धीमी आँच पर सीझने तक पकायें। फिर उसमें स्वादानुसार पीसी चीनी डालकर चीनी घुलने तक पकायें और इसे हमेशा चलाते रहें। जब यह जमने लायक हो जाय तब किसी थाली या प्लेट पर घ्री लगा कर उसमें इसे पतली पर्त के रूप में फैला दें। जब यह जम जाय तो इसका छोटा–छोटा टुकड़ा काट कर इस पर गड़ी तथा छोटी इलायची पाउडर बुरक दें और परोसे।

नारियल की बरफी

कड़ाही में दो चम्मच घी डाल कर उसमें नारियल का बुरादा डाल कर भून लें। फिर उसमें स्वादानुसार चीनी तथा पानी डाल कर गाढ़ा जमने तक पकायें। अब किसी थाली में घी लगा कर उस पर इसे पलट कर फैला दें और ठण्डा होने पर छोटे छोटे टुकड़ों में काट कर उस पर इलायची पाउडर छिड़क कर परोसे।

आलू का हलवा

चार से छह लोगों के लिए। आधा किलो नया आलू उबाल कर महीन मसल लें। एक कहाड़ी में दो चम्मच घी डालकर धुआं उठने तक गर्म करें और छोटी इलायची का चार–पांच दाना कूट कर फोरन डालें तथा तुरन्त मसला हुआ आलू डालकर लाल होने तक भुनें। जब आलू लाल हो जाए तब 300 ग्राम चीनी डालकर गलने तक भुनें। यह हलवा तैयार हो गया। अब इसे गरम–गरम खाएं और खिलाएं।

सिघाड़े का हलवा

कड़ाही में घी डालकर सिघाड़े के आटे को भून लें। अब इसमें पीसी हुयी एक चुटकी सोंठ, इलायची पाउडर तथा काली मिर्च और पीसी हुयी चीनी तथा दूध डालकर पका लें। जब यह पक कर गाढ़ा होने लगे तो आग से उतार कर उसमें किशमिश, बादाम और गड़ी का बुरादा आदि उपर से बुरक दें तथा गरम गरम परोसे। यह सुबह के नाश्ते का अच्छा भारतीय फलाहारी विकल्प है जो अधिक उर्जा प्रदान करता है।

गाजर का हलवा

अच्छे अच्छे गाजर को लेकर साफ पानी में धो लें। उसके बाद उसे कद्दूकस से बारिक कद्दूकस कर लें और उसे दूध में स्टेनेलेस स्टील के भिगोने में धीमी आँच पर पकायें। जब दूध खूब गाढ़ा होने लगे तथा गाजर सीझ जाय तब पीसी हुयी चीनी डाल कर घुलने तक पकायें। अब इसमें घी, किशमिश, काजू, चिरौंजी तथा बादाम डाल कर आँच से उतार कर गरम गरम परोसे।

मखाने तथा पपीता की खीर

चार–पांच लोगों के लिए 50 ग्राम काजू, 50 ग्राम चिरौंजी दो घंटे भिंगोकर उबाल लें। 100 ग्राम मखाना दो से तीन टुकड़ों में चूर लें। आधा किलो कच्चा पपीता छीलकर कद्दूकस कर लें। एक किलो उबलते दूध में कद्दूकस किया पपीता डालकर हल्की आंच पर दूध आधा होने तक पकाएं फिर काजू, चिरौंजी, मखाना डाल कर गाढ़ा होने तक पकाएं। उतारने से पहले स्वादानुसार चीनी डालें। जब चीनी अच्दी तरह घुल जाए तो आग से उतार लें। यह खीर गरम और ठंडा दोनों में अलग स्वाद देती है तथा सुपाच्य भी है।

सिघाड़े का डोसा एवम् मूँगफली की चटनी

छह लोगों के लिए, आधा किलो आलू उबाल कर मसल लें। दो गाजर महीन कटा हुआ 100 ग्राम उबला कटा पनीर, एक मुठ्ठी मूँगफली का दाना, स्वादानुसार सेंधा नमक, हरी मिर्च डालकर मसले हुए आलू को भूंज लें। सिघाड़े के आटे का घोल बनाएं जिसमें स्वादानुसार सेंधा नमक भी डालें। अब तवा गरमकर घोल का चिल्ला बनाएं और भुंजे हुए आलू मसाले को भरकर डोसे का आकार देते हुए उतार लें।

100 ग्राम मूँगफली का भूना दाना, 100 ग्राम नारियल का बुरादा, स्वादानुसार सेंधा नमक, हरी मिर्च और दो बड़ा चम्मच दही। सभी को मिलाकर महीन पीस लें। इस चटनी के साथ खाएं।

आलू चाट

चार–छह लोगों के लिए आधा किलो उबले आलू में एक मुठ्ठी भुनी हुई मूँगफली के दाने का मोटा चूरा, दो गाजर महीन कटा हुआ, महीन कटा धनिया पत्ता, स्वादानुसार सेंधा नमक हरी मिर्च। सभी को अच्छी तरह मिलाकर मझोले कद के आलू का आकार देते हुए तल लें। फिर एक प्लेट में तीन टिक्की रखें और इसके ऊपर दही डालें इसके बाद पिसी चीनी और सेंधा नमक बुरक दें।

मिश्रित फलों का दुधिया सलाद

पपीता, केला, सेव, नाशपाती, सन्तरा तथा वैगनी और हरे अंगूर को स्वच्छ जल में धो लें। अब अंगूर को छोड़ कर अन्य सभी फलों को छील कर छोटे–छोटे टुकड़ों में काट लें। आवश्यकतानुसार दूध लेकर धीमी आँच पर गर्म करें और उसमें स्वादानुसार पीसी चीनी डाल कर मिला दें। अब सभी फलों के टुकड़ों को इसमें डालें तथा दूध का रंग हल्का पीला करने हेतू एक चुटकी केसर भी डाल दें। आपका मिश्रित फलों का दुधिया सलाद तैयार हो गया।

फलों का चटपटा सलाद

सभी तरह के फल को अच्छी तरह धोकर महीन काट लें और उसपर स्वादानुसार काली मिर्च पाउडर, मिर्च पाउडर, सेंधा नमक तथा पांच–छह बूंद नींबू का रस मिला लें। इस प्रकार फलों का चटपटा सलाद तैयार हो गया। पौष्टिकता के साथ यह सुपाच्य भी होता है।

वर्त में खाए जाने वाला पौष्टिक आहार

मखाना तथा मूँगफली का फ्रेंच फ्राई

सफेद बड़े–बड़े मखाने के लावों तथा मूँगफली के दानों को घी में फ्राई करके सेंधा नमक तथा काली मिर्च पाउडर छिड़क कर फलाहार का जायका लें। इसे मखाना तथा मूंगफली का फ्रेंच–फ्राई कहते हैं।

❑❑❑

अध्याय 8

सलाद – थिरेपी

विश्व में भारत कई क्षेत्रों में प्राचीन काल से ही अग्रणी रहा है। ज्योतिष विज्ञान हो या औषधि विज्ञान, योग विज्ञान हो या नाड़ी विज्ञान, खाद्य विज्ञान हो या शरीर रचना विज्ञान, स्वप्न विज्ञान हो या दर्शन विज्ञान सभी क्षेत्र में इस देश को ही विश्व, अपना गुरू मानता आया है। इसका प्रमाण हमारे वेद–शास्त्रों में भरा पड़ा है। भारत ने दुनिया को कुछ न कुछ हमेशा दिया है परन्तु बदले में कभी इसे यूनानियों ने लूटा तो कभी तुर्कों ने। कभी मुसलमानों ने लूटा तो कभी अंग्रेजों ने। गजब की इन्सानियत है दुनिया के लोगों में। दुनिया को सत्य–अहिंसा का पाठ पढ़ाने वाला यह देश "वसुधैव कुटुम्बकम्" के सिद्धांत को अपनाता हमेशा तो रहा है परन्तु इसके पड़ोसी देश पाकिस्तान और चीन, इसे शान्ति पूर्वक रहने नहीं देते। हमेशा अपने तरह–तरह के कुकृत्यों द्वारा इसको भारी दुःख पहुँचाते रहते हैं। अतः यह सत्य है कि जिसकी नियत खराब रहती है वह अधिक दुःखी तथा परेशान रहता है तथा वह तरह–तरह के रोगों का शिकार बना रहता है।

भारत को औषधि तथा चिकित्सा विज्ञान में प्राचीन काल से ही महारथ हासिल है। भारत के चिकित्सा सम्बन्धी सभी पुस्तकों को पुर्तगाली तथा अंग्रेज यहाँ से ले भागे और उन्हीं पुस्तकों को वे पढ़ कर नयी–नयी शोध आज कर रहे हैं। भारत ने ही सर्वप्रथम विश्व में मनुष्य को स्वस्थ रखने हेतू आयुर्वेद चिकित्सा प्रणाली का विकास किया था जिसमें किसी भी रोग को पौधों द्वारा निर्मित, रस, बटी, रसायन, अर्क, काढ़ा आदि से उपचार करके ठीक किया जाता था। आज भी यह प्रथा कायम है। भारत ने ही विश्व को पशु चिकित्सा विज्ञान की भी प्रेरणा दी थी। यहाँ प्राचीन काल में हाथी, घोड़ों, गाय तथा भैसों की बिमारियों के डॉक्टर हुआ करते थे।

थिरेपी का शाब्दिक अर्थ है चिकित्सा की कला तथा विज्ञान। चिकित्सा की यह कला तथा विज्ञान समय के साथ–साथ बदलता रहा। अब भारत तथा दुनिया के अन्य देशों में इसके विभिन्न तकनीकें विकसित हो चुकी है जो निम्नलिखित हैं :

1. मड् थिरेपी (मिट्टी चिकित्सा)

यह भारत में प्रचलित है। इस पद्धति में पेट के रोगी के उदर पर काली मिट्टी का लेप लगाकर पेट के रोगों को दूर किया जाता है।

2. जूस थिरेपी (रस चिकित्सा)

रोगी को रोग के अनुसार तरह–तरह के फलों, सब्जियों, मसालों, अनाजों तथा जड़ी बुटियों के रस द्वारा चिकित्सा की जाती है।

3. फ्लावर थिरेपी (फूल चिकित्सा)

दिमाग के रोगियों को अलंकृत बागों में नर्स खिले हुए फूलों के बीच ले जाकर उनकों फूलों को दिखा–दिखा कर अच्छी अच्छी बातें करके उनके दिमागी हालत को बदलने की कोशिश बार–बार करती है जिससे धीरे धीरे रोगी का दिमागी हालत बदलने लगता है। भारत के विभिन्न मानसिक चिकित्सालयों में अलंकृत बागवानी एक महत्वपूर्ण साधन है।

4. वाटर थिरेपी (जल चिकित्सा)

इस चिकित्सा पद्धति में रोगी को स्वच्छ बहते जल में लेटाया जाता है और अधिक से अधिक जल पिलाया जाता है जिससे रोगी ठीक होने लगता है। कुछ रोगों में उसे गर्म जल में नंगे बैठाया जाता है। यह एक महत्वपूर्ण चिकित्सा क्रिया है।

5. सलाद थिरेपी (सलाद चिकित्सा)

इस विधि में रोगी को केवल फलों, सब्जियों, अनाजों से निर्मित सलाद खिला कर चिकित्सा की जाती है जिससे रोगी ठीक तो हो ही जाता है साथ ही साथ वह स्वस्थ, बलशाली, तेजस्वी हो जाता है क्योंकि सलाद एक जीवति भोजन है। तो आइये कुछ चुनिन्दा सलाद–फसलों के चिकित्सा गुणों को जाने :

चुकंदर बनेगा ऊर्जा का समंदर

बढ़ती उम्र में भी आप अपने की ऊर्जावान महसूस कर सकते हैं। बशर्ते अपने आहार को लेकर थोड़ा जारूक हो जाएं। हर दिन एक ग्लास चुकंदर का जूस लें तो आपकी सक्रियता बनी रहेगी। ब्रिटेन के शोधकर्ताओं ने यह पता लगाया है कि यह जूस बढ़ती उम्र के लोगों की सिकुड़ती हुई धमनियों को फैलाए रखने में मदद करता है। इस शोध में शामिल लोगों को लगातार छह दिनों तक इस जूस का सेवन कराया गया।

परिणाम बिल्कुल उम्दा रहा। उन्हें चलते वक्त कम ऑक्सीजन की जरूरत पड़ी। जर्नल ऑफ अप्लाएड फिजियोलाजी में छपे इस शोध के परिणामों से यह पता चलता है कि चुकंदर में नाइट्रेट की अच्छी मात्रा होती है। नाइट्रेट धमनियों में रक्त–प्रवाह बनाए रखने में काफी उपयोगी होता है। इसके अलावा यह मांसपेशियों के ऑक्सीजन की जरूरत को भी कम करता है। बढ़ती उम्र के साथ इंसान के रक्त प्रवाह में वह गति नहीं होती है जो जवानी में होती है।

शोधकर्ताओं का कहना है कि सेहत के लिए संतुलित रक्त प्रवाह काफी जरूरी है। वरिष्ठ वैज्ञानिक प्रो॰ एंटी जोंस का कहना है कि और फलों के जूस में इतनी ऊर्जा नहीं होती है। ऊर्जा में खास कर के ऑक्सीजन की भरपाई जितना चुकंदर का जूस करता है वह किसी भी फल का जूस नहीं कर पाता। यूनिवर्सिटी ऑफ एक्सेटर के शोधार्थी केटी लांसली कहते हैं चुकंदर के जूस पीने के बाद कसरत करने में भी पर्याप्त ऊर्जा मिलती है। कसरत करते वक्त ऑसीजन की ज्यादा जरूरत पड़ती है जिसकी भरपाई चुकंदर के जूस से आसानी से हो जाती हैं। खास बात यह है कि यह हृदय संबंधी बीमारियों से भी मुक्त रखता है। बढ़ती उम्र में हृदय संबंधी बीमारियों की शिकायत सबसे ज्यादा होती है। ऐसा नहीं है कि चुकंदर का जूस केवल बढ़ती उम्र के लोगों के लिए ही जरूरी है।

नींबू दिला सकता है अनचाहे गर्भ से मुक्ति

साइड इफेक्ट्स के चलते गर्भनिरोधक गोलियों से परहेज करने वाली महिलाओं के लिए एक अच्छी खबर है। स्त्री एवं प्रसूती रोग विशेषज्ञों ने अनचाही प्रेगनेंसी से छुटकारा पाने का सबसे सरल, घरेलू और सस्ता उपाय ढूंढ निकाला है। उनका दवा है कि नींबू का रस किसी गर्भनिरोधक गोली से कम असरदार नहीं। असुरक्षित यौन संबंध बनाने के बाद भारी मात्रा में विटामिन सी युक्त इस तरल पदार्थ का सेवन करके महिलाएं अनचाहे गर्भ की चिंता से बेफिक्र हो सकती हैं। विशेषज्ञों के मुताबिक महिलाएं सदियों से अनचाही प्रेगनेंसी से छुटकारा पाने के लिए लेमन जूस का इस्तेमाल करती आई हैं। भारी मात्रा में विटामिन सी की मौजूदगी की वजह से यह पदार्थ गर्भाशय की झिल्ली को पतला बना देता है। लिहाजा किसी भी निषेचित अंडाणु का ऐसे माहौल में सुरक्षित बचना नामुमकिन हो जाता है। उन्होंने बताया कि गर्भपात पर नींबू के रस का वास्तविक प्रभाव तो अभी तक नहीं आंका जा सका है लेकिन माना जाता है शुक्राणु विटामिन सी की खटास को सह नहीं पाते। कई गिलास लेमन जूस पीने पर वे शरीर में ही नष्ट हो जाते हैं। स्वास्थ्य विशेषज्ञों की मानें तो गर्भपात के लिए नींबू के रस के सेवन में कोई हर्ज नहीं। हालांकि इस दौरान यह नहीं भूलना चाहिए कि लेमन जूस यौन जनित बीमारियों (एसटीडी) से दूर रखने में कारगर नहीं है।

डायबिटीज की घरेलू औषधि–मेथी

आयुर्वेद में डायबिटीज के मरीजों के लिए मेथी को फायदेमंद बताया गया है। मगर इससे बनी कोई दवा बाजार में उपलब्ध नहीं है। इसकी वजह यह थी कि आध‍ुनिक चिकित्सा विज्ञान ने मेथी के महत्व को कभी स्वीकार नहीं किया। देर से ही सही, मगर मेडिकल साइंस ने भी डायबिटीज में मेथी को कारगर मान लिया है। अब मेथी से दवा बनती है तो बढ़िया, यदि नहीं भी बने तो मरीज सुबह–शाम मेथी खाकर अपनी शुगर घटा सकते हैं।

देश के चार करोड़ डायबिटीज रोगियों के लिए यह राहत पहुंचाने वाली खबर है। नेशनल इंस्टीच्यूट ऑफ न्यूट्रीशन (एन॰आई॰एन॰) हैदराबाद ने मेथी पर शोध किया, जिसे चेन्नई साइंस कांग्रेस में भी रखा गया था।

एन॰आई॰एन॰ के वैज्ञानिक डा॰ रघुनाथ ने बताया कि अस्पताल आधारित शोध में डायबिटीज के मरीजों को मेथी खिलाकर उनके शुगर पर नजर रखी गई। इस दौरान उन्हें डायबिटीज की कोई दवा नहीं दी गई। नतीजे चौंकाने वाले रहे।

डा॰ रघुनाथ के अनुसार 24 घंटो के भीतर शुगर लेवल में 22.5 मि॰ग्रा॰ तक की कमी आई। उन्होंने बताया कि मेथी खाने से पहले एक मरीज का शुगर लेवल 173 मि॰ग्रा॰ था और एक चम्मच मेथी खाने के बाद अगले दिन यह घटकर 144 रह गया।

डा॰ रघुनाथ के अनुसार मेथी खाने से पैंक्रियाज में ऐसे अमीनो एसिड उत्पन्न होते हैं जो इंसुलिन पैदा करने वाली कोशिकाओं को सक्रिय करते हैं। इस कारण पहले से ज्यादा इंसुलिन बनने लगता है, जो शुगर को नियंत्रित करने में सहायक होता है। उन्होंने कहा, हमारा शोध मेथी के डायबिटीज रोधी गूणों को दर्शाता है। यदि वैज्ञानिक इस दिशा में आगे बढ़ें तो मेथी से डायबिटीज की प्रभावी दवा बन सकती है।

कैसे करें सेवन

सुबह शाम आधा चम्मच या एक चम्मच मेथी खाएं। दाने खाने में दिक्कत है तो मेथी पीस कर खा सकते हैं। कोई भी मेथी ले सकते है, छोटे–बड़े दाने में कोई फर्क नहीं। यदि कड़वी लगे तो इसे आटे के साथ पिसवा लें।

स्मरण शक्ति लोप होने से बचाते हैं फलों तथा सब्जियों के जूस

बहुधा लोगों को यह जानकारी नहीं होगी कि फलों और सब्जियों के जूस में पाए जाने वाले कुछ खास तरह के एंटी–ऑक्सीडेंट्स अल्टशाइमर्ज के रोग से काफी हद तक बचाव करने में सक्षम होते हैं। टेनेसे स्थित वैंडरबिल्ट यूनिवर्सिटी के अनुसंधानकर्त्ता की दाई और उनके सहयोगियों ने काफी लम्बे समय तक किए गए अपने अध्ययन से यह निष्कर्ष निकाला है। इनके अनुसार फलों और सब्जियों में एंटी–ऑक्सीडेंट पॉलीफेनॉल की मात्रा काफी अधिक होती है जो अल्टशाइमर्ज से मुक्ति दिला सकती है। परीक्षणों से पता चला है कि पॉलीफेनॉल का स्वास्थ्य पर बेहद सकारात्मक प्रभाव पड़ता है। अल्टशाइमर्ज रोग में बुजुर्गों की समरण शक्ति कमजोर हो जाती है। रिसर्चरों के अनुसार जो लोग सप्ताह में कम से कम एक बार फल या सब्जी का जूस पीते हैं, उनका मानसिक स्वास्थ्य इसका सेवन नहीं करने वालों की तुलना में कहीं ज्यादा अच्छा होता है।

मोटापे की दवा हैं लहसुन और शतावरी

आपको अगर छरहरी काया से लगाव है या आप अपने मधुमेह के स्तर को काबू में रखना चाहते हों, तो आपको अपने खान–पान में शतावरी, वज्रांगी और लहसुन को

शामिल करना होगा। जी हां, एक अध्ययन में पता चला है कि शतावरी, वज्रांगी (आर्टीचोक) और लहसुन के प्रयोग से मोटापे और मधुमेह को नियंत्रित किया जा सकता है।

द डेली टेलीग्राफ के अनुसार शोधकत्ताओं ने पाया है कि लहसुन, शतावरी और वज्रांगी में प्रचुर मात्रा में कार्बोहाइड्रेट पाया जाता है, जिसका सेवन करने से भूख लगने की प्रवृति कम हो जाती है और साथ ही इसके प्रयोग से मानव शरीर में मधुमेह के स्तर को नियंत्रित करने में सहायता मिलती है।

शोधकत्ताओं के अनुसार लहसुन, शतावरी और वज्रांगी आंत के हार्मोन के स्राव में क्रियाशील होते हैं। जो भूख लगने की प्रवृति को कम करता है। ये हार्मोन, इंसुलिन के प्रति संवेदनशीलता को बढ़ाते हैं।

इंसुलिन संबंधी हार्मोन का निर्माण पाचकग्रंथि द्वारा होता है, जो कि शरीर की कोशिकाओं में ग्लूकोज के प्रवेश को होने देता है। इस प्रक्रिया से ग्लूकोज को नियंत्रित करने में मदद मिलती है।

लाल प्याज दिल को रखता है दुरूस्त

प्याज दिल के लिए बड़े काम की चीज है। भारत एवं भूमध्य सागर क्षेत्र में भोजन में इस्तेमाल किए जाने वाले लाल प्याज के बारे में वैज्ञानिकों का दावा है कि इससे दिल की बीमारियों को रोकने में मदद मिल सकती है। हांगकांग के चीनी विश्वविद्यालय के अनुसंधानकर्त्ताओं ने पाया कि लाल प्याज शरीर से खराब कोलेस्ट्राल निकालने में मदद करता है। कोलेस्ट्राल के कारण ही दिल का दौरा और मस्तिष्क स्राव होता है।

वैज्ञानिकों का कहना है कि लाल प्याज शरीर में अच्छे कोलेस्ट्राल को बरकरार रखता है जिससे दिल की बीमारियों से सुरक्षा मिलती है। उन्होंने कहा कि लाल प्याज के शारीरिक गतिविधियों के साथ संबंध के बारे में पहली बार यह अध्ययन किया गया।

महिलाओं को स्तन कैंसर से बचाएगा जलकुंभी का सलाद

अगर किसी को खाने के लिए जलकुंभी का सलाद दिया जाए तो वह नाक भौं सिकोड़े बिना नहीं रह सकता, पर साउथ हेम्पट्न विश्वविद्यालय के वैज्ञानिकों की माने तो कम से कम महिलाओं को तो स्तन कैंसर से बचने के लिए इसका सलाद

खाना ही चाहिए। इन वैज्ञानिकों का दावा है कि इसमें स्तन कैंसर से लड़ने के गुण विद्यमान हैं।

वैज्ञानिकों के अनुसार जलकुंभी में 15 जरूरी विटामिन और मिनरल होते हैं, जो कैंसर से लड़ने में मददगार साबित होते है। शोधकर्त्ताओं ने पाया कि जिन महिलाओं ने खाना खाने के एक घंटे के भीतर तीन औंस (लगभग 28 ग्राम) जलकुंभी का नियमित सेवन किया उनके खून में कैंसर से लड़ने वाले अणु की संख्या सामान्य भोजन करने वाली महिलाओं से कहीं ज्यादा पाई गई। शोधकर्त्ताओं के अनुसार जलकुंभी में एक विशेष यौगिक पदार्थ होता है, जिससे इसका स्वाद काली मिर्च जैसा हो जाता है। यह हाईफोक्सिया प्रोटीन के स्राव को रोक देता है जो कैंसर ट्यूमर को विकसित करने में मददगार है।

प्रोस्टेट कैंसर से बचाता है तरबूज

रसीले फल तरबूज में प्राकृतिक रूप से सर्वाधिक उपयोगी एंटीऑक्सीडेंट, विटामिन–सी और ए पाए जाते हैं जो कई बीमारियों से बचाव करने के लिए बहुत जरूरी होते हैं। दुनिया के अमूमन हर हिस्से में पाया जाने वाला तरबूज कुछ देशों में सालों भर बाजार में उपलब्ध रहता है लेकिन गर्मी में इसकी मिठास और स्वाद तो लाजवाब होता है। दूसरा कोई फल इसकी तरह प्यास नहीं बुझा सकता। सेहत के मामले में भी यह फल लाजवाब है। आहार विशेषज्ञों ने बताया कि तरबूज में बीटा कैरोटिन प्रचुर मात्रा में पाई जाती है जो विटामिन सी और विटामिन ए का प्रमुख स्रोत है। लाल तरबूज में कैरोटिन तथा एंटीऑक्सीडेंट भी पाया जाता है जिसे लाइकोपिन कहते हैं। ये एंटीऑक्सीडेंट शरीर में पाए जाने वाले कुछ ऐसे तत्वों को उदासीन बनाते हैं जो सेहत के लिए नुकसानदेह होते हैं।

आहार विशेषज्ञों के अनुसार लाइकोपिन पुरूषों में होने वाले प्रोस्टेट कैंसर का खतरा घटाते हैं। दिलचस्प बात यह है कि तरबूज एकमात्र ऐसा फल है जिसमें अन्य फलों और सब्जियों की तुलना में सर्वाधिक मात्रा में लाइकोपिन पाया जाता है।

सेव खाएं, आंतों का कैंसर दूर भगाएं

अपनी एक खुराक से डाक्टर को दूर रखने वाला सेव आपके शरीर से आंतों के कैंसर को भी कोसों दूर रख सकता है। एक शोध में यह खुलासा हुआ है। पोलैंड के शोधकर्त्ताओं का दावा है कि रोज एक सेब खाना आंतों के कैंसर के खतरे को एक

तिहाई तक कम करता है, वहीं रोज दो सेब खाने से इसकी आशंका 50 फीसदी तक कम हो सकती है। जागिलोनियान यूनिवर्सिटी के शोधकर्त्ताओं ने आंतों के कैंसर से पीड़ित लगभग 592 लोगों से बात की। शोधकर्त्ताओं ने उनकी जीवनशैली और पोषण की तुलना करने के लिए कैंसर मुक्त 700 लोगों से भी बात की। अध्ययन से पता चला कि कैंसर मुक्त लोगों के पोषण में सेब की भागीदारी काफी ज्यादा थी। डेली एक्सप्रेस ने शोधकर्त्ताओं के हवाले से कहा, किसी भी सब्जी या फल को भोजन में शामिल करने से आंतों के कैंसर पर कोई लाभकारी प्रभाव नहीं दिखा, लेकिन रोज कम से कम एक सेब से इस बीमारी का खतरा लगभग 35 फीसदी कम हो गया। यही नहीं रोजाना दो सेब खाना बीमारी के खतरे को लगभग 50 फीसदी तक कम कर देता है। वर्ल्ड कैंसर रिसर्च फंड के मुताबिक बिना छिला सेब फाइबर (रेशे) का अच्छा स्रोत है। दिन भर में 30 ग्राम रेशेदार पदार्थ का सेवन आंतों के कैंसर से बचाव में अहम भूमिका निभाता है।

कैंसर से जान बचाती है काली रसभरी

काली रसभरी और चुकंदर यूं तो आसानी से मिलने वाली मामूली चीजें हैं, लेकिन नए अध्ययनों ने इनके विशेष गुणों को उजागर कर इनकी अहमियत का अहसास कराया है। काली रसभरी को खाना आंत कैंसर से बचाव में उपयोगी हो सकता है। जबकि चुकंदर के जड़ का रस एक गिलास रोजाना लेने से डिमेशिया होने का खतरा काफी हद तक कम हो जाता है।

वेबसाइट एक्सप्रेस डॉट को डॉट युके के मुताबिक वैज्ञानिकों ने चूहों पर अपने अध्ययन के दौरान काली रसभरी में कैंसररोधी गुण पाए। कैंसर होने की आशंका वाले चूहों को काली रसभरी खाने को दी गई तो उनमें ट्यूमरों की संख्या 60 प्रतिशत तक कम हो गई। पूर्व के अध्ययनों से पता चला था कि काली रसभरी में एंटीऑक्सिडेंट्स मौजूद होते हैं और उनमें कैंसररोधी गुण भी होते है। अध्ययन में देखा गया कि यह फल एक प्रकार की प्रोटीन बीटा–कैटेनिन को निष्क्रिय कर ट्यूमर के विकास को रोकता है। वैज्ञानिकों ने चूहों में होने वाले आंत के कैंसर पर काली रसभरी के कई सुरक्षात्मक प्रभाव देखें हैं। अध्ययनकर्त्ता वैंकाई यांग ने बताया कि काली रसभीर एक कुदरती देन है।

गुर्दे संबंधित बीमारी से बचाता है अनार का रस

अनार को हमेशा से ही स्वास्थ्यवर्धक फल माना जाता रहा है। एक नए अध्ययन के मुताबिक अनार का रस गुर्दे से संबंधित बीमारियों से बचने का भी कारगर उपाय है। इजराइल के शोधकर्त्ताओं ने दावा किया है कि अनार में मौजूद एंटीऑक्सीडेंट्स न केवल डायलिसिस के रोगियों के लिए लाभप्रद हो सकते है बल्कि संक्रमण और दिल की बीमारियों से होने वाली मृत्यु की दरों में भी कटौती कर सकते हैं। डेली एक्सप्रेस के अनुसार शोध में किडनी की बीमारियों से जूझ रहे मरीजों के एक समूह को डायलिसिस के पहले प्रायोगिक तौर पर अनार का रस दिया गया था। जिन मरीजों ने अनार का रस लिया उनकी स्थिति लम्बे समय तक बेहतर रही। इससे अध्ययनकर्त्ताओं ने नतीजा निकाला कि अनार में मौजूद एंटीऑक्सीडेंट्स ने शरीर में मौजूद हानिकारक तत्वों को बाहर निकालने का काम किया।

विभिन्न रंगों के फलों तथा सब्जियों द्वारा विभिन्न रोगों का इलाज

अलग–अलग रंगों के फल और सब्जियां खाना सेहत के लिए फायदेमंद होता है। उनमें मौजूद रंगों में ऐसे पोषक पदार्थ पाए जाते हैं जो शरीर की प्रतिरोधक क्षमता बढ़ाते हैं और बीमारियों के खतरे को कम करते हैं। पेश है फलों और सब्जियों के रंगों के कारण उनमें मौजूद पोषक पदार्थों की जानकारी।

लाल रंग के फल तथा सब्जियाँ

लाल रंग के फल और सब्जियाँ जैसे टमाटर, सेब, गाजर, तरबूज, स्ट्राबेरी, प्याज आदि में लाइकोपिन, इलेगिक एसिड, क्वेरसिटीन और हेस्पिरीडिन सरीखे पोषक तत्व होते हैं। ये पदार्थ शरीर में प्रोस्टेट कैंसर एवम् निम्न रक्तचाप के खतरों को कम कर देते हैं। इसके अलावा ट्यूमर बनने और कोलेस्ट्राल का स्तर बढ़ने की आशंका भी कम हो जाती है। ये ऊतकों को जोड़ने में भी मद्दगार होते हैं।

नारंगी तथा पीले रंग के फल तथा सब्जियाँ

आम, संतरा, मौसमी, पपीता, आडू में बीटा केरोटिन, जिआजेथिन, फ्लेवोनायड, लाइकोपिन, पोटैशियम और विटामिन सी होता है। ये पोषक पदार्थ आँखों की रोशनी बढ़ाते है और प्रोस्टेट कैंसर एवं ब्लड प्रेशर को नियंत्रित रखते है। इसके अलावा मैग्नीशियम और कैल्शियम के साथ मिलकर हड्डियों को मजबूत बनाते है।

हरे रंग के फल तथा सब्जियाँ

पालक, मटर, बन्दगोभी, मेथी, हरे अंगूर, हरी प्याज, ब्रोकोली आदि में क्लोरोफिल, फाइबर, ल्यूटिन, जिआजेंथिन, कैल्शियम, फोलेट और बीटा केरोटिन होता है। ये पोषक पदार्थ पाचन शक्ति बढ़ाने के साथ ही कैंसर और निम्न रक्तचाप के खतरों को भी कम करते हैं। यह आँखों की रोशनी बढ़ाने के अलावा रोग प्रतिरोधक क्षमता में भी वृद्धि करते हैं। आर.पी. सेन्टर एम्स, नई दिल्ली का कहना है कि उत्तर भारत में सब्जियों में डाली जाने वाली हरी धनिया की पत्ती तथा पुदीना की चटनी आँखों के लिए बेहद फायदेमंद है। यह इनमें विद्यमान ल्यटेन तथा जैक्सांथिन के कारण होता है।

नीला और बैंगनी रंग के फल तथा सब्जियाँ

काले अंगूर, ब्लैक बेरी, ब्लूबेरी, बैंगनी–बंदगोभी में ल्यूटिन जिआजेंथिन रेसवराटोल, विटामिन सी, फाइबर, फ्लेवोनायड, इलेगिक एसिड और क्वेरसिटीन होते हैं। शरीर को मजबूती देने के साथ ही यादाश्त को बढ़ाता है। कैल्शियम और अन्य पदार्थों की अवशोषण क्षमता बढ़ाता है। पाचन तंत्र सुदृढ़ करने के अलावा कैंसर सेल्स को बढ़ने से रोकता है।

सफेद रंग के फल तथा सब्जियाँ

केला, लहसुन, अदरक, मशरूम, सफेद शलजम, सफेद आलू आदि में मौजूद बीटा ग्लूकेन्स और लिगनेन्स रोग प्रतिरोधक क्षमता को बढ़ाते हैं। यह स्तन कैंसर के खतरों को रोकने के अलावा हार्मोन में भी संतुलन बनाए रखता है।

लाल मिर्च मोटापा घटाने में मदद कर सकती है

अमेरीका में किए गए अनुसंधान में पता चला है कि लाल मिर्च का पाउडर आपके भोजन को चरापरा और स्वादिष्ट ही नहीं बनाता बल्कि मोटापा घटाने में भी मदद कर सकता है। यूसीएलए यानी यूनिवर्सिटी ऑफ कैलीफोर्निया लॉस एंजेल्स के मानव पोषण अनुसंधान केन्द्र ने पता लगाया है कि जो लोग मोटापा घटाने के लिए कम कैलारी वाला आहार ले रहे हैं, वे यदि इस आहार में लाल मिर्च मिलाकर इसका सेवन करते हैं, तो लाल मिर्च शरीर की चयापचन क्रिया तेज करके आंतरिक गर्मी बढ़ाती है, जिससे अतिरिक्त वसा गलने लगती है और पच–पच कर मोटापा घटा देती है। यह असर लाल मिर्च में मौजूद 'कैप्सिसिन' के कारण होता है। अब

वैज्ञानिकों ने कैप्सिसिन जैसा ही असर पैदा करने वाले एक अन्य यौगिक का पता अन्य पौधों में लगाया है। यह डाइहाड्रोकैप्सिएट (डीसीटी) कहा जाता है। यह बिना चरपरे पन के 'कैप्सिसिन' जैसा ही प्रभाव पैदा करता है। अगर आपको मिर्च का तीखा स्वाद अच्छा लगता है तो कम कैलोरी वाली डाइट को इस भारतीय मसाले के उपयोग से स्वादिष्ट भी बनाइए और मोटापा भी घटाइए।

मोटापा कम करता है ग्रेपफ्रूट यानी चकोतरा

ग्रेपफ्रूट को इसके रंग के कारण अंगूर से जोड़ा जाता है, नहीं तो यह एक रतह के कसैले और खट्टे स्वाद वाला फल है, जिसे भारत में चकोतरा कहा जाता है। चकोतरा का स्वाद भले ही अच्छा न हो, लेकिन यूनिवर्सिटी ऑफ वेस्टर्न ओंटारियों के वैज्ञानिकों ने पता लगाया है कि ग्रेपफ्रूट में नेसिजेनिन नामक यौगिक होता है, जो जिगर पर ऐसा अच्छा असर डालता है कि चिकनाई जमा नहीं होती और पूरी तरह नष्ट हो जाती है। इस यौगिक से खून में शुगर भी नहीं बढ़ती और डायबिटीज होने का डर कम हो जाता है।

मधुमेह में मुफीद है पिस्ता

टोरंटो विश्वविद्यालय के वैज्ञानिकों ने आहार में पिस्ता को शामिल करने से मधुमेह के रोगियों को फायदेमंद बताया है। भारत में मधुमेह (डायबिटीज) के सबसे अधिक रोगी हैं, जिनकी संख्या विश्व स्वास्थ्य संगठन के अनुसार सन् 2025 तक 8 करोड़ तक पहुंच सकती है। मधुमेह के कारण शरीर के सभी अंग प्रभावित होते हैं – हृदय भी।

टोरंटो यूनिवर्सिटी के पोषण विज्ञान विभाग के डा॰ सिरिल केंडाल का कहना है कि 'हमारे प्रारंभिक प्रयोगों में हमने देखा कि हर रोज 10–20 ग्राम पिस्ता खाने से नौ दिन में ही ब्लड शुगर (गलाहसीमिक) का असर कम हो जाता है और नकारात्मक एलडीएल कोलेस्टेरोल भी खून में घटता है साथ ही सकारात्मक प्रभाव वाला एचडीएल कोलेस्टेरोल बढ़ जाता है। इस तरह मधुमेह तथा हृदय विकार दोनों की रोकथाम के लिए पिस्ता खाना उपयोगी है।

प्रयोगों में पिस्ता कार्बोहाइड्रेट वाले आहारों के साथ दिया गया, जो कि शरीर में पचने के बाद शर्करा में बदल जाते हैं और ब्लड शुगर बढ़ाकर ग्लाइसीमिया पैदा करते हैं, जो मधुमेह का मूल कारण है। टोरंटो यूनिवर्सिटी के सिरिल केंडाल और डा॰ डेविड जेंकिस, दोनों ही बार्कोहाइड्रेट बहुल आहार से ग्लाइसीमिया बनने पर

वर्षों से अनुसंधान कर रहे हैं और इस क्षेत्र में अपनी बुनियादी खोजों के लिए विख्यात हैं। पिस्ता खाने से भूख बढ़ाने वाले हार्मोनों का स्राव कम होता है और जो लोग अधिक मात्रा में भोजन के कारण अपनी ब्लड शुगर बढ़ा देते हैं, उन्हें इस बुरी आदत से छुटकारा मिलता है। अतः पिस्ता खाने का मतलब हैं, मोटापा कम करना।

पिस्ता सी–रिएक्टिव प्रोटीनों का स्तर भी कम करता है। यह प्रोटीन हृदय विकारों के खतरे से जुड़ा है। पिस्ता में लाभदायक पोषक प्रोटीन, रेशा और मोनोअनुसैचुरेटेड फैट होते हैं, जो मानव–स्वास्थ्य के लिए लाभदायक हैं।

पिस्ता खिलाने के प्रयोग 10 स्वस्थ व्यक्तियों पर दो मुट्ठी तक किए गए थे। इन्हें एक, दो और तीन औंस पिस्ता अकेला और कार्बोहाइड्रेट वाले आहार के साथ दिया गया। हर दो घंटे बाद ब्लड–शुगर का स्तर नापा गया। इससे पता चला कि गेहूं–चावल जैसे कार्बोहाइड्रेट प्रचुर आहार के साथ पिस्ता खाने से रक्त–शर्करा कम बनती है, जबकि बिना पिस्ता के अकेले इन आहारों के सेवन से रक्त–शर्करा बढ़ जाती है।

हमारे देश में अभी पिस्ता कम पैदा होता है और बादाम की तरह पिस्ता भी अधिकतर कैलीफोर्निया से आयात किया जाता है। अतः राष्ट्रीय बागवानी मिशन के तहत बादाम और पिस्ता जैसे पौष्टिक मेवों का भारत में उत्पादन बढ़ाने के लिए विशेष कार्यक्रम चलाने होंगे।

कैंसर की दवाओं का दुष्प्रभाव कम करता है अदरक

अमरीका के कैंसर–विशेषज्ञों ने अदरक पर गहन अनुसंधान करके पता किया है कि कैंसर की रासायनिक चिकित्सा के दुष्प्रभाव रोगियों को अदरक देकर कम किए जा सकते हैं। अदरक को सुखाकर और पीसकर भारत में सोंठ बनाई जाती है। आधा चम्मच यानी एक ग्राम सोंठ कैंसर के रोगियों को कीमोथेरेपी के बाद होने वाली उलटियों और चक्कर आने से बचा सकती है। नयूयॉर्क की रोचेस्टर यूनिवर्सिटी के मेडीकल सेंटर की डा॰ जूली रयान ने 614 रोगियों पर प्रयोग के बाद यह निष्कर्ष निकाला है।

अंगूर देता है दिल को ताकत

अमरीका की मिशीगन यूनिवर्सिटी के हृदय अनुसंधान केन्द्र के वैज्ञानिकों ने पता लगाया है कि अंगूर में सभी फलों से ज्यादा पौष्टिक तत्व होते हैं। हरे और काले अंगूर को सुखाकर उनका चूर्ण चूहों को खिलाया गया और साथ में नमकीन आहार

दिया गया। जिन्होंने नमकीन आहार के साथ अंगूर का चूर्ण खाया था, उनका ब्लड प्रेशर ठीक रहा और दिल की मांसपेशियां मजबूत हो गई। जबकि जिन्हें अंगूर नहीं दिया गया वे चूहे दिल के दौरे, स्ट्रोक और गुर्दे फेल होने के शिकार हो गए। मतलब यह कि सेहत के लिए अंगूर उगाइए भी और खाइए भी।

पथरी, बांझपन तथा रतौंधी की औषधि – गाजर

- गाजर एक ऐसा प्राकशतिक स्वास्थ्यवर्धक आहार है जिसे कच्चा खाया जा सकता है जो नेत्रों से लेकर शरीर के अन्य अंगों को भी स्वस्थ व निरोग रखता है। गाजर में कैरोटीन की मात्रा सब फलों एवं सब्जियों से ज्यादा है। गाजर में विटामिन ए, बी, सी, डी, ई एवं जी प्रचुर मात्रा में होता है। इसलिए यह पाचक भी है और रक्तशोधक भी है। यह शरीर में अम्ल तथा क्षार का संतुलन ठीक बनाए रखता है।
- इसे रोज सेवन करने से प्रतिरोधी क्षमता बढ़ती है क्योंकि इसके रस में कैल्शियम, पोटैशियम, मैगनीज एवं लौह खनिज भी पाए जाते हैं।
- गाजर पथरी के रोगी के लिए बहुत लाभकारी है। गाजर के बीज और शलजम के बीज 20–20 ग्राम लें और मूली को अंदर से खोखला करके उसमें बीज डालकर गर्म राख में भुरते की तरह भून लें। जब भुन जाए तो बीज निकालकर पीस लें। 6 ग्राम सुबह शाम पानी के साथ एक महीना खाएं, बन्द पेशाब खुलेगा और पथरी टूट कर निकल जाएगी।
- गाजर 100 ग्राम, गुड़ 100 ग्राम, 3 पाव पानी में रात को आग पर पका लें। जब गाजर गल जाए तो सुबह चांदी के दो वर्क लगाकर खाएं। जिगर की गर्मी और पीलिया में फायदा करेगी। 10 दिन खाएं। दिल को ताकत देती है। अगर आधे सिर में दर्द हो तो गाजर के पत्तों को पानी में गर्म करके नाक और कान में डालें। निश्चित रूप से फायदा होगा।
- एक किलो गाजर कद्दूकस से घिस लें। फिर 4 किलो दूध में पका लें। चीनी 500 ग्राम डालें। जब दूध सूख जाए तो एक पाव देसी घी और 5 अंडे डालकर भून लें। रोजाना 60 ग्राम खाकर ऊपर से दूध पी लें। एक महीना खाएं। मर्दाना ताकत के लिए बढ़िया चीज है। दिल और दिमाग को भी ताकत देता है। स्मरण शक्ति तेज होती है।

- गाजर से विटामिन ए भी पर्याप्त मात्रा में मिलता है जो आँखों के लिए बहुत आवश्यक है। इसमें विटामिन ई भी काफी मात्रा में होता है जो कि बांझपन के लिए बहुत ही आवश्यक है जिससे प्रजनन क्षमता बढ़ती है।
- यह मधुमेह में भी बहुत लाभकारी है क्योंकि इसमें इन्सुलिन जैसे तत्व तथा टाकोकीलिन नामक हार्मोन भी पाया जाता है। इसलिए मधुमेह में गाजरपाक बहुत फायदा करता है। इसकी चीनी भी मधुमेह के रोगी को फायदा करती है।
- इसमें एंटीसेप्टिक गुण भी है जिससे घाव भी जल्दी भरते हैं। आंतों का अल्सर भी जल्दी ठीक हो जाता है। पुराने से पुराने रोगों में भी जैसे खून की कमी, ऐसीडिटी, रक्त की बीमारी, मधुमेह आदि में गाजर से उपचार किया जाता है और रोगी ठीक हो जाता है। जाड़ों में जब इसका मौसम होता है तब इसका अचार व राई नमक का पानी भी बनाया जाता है जिसे कांजी कहते हैं जो स्वादिष्ट होने के साथ–साथ उदर विकारों में भी लाभप्रद है। गाजर को काटकर छाया में सुखाकर भी रखा जा सकता है जब इसका मौसम नहीं होता तो इसे उबालकर सब्जी बनाकर खाया जा सकता है।

साबुत अनाजों वाली सलाद का औषधीय महत्व

साबुत अनाज वाले खाद्य पदार्थों में एक बाहरी खोल, भूसी या ब्रान (ऊपरी सतह), बीज और मुलायम एण्डोस्पर्म पाया जाता है। गेहूँ की पिसाई के वक्त ऊपरी भूसी एवं बीज को हटा दिया जाता है एवं स्टार्ची एण्डोस्पर्म ही बच जाता है। भूसी एवं बीज से विटामिन ई, बी और अन्य तत्व जैसे कि जिंक, सेलीनियम, कॉपर, आयरन, मैंगनीज एवं मैगनीशियम आदि प्राप्त होते हैं। इनमें फाइबर भी प्रचुर मात्रा में पाया जाता है। सभी साबुत अनाजों में अघुलनशील फाइबर पाये जाते हैं जो पाचन तंत्र के लिए बेहतर होते हैं साथ ही कुछ घुलनशील फाइबर भी पाये जाते हैं जो रक्त में वांछित कोलेस्ट्रोल का स्तर बढ़ाते हैं। खासतौर से जई, जौ और राई में घुलनशील फाइबर की मात्रा अधिक होती है, साबुत अनाजों में रूटीन (एक फ्लेवेनएड जो हृदय रोगों को कम करता है), लिग्रान्स, कई एंटीअक्सीडेंट्स और अन्य लाभदायक पदार्थ पाये जाते हैं।

नवीनतम खोजों से पुष्टि हुई है कि साबुत अनाजों में कई विटामिनों के अनूठे मिश्रण, खनिज–लवण, फाइबर, अघुलनशील एंटीअक्सीडेंट्स और फाइटोस्टेरोल्स भी पाए जाते हैं, जो शरीर को कई रोगों से बचाते हैं। जो लोग साुबत अनाज खाते हैं

उन्हें डायबिटीज, कोरोनरी धमनी रोग, पेट का कैंसर और हाई ब्लड प्रेशर जैसी बीमारियों का खतरा कम हो जाता है। इनमें जटिल कार्बोहाइडेट्स का अनूठा मिश्रण, जल व वसा में घुलनशील विटामिन, लवण, फाइबर, अघुलनशील एंटीऑक्सीडेंट्स और फाइटोस्टीरल्स पाये जाते हैं।

साबुत अनाजयुक्त पदार्थों का ग्लाइसेमिक इंडेक्स कम होता है, जिससे ये रक्त में शर्करा का स्तर कम करते हैं। इनमें पाए जाने वाले फाइबर अंश पेट में गैस बनने की प्रक्रिया को कम करते हैं एवं पेट में स्थिरता का आभास होता है, इसलिए ये शारीरिक वजन कम करने में सहायता करते हैं। साबुत अनाज वाले खाद्य पदार्थों में कार्डियोवस्क्युलर बीमारियों एवं पेट के कैंसर का खतरा कम हो जाता है। रिफाइन्ड अनाज को पीस कर बनाया जाता है, जिसमें दाने की भूसी और जर्म सतह को हटाया जाता है, जिससे लिनोलेइक एसिड कम हो जाता है साथ ही फाइबर, फोलिक एस्डि, सेलेनियम और विटामिन ई जैसे पोषक तत्व नष्ट हो जाते हैं।

साबुत अनाज हृदय रोगों और स्ट्रोक के कम होने के लिए भी खाया जाता है। इसके कई कारण हैं जिसमें कि घुलनशील फाइबर में कोलेस्ट्रोल कम करने का गुण, अतिरिक्त विटामिन होना, खनिज लवण, एंटीअक्सीडेंट्स और फाइटोकेमिकल्स का होना शामिल है। इसलिए साबुत अनाजों को अन्य पदार्थों पर वरीयता दी जाती है।

गेहूँ की भूसी में, रिफाइन्ड गेहूँ के मुकाबले अधिक एंटी ऑक्सीडेंट्स क्षमता होती है। साबुत अनाज रक्त में शर्करा की मात्रा को बढ़ने से रोकता है, इससे इन्सुलिन अपना कार्य बखूबी करता है जो डायबिटीज से बचाता है। साबुत अनाज आंत, पेट और मुंह के कैंसर की आशंका भी कम करता है, फाइबर कब्ज और डाइवर्टिकुलटिस को रोकता है। साबुत अनाज भारतीय खाने का प्रमुख अवयव है, जो मूलभूत ऊर्जा, प्रोटीन, आयरन फाइबर और कई अन्य सूक्ष्म पोषक तत्व प्रदान करता है। शाकाहारियों के लिए अपने भोजन में यदि गेहूँ, चना, हरी मटर (ताजी), मूँग, मूँगफली तथा मेथी को पानी में भिंगोकर अंकुरित कराकर रोज 100 ग्राम सलाद के रूप में खाया जाये तो कभी बुढ़ापा आयेगा ही नहीं तथा शरीर भी निरोग बना रहेगा। इन साबुत अनाजों के कारण पाचन शक्ति ठीक रहती है तथा कब्जियत कभी नहीं होती है। अतः आप सलाद बनाते समय इन साबुत अनाजों को अवश्य सलाद में डालें।

फल चिकित्सा (फ्रुटथिरेपी) में अंगूर की विशेष अहमियत है।

तरबूज कम ऊर्जा वाला रसदार फल है जिसके सेवन से आप का बदन छरहरा तथा कान्तिमय हो जाता है।

विभिन्न रंगों के फलों और सब्जियों द्वारा हमारे शरीर में होने वाले विभिन्न रोगों का इलाज आसान हैं। अतः इन्हें भोजन के रूप में अवश्य लेवें।

चकोतरा की उन्नत किस्म – सी.जी. (पी.) 16/06 का वृक्ष

गृह वाटिका के लिए उत्तम फल – चकोतरा

नियमित सलाद का सेवन अर्थात काले बाल और चमकिले मजबूत दाँत

वक्त से पहले ही बालों के सफेद होने की समस्या से ग्रस्त लोगों में से ज्यादातर को यही चिंता रहती है कि अब वे बूढ़े दिखने लगेंगे। दरअसल, जल्दी बाल सफेद होने से व्यक्ति अपनी असली उम्र से कहीं ज्यादा का नजर आने लगता है और इस वजह से वह अक्सर शर्मिंदगी महसूस कर सकते हैं। हालांकि बालों के सफेद होने की शुरूआत कब होती है और बाल आगे चलकर किस गति से सफेद होते हैं। यह बात अलग–अलग लोगों में अलग–अलग तरीके से देखने को मिलती है। सच पूछिए तो ज्यादातर लोगों के बाल 20 से 30 साल की उम्र में ही सफेद होना शुरू हो जाते हैं। परन्तु तब वे इस पर ध्यान नहीं देते। हालांकि भारतीयों में बाल जल्दी सफेद होने को समस्या तब माना जाता है जब समस्या की शुरूआत किशोरवस्था में होती है या फिर 50 वर्ष की गम्र से पहले ही सिर के आधे से ज्यादा बाल सफेद हो जाए।

बाल सफेद होने के कारण

- बाल सफेद होने तब शुरू होते हैं जब भेलानोसाइट्स द्वारा पिगमेंट के निर्माण में कमी आ जाती है। भेलानोसाइट्स वो सेल्स होते हैं जो त्वचा तथा बालों में पिगमेंट का संतुलन बनाए रखने के लिए जिम्मेदार होते हैं।
- मसलन, हाइपरथायरॉइडिज्म और गंभीर एनीमिया, इसमें बाल जल्दी सफेद होते हैं।
- इसके अलावा थकान, सांस लेने में कठिनाई और सीने में अक्सर दर्द भी रहता है।
- बच्चों के बाल सफेद होने के पीछे एक आम वजह होती है उनमें विटामिन 'बी–12' की कमी।
- स्तनपान करने वाले ऐसे बच्चे जिनकी मां में 'बी–12' की कमी हो, वे भी इसका शिकार हो सकते हैं।
- हार्मोन में होने वाला असंतुलन भी अक्सर जल्दी बाल सफेद कर देता है।
- कई तरह के थायराइड डिसआर्डर खासकर हाइपरथायरॉयड में सेल्स की पिगमेंट की प्रक्रिया कमजोर पड़ जाती है और यह बाल सफेद होने का एक कारण बन जाता है।

- कई तरह की दवाएं और जड़ी बूटियां (जैसे इचिनेसिला) और विटामिन ई समेत कुछ अन्य सप्लीमेंट्स भी बालों को वक्त से पहले सफेद करने के लिए जाने जाते हैं।
- धूम्रपान को भी इसके लिए जिम्मेदार माना जाता है। ब्रिटिश मेडिकल जर्नल में छपी एक स्टडी में धूम्रपान का ताल्लुक बाल जल्दी सफेद होने और गंजेपन की समस्या से जोड़ा गया है।
- पुराना सर्दी–जुकाम, साइनोसाइटिस, एनीमिया, पुराना कब्ज भी इसका कारण बन सकता है।

बालों को सफेद होने से रोकने के उपाय

- दिन तथा रात्रि के भोजन में मिश्रित सलाद जिसमें विभिन्न प्रकार की सब्जियाँ, फल, अंकुरित अनाज तथा मसाले हों, खूब खायें।
- पपीता, स्ट्राबेरी, सेव, नाशपाती, संतरा, चकोतरा तथा अंगूर को सलाद में प्रधानता उनकी उपलब्धता के अनुसार दें।
- अपने सलाद में अंकुरित साबूत अनाज जैसे गेहूँ, चना, मूँग, मेथी, मूँगफली को विशेष स्थान दें।
- अपने सलाद में हरी पत्तिदार सब्जियाँ जैसे हरी प्याज, हरी धनियाँ, पत्ता गोभी, लेट्यूस, सोवा, पोदीना, सेलरी को अवश्य रखें।

सलाद के नियमित सेवन करने वाले व्यक्तियों के दाँत मजबूत तथा चमकिले होते हैं उनके सड़ने तथा टूटने की समस्या कभी उत्पन्न होती ही नहीं है। अतः आप भी अपने रोज–रोज के भोजन में इन सलादों को प्रधानता दें।

❑❑❑

अध्याय 9

विश्व शाकाहार दिवस

भारतीय संस्कृति में हमेशा से शाकाहार की महिमा पर जोर दिया गया है। पुरानी कहावत है ''जैसा खाओगे अन्न, वैसा रहेगा मन''। वैज्ञानिकों तथा शोधकर्त्ताओं के कई अध्ययनों के बाद धार्मिक मान्यताओं के अलावा शाकाहार का डंका अब पूरे विश्व में बजने लगा है। शरीर पर शाकाहार के सकारात्मक प्रभावों को देखते हुए दुनिया भर में लोगों ने मांसाहार को त्यागना शुरू कर दिया है। शाकाहार के द्वारा हम न सिर्फ अपने मन और शरीर बल्कि पृथ्वी के जलवायु और पर्यावरण पर भी सकारात्मक प्रभाव डाल सकते हैं। एक शोध के मुताबिक सिर्फ अमेरिका में प्रति घंटे मांस के लिए 6 लाख 60 हजार जानवरों का वध किया जाता है जो जानवरों के प्रति मानव के अमानवीय विचारधारा को दर्शाता है तथा यह जानवरों के प्रति निर्दयता का भारी उदाहरण भी है।

विश्व शाकाहार दिवस

यह प्रत्येक वर्ष 1 अक्टूबर को मनाया जाता है। इसकी शुरूआत नार्थ अमेरिकन वेजिटेरियन सोसाइटी (एनएभीएस) के द्वारा सन् 1977 ई० में की गई थी। दरअसल

विश्व शाकाहार दिवस के द्वारा पूरा अक्टूबर माह शाकाहार के प्रति चेतना जगाता है। वेजिटेरियन सोसाइटी के इस अभियान के शुरू होने के बाद से केवल अमेरिका में दस लाख से ज्यादा लोगों ने मांसाहार को पूरी तरह से त्याग दिया है। अमेरिका में इस पवित्र जीवन शैली को सन् 1977 में तरजीह दिया तो गया परन्तु शाकाहार भारतीय संस्कृति की ही देन है।

हमारे शरीर एवं मस्तिष्क पर मांसाहार के दुष्प्रभाव

- मांसाहार की तुलना में शाकाहारी भोजन पचने के काफी आसान होता है।
- शोधकर्त्ताओं का कहना है कि शाकाहारी भोजन में रेशे (फाइबर) बहुतायत मात्रा में पाये जाते हैं तथा इनमें विटामिन एवं लवणों की मात्रा भी अपेक्षाकृत ज्यादा होती है।
- शाकाहारी भोजन में जल की मात्रा अधिक होने से यह मोटापा कम करने में लाभदायक है।
- मांसाहार के तुलना में शाकाहारी भोजन में संतृप्त वसा और कोलेस्ट्राल की मात्रा कम होती है जिससे यह ह्रदय रोगों की आशंका को कम करता है।
- अनाज, फली, फल और सब्जियों में रेशे और एंटीऑक्सीडेंट अधिक मात्रा में पाये जाने की वजह से शाकाहार कैंसर को दूर रखने में सहायक होता है।
- बहुत से लोग गोश्त को अच्छे स्वाद के नाम पर अधिक मसाला डाल कर देर तक पकाते हैं, इस प्रक्रिया से पका हुआ गोश्त खाने पर हमारे शरीर के कॉडियोवेस्कुलर तंत्र को काफी नुकसान पहुंचता है। यह भोजन रक्तचाप बढ़ाने के साथ रक्तवाहिनियों में जम जाता है, जो आगे चलकर दिल की बीमारियों को न्यौता देता है।
- मांसाहार के लिए जब पशुओं का वध किया जाता है तो उनमें कुछ हार्मोनल परिवर्त्तन होते हैं, यह हार्मोनल परिवर्त्तन मांसाहार का सेवन करने वाले के शरीर पर कुप्रभाव छोड़ता है।
- मांसाहार की तुलना में शाकाहार में प्राटीन, विटामिन, खनिज, लवण आदि सभी का बेहतर संतुलन होता है।
- मनुष्य के दांत प्राकृतिक तौर पर शाकाहार के लिए ही बने होते हैं। मांसाहार करने वाले पशुओं की बनावट प्राकृतिक तौर पर अलग ही होती है।

- मांसाहारी लोग अपने भोजन के लिए जिन पशुओं के मांस का सेवन करते हैं वे पशु भी घास, पत्ते, पेड़, पौधे आदि अर्थात् शाकाहार पर ही निर्भर रहते हैं, अर्थात् पशु जिस भोजन को सीधे तौर पर लेते हैं मांसाहारी लोग उसे अप्रत्यक्ष तौर पर लेते हैं। इसलिए क्यों नहीं हम अपना सीधा आहार शाकाहार के रूप में ही लें।
- पिछले दिनों एक अंतर्राष्ट्रीय शोध दल ने बड़ी संख्या में शाकाहारियों एवं मांसाहारियों के व्यवहारों का अध्ययन करने के उपरांत यह प्रमाणित किया है कि मांसाहार का असर व्यक्ति की मनोदशा पर भी पड़ता है। शोधकर्त्ताओं ने अपने शोध में यह पाया कि लोगों के हिंसक प्रवृत्ति का सीधा असर मांसाहार के सेवन से है।

शाकाहार का पर्यावरण पर प्रभाव

- विशेषज्ञों का मानना है कि मांसाहार का बढ़ता प्रचलन प्रत्यक्ष या अप्रत्यक्ष तौर पर जलवायु परिवर्त्तन और ग्रीन हाउस गैसों का उत्सर्जन के लिए जिम्मेदार है।
- मीट उद्योग विश्व का सर्वाधिक प्रदूषण फैलाने वाले उद्योगों में से एक है।
- हमारी जीवन शैली का जलवायु परिवर्त्तन पर सीधा असर पड़ता है, और हमारी जीवन शैली में हमारा भोजन भी शामिल होता है। अतः शाकाहार अपना कर पर्यावरण संरक्षण में अपना योगदान दिया जा सकता है।
- मांसाहार के अधिक प्रचलन के कारण कहीं न कहीं पर्यावरण में कार्बन डाई ऑक्साइड जैसे गैसों का उत्सर्जन बढ़ रहा है। अतः मांसाहारी जलवायु परिवर्त्तन में भूमिका निभा रहे हैं।
- एक तथ्य यह भी है कि शाकाहार का प्रचलन बढ़ने पर हरी सब्जियों, फलों आदि के लिए अधिक कृषि उत्पादन होगा तो वातवरण में ऑक्सीजन अधिक मात्रा में उत्सर्जित होगी। इसलिए शाकाहार को बढ़ावा देकर हम न केवल स्वास्थ्य कारणों से बल्कि पर्यावरण संरक्षण के लिहाज से भी लाभान्वित होते हैं।

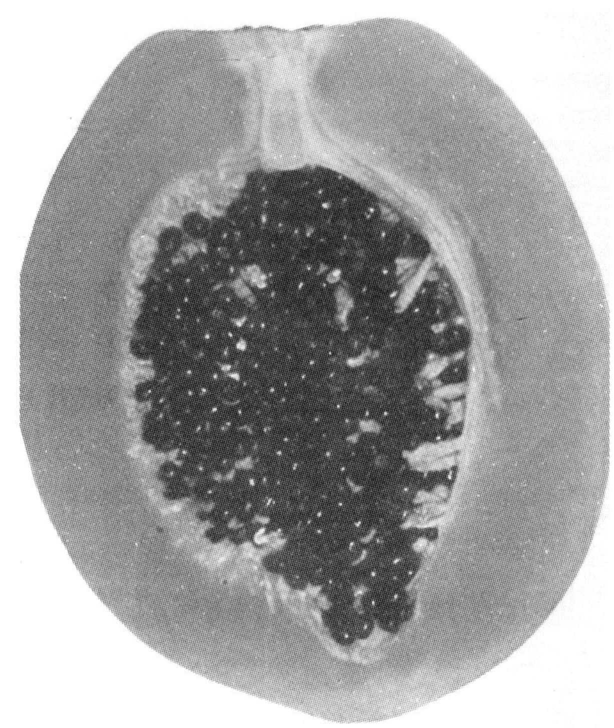

शाकाहार में जो शक्ति है वह मांसाहार में नहीं है। शाकाहारी भोजन जीवित भोजन है।

गमलों में सलाद के लिए मूली तथा गाजर

गमलों से तैयार मूली उखाड़ती हुई महिला। यह उत्तम प्रयास है।

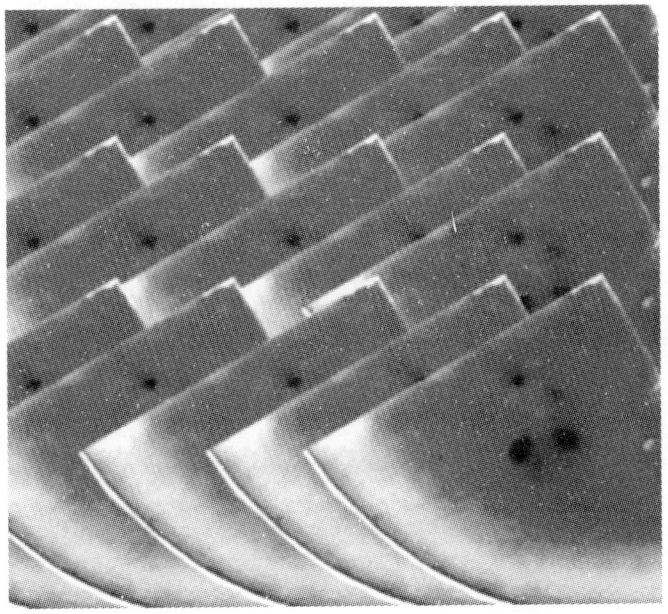

मीठा रसीला तरबूज बच्चों का मन मोह लेता है। यह शाकाहारी परम्परा की बचपन से शुरूआत है।

विश्व शाकाहार दिवस मनाने की उत्तम विधियाँ

- देश के सभी विद्यालयों तथा विश्वविद्यालयों में विश्व शाकाहार दिवस पर छात्रोपयोगी कार्यक्रम तथा वाद–विवाद प्रतियोगिता चलानी होगी तथा शाकाहार के महत्व को छात्रों को नाटक तथा डाकुमेटरी फिल्म के माध्यम से बताना होगा।
- देश के सभी विद्यालयों में विद्यार्थियों को साग–सब्जी तथा अल्प अवधि वाले फल उगाने का प्रशिक्षण गृह वाटिका बनाकर देनी चाहिए। इससे बच्चों के जीवन में शाकाहार की नींव पड़ेगी।
- इस दिन या हो सके तो पूरा अक्टूबर महीना सिर्फ शाकाहार पर रहना चाहिए।
- अक्टूबर के महिने में न सिर्फ मीट बल्कि जानवरों के मांस तथा किसी भी अवशेष से बने वस्तुओं का उपयोग नहीं करनी चाहिए।
- स्कूलों में विद्यार्थियों को शाकाहार पर प्रकाशित पुस्तके उपहार/पुरस्कार के रूप में देना चाहिए। पुस्तकों आदि के माध्यम से जानेंगे की शाकाहार से हमें क्या–क्या लाभ है तथा इस संबंध में अपने परिवार के सदस्यों, मित्रों तथा अपने सहकर्मियों से विचार–विमर्श करना चाहिए तथा उन्हें भी शाकाहार के प्रति जागरूक करना चाहिए।
- अक्टूबर माह में रेस्तरां आदि में जाने पर शाकाहारी व्यंजन के बारे में जानना चाहिए तथा अपने मेनू में शामिल करना चाहिए।
- इस माह घर में आए मेहमानों को भी शाकाहारी व्यंजन ही परोसना चाहिए तथा उन्हें इसका महत्व बताना चाहिए।
- शाकाहारी जीवन शैली को हमेशा के लिए अपनाने का प्रयास करना चाहिए।
- तो आइए हम नैतिकता, मानवता, स्वास्थ्य तथा पर्यावरण को ध्यान में रखते हुए शाकाहारी जीवन पद्धति को अपनाएं तथा इसकी शुरूआत विश्व शाकाहार दिवस से करें।

□□□

सब्जी वर्ग की प्रकन्द तथा कन्द–मूल वाली सलाद फसलों की उत्पादन–प्रौद्योगिकी

अध्याय 10

अदरक

सलाद कोई भी हो यदि उसमें अदरक नहीं पड़ा है तो वह अधूरी रह जाती है। यही कारण है कि सलाद वाली फसलों में अदरक का महत्वपूर्ण स्थान है। इसे हिन्दी में अदरक, असमिया, बंगाली तथा उड़िया भाषा में आदा, गुजराती में अदू, कन्नड़ में शण्टी, मराठी में अले, पंजाबी में अद्रक, संस्कृत में आर्द्रक, तेलुगू में अल्लाम, उर्दू में अद्रक, तमिल तथा मलयालम में हन्जि कहते हैं। परन्तु इसे अंग्रेजी में जिन्जर तथा वानस्पतिक भाषा में जिन्जीबर आफिसीनेल कहते हैं। यह जिन्जीबरेसी पौध परिवार का सदस्य है। अदरक का उपयोग मसाले के रूप में, अचार, चटनी, दाल, साग–भाजी तथा अन्य भोजन सामग्रियों को रूचिकर तथा स्वादिष्टि बनाने में किया जाता है। अदरक की सोंठ आयुर्वेदिक दवाओं का मुख्य अंश तो है ही, परन्तु एक घरेलू औषधि भी है। साथ ही साथ सोंठ पशुओं के अनेक रोगों की अचूक दवा है। पंजाब तथा हरियाणा के लोग दाल में कच्चे अदरक की कतरन डालकर बड़े चाव से खाते हैं।

उत्पत्ति तथा विवरण

अदरक की उत्पत्ति दक्षिण–पूर्वी एशिया में भारत के उत्तर–पूर्वी भाग में हुई थी। विश्व में अदरक की खेती भारत, जमाईका, सियरालिओन, नाइजिरिया, चीन, जापान, ताइवान, आस्ट्रेलिया (क्वीन्सलैंड), मलाया, नेपाल तथा श्रीलंका में होती है। भारत विश्व के कुल अदरक उत्पादन का 50 प्रतिशत उत्पादन (1,30,460 टन) करता है परन्तु भारत अपने कुल उत्पादन का केवल 3.99 प्रतिशत भाग (5198 टन) ही विश्व बाजार में बेचता है जिससे 9.22 करोड़ रूपये की विदेशी मुद्रा प्राप्त होती है। कच्चे एवं सूखे अदरक के अतिरिक्त भारत से प्रति वर्ष 11.39 टन अदरक–तेल तथा 5. 05 टन ओलियोरेजिन विदेशों को निर्यात किया जाता है जिससे क्रमशः 0.54 तथा 0.12 करोड़ रूपये मूल्य की विदेशी मुद्रा प्राप्त होती है।

यदि यह निर्यात की मात्रा अच्छी किस्मों की खेती करके बढ़ायी जाय तो किसानों की आर्थिक दशा में सुधार होगा तथा देश को बहुमूल्य विदेशी मुद्रा की भी प्राप्ति बढ़ेगी। अतः सलाद वाली फसल अदरक किसानों के साथ–साथ देश के लिए भी बहुत महत्वपूर्ण फसल है।

भारत में अदरक की खेती सबसे अधिक क्षेत्रफल में केरल राज्य में होती है जिससे उत्पादन भी सर्वाधिक प्राप्त होता है। भारत के अन्य अदरक उत्पादन करने वाले राज्य हैं – मेघालय, मणिपुर, मिजोरम, नागालैंड, असम, पश्चिमबंगाल, उड़ीसा, बिहार, मध्य प्रदेश, हिमाचल प्रदेश, तमिलनाडू, आन्ध्र प्रदेश, कर्नाटक, हिमाचल प्रदेश तथा उत्तर प्रदेश इत्यादि।

उत्तर प्रदेश में अदरक की खेती देवरिया, गोरखपुर, बाराबंकी, बहराईच, पीलीभीत तथा झॉसी प्रमण्डल में बड़े पैमाने पर होती है। राष्ट्रीय उत्पादकता की तुलना में उत्तर प्रदेश तथा बिहार में अदरक की उत्पादकता कम है। इस कमी के पूरा करने के लिए हमें अदरक की अधिक उपज देने वाली किस्मों की वैज्ञानिक तौर–तरीके से खेती करनी होगी। भारत के अदरक उत्पादन में उत्तर प्रदेश तथा बिहार का योगदान नगण्य है, उसे भी बढ़ाना है।

अदरक की खेती की समस्याएँ तथा सम्भावनाएँ

अदरक की खेती से प्रति इकाई भूमि से अन्य फसलों की तुलना में लगभग तीन या चार गुणा अधिक शुद्ध आय प्राप्त होती है फिर भी इसकी खेती का विस्तार तेजी से नहीं हो रहा है। इसका मुख्य कारण निम्नलिखित है :

- अदरक उत्पादन में बीज–प्रकन्द पर होने वाला खर्च बहुत ही अधिक होता है। एक हेक्टर अदरक बोने के लिए 18–20 क्विंटल बीज–प्रकन्द की आवश्यकता होती है जिसका मूल्य 45,000–50,000 रूपये होता है। इतनी बड़ी रकम का इंतजाम सभी किसान नहीं कर सकते हैं तथा जो किसान इसकी खेती करते भी हैं वे बहुत छोटे पैमाने पर।
- अदरक की खेती की दूसरी मुख्य समस्या है कि यह दो फसल–अवधि में तैयार होता है।
- अदरक की खेती की तीसरी समस्या है प्रकन्द विग्लन या मृदु विग्लन रोग जिसके लग जाने से 85–95 प्रतिशत तक फसल नष्ट हो जाती है।

  अनुसंधान के द्वारा उपर्युक्त समस्याओं का हल तो निकाला ही गया है, साथ ही साथ एक ऐसी फसल प्रणाली का विकास किया गया है जिसे "अदरक की खेती का बीज–प्रकन्द पुनः प्राप्तिकरण विधि" कहते हैं। इस विधि द्वारा खेती करने से बीज पर 50,000 रूपये की जगह पर केवल 15000 रूपये ही खर्च होते हैं।

बीज प्रकन्द पुनः प्राप्तिकरण विधि क्या है?

अदरक की फसल प्रकन्दों (गॉठों) द्वारा उगाई जाती है। बोने के 3 महीने के भीतर पौधों में पर्याप्त जड़ें निकल आती हैं और पौधे अपना संपर्क जड़ों द्वारा मिट्टी से स्थापित कर जल तथा अन्य भोज्य तत्व लेने लगते हैं। बोये गये प्रकन्दों के रासायनिक गुणों में 3 महीने तक बहुत कम परिवर्त्तन होता है। बुआई के 3 महीने बाद यदि हम बीज प्रकन्दों को बाहर निकाल लें तो हमें कुल बीज–प्रकन्द के वजन का 70–75 प्रतिशत वजन पुनः प्राप्त हो जाता है। यानि 14–15 क्विंटल बीज–प्रकन्द फिर प्राप्त हो जाता है। यह क्रिया मध्य अगस्त में सम्पन्न करनी चाहिए। अगस्त में बाजार में अदरक के अभाव के कारण बहुत अच्छा मूल्य प्राप्त हो जाता है।

बीज–प्रकन्द मिट्टी में साधारणतया पौधों के झुकाव के ठीक विपरीत दिशा में होता है। उस तरफ की मिट्टी खुरपी से हटाकर बीज–प्रकन्द को तोड़ लेते हैं और फिर मिट्टी भर देते हैं। इस क्रिया को उस समय करें जब मौसम ठण्डा हो तथा आकाश में बादल छाये हों। इस क्रिया को करते समय इस बात का ध्यान रखते हैं कि बीज–प्रकन्द निकालते समय पौधों की जड़ों को कतई नुकसान नहीं पहुँचे।

अदरक की शस्य–प्रणाली

जलवायु

अदरक की सफल खेती के लिए गर्म तथा नम जलवायु अनुकूल होती है। इसकी खेती समुद्र तट से 1500 मीटर की ऊँचाई वाले स्थानों पर भी सफलतापूर्वक की जाती है। इसके उत्पादन में नियमित एवं अत्यधिक वर्षा आवश्यक है। वर्षा की कमी होने पर सिंचाई की आवश्यकता पड़ती है। इसकी अच्छी पैदावार के लिए रोपनी से अंकुरण तक साधारण वर्षा, पौधों की वृद्धि के समय नियमित एवं अधिक वर्षा तथा फसल तैयार होने के समय अपेक्षाकृत सूखा मौसम लाभप्रद होता है।

भूमि का चुनाव तथा उसकी तैयारी

उत्तम जल निकास वाली जीवांशयुक्त बलुई दोमट मिट्टी में अदरक की पैदावार अच्छी होती है। भारी मिट्टी में प्रकन्दों का विकास ठीक ढंग से नहीं हो पाता है तथा अधिक नमी बनी रहने पर प्रकन्द विग्लन रोग लग जाता है। यह फसल अम्लीय, क्षारीय तथा उदासीन तीनों प्रकार की मिट्टी में सफलतापूर्वक उगायी जाती है। उत्तर पूर्वी राज्यों की पहाड़ी ढालों की लाल मिट्टी में फसल की उपज बहुत ही अच्छी होती है।

रबी की फसल कटने के बाद अप्रैल में एक गहरी जुताई मिट्टी पलटने वाले हल से करें तथा तीन से चार जुताई देशी हल या कल्टीवेटर से करें। फिर पाटा चलाकर मिट्टी को भुरभुरी तथा समतल बना लें।

खाद तथा उर्वरक का प्रयोग

अदरक की अच्छी पैदावार के लिए खाद तथा उर्वरक की अधिक मात्रा में आवश्यकता पड़ती है। अन्तिम जुताई के समय मिट्टी में 25–30 टन प्रति हेक्टर गोबर की सड़ी खाद या कम्पोस्ट डालकर अच्छी तरह मिला दें। इसके अभाव में 2–3 टन प्रति हेक्टर नीम की खल्ली बारीक करके डालें। इसी समय 375 किलो सिंगल सुपर फॉस्फेट तथा 240 किलो म्यरेट ऑफ पोटाश मिट्टी में डालकर मिला दें। यदि मिट्टी में दीमक का प्रकोप हो तो एल्ड्रीन (5 प्रतिशत) धूल 25 किलो प्रति हेक्टर की दर से मिट्टी में भुरक कर अच्छी तरह मिला दें और पाटा चला दें।

अदरक की पैदावार के लिए भूमि में जस्ता, लोहा तथा बोरन की प्रचुर मात्रा में होना आवश्यक है। अपने अदरक के खेत की मिट्टी जाँच करा लें और यदि सूक्ष्म

तत्वों की कमी हो तो 25 किलो प्रति हेक्टर जिंक सल्फेट, 15 किलो प्रति हेक्टर फेरस सल्फेट तथा 15 किलो प्रति हेक्टर बोरेक्स फसल की बुआई के पहले मिट्टी में मिला दें।

बुआई का समय

अदरक की भरपूर पैदावार के लिए सही समय पर बुआई करना अति आवश्यक है। अनुसंधान द्वारा यह पता चला है कि जहाँ सिंचाई की सुविधा उपलब्ध हो, वहाँ अदरक की बुआई 15 मई से 31 मई के बीच अवश्य कर दें। परन्तु, जहाँ सिंचाई की सुविधा नहीं हो, वहाँ अदरक की बुआई प्रथम वर्षा के बाद करें। जून में बोयी गई फसल की उपज मई की फसल से 40 प्रतिशत कम तथा जुलाई में बोयी गई फसल की उपज मई की फसल से 55 प्रतिशत कम हो जाती है।

बीज–प्रकन्द का चुनाव तथा बीजोपचार

अदरक पर हुए अनुसंधान परिणामों से यह सिद्ध हो गया है कि अदरक का बीज–प्रकन्द ऐसी फसल से लें जिसमें पिछले वर्ष रोग नहीं लगा हो। अधिक पैदावार के लिए सदैव स्वस्थ बीज–प्रकन्द जिसका वजन 18–20 ग्राम तथा जिसमें 3–4 स्वस्थ कलियॉ हों, चुने। बीज–प्रकन्दों को 30 मिनट के लिए 0.5 प्रतिशत एगेलौल या 30 मिनट तक 0.3 प्रतिशत इन्डोफिल एम–45 के घोल में डुबोकर उपचारित करें। ऐसा करने से बीज–प्रकन्दों पर लगे फफूँद के माइसीलियम नष्ट हो जाते हैं जिससे स्वस्थ पौधे जन्म लेते हैं।

बुआई की विधि

उपचारित बीज–प्रकन्दों की बुआई सदैव पंक्तियों में करें। पंक्ति से पंक्ति की दूरी 30 से॰मी॰ तथा पौधा से पौधा की दूरी 25 से॰मी॰ रखें। बीज–प्रकन्दों को मिट्टी में 5 से॰मी॰ की गहराई में बोयें। परन्तु, यदि किसी कारणवश फसल की बुआई समय पर नहीं हो सकी तो पिछात फसल की बुआई 30 से॰मी॰ की दूरी पर बनी पंक्तियों में 20 से॰मी॰ की दूरी पर करें।

बरसात में जल–जमाव के कारण अदरक की फसल को काफी क्षति होती है, अतः बुआई के पहले खेत में 4 मीटर की दूरी पर 50 से॰मी॰ चौड़ी जल निकास के लिए नालियॉ अवश्य बना लें।

झपनी (मल्चिंग)

अदरक की खेती में झपनी का विशेष महत्व है। बुआई के तुरंत बाद क्यारियों को शीशम की हरी पत्तियों की 5–6 से॰मी॰ मोटी परत से ढक दें। अनुसंधान परिणामों से पता चला है कि शीशम, आम, गन्ना की पत्तियों तथा धान के पुआल का प्रयोग झपनी में करने से सबसे अधिक उपज शीशम की हरी पत्तियों से ही मिली है क्योंकि झपनी के कुछ ही दिनों बाद शीशम की पत्तियाँ सड़ जाती हैं परन्तु आम तथा गन्ने की पत्तियाँ तथा धान का पुआल जल्दी सड़ता नहीं है। झपनी से मिट्टी में नमी रहती है। जीवांश की वृद्धि होती है, मिट्टी तेज वर्षा से कटने से बच जाती है, साथ ही साथ नये अंकुरों का तेज धूप से बचाव हो जाता है। झपनी से मिट्टी के अन्य भौतिक एवं रासायनिक गुणों में परिवर्त्तन आ जाता है जिससे मृदा, स्फुर एवं पोटाश की उपलब्धि बढ़ जाती है। इससे अदरक की उपज में 50–60 प्रतिशत की वृद्धि हो जाती है।

निकाई–गुड़ाई

अदरक की फसल में खरपतवार की संख्या एवं बढ़ाव को देखते हुए 2–3 निकौनी की आवश्यकता होती है। प्रथम निकौनी बुआई के 45 दिनों बाद हाथ से करें। द्वितीय तथा तृतीय निकौनी खुरपी द्वारा बुआई के 60 दिनों तथा 120 दिनों बाद करें।

उर्वरक का उपरिवेशन

नाइट्रोजन की आधी मात्रा बुआई के 60 दिनों बाद तथा शेष आधी मात्रा 90 दिनों बाद पौधों की पंक्तियों के दोनों तरफ उपरिवेशन कर मिट्टी में मिला दें।

पौधों के लग जाने पर बीज–प्रकन्द को निकालना

अदरक की खेती में बीज–प्रकन्द में ही अधिक पैसा लगता है। इसके व्यय से बचने हेतु रोपनी के तीन माह पश्चात जब पौधे पूर्णरूपेण विकास करना शुरू कर दें, तब बीज–प्रकन्द, जो रोपनी किया गया था, उसे मिट्टी हटाकर जड़ से अलग कर लें और पुनः जड़ को मिट्टी से ढ़क दें। इससे पौधों की वृद्धि तथा उपज पर कोई बुरा प्रभाव नहीं पड़ता है। इस तरह बीज–प्रकन्द बाजार में उँची कीमत पर बेचकर चूँकि उस समय बाजार में अदरक का अभाव रहता है, अच्छा मुनाफा अर्जित किया जा सकता है।

सिंचाई

सिंचाई की सुविधा होने पर मध्य नवम्बर से अन्तिम नवम्बर तक एक सिंचाई अवश्य करें। इससे उपज में काफी वृद्धि हो जाती है।

अदरक के साथ विभिन्न फसल प्रणाली

(अ) मिश्रित खेती

अदरक के साथ मक्का, अरहर एवं अण्डी की मिश्रित खेती की जाती है किन्तु मिश्रित फसलों की सघनता बहुत ही कम रखनी पड़ती है। मिश्रित खेती से प्रति हेक्टर शुद्ध खेती की अपेक्षा अदरक की उपज कम प्राप्त होती है।

(ब) अदरक–गेहूँ फसल प्रणाली

मध्य दिसम्बर तक अदरक की खुदाई कर उस खेत में गेहूँ लगावें। बाजार में अगात अदरक से अच्छी आमदनी हो जाती है किन्तु उपज कम प्राप्त होती है।

अदरक के उन्नत प्रभेद

अदरक की अनेक किस्मों की खेती भारत के विभिन्न राज्यों में की जाती है। जिनके नाम उनके पाये जाने वाले स्थान के नाम पर रखा गया है। कुछ प्रभेदों की उपज तथा सूखे पदार्थ के आँकड़े पर परीक्षण किया गया है जिसका परिणाम आगे की सारणी में अंकित है :

अदरक के कुछ मुख्य प्रभेदों की उपज तथा सूखे पदार्थ की प्रतिशत मात्रा

प्रभेद	कच्चे अदरक की उपज (क्विंटल / हेक्टर)	सूखे पदार्थ की प्रतिशत मात्रा	सोंठ की उपज (क्विंटल / हेक्टर)
वीनाड–मननटोडी	155.72	19.4	30.20
मरान	199.98	24.5	48.99
थींगपूई	182.18	19.4	35.34
नरसापट्टम	166.25	20.6	33.91
नदिया	245.00	20.2	49.49
रियो–डी–जेनीरो	230.00	18.6	42.78

चायना	185.55	21.0	38.86
जोरहट	172.00	21.4	36.80
कराकल	151.45	15.2	23.02
समस्तीपुर	160.75	19.8	31.82

उपर्युक्त सारणी से यह स्पष्ट है कि कच्चे अदरक के लिए किस्म रिया–डी–जेनीरो तथा नदिया की खेती करें परन्तु सोंठ बनाने के लिए मरान तथा नदिया किस्मों को प्रधानता दें।

अदरक की कुछ चुनिन्दा किस्मों का वर्णन

नदिया

यह पश्चिम बंगाल की अधिक उपज देने वाली अदरक की किस्म है। इसकी खेती भारत के प्रायः सभी अदरक उगाने वाली राज्यों में होती है। इस किस्म के प्रकन्दों में सूखे पदार्थों की प्रतिशत मात्रा 20.2 होती है। नदिया किस्म की फसल से 240–250 क्विंटल प्रति हेक्टर उपज प्राप्त होती है। इस किस्म में रेशे की मात्रा मध्यम होती है। इस किस्म को कच्चा खाने के अतिरिक्त सोंठ बनाने तथा अर्क बनाने के लिए इस्तेमाल किया जाता है।

मरान

यह असम की लोकप्रिय किस्म है। इसमें मृदु विग्लन रोग नहीं लगता है। सूखे अदरक (सोंठ) की प्रतिशत मात्रा 24.5 तथा कच्चे अदरक की उपज 200 क्विंटल प्रति हेक्टर प्राप्त होती है।

रियो–डी–जेनीरो

यह ब्राजील देश की अदरक की किस्म है। इसमें रेशे की मात्रा कम पाई जाती है। सूखे अदरक की प्रतिशत मात्रा 18.6 होती है। अर्क चुआने के लिए सर्वोत्तम किस्म है। यह विभिन्न प्रकार के अदरक उगाने वाले क्षेत्रों में उगायी जा सकती है। इस किस्म में रेशे 5.19 प्रतिशत पाये जाते हैं। इसकी उपज 230 क्विंटल प्रति हेक्टर है।

चायना

यह चीन देश की अदरक की किस्म है। इसमें सूखे अदरक की प्रतिशत मात्रा 21 है। चायना किस्म की 180–200 क्विंटल प्रति हेक्टर कच्चे अदरक के प्रकन्द प्राप्त होते हैं।

जोरहट

यह असम की लोकप्रिय किस्म है। इसकी खेती शिव सागर जिले में तथा गोलाघाट के आसपास होती है। इसकी उपज क्षमता 175–200 क्विंटल प्रति हेक्टर है तथा इससे 21.4 प्रतिशत सोंठ प्राप्त होती है।

वीनाड–मनन्टोडी

यह केरल राज्य की लोकप्रिय किस्म है जिसकी खेती कालीकट जिले के आसपास होती है। इसकी उपज क्षमता 150–175 क्विंटल प्रति हेक्टर है। इस किस्म के प्रकन्दों से 19.4 प्रतिशत सोंठ प्राप्त होती है।

हाईएल्टीच्यूड रिसर्च स्टेशन, पोंटांगी, कोरापुट, उड़ीसा ने अदरक की तीन उन्नत किस्मों का विकास किया है जिनका वर्णन नीचे दिया जा रहा है :

सुप्रभा

इस किस्म के पौधों में 15–16 कल्ले निकलते हैं तथा पौधों की उँचाई 55–60 से॰मी॰ होती है। इसके प्रकन्द गूदेदार, चौपटे तथा उनका सिरा गोलाकार, छिलका चमकदार रंग सफेद पीला होता है। छोटे प्रकन्दों की गॉठें हल्की भूरे रंग की स्केल से ढ़की होती है। इस किस्म के प्रकन्दों में रेशे 4.4 प्रतिशत होते हैं। इस किस्म की कच्चे अदरक की उपज 16–18 टन प्रति हेक्टर होती है। यह 229–230 दिनों में तैयार हो जाती है। सोंठ की प्रतिशत मात्रा 20.5 होती है।

सुरूचि

इसकी पौधों की उँचाई 60–72 से॰मी॰ तथा प्रति पौधा 14–15 कल्ले निकलते हैं। इसके प्रकन्दों का आकार बेलनाकार पतला होता है तथा सिरा गोला होता है। प्रकन्दों का रंग लाल भूरा होता है तथा प्रकन्दों के भीतर का रंग हरापन लिए हुये पीला होता है। प्रकन्दों की गॉठ लाल भूरे स्केल से ढकी रहती है। इस किस्म की

कच्चे अदरक की उपज 14–15 टन प्रति हेक्टर तक पायी गयी है। यह 218–220 दिनों में तैयार हो जाती है। इसके प्रकन्दों में 3.8 प्रतिशत रेशे होते है।

सुरभि

यह अदरक की अधिक उपज देने वाली किस्म है। जिसके पौधों की उँचाई 60–72 से॰मी॰ तथा प्रति पौध 15–16 कल्ले निकलते हैं। कच्चे अदरक की उपज 19–20 टन प्रति हेक्टर तक प्राप्त होती है।

वरदा

यह अदरक की नई उन्नत किस्म है जिसकी उपज 22.66 टन प्रति हेक्टर है। इसका विकास भारतीय मसाला अनुसंधान संस्थान, कालीकट से हुआ है।

हिमगिरी

यह हिमाचल प्रदेश की अदरक की एक उन्नत किस्म है। इसकी उपज 14 टन प्रति हेक्टर है। इसका विकास सोलन केन्द्र से हुआ है।

खुदाई, उपज तथा आय–व्यय का लेखा–जोखा

अदरक की फसल 8 महीनों में तैयार हो जाती है। अदरक की गॉठों से अर्क निकालने के लिए अगात खुदाई करनी चाहिए। कच्चे अदरक या सोंठ बनाने के लिए सदैव फसल पूर्ण परिपक्व हो जाए, तभी खुदाई करें। जब अदरक की भूमि के उपर के तने तथा पत्तियाँ सूख जाये तब कचे अदरक तथा सोंठ बनाने के लिए खुदाई करनी चाहिए। यह अवस्था बुआई के ठीक आठ महीने बाद आती है। कच्चे अदरक की उपज प्रभेदों के अनुसार तथा विभिन्न परिस्थितियों में 200 क्विंटल रखी जाय तथा इसे 15 रूपये प्रति किलो की दर से बेचा जाय तो कुल तीन लाख रूपये प्राप्त होते हैं। यदि इसमें से अदरक की खेती पर होने वाले कुल खर्च जो साधारण तरीके की खेती में 75 हजार रूपये आता है, निकाल दिया जाय तो शुद्ध आय दो लाख 25 हजार रूपये प्रति हेक्टर नकद मिल जाती हैं। परन्तु, बीज–प्रकन्द प्राप्तिकरण विधि से खेती करने में कुल खर्च 40 हजार रूपये आते हैं, जिसे कुल आय में से घटा दिया जाता है तो शुद्ध आय दो लाख 60 हजार रूपये प्रति हेक्टर प्राप्त होती है।

कच्चे अदरक की सोंठ तैयार करने की विधि

अन्ब्लीच्ड मेथड

अदरक की सोंठ तैयार करने के लिए फसल की खुदाई बुआई के 240 दिनों बाद करें। इस समय पत्तियाँ सूख जाती हैं। खुदाई करते समय इस बात का ध्यान रखें कि गाठें कटने न पायें। गाठों पर लगी जड़ों तथा मिट्टी को अच्छी तरह साफ कर लें और साफ पानी में अच्छी तरह धो लें। यदि आवश्यक हो तो गाठों को बारह घंटा स्वच्छ जल में धोकर रखें। इसके बाद बाँस के बने पतले तेज चाकू की सहायता से लम्बी–लम्बी गाठों के उपर का छिलका हटा दें। लम्बी गाठों के सोंठ अच्छी होती है। जिसका मूल्य बाजार में अधिक मिलता है। छोटी गाठें सूखने पर अत्यंत छोटी हो जाती है जिनकी कीमत कम मिलती है। गाठों के उपर का छिलका सावधानी पूर्वक हटायें। जब छिलका पूर्णतः निकल जाय तब गाठों को फिर साफ पानी में धो लें और पक्के फर्श या त्रिपाल पर धूप में सूखावें। अच्छी प्रकार सुखने के बाद इसमें नमी की मात्रा 10 प्रतिशत से कम रह जाती है। सोंठ को और चमकीले बनाने हेतु इसे बाँस की टोकरी में रखकर रगड़ देते हैं जिसे इसपर शेष रह गये छिलके या मिट्टी के कण दूर हो जाते हैं। सोंठ तैयार करने की इस विधि को बिना धूली हुए (अनब्लीच्ड) कहते हैं।

ब्लीच्ड मेथड

सोंठ तैयार करने की एक और विधि है जिसे धूली विधि "ब्लीच्ड मेथड" कहते हैं। इसमें गाठों का छिलका हटाने के बाद 2 प्रतिशत के चूने के घोल में छः घंटे डुबो देते हैं फिर गाठों को बाहर निकाल कर सूखाते हैं और 15–20 दिनों बाद अच्छी तरह सूख जाने पर बाँस की टोकरी में रगड़कर चमकीला बना लेते हैं। इस विधि द्वारा तैयार सोंठ का रंग अधिक उजला रहता है।

अदरक के रोग तथा कीट

अदरक की फसल पर निम्नलिखित रोग लगते हैं जिनकी पहचान तथा रोकथाम के उपायों का उल्लेख नीचे किया गया है :

मृदु विग्लन या प्रकन्द विग्लन रोग (साफ्ट रॉट या राइजोम रॉट)

यह रोग पिथियम अफैनीडर्मेट्म और पिथियम माइरोटाइलम नामक फफूँद द्वारा फैलता है। इस रोग का प्रकोप होने पर प्रारम्भ में पत्तियों का शीर्ष भाग पीला हो

जाता है तथा यह पीलापन धीरे–धीरे पत्तियों की सतह से होता हुआ उनके आधार की तरफ बढ़ता है और कुछ समय में पूरी पत्तियाँ ही पीली हो जाती है। रोगी पत्तियाँ झुक जाती है और नीचे की तरफ लटक जाती हैं। पौधों का उपरी भाग सूखने लगता है। भूमि की सतह के पास तने का भाग जलीय और मुलायम होकर गलने लगता है तथा उत्तक सड़ जाते हैं। रोगी प्रकन्द सड़ने लगते हैं तथा उनके अन्दर के गूदे कारंग पीला तथा बाद में काला पड़ जाता है। अंत में पौधा मर जाता है। रोग के लक्षण प्रायः अगस्त–सितम्बर के महीनों में दिखाई पड़ते हैं।

रोकथाम

1. स्वथ्य तथा प्रमाणित प्रकन्दों को हीं बोने के लिए प्रयोग करना चाहिए या रोग रहित क्षेत्र से प्राप्त प्रकन्दों को हीं बीज के रूप में बोयें।
2. फसल की खुदाई के बाद रोगी पौधों के अवशेषों को इकठ्ठा करके नष्ट कर दें। खेत का जल निकास अच्छा रखें ताकि अधिक देर तक खेत में जल नहीं रूक सके। फसल चक्र अपनायें तथा खेतों की सफाई रखें।
3. गठियों को भंडारण से पूर्व तथा बुआई से पूर्व 60 मिनट के लिए 250 ग्राम इन्डोफिल एम–45 और 100 ग्राम वेबिस्टीन (50 डब्लू पी॰) प्रति सौ लीटर पानी में घोलें तथा इसी घोल से उपचार करें तथा प्रकन्दों को छाया में तीन घंटे तक सूखाएँ तथा भंडारित करनी चाहिए।
4. बोने से पहले बीज को 60 मिनट तक 0.3 प्रतिशत के इन्डोफिल एम–45 के घोल में उपचारित करने पर रोग के छिपे फफूँद के माइसीलियम नष्ट हो जाते हैं तथा स्वस्थ पौधों का निर्माण होता है।
5. यदि खड़ी फसल पर रोग का प्रकोप हो जाय तब चेस्टनट कम्पाउंड (जो ग्यारह भाग अमोनियम कार्बोनेट तथा दो भाग कॉपर सल्फेट को मिलाने से बनता है) का प्रयोग लाभकारी सिद्ध होता है।
6. फफूँदनाशी दवा कैप्टान 2 ग्राम प्रति लीटर पानी या कॉपर आक्सीक्लोराइड (ब्लाइटॉक्स 50 डब्लू पी॰) 3 ग्राम प्रति लीटर पानी की दर से घोल बनाकर छिड़काव करें। पहला छिड़काव बुआई के एक माह बाद या पौध निकलने के बाद शुरू कर दें। कुल 3–4 बार दवा 10–15 दिनों के अंतर पर देना चाहिए। छिड़काव करते समय ध्यान रहे कि दवा पौधों की पत्तियों तथा जड़ों के पास जमीन–सतह पर अवश्य पड़े।

7. कभी–कभी यह रोग अदरक के भंडार में भी लग जाता है उस परिस्थिति में 0.1 प्रतिशत मरक्यूरिक क्लोराइड का घोल उपयोगी होता है।

पर्ण–धड़ धब्बा रोग

यह रोग कोलेटोट्राइकम जिंजीबेरी नामक फफूँद के कारण होता है। प्रारम्भ में पत्तियों पर छोटे–छोटे गोल या अंडाकार हल्के पीले रंग के दाग उत्पन्न होते हैं जो कुछ समय बाद भूरे बादामी रंग के हो जाते है। ये धब्बे धीरे–धीरे बढ़कर एक–दूसरे से मिल जाते है। रूग्ण भाग अक्सर सूखकर नीचे गिर जाता है जिससे पत्तियों में छोटा छिद्र बन जाता है। रोग के बढवार की तीव्र अवस्था में पूरी पत्तियाँ मर जाती हैं। यदि रोग का प्रभाव पत्तियों के उपरी सिरे पर होता है तो ऐसी पत्तियाँ मुड़कर नीचे झुक जाती है। पुराने दागों पर काले रंग के छोटे बिन्दु आकार के फफूँद की बढ़वार दिखाई पड़ती हैं। रोग का प्रभाव नम मौसम तथा उच्च तापमान पर अधिक होता है।

रोकथाम

1. रोगी पौधों के अवशेषों को इकठ्ठा करके नष्ट कर देना चाहिए। जल निकास का उचित प्रबंध करें तथा फसल चक्र अपनाएँ।
2. प्रकन्द को बोते समय ब्लाइठॉक्स–50 या कॉपर आक्सीक्लोराइड दवा 3 ग्राम प्रति लीटर पानी या इण्डोफिल एम–45, 2.5ग्राम प्रति लीटर पानी के हिसाब से घोल बनाकर बीज को 60 मिनट तक डूबोकर उपचारित कर लेना चाहिए तथा छाया में तीन घंटे सुखाने के बाद ही खेतों में लगाना चाहिए।
3. खड़ी फसल में रोग के लक्षण दिखाई पड़ते ही बार्डो मिश्रण (5:5:50) या ब्लाइटॉक्स 50, 3 किलोग्राम अथवा इण्डोफिल एम–45, 2 किलोग्राम प्रति हेक्टर की दर से छिड़काव करें। कुल 3–4 छिड़काव 10–15 दिनों के अन्तर पर करना चाहिए।

फाइलोस्टिक्टा पर्ण धब्बा रोग

यह रोग फाइलोस्टिक्टा जिन्जीबेरी नामक फफूँद से होता है। इस रोग में पत्तियों पर छोटे, रंगहीन, अंडाकार या लम्बे आकार में धब्बे बनते हैं। बाद में धब्बों का आकार बढ़कर सफेद रंग का हो जाता है तथा किनारे का हिस्सा गाढ़ा भूरा होता

है। धब्बा के चारों तरफ का हिस्सा पीले रंग के होते हैं। कई धब्बों को आपस में मिलने पर एक बड़ा आकार का धब्बा हो जाता है। इन धब्बों पर काले रंग के बिन्दु आकार के फफूँद की बढ़वार दिखाई पड़ती है।

रोकथाम

1. रोगी पौधों के अवशेषों को इकठ्ठा करके नष्ट कर देना चाहिए। खेत की सफाई रखें तथा फसल चक्र अपनाएँ।
2. इण्डोफिल एम–45 नामक दवा की 2 किलोग्राम मात्रा या कार्बेन्डाजिम आधा किलो ग्राम प्रति हेक्टर की दर से छिड़काव करें। पहला छिड़काव रोग के दिखाई पड़ते ही शुरू कर दें तथा कुल 3–4 छिड़काव, 10–15 दिन के अंतर पर करें।

पाइरीकुलेरिया पर्ण धब्बा

यह रोग पाइरीकुलेरिया जिन्जीबेरी नामक फफूँद से होता है। रोग पत्तियों पर अण्डाकार या कुछ लम्बे आकार के धब्बे के रूप में दिखाई पड़ता है। धब्बे का रंग लाल भूरा से गाढ़ा भूरा होता है। पुराने धब्बों के बीच का भाग धूसर रंग तथा किनारे की तरफ गाढ़ा भूरा होता है। धब्बे आकार में बढ़कर एक दूसरे से मिल जाते हैं। बीच का भाग सुखकर नीचे गिर जाता है और बीच में छोटा छिद्र बन जाता है।

रोकथाम

1. रोगी पौधों के अवशेषों को नष्ट कर दें। फसल चक्र अपनायें।
2. इण्डोफिल एम–45 या टाप्सीन–एम 2 किलोग्राम 1000 लीटर पानी में घोलकर प्रति हेक्टर की दर से छिड़काव करें। पहला छिड़काव रोग के लक्षण दिखाई पड़ते ही शुरू कर दें तथा 10–15 दिनों के अंतर पर दुहराएँ। कुल 3–4 बार दवा छिड़कने की आवश्यकता पड़ती है।

धागा झूलसा (थ्रेड ब्लास्ट)

यह रोग पेलिकुलेरिया फाइलामेन्टोसा नामक फफूँद से होता है। पत्तियों के किनारे पर छोटे जलीय दाग बनते हैं। ये दाग धीरे–धीरे बढ़कर पूरी पत्ती पर फैल जाते हैं। रोगी पत्तियाँ ढीली पड़कर नीचे की तरफ झुक जाती हैं या कभी–कभी

अपने आधार से टूटकर नीचे गिर जाती है। पुरानी और नयी पत्तियों पर इस प्रकार के लक्षण आते हैं। रोगी पत्तियाँ सफेद होकर सूख जाती हैं, अंत में पौधा मर जाता है।

रोकथाम

इस रोग की रोकथाम पर्ण धब्बा रोग के समान है।

पत्तियों का झुलसना

यह रोग राइजोक्टोनियॉ बटाटिकोला नामक फफूॅद के कारण होता हैं। पत्तियों पर छोटे–छोटे अनियमित आकार के हल्के भूरे रंग के धब्बे बनते हैं जो धीरे–धीरे बढ़कर पूरी पत्ती पर फैल जाते हैं। रोगी पत्तियाँ ढीली पड़ जाती है और नीचे की तरफ झुक जाती है या अलग होकर नीचे गिर जाती हैं। रोग की तीव्रता में पत्तियाँ सफेद या हल्के रंग की हो जाती है। रोगी स्थानों पर काले रंग के आलपिन के सिरे के बराबर फफूॅद की बढ़वार दिखाई पड़ती है जिसे फफूॅद का "स्कलेरोशियम" कहते हैं।

रोकथाम

1. रोगी पौधों के अवशेषों को इकठ्ठा करके नष्ट कर देना चाहिए। फसल चक्र अपनाए तथा खेतों की सफाई रखें। जल निकास का उचित प्रबंध रखें जिससे बरसात के दिनों में पानी अधिक देर तक खेत में नहीं रूका रहे।
2. इस रोग से फसल के बचाव हेतु मरक्युरिक क्लोराइड का प्रयोग करना चाहिए।
3. फफूॅदनाशी रसायन जैसे इण्डोफिल एम–45, 2 किलोग्राम मात्रा प्रति 1000 लीटर पानी में घोलकर प्रति हेक्टर की दर से छिड़काव करें। पहले छिड़काव रोग के लक्षण दिखाई पड़ते ही शुरू कर दें तथा 10–15 दिनों के अंतर पर 3–4 बार दवा का छिड़काव करें।

स्केलेरोशियम् विग्लन रोग

यह रोग स्केलेरोशियम् रोल्फसाई नामक फफूॅद से होता है। प्रारम्भ में रोगी पौधों की पत्तियों का शीर्ष भाग पीला होता है। धीरे–धीरे यह पत्तियाँ की सतह पर

तथा नीचे की तरफ बढ़ता है। अंत में पूरा पौधा पीला हो जाता है। पौधों के जमीन की सतह के पास तने पर जलीय गाढ़े भूरे रंग के धब्बे बनते हैं। यह धब्बा तने के चारों तरफ बढ़ जाता है औ़र रूग्न स्थान सड़ने लगता है। ऐसे पौधे शीघ्र मर जाते हैं। यदि रोग ग्रस्त प्रकन्द लगाए गए हैं तो उगने के पहले ही प्रकन्द सड़ जाते हैं।

रोकथाम

1. खेत साफ रखें। गर्मी की गहरी जुताई करें। उपयुक्त फसल चक्र अपनायें तथा रोगी पौधों के अवशेषों को इकठ्ठा करके नष्ट कर देना चाहिए।
2. बीज प्रकन्दों का उपचार करें तथा खेत में ब्रासीकाल मिलाने से रोग की रोकथाम हो जाती है। ब्रासीकाल (पी॰एम॰सी॰) 30 किलोग्राम प्रति हेक्टर की दर से बुआई करते समय नालियों में देना चाहिए।

पीत रोग

यह रोग फ्यूजेरियम आक्सीस्पोरम उपजाति जींजीबेरी नामक फफूँद से होता है। इस रोग के कारण पौधों की सबसे नीचे की पत्तियाँ पीली हो जाती हैं। यह पीलापन पत्तियों के किनारे से शुरू होता है और धीरे–धीरे पूरी पत्ती पीली हो जाती है। रूग्न पौधे सूखकर मर जाते हैं लेकिन जमीन पर नहीं गिरते हैं। जमीन की सतह के पास तनों का भाग मुलायम और जलीय होता है। ऐसे पौधें उखाड़ने पर आसानी से उपर आ जाते हैं। रोगी प्रकन्दों का भीतरी भाग भूरे रंग का हो जाता है। जड़े सड़ने लगती है तथा प्रकन्दों की बढ़वार रूक जाती है। नये प्रकन्द प्रायः काले पड़ कर सिकुड़ जाते हैं।

रोकथाम

1. खेत की गहरी जुताई करके गर्मी में खुला छोड़ देना चाहिए। रोगी पौधों के अवशेषों को इकठ्ठा करके नष्ट कर दें। लम्बी अवधि का फसल चक्र अपनाए और स्वस्थ एवं रोग रहित क्षेत्र से ही बीज के लिए प्रकन्दों को चुनना चाहिए।
2. बीज प्रकन्दों का उपचार बेनोमाइल या बावास्टीन 2 किलोग्राम प्रति 1000 लीटर पानी में घोलकर उसमें 30 मिनट तक या इण्डोफिल एम–45 नामक दवा की 2 किलोग्राम प्रति 1000 लीटर पानी में घोल कर 30 मिनट तक डुबोकर करना चाहिए। उपचारित बीज प्रकन्दों को छाया में सुखाकर ही बोने के काम में लाना चाहिए।

शुष्क विग्लन रोग

यह रोग भंडारण के समय और अदरक की फसल पकते समय खेत में अधिक लगता है। इस रोग के कारण प्रकन्दों की भीतरी भाग काला रंग का हो जाता है। रोगी उतक काला चूर्ण में बदल जाता है। यह वास्तव में फफूँद की बढ़वार होती है। रोग की तीव्रता में प्रकन्द सिकुड़ कर सूख जाते हैं। इस प्रकार के लक्षण डिप्लोडिया नेटैलेन्सिस नामक फफूँद से होता है। एक दूसरे प्रकार का शुष्क विग्लन रोग मैकोफोमिया कैजिऔलिना नामक फफूँद के कारण होता है। इस रोग का असर खड़ी फसल पर पकते समय अधिक होता है। रोगी पौधों की पत्तियाँ पीली हो जाती हैं। बाद में पूरा पौधा झूलसा हुआ दिखाई पड़ता हैं। रोगी प्रकन्द सिकुड़ कर सूख जाते हैं।

रोकथाम

1. स्वस्थ तथा प्रमाणित प्रकन्द को बीज के लिए प्रयोग करें। रोगी पौधों के अवशेषों को नष्ट कर दें तथा खेतों की सफाई रखें और उपयुक्त फसल चक्र अपनाए।
2. प्रकन्दों का उपचार पीत रोग के समान करें।
3. प्रकन्दों का भंडारण हवादार और अच्छे भंडारगृह में करें तथा भंडारण के पहले फार्मलीन से भंडारगृह को उपचारित कर लेना चाहिए। भंडारण में अदरक को रोग से बचाने के लिए 0.1 प्रतिशत मरक्यूरिक क्लोराइड का घोल उपयोगी होता है।

जीवाणु उकठा रोग

यह रोग स्यूडोमोनास सोलेनेसिएरम् नामक जीवाणु (बैक्टीरिया) द्वारा फैलता हे। इस रोग का मुख्य लक्षण पत्तियों का पीला होना, ढ़ीला पड़ना और सूख जाना है। प्रारम्भ में नीचे की पत्तियाँ सुखती हैं फिर धीरे–धीरे सुखने का क्रम उपर की ओर बढ़ता है। रोगी पत्तियाँ मुड़ जाती है। रोग की तीव्रता में जमीन की सतह के पास तने का भाग जलीय हो जाता है और आसानी से उखाड़ने पर प्रकन्द से अलग हो जाता है। रूग्न पौधे की भीतरी भाग बदरंग या काले रंग का हो जाता है। इस रोग की सबसे बड़ी पहचान है कि यदि रोगी पौधे के तने यो प्रकन्द को काटकर थोड़े समय के लिए छोड़ दिया जाय तो उसमें से सफेद रंग का लसलसा पदार्थ निकलता

है। यह जीवाणु की बढ़वार होती है जो इस रोग की खास पहचान है। यह रोग जहाँ पर पानी रूकता है वहाँ अधिक लगता हैं।

रोकथाम

1. स्वस्थ तथा रोग रहित क्षेत्र से प्रमाणित प्रकन्दों को ही बीज के लिए चुनना चाहिए। जल निकास का उचित प्रबंध रखें। उपयुक्त फसल चक्र अपनाए। खेतों की सफाई रखें। हरी खाद के प्रयोग से रोग की व्यापकता कम हो जाती है।
2. बीज प्रकन्दों को कॉपर आक्सीक्लोराइड नामक दवा की 3 ग्राम मात्रा प्रति लीटर पानी में घोल कर उसमें 30 मिनट तक डुबोकर उपचारित करें या किसी भी पारायुक्त दवा जैसे इमीसान या ऐरेटान–6 की 2.5 ग्राम मात्रा प्रति लीटर पानी के हिसाब से घोल बनाकर 30 मिनट तक डुबोकर उपचारित करें तथा छाया में सुखाने के बाद ही खेत में लगाए।
3. मिथाईल ब्रोमाईड के द्वारा भूमि का उपचार करें। 7.5 मीटर लम्बी तथा 1.2 मीटर भूमि के लिए 1245 ग्राम दवा पर्याप्त होगी।

अदरक के कीट तथा रोकथाम

दीमक

इसके अन्तर्गत माइक्रोटर्म्स स्पेसीज, ओडोन्टोटर्म्स स्पेसीज के कीट आते हैं। दीमक छोटे छोटे मध्यम आकार वाले कोमल कीट हैं। ये क्रीम रंग लिये होते हैं। मिट्टी के आँचल में छिपे दीमक सुरंग बनाकर पौधों की जड़ों को खाते हैं। ये पौधों की जड़ों और तनों को इस प्रकार काटते हैं कि जैसे किसी पैने चाकू से काटा गया हो। इनका आक्रमण अदरक की रोपनी से प्रारम्भ होता है और फसल की सभी अवस्थाओं में ये नुकसान पहुँचाते हैं। इनके आक्रमण से पौधे बौने किस्म के हो जाते हैं, तथा हवा द्वारा या सिंचाई करने पर गिर जाते हैं और धीरे–धीरे मुर्झाने लगते हैं और अंत में सूख जाते हैं।

रोकथाम

1. अच्छी प्रकार सड़ी हुयी गोबर या कम्पोस्ट की खाद ही खेत में डालें। फसलों के अवशेषों को एकत्रित करके नष्ट कर दें।

2. दीमक के आक्रमण से बचाव के लिए खेत की अंतिम तैयारी के समय बी॰एच॰सी॰ (10 प्रतिशत धूल), 25 किलोग्राम प्रति हेक्टर की दर से मिट्टी में डालकर अच्छी तरह मिला दें।

3. अदरक की खड़ी फसल पर दीमक का आक्रमण नजर आवे तो सिंचाई कर दें। खड़ी फसल की दीमक से बचाव के लिए बी॰एच॰सी॰ (10 प्रतिशत धूल) की 25 किलोग्राम मात्रा, 25 किलोग्राम बालू में मिलाकर प्रति हेक्टर की दर से अदरक की खेत में डालें।

अदरक का तना वेधक कीट

इस कीट का वैज्ञानिक नाम डाइकोक्रोसिस पंकटीफिरेलीस है। इस कीट का प्रौढ़ मध्यम आकार की तितली होती है जिसका रंग पीलापन लिये सफेद होता है। इस कीट की हानिकारक अवस्था शिशु होता है जो कैटरपीलर कहलाता है। शिशु पौधे के उपर तने में प्रवेश कर जाता है। ये नीचे की तरफ सुरंग बनाते हुये प्रकन्द तक पहुँच जाते हैं। ये नवजात कल्लों को खा जाते हैं। फलस्वरूप डेडहार्ट लक्षण दिखाई पड़ता है, कल्ले कुम्लाने लगते हैं और बाद में सूख जाते हैं। जुलाई–अगस्त में इस कीट का प्रकोप ज्यादा होता है।

रोकथाम

1. अदरक में मिट्टी चढ़ाते समय 30 किलोग्राम प्रति हेक्टर की दर से दानेदार कार्बोफ्यूरान (फ्यूराडान 3–जी) को दो पंक्तियों के बीच की मिट्टी में डालकर पौधों की जड़ों पर हल्की मिट्टी चढ़ा देनी चाहिए।

2. खड़ी फसल पर आक्रमण होने पर मोनोफ्रोटोफॉस कीट नाशक दवा का 0.04 प्रतिशत घोल से छिड़काव करें। आवश्यकतानुसार 10–15 दिनों के बाद इसका दोबारा प्रयोग किया जा सकता है।

राइजोम स्केल

इस कीट का वैज्ञानिक नाम एस्पीडीओटस् हार्टाय है। प्रौढ़ छोटा, पंखहीन, गोलाकार, भूरे रंग का होता है। प्रौढ़ और शिशु दोनों ही हानि पहुँचाते हैं। ये खाने का उचित स्थान चुनते हुए प्रकन्द को चूसना शुरू कर देते हैं। ये खेत तथा भंडारण दोनों में अदरक प्रकन्दों को हानि पहुँचाते हैं। प्रकन्दों से अंकुरण निकलते समय ये

कोमल अंकुर से भी रस चूसते हैं। परिणाम होता है कि प्रकन्द सिकुड़कर सूख जाता हैं।

रोकथाम

1. स्वस्थ प्रकन्दों को ही बीज के रूप में बोयें।
2. प्रकन्दों को बोने से पहले ही डी॰डी॰भी॰पी॰, मोनोक्रोटोफॉस, फोसोलोन, मेथामीडोफॉस में से किसी एक कीटनाशक दवा के 0.05 प्रतिशत घोल में 30 मिनट तक डुबोकर छोड़ दें। पुनः छाये में सुखाकर बालू की परत पर एक सप्ताह तक भंडारित करें और उन बीज प्रकन्दों को खेत में लगावें।

लीफ रोलर

इस कीट का वैज्ञानिक नाम उदथस्पस् फोलस है। प्रौढ़ भूरे काले रंग की मध्यम आकार की तितली होती है। इसकी दोनों अग्र पंख में आठ–आख धब्बे होते हैं और पिछली पंखों में एक–एक बड़ा पैच होता है। इसके शिशु जिसे कैटरपीलर कहते हैं, हरा रंग का होता है, हानिकारक अवस्था शिशु है। अदरक की पत्तियों को मोड़कर शिशु उसी के भीतर रहता है और भीतरी पत्ती को खाता है। इसका आक्रमण अगस्त से अक्टूबर तक पाया जाता है।

रोकथाम

1. शिशु को आसानी से एकत्र करके उसे नष्ट कर दिया जा सकता है।
2. कार्बेरील नामक दवा की 0.1 प्रतिशत अथवा फॉस्फोमीडॉन (डीमेक्रोन) 0.05 प्रतिशत के घोल के छिड़काव द्वारा इस कीट को नियंत्रित किया जा सकता है।

सूत्रकृमि

जड़ ग्रन्थि सूत्रकृमि

यह नीमाटोड कहलाता है जो अतिसूक्ष्म होता है। निमाटोड की मैलोडोगाईन इनकोगनीटा तथा ज्वानिका नामक स्पेसीज का अदरक में प्रकोप होता है। ये पौधों के उत्तकों से रस चूसते हैं जिससे फसल की उपज घट जाती है। सूत्रकृमि के आक्रमण के फलस्वरूप प्रकन्द सड़ने लगते हैं तथा अदरक फसल में अन्य रोग भी लग जाता हैं।

रोकथाम

1. बीज प्रकन्द का चुनाव सड़न रहित क्षेत्रों से करें।
2. अन्न के साथ वाला फसल चक्र अपनाएँ विशेषकर तीन वर्ष में एक बार धान अथवा गेंदा अवश्य लगाएँ।
3. रोगग्रस्त मिट्टी में कार्बोफ्यूरान (फ्यूराडॉन 3–जी) दानेदार दवा की 30 किलोग्राम मात्रा प्रति हेक्टर की दर से डालने पर सूत्रकृमि का सफल नियंत्रण होता है।
4. डी॰डी॰ नामक दवा की 50 गैलन मात्रा एक हेक्टर भूमि को उपचारित करने के लिए पर्याप्त होती है जिससे निमाटोड समाप्त हो जाते हैं।

अदरक के औषधीय गुण

अदरक को पौराणिक ग्रन्थों में ''महौषधि'' के नाम से सुशोभित इसलिए किया गया है कि यह अजीर्ण, अपच, अफरा, उदर शूल, उल्टियाँ, कब्ज, खाँसी, गठिया, ज्वर और सिरदर्द, जुकाम, दमा, दस्त, निमोनिया, पेट दर्द, पेचिस, मधुमेह, पेट के कीड़े, पेशाब विकार तथा मासिक धर्म की गड़बड़ी तथा अनेक स्त्री रोगों की भी अचूक दवा है। परन्तु बवासीर के रोगियों के लिए जहर का काम करता है। अदरक, प्रकृति–प्रदत्त मानव जाति के लिए अनुपम उपहार है जो हमारे शरीर में उत्पन्न होने वाले सभी रोगों का नाश कर हमारे शरीर, मन, मस्तिष्क को स्वस्थ, स्वच्छ तथा निर्मल बनाता है। अतः आप भी इस औषधि को अवश्य अपनाए परन्तु इसे छोटा करार न दें।

अदरक का निम्नलिखित बीमारियों में उपयोग किया जात है :

उल्टियाँ (वमन)

अगर किसी कारणवश वमन (उल्टियाँ) होने लगे, तो एक गॉठ अदरक, दस ग्राम अनारदाना, दो दाने बीज रहित मुनक्का को नींबू रस में पीस कर थोड़ी मिश्री मिलाकर चटा दें। गरमी का मौसम हो तो मिश्री मिला कर शर्बत बनाकर पिलाए। उल्टियाँ रूक जाएगी और जलन भी।

रोगी की हालत खराब हो तो एक गॉठ अदरक और एक गॉठ प्याज कुचलकर रस निचोड़े। एक बड़ा चम्मच रस में जरा–सा नमक मिलाकर पिलाने से हैजे की

उल्टियाँ भी थम जाएगीं। हैजे की उल्टियाँ आदमी को कमजोर कर डालती हैं। अतएव रोगी को पूरा आराम करने दें। अदरक रस शक्ति और निरोगिता का फरिश्ता है अतः इसका सेवन लाभप्रद होता है।

एसिडिटी

आयुर्वेद में इसका नाम "अम्ल–पित्त" है। जब पेट में तेजाबी तत्व बढ़ जाते हैं तो पित्त का प्रकोप हो जाता है। सूखा अदरक और सूखी धनिया 25–25 ग्राम मात्रा में लेकर कूट–पीस लें। अब इसकी तीन मात्रा बना लें। एक कप पानी में एक मात्रा डालकर काढ़ा बनायें। जब तीन भाग पानी जल जाय, तो इसमें शहद मिलाकर स्वादिष्ठ बना कर लें। इससे पेट की सारी अम्लता मिट जाएगी।

कब्ज

यह एक आम बीमारी है। प्रायः यह रोग गरिष्ठ भोजन के कारण हो जाता है। कब्ज की शिकायत होने पर निम्नलिखित में से कोई एक उपचार करें। गर्मी का मौसम हो या बरसात का, एक गॉठ अदरक और एक–एक पके आम तथा नींबू का रस निचोड़ लें। अब इस खटमीठे गाढ़े रस को एक गिलास ताजे पानी में फेट लें। प्यास के अनुसार पानी दुगुना भी मिला सकते हैं। यह शर्बत ठंडक देगा ही, मगर पेट की गर्मी और उर्जा का संचार करने के साथ सफाई भी करेगा।

घी में सोंठ, अजवाइन और गुड़ बराबर मात्रा में डालकर हलवा बना लें। दो चम्मच हलवा खाकर एक गिलास दूध पी लें। कब्ज नहीं रहेगा और शक्ति भी दोगुनी मिलेगी।

जिन्हें अक्सर कब्ज की शिकायत है वह कच्चे अदरक की पतली–पतली फांक काटें और गुड़ के साथ सुबह–शाम खाए। पेट भी साफ होगा, कमजोरी भी नहीं होगी। दो दिन में कब्ज स्वतः भाग जायेगा। परन्तु जिन्हें बवासीर की बीमारी हो, वे इसे कभी भी इस्तेमाल नहीं करें। क्योंकि कच्चा अदरक बवासीर को तेजी से बढ़ा देगा।

कमर–दर्द

जिन्हें शारीरिक श्रम के कारण कमर में दर्द रहता है वह अदरक या सोंठ का सेवन बराबर करें। गर्मियों में अदरक की फॉको पर नींबू–रस की दो बूँदे और नमक

मिलाकर भोजन के साथ सुबह–शाम सेवन करना चाहिए। सर्दियों में दो सौ ग्राम अदरक कद्दूकस कर पिसे हुए गुड़ में मेवा मुनक्का डालकर स्वादिष्ट लड्डू बना लें। सुबह–शाम नाश्ते में एक–एक लड्डू लेते रहें। दर्द ठीक हो जायेगा।

कान का दर्द

अदरक की आधी गॉठ कुचलकर रस निकालें और गर्म कर चार–चार बूँदें कानों में टपकाएँ। दर्द मिट जायेगा। कान पक गये हो तो भी यही उपाय करें। मवाद निकलना बंद हो जायेगा।

कानों की सांय–सांय

अदरक–रस तेल में तपाकर कानों में डालें और सोंठ तथा गुड़ को घी में भूनकर खाएँ। खुश्की निकल जाएगी, तरावट आ जाएगी। सामर्थ्य से ज्यादा मेहनत, ताकत से ज्यादा काम, क्षमता से ज्यादा भाग–दौड़, खुश्की पैदा करती है और कानों पर बुरा असर पड़ता है। लड़ने की आवाज में उँचा बोलने वालों के कानों में भी सांय–सांय हुआ करती है। अधिक चिंता और जागरण तथा निरंतर मानसिक श्रम के कारण भी कानों में सांय–सांय सी होने लगती है।

खट्टी डकारें

यह अपच और अजीर्ण के लक्षण है। अदरक, काली मिर्च, अनारदाना, काला नमक, हींग और दालचीनी एक साथ पीस लें। काला नमक केवल दो ग्राम और बाकी सब 10–10 ग्राम लें। खट्टा–मिट्ठा चूर्ण बनाना हो तो इन सब के बराबर मिश्री भी मिला लें। नींबू का रस डालकर चटनी बना लें। इसके सेवन से खट्टी डकारों का आना बंद हो जायेगा।

खाँसी बुखार

प्रायः बुखार के साथ खाँसी हो जाती है। ऐसा होने पर गुड़ पीसकर एक चम्मच सोंठ का चूर्ण भूनिये, एक चुटकी अजवाइन भी डालिये। इसे खाकर गर्म–गर्म दूध पीकर कम्बल ओढ़ लीजिये। खुलकर पसीना आने दीजिए। चार घंटे बाद यही दवा और यही तरीका अपनाइये। जब तक कफ न निकल जाये, दवा खाते रहें।

अदरक किस्म – नदिया की भरपूर फसल

सलाद के लिए तैयार अदरक किस्म – मरान की जड़ें।

अदरक किस्म – मरान, उत्तर–पूर्व प्रदेशों में लोकप्रिय

अदरक – प्रक्षेत्र परीक्षण देखते किसान

केले में अदरक की अन्तरावर्ती खेती

सुपारी के बागों में भरपूर अदरक

अदरक की नयी किस्म–वरदा। गाँठों को छिल कर एसीटिक एसिड या सिरका में डुबों देने से उच्च कोटि का अदरक का लाल सलाद तैयार।

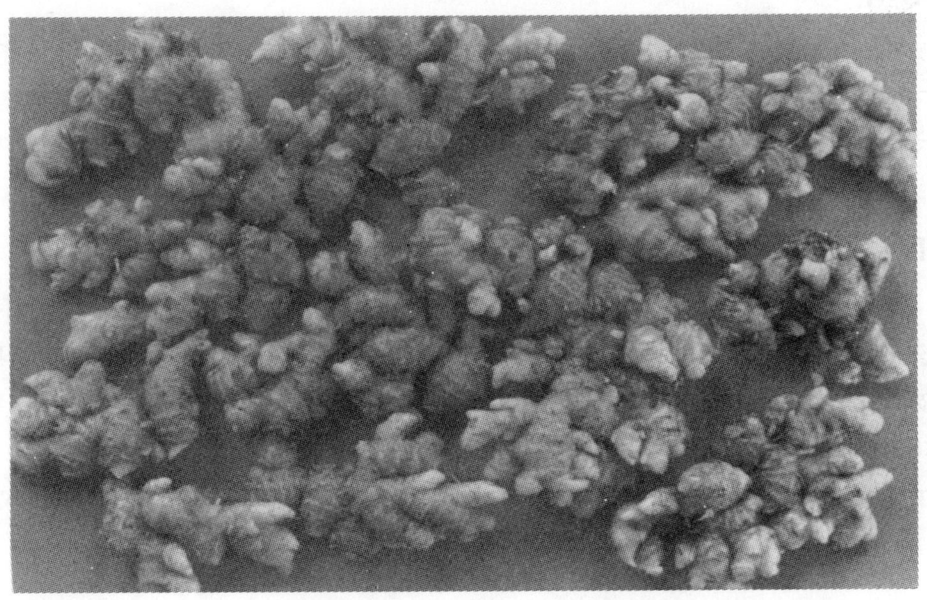

अदरक किस्म नदिया के प्रकन्द

खुजली

खून में तरह–तरह की खराबियाँ पैदा होने से गर्मी और जलन के मारे त्वचा खुश्क हो जाती है और खुजलाहट उठती है। ऐसा होने पर गर्मी के मौसम में अदरक कद्दूकस कर पराठे बनवाएँ और छाछ के साथ खायें। भूना जीरा और नमक भी स्वाद के लिए मिला लें। रक्त शुद्ध हो जायेगा। पित्त और जलन शांत हो जायेगी। एक दिन छोड़कर दूसरे दिन अदरक के पराठे और छाछ का सेवन करते रहें। केवल गर्मी के मौसम में ऐसा करें।

ज्वर और सिर दर्द

दो ग्राम अदरक, दो ग्राम नींबू रस में सेंधा नमक मिलाकर बड़ी चम्मच में गर्म करें। ठंडा होने तक मात्रानुसार नथुनों में उसकी भाप दें। बाद में थोड़ा ठंडा होने पर पिला दें।

सूँघने से छींके आएगी और सिर दर्द दूर होगा। पीने से ज्वर उतरेगा। दिन में तीन बार यह क्रिया दोहराए। सेवन करने से पसीना आ जायेगा। पसीना आने पर बुखार उतरने के साथ–साथ सिर दर्द भी जाता रहेगा।

झांइयॉ

अदरक को बारीक कुचलकर हल्का–हल्का गर्म करें। सोते समय झांइयों पर इसकी पतली परत चढ़ा दें। सुबह उठकर मुँह धोएँ और नारियल का तेल चुपड़ दें। चेहरे की सारी झाइयॉ मिट जायेंगी और चेहरा खिल जायेगा।

दमा

यदि दमा सता रहा हो तो पाँच ग्राम सौंफ–भस्म में अदरक का रस निचोड़कर चालीस गोलियाँ बना लें। एक–एक गोली प्रातः सांय अदरक की चाय के साथ लें। कुछ ही दिनों में आराम हो जायेगा अथवा अदरक और बॉस की पत्तियों का रस शहद में पाँच–पाँच ग्राम मिलाकर लेते रहें। निर्बलता भी जाती रहेगी। बराबर सेवन करें। दमा जरा देर से ही ठीक होता है। उपचार में जल्दबाजी न करें। सांस और खाँसी के दौर शांत करने में यह नुस्खा रामबाण है।

दस्त

अगर दस्त बराबर हो रही हो और रूकने का नाम हीं न ले रही हो तो ऐसी दशा में नाभि में चारों तरफ गीले आटे की मेड़ बना कर अदरक का रस भर दें। पानी–जैसी पतली दस्त भी बंद हो जायेगी। कम से कम 20–30 मिनट तक यह रस चढ़ा रहने दें। रोगी लेटा रहे।

गठिया

जोड़ों में हवा भर जाने से यह रोग होता है। आदमी को निकम्मा कर देता है। चलने–फिरने में भी आदमी मजबूर हो जाता है। अगर यह अभी शुरू ही हुआ हो तो दस ग्राम सोंठ पीसकर सौ ग्राम पानी में उबालें। तीन हिस्सा पानी सूख जाने पर पिला दें। इसके असर से शरीर में रूका रक्त फट जाएगा और संचार की रूकावटें निकल जाएँगी अथवा गठिया के रोगी को कब्ज नहीं होने देना चाहिए। कब्ज रोग को बढ़ाता है। भोजन ठीक नहीं पच पाने के कारण जोड़ों में रस अटक कर सूजन तथा दर्द के साथ अंग को शिथिल कर देता है। इसी से वायु का प्रकोप होता है। गठिया–ग्रस्त अंग अगर ठंडे रहने लगे, तो समझ लीजिये कि कफ भी है। 25–25 ग्राम सोंठ, काली, मिर्च, पीपल, लहसून, सफेद जीरा, नौशादर और नमक सेंधा, सोंचल, समुद्री, पाँच ग्राम हींग, घी में भूनकर पीसें। दिन में तीन बार तीन–चार ग्राम की फंकी अदरक रस के साथ दें और थोड़ा शहद भी मिला लें। इस चूर्ण से रूक गया रक्त संचार फिर पूर्ववत हो जायेगा। जोड़ों में दर्द होने पर सरसों के तेल में थोडा–सा अदरक रस मिलकर मालिश करने से लाभ होगा।

सोठ, काली मिर्च, वायविहंग और सेंधा नमक का चूर्ण दस ग्राम शहद में मिलाकर चटाते रहें। घुटनों आदि में जहाँ–जहाँ सूजन या पथराया हुआ सा लगे, सोंठ–भूना गर्म तेल लेकर मालिश भी करते रहे। मालिश के बाद मोटे कपड़े से बाँध दे ताकि गर्मी भरपूर पहुँचे, मगर हवा न लगे तथा कोई शीतल पदार्थ खाने को नहीं दें।

गठिया के इलाज में सोंठ का इस्तेमाल तो देशी–विदेशी सभी डाक्टर थोड़ी–बहुत मात्रा में करते हैं। यह रोगी की हालत पर निर्भर करता है कि किस नुस्खे में सोंठ किन दवाओं के साथ दी जाय। सुश्रुत संहिता में एक नुस्खा इस प्रकार है :– पच्चीस ग्राम सोंठ, सौ ग्राम हरड़ और पन्द्रह ग्राम अजमोद बारीक पीस लें। दस ग्राम सेंधा नामक मिला लें। तीन ग्राम सुबह और इतना ही शाम, गर्म पानी के साथ लें। इसके सेवन करने से गठिया की शिकायत जाती रहेगी।

इस दौरान तेल की मालिश भी जारी रखें। गर्म पानी में भींगी तौलिये से बदन भी रगड़ते रहें ताकि पसीना खुलकर आता रहे।

आक की बंद कलियाँ भी सूर्य की तरह प्रचण्ड ताप देने वाली हैं। सोंठ, आक की कलियाँ, अडूसा के सूखे पत्ते और काली मिर्च प्रत्येक 25–25 ग्राम कूट–पीस कर छान लें। अदरक के रस में घोटकर मटर–बराबर गोलियाँ बना लें। एक गोली प्रातः और एक गोली शाम गुनगुना पानी के साथ निगलें। यह गोलियाँ पुराने से पुराने गठिया को भी तोड़ डालती हैं। इसका फर्क 20–25 दिन बाद ही नजर आयेगा। साथ ही मालिश भी जारी रखें।

जुकाम

जुकाम होने पर निम्न उपाय काम में लायें।

1. अदरक की चाय : गर्म पानी में चाय की तरह अदरक का रस मिलाकर मिश्री या नमक डाल कर पीने से जुकाम फौरन भाग जाएगा। अदरक की चाय आप इच्छानुसार चार–पाँच बार ले सकते हैं।
2. यदि नाक से पानी की बूँदे गिरती हों, तो सोंठ का चूर्ण डालें और काढ़े की तरह उसे उबालकर मिश्री मिलाकर पियें।
3. शहद में अदरक का रस मिलाकर पीने से भी जुकाम भाग जाता है। खाँसी और सांस की तकलीफ हो, तो उसमें भी आराम मिलता है। सर्दी में पकड़े सिर और नाक को खोलने में यह चमत्कारी उपाय है।

नाक बंद

सूखी सर्दी के कारण अक्सर नाक बंद हो जाती है। सांस लेने में कठिनाई होती है। ऐसा होने पर अदरक का एक चम्मच रस, आधा चम्मच शहद में मिलाकर सुबह–शाम चटाएँ। ठंड का मौसम हो, तो अदरक की आधी गॉठ पानी में उबालें और गुनगुने पानी को चुलू में लेकर नथुनों से गरारे करें। सुबह शौच के बाद नाक से पानी खींचकर छोड़ने की आदत बना लें, दोनों, सर्दी और जुकाम कभी नहीं होगा।

एक तरीका और है। सोंठ, काली मिर्च, धनिया, नौशादर जायफल और रीठे का छिलका दो–दो ग्राम की मात्रा में लेकर पीस–छान लें। नसवार की तरह प्रयोग करें। बंद नाक खोलने का यह अनुपम इलाज है।

निमोनिया

निमोनिया होने पर तुरंत रजाई में लिटा दें और कमरे में अंगीठी सुलगा दें। कोयलों की गैस निकालने के लिए दरवाजे–खिड़कियाँ थोड़ी खुली रहने दें। रोगी की चारपाई ऐसी जगह हो, जहाँ ठंडी हवा का थपेड़ा उसे सीधे न लगे। इसे शुरू में ही दवा देना चाहिए। इसमें चेहरा कुम्हला जाता है, बदन निढाल और गर्म होने लगता है, आँखे भारी और बुझी लगती है, खाँसी शुरू हो जाती है। फेफड़ों, पसलियों और सीने में पीड़ा होती है। साँस खिंचने भी लगती है।

सोंठ का छना हुआ पाउडर तैयार कर लें। हथेलियाँ अंगीठी पर सेंक कर पाउडर को रोगी की पसलियों से लेकर गले तक मलें। सोंठ, पीपलामूल, पीपल, चव्य और चित्रक पाँच–पाँच ग्राम जौकुट कर लें। इसमें बीस गुणा पानी डालकर काढ़ा बनायें अर्थात् पच्चीस ग्राम औषध के लिए पाँच सौ ग्राम पानी हो। तीन हिस्सा पानी जल जाने दें। सौ–सवा सौ ग्राम काढ़ा छानकर मिश्री मिलायें।

यह काढ़ा दिन में तीन बार दें। मिश्री के स्थान पर शहद भी डाल सकते हैं, पर शहद शुद्ध होना चाहिए। फेफड़ों व पसलियों श्वास–नलिका आदि में कफ, सर्दी की जकड़न, खाँसी आदि शांत हो जायेगी। तीन दिन काढ़ा देते रहें। यदि दस्त भी आ रही हो तो आधा ग्राम जायफल और इतना ही काला नमक पीसकर सौंफ के अर्क के साथ दें।

पथरी

पथरी के कारण मूत्र त्याग में बड़ा कष्ट होता है। गलत खान–पान के कारण यह कष्ट होने लगता है। इस कार्ण उदर पीड़ा भी होती है। अतएव सोंठ, गोखरू तथा वरूण की छाल प्रत्येक पाँच ग्राम लेकर अच्छी प्रकार कुट लें।

बीस ग्राम तक यह औषध बीस गुने पानी में उबाले, चार सौ ग्राम पानी जल कर लगभग सौ ग्राम हो जाने पर छान लें और दो ग्राम जौखार तथा एक दाना हींग का मिलाकर पिला दें। पथरी गलकर, मूत्र के रास्ते निकल जाएगी।

पथरी की बनावट अधिक कठोर और आकार बड़ा होगा तो इस दवा से निश्चित लाभ होगा। परन्तु इसमें समय लगेगा। धैर्य रखें। अवश्य ठीक हो जाऐंगा।

पागल कुत्ता

गलती से पागल कुत्ता काट ले तो रैबीज नामक विषाणु से जीवन खतरे में पड़ जाता है। इसका तत्काल उपचार आवश्यक है। ऐसा होने पर इस तरह उपचार करें। अदरक और कैक्टस का गूदा (जिसे थूहर भी कहते हैं), पीसकर पिलाने से पागल कुत्ते का विष बेअसर हो जाता है।

□□□

अध्याय 11

आमादि

आमादि वास्तव में आम और आदि (अदरक) किसी से भी संबंधित नहीं है बल्कि यह हल्दी वर्ग की एक कम आर्थिक महत्व की मसाला फसल है जो उष्ण कटिबंधीय जलवायु में अच्छी प्रकार उगती है। देखने में इसका पौधा हल्दी की तरह ही होता है। लेकिन हल्दी 7–8 महीनों में तैयार होती है जबकि आमादि 6 महीने में तैयार हो जाती है। आमादि के प्रकन्दों का रंग उपर से हल्का पीलापन लिये हुए तथा भीतर से गहरा पीला होता है। ताजे प्रकन्दों में कच्चे आम का स्वाद तथा सुगंध होती है परन्तु यह देखने में अदरक के प्रकन्दों से मिलता–जुलता है, इन्हीं गुणों के कारण इसे आमादि या आम–अदरक या मैंगो जिन्जर कहते हैं। हल्के छायादार स्थानों में इसकी खेती सफलतापूर्वक की जा सकती है। आम, लीची, नारियल तथा अमरूद के बागानों में इसे भलीभाँति उगाकर अतिरिक्त आय प्राप्त किया जा सकता है। सलाद फसलों में आमादि की माँग दिनोंदिन बढ़ती जा रही है। वानस्पतिक भाषा में इसे कुरकुमा एरोमेटिका कहते हैं जो जिंजेवरेसी पौध कुल का सदस्य है।

आमादि की खेती मसाला फसल के रूप में किसानों के बीच बहुत कम प्रचलित हैं। कुछ शौकीन किसान इसे अपने आँगनबाड़ी में सलाद, चटनी तथा आचार आदि के लिए लगाते हैं। आमादि के प्रकन्दों में बेहतरीन औशधीय गुण भरे–पड़े हैं। इसलिए इसका उपयोग भारतीय चिकित्सा विज्ञान में औषधि के रूप में किया जाता है। यह पाचक, ज्वरनाषक, फेफड़े की सूजन, कब्ज निवारक होता है। इसका उपयोग खाज खुजली, चर्म रोग, दमा, हिचकी, चोट लगी जगह पर होने वाली जलन समाप्त करने वाला, पेट दर्द, पेट की गैस से निजात दिलाने वाला होता है। आमादि की पीसी हुयी लुग्दी मोच आने पर दर्द निवारक का कार्य करती है। आमादि के नियमित सेवन से पुरूषों में कामशक्ति की वृद्धि होती है।

भूमि का चुनाव तथा तैयारी

हल्की बलुई, दोमट मिट्टी आमादि के लिए उपयुक्त होती है। मिट्टी में जैवांष की अधिकता होनी चाहिए। जल–जमाव इस फसल को नुकसान पहुँचाता है। मिट्टी की 2–3 जुताई करके पाटा चला कर खुब भुरभुरी बना लें तथा अंतिम जुताई के समय 100–150 क्विंटल गोबर की सड़ी खाद तथा 50 किलो स्फूर तथा 100 किलोग्राम पोटाष प्रति हेक्टर की दर से डाल कर अच्छी प्रकार मिला दें।

बीज दर

आमादि को प्रकन्द द्वारा उगाते हैं। एक प्रकन्द का आकार 15–20 ग्राम होना चाहिए। बीज के लिए चुनी गयी मातृ तथा पुत्री दोनों प्रकन्द स्वस्थ तथा रोग रहित होनी चाहिए। एक हेक्टर भूमि में आमादि बोने के 15–16 क्विंटल बीज–प्रकन्द की आवश्यकता होती है।

बुआई की विधि तथा दूरी

आमादि को तैयार क्यारियों में पंक्तियों में बोना चाहिए। पंक्ति से पंक्ति की दूरी 45 से॰मी॰ तथा पौध से पौध की दूरी 20 से॰मी॰ रखनी चाहिए तथा प्रकन्दों को 5 से॰मी॰ की गहराई में बोना चाहिए। दो क्यारियों के बीच 30 से॰मी॰ चौड़ी नाली जल निकास हेतु बनायी जाती है। क्यारियों की चौड़ाई 1.2 मीटर तथा लम्बाई आवश्यकतानुसार रखते हैं।

बुआई का समय

आम आदि की बुआई मई के मध्य से लेकर अंत तक कर देनी चाहिए। देर से बोई गई फसल की उपज घटती जाती है। बुआई के तुरंत बाद क्यारियों को शीशम की हरी पत्तियों की 1.5 – 2.0 से॰मी॰ मोटी परत से ढंक देनी चाहिए। जब फसल जमकर 45 दिनों की हो जाये तब 25 किलो नेत्रजन का टापड्रेसिंग तथा 90 दिनों बाद पुनः 25 किलो नेत्रजन का व्यवहार खड़ी फसल में निकाई–गुड़ाई के बाद करनी चाहिए तथा पौधों की जड़ों के चारों तरफ मिट्टी चढ़ा देनी चाहिए।

पौध सुरक्षा

आमादि में अदरक तथा हल्दी की अपेक्षा कम कीड़ें तथा रोग लगते हैं। परन्तु इस फसल पर तना छेदक कीट का आक्रमण होता देखा गया है। आक्रान्त पौधे सूख जाते हैं। इस प्रकार के पौधों को खेत से निकाल कर जला देना चाहिए तथा खड़ी फसल में पत्तियाँ पर क्विंनलफाँस नामक दवा की 0.05ः के घोल का 12 दिनों के अंतराल पर दो छिड़काव करना चाहिए।

फसल की खुदाई तथा उपज

आमादि की फसल 6 महीने में तैयार हो जाती है। जब पंत्तियाँ पीली होकर पूर्णतया सूख जायें तब फसल की खुदाई करनी चाहिए। अच्छी फसल की प्रकन्दों की उपज 250–300 क्विंटल प्रति हेक्टर आसानी से प्राप्त हो जाती है। प्रकन्दों के उपर लगी जड़ों को साफ करके छायादार स्थान पर रखना चाहिए।

आमादि का विविध उपयोग

आमादि का उपयोग चटनी, अचार, मुरब्बा, सलाद, आयुर्वेदिक दवाओं आदि में वृहत मात्रा में किया जाता है। आजकल तो इससे तरह–तरह की मिठाईयाँ भी बनाई जाती हैं। दक्षिण भारत में आमादि का अर्क बड़े पैमाने पर निकाल कर विदेषों को निर्यात किया जाता है जो विदेषी मुद्रा का बहुत बड़ा स्रोत है। अतः आमादि की खेती व्यावसायिक स्तर पर करने की आवश्यकता है। इसे किसान खरीफ मक्का में अन्तरावर्ती फसल के रूप में तथा आम, लीची, केला के बागों में छायादार भूमि में उगाकर अतिरिक्त आमदनी प्राप्त कर सकते हैं।

□□□

अध्याय 12

गाजर

कंद मूल फसलों में गाजर एक अधिक पौष्टिक सलाद फसल है। इसकी खेती सम्पूर्ण भारत में मानव उपयोग के लिए तथा पशुओं के चारे के लिए भी की जाती है। गाजर घोड़ों का अच्छा भोजन है। गाजर को, खेत के अलावे गृह वाटिकाओं में भी सलाद के लिए उगाया जाता है। गाजर की जड़ों को कच्चा सलाद के रूप में तथा सब्जी बनाकर खाया जाता है। गाजर का हलवा, मुरब्बा, रायता, करी, आचार, गजरेला और मिठाईयाँ सबके दिल को जीत लेती हैं। गाजर के मुलायम पत्तियों का साग भी बनाकर खाया जाता है।

उत्पत्ति तथा इतिहास

गाजर के जन्म स्थान के बारे में काफी मतभेद है। कुछ वैज्ञानिक इसका जन्म स्थान मध्य एशिया में पंजाब और कश्मीर की पहाड़ियों पर बताते हैं तो कुछ इसके वितरण का दूसरा केन्द्र एशिया यूरोप तथा उत्तरी अफ्रीका बताते हैं। पंजाब में इसकी जंगली जातियाँ अभी भी उगी हुई पायी जाती है। कश्मीर के कुछ क्षेत्रों में इसकी जंगली जातियों को वहाँ के निवासी अभी भी उपयोग में लाते हुए देखे जाते हैं।

गाजर औषधि के रूप में

गाजर में औषधीय गुण प्रचुर मात्रा में पाये जाते हैं। यह भूख बढ़ाता हैं, गुर्दे की बीमारी में इसका उपयोग या सेवन अति लाभदायक पाया जाता है। मूत्र के साथ ईंट के चूरे की तरह का चूर्ण निकलने की शिकायत होने पर भी गाजर को औषधि के रूप में उपयोग किया जाता है। इसके बीज का उपयोग विभिन्न दवाओं के रूप में किया जाता है। नदकर्णी के अनुसार गाजर के बीजों का उपयोग गर्भपात कराने में भी किया जाता है। पीलिया होने पर इसका काढ़ा पिलाया जाता है। गाजर के काढ़े को पेय के रूप में उपयोग किया जाता है। सुअर की चर्बी के साथ गाजर को पीसकर बनाया गया मलहम जलने एवं फफोले पड़ने पर इसका उपयोग अत्यनत लाभकारी पाया गया है। यह सौन्दर्यवर्द्धक होता है। त्वचा साफ करने में भी इसका उपयोग औषधि के रूप में किया जाता है।

आवोहवा

गाजर ठंडे जलवायु की फसल है, लेकिन एशियाटिक किस्मों में अधिक तापमान सहने की शक्ति होती हैं। गाजर की जड़ों को रंग और बढ़वार के लिए 10–15 से॰ग्रे॰ तापमान अच्छा पाया गया है। इससे अधिक तापक्रम पर जड़े बहुत छोटी और कम तापक्रम पर जड़े लम्बी एवं पतली होती हैं।

भूमि का चुनाव तथा तैयारी

गाजर की खेती सभी प्रकार की भूमि में की जाती है, लेकिन दोमट या बलुई दोमट भूमि जिसमें जीवांश पर्याप्त मात्रा में हो, सिंचाई और जल निकास की उचित व्यवस्था हो तथा भूमि में किसी तरह की कड़ी परत न हों, इसकी खेती के लिए सबसे उत्तम होती हैं। प्रारम्भ में खेत को देशी हल से जुताई करनी चाहिए। लगभग 5–6 जुताई की आवश्यकता होती है ताकि मिट्‌टी अच्छी तरह भुरभुरी हो जाय।

बीज का चुनाव, बीजदर एवं बीजोपचार

गाजर की अधिक पैदावार के लिए हमेशा उन्नतशील किस्मों का चुनाव करना चाहिए। एक हेक्टर खेत के लिए 6–8 किलोग्राम बीज की आवश्यकता पड़ती है। कैप्टान, वेभिस्टीन एवं सेरेशन दो ग्राम प्रति किलोग्राम की दर से बीज में मिलाकर उपचारित कर लेना चाहिए।

बुआई का समय, विधि एवं दूरी

मैदानी इलाकों में एशियाई किस्मों की बुआई अगस्त से अक्टूबर तक और यूरोपियन किस्मों की बुआई अक्टूबर–नवम्बर में करना चाहिए। पहाड़ी इलाकों में इन किस्मों की बुआई मार्च से जून तक की जाती है। इसकी बुआई या तो छोटी–छोटी समतल क्यारियों में या 30–40 से॰मी॰ की दूरी पर बनी मेड़ों पर करते हैं। यदि क्यारियों में बुआई करनी हो तो बीज को या तो क्यारियों में छिटक देते हैं, या 30 से॰मी॰ के अंतराल पर हैन्डहो से हल्की कतारें बना लेना चाहिए और उन कतारों में बीज बोयें। मेढ़ों पर बीज 1–2 से॰मी॰ की गहराई पर पंक्ति बनाकर बोते है और मिट्‌टी से ढ़क देते हैं। जब बीज जम जाये तो पौधें की दूरी 6–10 से॰मी॰ रखते हैं। बीज़ को महीन मिट्‌टी या बालू के साथ मिलाकर बोना चाहिए।

खाद तथा उर्वरक

गाजर की अधिक उपज प्राप्त करने के लिये खाद और उर्वरक दोनों की आवश्यकता होती है। अंतिम जुताई के समय एक हेक्टर खेत में लगभग 25–30 टन गोबर की सड़ी खाद तथा 30 किलोग्राम नाईट्रोजन तथा 30 किलोग्राम पोटाश प्रति हेक्टर की दर से मिट्‌टी में डालनी चाहिए। बुआई के लगभग 5–6 सप्ताह बाद फिर 30 किलोग्राम नाईट्रोजन का उपरिवेशन करना चाहिए।

सिंचाई तथा निकाई–गुड़ाई

पहली सिंचाई बुआई के तुरंत बाद करनी चाहिए तथा दूसरी उसके 7–8 दिनों बाद। बीज के अंकुरित होने तक क्यारियों में बनी नालियों में पर्याप्त नमी रहनी चाहिए। जाड़ों में खेत को सींचने की आवश्यकता कम पड़ती है, परन्तु सूखे मौसम में 5–6 दिनों के अंतराल पर सिंचाई करनी चाहिए। गाजर के खेत में कभी भी अधि ाक सिंचाई नहीं करनी चाहिए। अधिक सिंचाई करने से पत्तियाँ अधिक बढ़ेगी, जड़े घटिया किस्म की होगी, साथ ही परिपक्व भी देर से होगी। जड़े निकालने से पहले खेत को हल्की सिंचाई कर देनी चाहिए ताकि जड़ों को निकलने में सुविधा हो।

गाजर की फसल के साथ अनेक प्रकार के खर–पतवार उग आते हैं जो भूमि से नमी और पोषक तत्व ग्रहण करते हैं, जिसके कारण गाजर के पौधों के विकास और बढ़वार पर प्रतिकूल प्रभाव पड़ता है। अतः इन्हें खेत से निकालना अत्यंत आवश्यक हो जाता है। निराई करते समय पंक्तियों से अनावश्यक पौधों को निकाल

कर बीच की दूरी अधिक कर देनी चाहिए। बढ़ती हुई जड़ों के नजदीक हल्की निराई–गुड़ाई करते रहना चाहिए, जिससे जड़ों के उपरी भाग में रंग परिवर्तन न हो सकें। बुआई के पश्चात् खर–पतवार नाशी जैसे – स्टाम्प के 3.3 लीटर मात्रा को 1000 लीटर पानी में घोलकर प्रति हेक्टर की दर से छिड़काव करने से प्रारम्भ के 30–40 दिनों तक खर–पतवार नहीं उगते हैं और साथ ही पौधों की बढ़वार अच्छी होती है।

खुदाई तथा उपज

गाजर की जड़ों का उपरी भाग जब 2.5–3.5 से॰मी॰ व्यास का हो जाय तब उनकी खुदाई करनी चाहिए। खुदाई के पहले खेत की हल्की सिंचाई कर देनी चाहिए, जिससे खुदाई में सुविधा हो। गाजर की औसत उपज 250–300 क्विंटल प्रति हेक्टर तक प्राप्त की जा सकती है।

कीड़े तथा रोग

भारत में गाजर में कोई प्रमुख कीड़े तथा रोग नहीं लगते हैं। जिनका थोड़ा बहुत प्रकोप होता है वह इस प्रकार है – गाजर की वीविल छः धब्बे वाली पत्ती को खाने वाला टिड्डा तथा गाजर का फड़का। इनके रोकथाम के लिये मैलाथियान (1.5 मि॰ली॰ प्रति लीटर पानी) का घोल बानाकर एक–दो छिड़काव करना चाहिए।

गाजर की फसल में कम रोग लगते हैं फिर भी कुछ प्रमुख रोग इस प्रकार हैं

आर्द्र गलन रोग

यह रोग पिथियम अफेनिडर्मैटम् नामक फफूॅद के कारण होता है। इसके कारण बीज के अंकुरित होते ही पौधे संक्रमित हो जाते हैं। तने का निचला भाग जो जमीन से सटा रहता है वह सड़ जाता है। फलस्वरूप पौधे वहीं से टुट कर गिर जाते है। पौधे का अचानक गिर जाना और सड़ जाना आर्द्र गलन कहलाता है। इसकी रोकथाम के लिए बीज को बोने से पहले कैप्टान या सेरेशन या थीरम नामक दवा के 3 ग्राम प्रति किलोग्राम बीज की दर से उपचारित कर बोना चाहिए।

चूर्णी फफूॅद रोग

चूर्णी फफूॅद के कारण सफेद रंग का पाउडर, पत्तियों पर दिखाई पड़ने लगता है। इसके रोकथाम के लिए 2.5 किलोग्राम घुलनशील गंधक का 625 लीटर पानी में घोल बनाकर प्रति हेक्टर की दर से छिड़काव करना चाहिए।

गाजर किस्म–पूसा केशर की भरपूर फसल।

किस्म–पूसा मेघाली।

गाजर–किस्म–पूसा केशर।

रतौन्धी दूर करने वाली सलाद–फसल गाजर किस्म–पूसा केशर।

विषाणु रोग

गाजर में पीलापन एक विषाणु रोग है जो फड़का कीड़े द्वारा फैलता है। इससे फसल को बचाने के लिए मैलाथियान नामक दवा की 1.5 मि॰ली॰ मात्रा प्रति लीटर पानी में घोलकर छिड़काव करना चाहिए।

गाजर का बीज उत्पादन

गाजर पर सेचित फसल है, जिसका सेचन कार्य मधुमक्खियों और साधारण मक्खियों द्वारा भी होता है। इसकी पुष्पमंजरी एक कम्पाउण्ड अम्बेल के रूप में, जिसे ''हेड'' के नाम से जाना जाता है। मैदानी जातियों का बीज मैदानों में और पहाड़ी जातियों का बीज पहाड़ी क्षेत्रों में तैयार किया जाता है। इसका बीज उत्पादन निम्नलिखित दो विधियों द्वारा किया जाता है

1. बीज से बीज पैदा करना
2. जड़ से बीज पैदा करना

दूसरी विधि में स्वस्थ एवं अच्छी गाजरों को फरवरी के महीनों में उखाड़कर उनका निचला भाग 10 से॰मी॰ तक काट दिया जाता है और 5–7.5 से॰मी॰ पत्तियों के डंठलों के साथ 60 x 60 से॰मी॰ की दूरी पर पहले से तैयार खेत में लगा दिया जाता है इसके बाद पानी दे देना चाहिए। कुछ समय बाद पत्तियाँ, फूल और फलियाँ बन जाती है। अप्रैल में बीज पकने पर पौधे काट लिये जाते हैं और सुखाकर बीज को सुरक्षित कर लिया जाता हैं। इस विधि में प्रथम विधि से अधिक बीज प्राप्त होता है। आधार बीज और प्रमाणित बीज के लिए विलगन दूरी क्रमशः 1000 तथा 800 मीटर रखी जाती है।

गाजर की उन्नतशील किस्में

गाजर की किस्मों को दो भागों में बाँटा गया है जो इस प्रकार है

एशियाई किस्में

इनसे अधिक पैदावार मिलती है। इन किस्मों की जड़ों का उपरी भाग भारी होता है जो हलवा, अचार, सब्जी, मुरब्बा, सलाद आदि बनाने के लिए उपयुक्त होता है। इस वर्ग की निम्नलिखित किस्में इस प्रकार हैं :

पूसा केसर, गाजर नं॰–29, चयन नं॰–233, लोकल सेलेक्सन, पूसा मेघाली, हाइब्रिड–1।

यूरोपियन किस्में

ये किस्में छोटे से मध्यम आकार वाली और नारंगी रंग की होती हैं। ये खानें में अत्यन्त मीठी और स्वादिष्ट होती है। ये किस्में कच्ची सलाद के रूप में खाई जाती है। यूरोपियन किस्मों में चैन्टनें, नैनटिस, पूसा यमदाग्नि, जेनो इत्यादि मुख्य हैं।

□□□

अध्याय 13

चुकन्दर

चुकन्दर एक महत्वपूर्ण सलाद वाली फसल है जिसे गृह वाटिका में सभी शौक से उगाते हैं। चुकन्दर सलाद के रूप में तथा सब्जियों और गोश्त के साथ पका कर खाया जाता है। सलाद के रूप में चुकन्दर का महत्वपूर्ण स्थान है। इसके अंदर मिठास पायी जाती है इसलिए इसका उपयोग चीनी उत्पादन के लिए भी किया जाता है। यह यद्यपि भारत के सभी राज्यों में उगाया जाता है पर गाजर, मूली और शलजम की तरह लोकप्रिय नहीं है। चुकन्दर सोडियम, कैल्शियम, फॉस्फोरस, ऑक्जैलिक अम्ल, पोटैशियम, गंधक इत्यादि पोशक तत्वों तथा विटामिन ''सी'' से भरपूर होता है। प्रारम्भ में इसकी केवल पत्तियाँ ही खाई जाती थी पर बाद में इसकी जड़ों का भी उपयोग होने लगा। चुकन्दर के बिना कोई भी सलाद अधूरी मानी जाती है।

उत्पत्ति तथा इतिहास

ऐसा विश्वास किया जाता है कि चुकन्दर की उत्पत्ति सम्भवतः यूरोप या पश्चिमी एशिया या अफ्रीका के आसपास हुई थी और वहीं से यह भारत में आया। वैज्ञानिकों

का मानना है कि दक्षिण यूरोप में पाई जानेवाली चुकन्दर, आज की चुकन्दर की पूर्वज हैं। चुकन्दर के बारे में सबसे पहले ग्रीक चिकित्सक हिलोफ्रेलस ने औषधि के रूप में इसके उपयोग का उल्लेख किया था। इसका उपयोग बालों के लिये बलवर्द्धक के रूप में एवं खट्टी शराब को मीठा करने के लिए भी किया जाता है।

चुकन्दर के लिए उपयुक्त आबोहवा

चुकन्दर की खेती विभिन्न जलवायु में की जा सकती है किन्तु ठंढ़ी जलवायु इसके लिए उपयुक्त होती है। उन क्षेत्रों में जहाँ शीतकाल केवल तीन–चार महीने रहता है एवं बाद में वसंत ऋतु एवं ग्रीश्मऋतु होती है, जैसे उत्तर भारत के मैदानी इलाके, वहाँ इसकी खेती रबी मौसम में अर्थात सितम्बर–अक्टूबर से मई–जून में सफलतापूर्वक की जाती है। पहाड़ी क्षेत्रों में जहाँ भीषण सर्दी पड़ती है, वहाँ इसकी खेती फरवरी–मार्च से सितम्बर–अक्टूबर तक ही होती है।

भूमि का चुनाव तथा तैयारी

चुकन्दर को सभी प्रकार की भूमि में सफलतापूर्वक उगाया जा सकता है किन्तु दोमट मिट्टी इसके लिए विशेष रूप से उपयुक्त होती है। इसकी लाभदायक खेती के लिए गहरी जुताई पिछली फसल के अवशेष को जमीन में दबाने के लिए अति आवश्यक है। ऐसा करने से अवशेष सड़ जाते है जिससे जमीन में जैविक तत्वों की वृद्धि होती है और भूमि की उर्वराशक्ति बढ़ जाती है। इसकी अच्छी खेती के लिए एक–दो जुताई पिछली फसल काटने के बाद करना चाहिए। प्रत्येक जुताई के बाद पाटा चलाकर भूमि को समतल बना लेना चाहिए।

चुकन्दर की अच्छी पैदावार के लिए उन्नतशील किस्मों से प्राप्त बीज को ही बोना चाहिए। प्रति किलो बीज में दो ग्राम थीरम या सेरेशन नामक दवा मिलाकर उपचारित कर लेना चाहिए। एक हेक्टर खेत में लगभग 10 किलोग्राम बीज की आवश्यकता होती है।

बुआई का समय, विधि तथा दूरी

चुकन्दर की बुआई दो बार की जाती है। अगेती फसल के लिए अगस्त–सितम्बर एवं पिछली फसल के लिए अक्टूबर–नवम्बर उपयुक्त होता है। गाजर की तरह 1.5–2.5 से॰मी॰ की गहराई पर 30–45 से॰मी॰ की दूरी पर बनी कतारों में बुआई करना चाहिए। बाद में पौधे से पौधे को 15–20 से॰मी॰ की दूरी पर रखना चाहिए।

चुकन्दर की उन्नत किस्म – डार्क रेड

खाद तथा उर्वरक

चुकन्दर की अच्छी उपज प्राप्त करने के लिए 20–25 टन गोबर की खाद खेत में अंतिम जुताई के समय डालना चाहिए। 60–70 किलोग्राम नाईट्रोजन, 100–120 किलोग्राम फॉस्फोरस तथा 70–80 किलोग्राम पोटाश प्रति हेक्टर की दर से खेत में डाल कर मिट्टी में मिला देना चाहिए।

सिंचाई तथा निकाई–गुड़ाई

आवश्यकतानुसार मौसम के अनुसार 8–10 दिनों बाद खेत में सिंचाई कर उपयुक्त मात्रा में नमी बनाए रखना चाहिए जिससे जड़ों का विकास में बाधा नहीं पड़ सके। बीज के बोने के 15–20 दिनों के बाद घने उगे पौधों को दूर–दूर कर देना चाहिए, साथ ही उगे हुए खर पतवारों को खर पतवारनाशी दवा स्टाम्प 3.3 लीटर मात्रा को 1000 लीटर पानी में घोल कर प्रति हेक्टर की दर से छिड़काव कर नियंत्रित करना चाहिए।

खुदाई तथा उपज

चुकन्दर की फसल लगभग पाँच महीने में तैयार हो जाती है। जब कंद सुर्ख बैगनी लाल रंग के हो जायें तब उन्हें खोदकर निकाल लेना चाहिए। इस तरह प्रति हेक्टर औसत उपज 250–300 क्विंटल तक प्राप्त हो सकती है। कटे तथा कीट ग्रस्त कन्दों को अलग छाँट लेना चाहिए।

कीड़े तथा रोंगों की रोकथाम

माहु : इसके नियंत्रण के लिए निकोटिन सल्फेट का छिड़काव करना चाहिए। मैलाथियान का छिड़काव भी लाभदायक पाया गया है।

मैगेट : इसके रोकथाम के लिए कैलोमिल का छिड़काव करना चाहिए। एल्ड्रिन का खड़ी फसल में छिड़काव भी लाभप्रद पाया गया है।

ब्लैक रॉट : यह बीज के द्वारा फैलने वाला रोग है। अतः बीज को बुआई से पहले किसी फफूँद नाशी दवा से उपचारित कर लेना चाहिए।

उन्नतशील किस्में

क्रिमसन ग्लोब, डिट्रायड और डार्क रेड आदि चुकन्दर की उन्नत किस्में हैं, जिनकी उपज क्षमता अधिक है। अतः ये किस्में ही अधिक लोकप्रिय हैं।

❑❑❑

अध्याय 14

प्याज

प्याज एक अत्यंत उपयोगी सलाद फसल है। इसे विभिन्न पकवान, मसाले और औषधि के रूप में भी प्रयोग किया जाता है। केवल भारत में ही नहीं बल्कि विदेशों में भी कच्ची प्याज को भोजन के साथ सलाद बनाकर खाने का प्रचलन अधिक है। भारत में आज भी गरीब तबके के लोग सब्जी की जगह पर कच्चे प्याज को नमक और हरी मिर्च के साथ खाकर काम चला लेते हैं। प्राचीन ग्रन्थों में भी प्याज का महत्व का वर्णन भरा पड़ा है। मिश्र के निवासी इसकी खेती 200 ई॰ पू॰ से ही करते आ रहे हैं परन्तु भारत में इसकी खेती 600 ई॰ पू॰ से प्रचलित होने के साक्ष्य मिलते हैं। प्राचीन काल में आर्यों द्वारा पूजा की बेदी पर प्याज रखा जाता था तथा इसके अलौकिक औषधीय गुणों का विस्तृत वर्णन भी आर्यो द्वारा किया गया है।

प्याज की उत्पत्ति तथा वितरण

विश्व में कुल 5 करोड़ 20 लाख टन (2002) प्याज का उत्पादन होता है, जिसमें भारत की हिस्सेदारी 12.07 प्रतिशत है। अपने देश में प्याज की खेती 13,800 हेक्टर

भूमि में होती है जिससे 1,16,800 टन प्याज पैदा होती है तथा उत्पादकता प्रति हेक्टर मात्र 8.463 टन हीं है जो राष्ट्रीय औसत से 1.63 टन कम है। बिहार, भारत के कुल प्याज उत्पादन का 3.871 प्रतिशत भाग प्याज उत्पादन करता है। बिहार की प्रति हेक्टर प्याज की उत्पादकता अन्य राज्यों से बहुत हीं कम है।

अतः प्याज की उन्नत किस्मों की खेती यदि वैज्ञानिक ढंग से की जाय तो इस राज्य में भी प्याज की उत्पादकता बढ़ सकती है। आवश्यकता नई किस्मों की खेती सुधरे तौर–तरीके से करने की है।

प्याज की उन्नत किस्में तथा उनके गुण

प्याज के किस्मों को उत्पत्ति के आधार पर दो भागों (वर्गों) में विभाजित किया गया है :

प्याज की विदेशी किस्में

विदेशी किस्मों में आस्ट्रेलियन ब्राउन, स्वीट स्पैनिश, रेड इटैलियन तथा रेड ग्लोब मुख्य हैं। इन किस्मों में स्वाद, भंडारण के गुण तथा आकार में अंतर पाया जाता है। अधिकांश लोग सलाद के लिए कम या मध्यम तेज वाली प्याज तथा पकाने और परिरक्षण के लिए बहुत तेज वाली प्याज पसंद करते हैं। इसी प्रकार चपटा प्याज आचार बनाने या परिरक्षण के लिए अच्छा समझा जाता है।

प्याज की देशी किस्में

इस वर्ग में भारतीय किस्मों को रखा गया है। इन्हें रंग के आधार पर तीन वर्गों में बाँटा गया है :

1. लाल रंग वाली किस्में

पूसा लाल

इस किस्म का विकास भारतीय कृषि अनुसंधान संस्थान, नई दिल्ली द्वारा स्थानीय लाल किस्म के चयन विधि द्वारा किया गया है। यह किस्म 135–140 दिनों में तैयार हो जाती है। इसके पौधे की औसत ऊँचाई 30 से॰मी॰ होती है। इसकी गाँठें मध्यम आकार की गोल–चपटी तथा बैंगनी लाल रंग की होती है। स्वाद में तीखापन कम होता है। इसकी उपज 300 क्विंटल प्रति हेक्टर होती है।

पूसा रतनार

इस किस्म का विकास नेशनल प्लान्ट जेनेटिक रिसोर्सेज, नई दिल्ली द्वारा किया गया है। यह किस्म अमेरिका की संकर जाति यूनेक्स से चयन द्वारा विकसित की गयी है। यह किस्म 125–130 दिनों में तैयार हो जाती है। इसकी गाँठें लम्बी, आकर्षक लाल रंग की होती है तथा परिपक्व होने पर जमीन के ऊपर आ जाती है। इस किस्म में तीखापन कम तथा भंडारण क्षमता अधिक होती है। इस किस्म की उपज क्षमता 300–350 क्विंटल प्रति हेक्टर है।

अर्का निकेतन

इस किस्म का विकास भारतीय बागवानी फसल शोध संस्थान, बंगलोर द्वारा आई॰आई॰एच॰आर॰ 153 से किया गया है। यह किस्म 145 दिनों में तैयार हो जाती है। गाँठों का आकार गोल तथा गर्दन पतली होती है तथा प्रति गाँठ वजन 100–175 ग्राम होता है। इस किस्म की भंडारण क्षमता कमरे के तापमान पर 5 महीने तक है। यह रबी तथा खरीफ दोनों मौसम में बोयी जा सकती है। यह बैंगनी धब्बा के प्रति मध्यम रूप से प्रतिरोधी किस्म है। इसकी उपज क्षमता 250–300 क्विंटल प्रति हेक्टर है।

निफाड–53

इस किस्म का विकास महात्मा फुले कृषि विद्यापीठ, राहुरी, अहमदनगर, महाराश्ट्र द्वारा किया गया है। यह किस्म खरीफ के मौसम में उगाने के लिए उत्तम होती है। इसके बीज की नर्सरी में बुआई मई के अंत से लेकर जून के प्रथम सप्ताह तक अवश्य कर देना चाहिए तथा रोपाई अगस्त में। इसकी औसत उपज 300–350 क्विंटल प्रति हेक्टर तक होती है।

पंजाब चयन

इस किस्म का विकास पंजाब कृषि विश्वविद्यालय, लुधियाना द्वारा किया गया है। पौधा की औसत ऊँचाई 65 से॰मी॰ तथा गाँठों का आकार गोल होता है। गाँठों का रंग लाल होता है तथा भंडारण क्षमता अधिक है। पौधे बैंगनी धब्बा तथा थ्रीप्स के प्रतिरोधी होते हैं।

2. सफेद रंग वाली किस्में

पूसा सफेद गोल

इस किस्म का विकास भारतीय कशशि अनुसंधान संस्थान, नई दिल्ली द्वारा लाइन संख्या 106 से हुआ है। इसकी गाँठों का रंग सफेद, आकार गोल चपटा होता है। आज–कल इस किस्म का उपयोग सूखे प्याज के रूप में बहुत होने लगा है।

सलेक्सन 48

इस किस्म का विकास पंजाब कशशि विश्वविद्यालय, लुधियाना ने किया है। पौधों की ऊँचाई 60 से॰मी॰ तक होती हैं। कन्दों का रंग सफेद, आकार गोल चपटा होता है। इस किस्म की भंडारण क्षमता अधिक तथा स्वाद खुशबूदार होता है। इसे भी सूखे प्याज के रूप में इस्तेमाल किया जाता है।

3. पीले रंग वाली किस्में

अर्ली ग्रैनो

इस प्रजाति का कंद गोलाकार पीले रंग का होता है। एक कन्द का भार 150 ग्राम तक होता है। इसकी उपज क्षमता भी अच्छी होती है। परन्तु गॉठों की भंडारण क्षमता कम होती है साथ–साथ गॉठों में चरपरापन अपेक्षाकृत कम होता है।

राजस्थान पीली

राजस्थान के किसान एक पीले छिल्के वाले स्थानीय प्याज की खेती करते हैं क्योंकि यहाँ कच्चा खाने के लिए लोग पीले छिल्के वाली प्याज पसंद करते हैं। इसकी उपज क्षमता मध्यम होती है तथा भंडारण क्षमता अन्य रंगों की किस्मों की अपेक्षा कम होती है।

पीली छिल्के वाली विदेशी किस्मों में आस्ट्रेलियन ब्राउन, चेलो, बरमूदा, ऐवेनेजर, माउन्टेन डेन्वर्स तथा स्वीट स्पैनिश मुख्य हैं। विदेशी किस्मों को भारत की आबोहवा में उगाकर परीक्षण करने की आवश्यकता है तथा अच्छे नतीजे आने के बाद हीं इन्हें किसानों को उगाने हेतू अनुशंसित करना चाहिए।

जलवायु

प्याज के लिए समशीतोश्ण जलवायु अच्छी होती है। प्याज की वृद्धि पर तापमान एवं प्रकाश काल का बहुत प्रभाव पड़ता है। अतः अधिक उपज के लिए दोनों का

सामन्जस्य आवश्यक है। गाँठें बनते समय अधिक तापक्रम तथा लम्बे प्रकाश अवधि की आवश्यकता होती है। बीज वृन्त के विकास के लिए प्रकाश की अवधि की अपेक्षाकृत तापक्रम अधिक आवश्यक होता है।

प्याज के लिए भूमि का चुनाव

प्याज के अच्छी उपज हेतु सदैव बलुई दोमट सिल्टी तथा गहरी भुरभुरी मिट्टी जिसमें जल धारण करने की अधिक क्षमता हो, को चुनना चाहिए। इस प्रकार की मिट्टी में प्याज की गाँठों को फूलने एवं बढ़ने में किसी प्रकार की बाधा नहीं होती है। मिट्टी में जीवांश पदार्थ की अधिकता होनी चाहिए। भारी मिट्टी की अपेक्षा बलुई मिट्टी में प्याज जल्द तैयार होता है। प्याज की जड़ें अधिक गहरी नहीं जाती है इसलिए खेत की 15–18 से॰मी॰ गहरी जुताई करके मिट्टी को भुरभुरी कर लेना चाहिए और पाटा चलाकर खेत को अच्छी तरह समतल कर लेना चाहिए। ध्यान देना चाहिए कि खेत में पिछली फसल की जड़ें तथा खरपतवार न हो।

बीज की मात्रा

प्याज को उसके बीज से या कन्दों को बोकर उगाया जाता है। पौधशाला में बोने के लिए प्रति हेक्टर 10–12 किलोग्राम बीज की आवश्यकता होती है। जब इसकी बुआई कन्दों द्वारा करनी हो तो उसके लिए लगभग 10–12 क्विंटल कन्द प्रति हेक्टर की आवश्यकता होती है।

प्याज की पौधशाला एवं प्रतिरोपण प्रबंधन

प्याज उगाने का सबसे अच्छा तरीका है कि पहले बीज को नर्सरी में बोकर बिचड़े तैयार कर लेना चाहिए। जब बिचड़े 6–7 सप्ताह पुराने हो जाये तब इनकी रोपनी खेत में कर देनी चाहिए। नर्सरी में बीज बोने का उचित समय मध्य अक्टूबर से मध्य नवम्बर तक है तथा रोपनी का समय मध्य दिसम्बर से जनवरी के अंत तक है।

प्याज के तैयार स्वस्थ बिचड़े जिनकी लम्बाई 15–18 से॰मी॰ हो तथा गॉठों का व्यास 0.25 से॰मी॰ हो तो उनकी रोपनी तैयार खेत में संध्या के समय 15 से॰मी॰ की दूरी पर बनी पंक्तियों में 10 से॰मी॰ की दूरी पर करनी चाहिए। बिचड़ों को इस प्रकार रोपें कि उनकी गॉठों का निचला भाग ही मिट्टी में प्रवेश करे। अधिक लम्बे बिचड़ों

का सिरा उपर से काट देने पर तथा रोपने पर उपज पर कोई बुरा प्रभाव नहीं पड़ता है। रोपनी के बाद खेत की हल्की सिंचाई कर देनी चाहिए। समय पर रोपाई करने में खर्च कुछ नहीं है परन्तु उपज में 50–60 प्रतिशत की वृद्धि होती है।

प्याज अंतरावर्त्ती फसल के रूप में

प्याज को अन्तरावर्त्ती फसल के रूप में रबी मौसम में बोई गयी गन्ने की फसल में लगाकर अच्छी आमदनी प्राप्त की जा सकती है। परन्तु प्याज में अन्तरावर्ती फसल के रूप में अजवायन, हरी मिर्च तथा भिण्डी उगा सकते हैं।

प्याज में खाद तथा उर्वरक प्रबंधन

प्याज के लिए निम्नलिखित खाद की मात्रा की सिफारिश की गयी है जो मिट्टी की उर्वरा शक्ति के अनुसार घटाई बढ़ाई जा सकती है। प्याज की अच्छी उपज के लिए 20–25 टन प्रति हेक्टर सड़ी हुई गोबर की खाद खेत में अन्तिम जुताई करते समय ही मिट्टी में मिला देनी चाहिए। इसके अतिरिक्त 200 किलोग्राम यूरिया 312 किलोग्राम सिंगल सुपर फास्फेट तथा 100 किलोग्राम म्यूरेट ऑफ पोटाश, 10 किलोग्राम बोरेक्स तथा 20 किलोग्राम जिंक सल्फेट प्रति हेक्टेयर की दर से देना चाहिए। फॉस्फोरस और पोटाश की सम्पूर्ण मात्रा पौध की रोपाई से पहले उन कतारों में डालना चाहिए जिनमें पौधे की रोपाई करनी हो। यूरिया की एक तिहाई मात्रा फसल लगाने के पहले आधार खाद के रूप में देनी चाहिए और शेष दो तिहाई मात्रा दो किस्तों में फसल रोपने के क्रमशः 25 और 55 दिनों के बाद खड़ी फसल में डालनी चाहिए। बोरोन और जिंक सल्फेट की पूरी मात्रा आधार खाद के रूप में देनी चाहिए।

प्याज में सिंचाई प्रबंध

प्याज की फसल को कितनी सिंचाईयों की आवश्यक है यह बुआई के समय बीज की किस्म, मिट्टी के प्रकार और वर्षा के वितरण पर निर्भर करता है। गर्मियों में लगायी गयी फसल को हर चौथे, छठे रोज सिंचाई की आवश्यकता होती है। हल्की सिंचाई केवल पौधे के एक माह पुराने हो जाने तक हीं की जानी चाहिए। हल्की मिट्टी को भारी मिट्टी की अपेक्षा अधिक पानी की आवश्यकता होती है। गॉठें बनते समय नियमित रूप से पानी देना अत्यन्त आवश्यक है। इस समय सिंचाई करने में लापरवाही बरतने पर गॉठे फट सकती हैं और उपज घट सकती है। गॉठें

पकते समय सिंचाई कम करनी चाहिए। अंतिम सिंचाई प्याज खोदने से 2–3 दिन पहले कर देना चाहिए इससे प्याज खुदाई में आसानी होता है।

प्याज की फसल में निकाई–गुड़ाई

प्याज के खेत को खरपतवारों से बिल्कुल साफ रखने पर ही उपज बढ़िया मिल सकती है। खरपतवार प्याज के पौधों की वृद्धि की आरंभिक अवस्था में ही निकाल देना चाहिए क्योंकि बाद में पौधे बड़े हो जाने पर गॉठों के क्षतिग्रस्त होने का डर रहता है जिसके कारण उपज घट जाती है। दो–तीन सिंचाईयों के बाद कमजोर पौधों को निकाल कर हरी प्याज के रूप में इस्तेमाल कर लेना चाहिए। यदि परिपक्व गॉठों को लम्बे समय तक भंडारित करना हो तो उनसे बीजांकुर निकलते ही उसे सावधानी से तोड़ देना चाहिए अन्यथा प्याज की गुणवत्ता बिगड़ जाती है तथा इन प्याजों का बाजार मूल्य कम हो जाता है।

खुदाई प्रबंधन

किस्म, बुआई के समय और उपयोगिता के अनुसार, प्याज की खुदाई का समय भी अलग–अलग होता है। गॉठ फसल प्रतिरोपण के 3–4 महीने में खुदाई के लिए तैयार हो जाती है। परिपक्वता की पहचान ऊपरी भाग को देखकर ही की जाती है जो परिपक्व प्याज पत्तियों के हरा रहने पर भी मर जाता है। जब ऊपर की लगभग 60 प्रतिशत पत्तियाँ सुख जाती हैं तो प्याज को खोद लेना चाहिए। जल्दी या देर से की गयी खुदाई दोनों ही नुकसानदायी होती है। प्याज को हाथ से ऊपर खींच कर या खोद कर जमीन से ऊपर निकाला जाता है।

उपज

प्याज की उपज बुआई के समय, किस्म, खाद की मात्रा तथा मिट्टी के प्रकार के अतिरिक्त इस बात पर निर्भर करती है कि प्याज को अकेला बोया गया है या किसी दूसरी फसल के साथ मिलाकर। भूमि की किस्म, खाद की मात्रा और जाति के अनुसार 250–350 क्विंटल प्रति हेक्टर तक उपज मिल जाती है।

कंद उपचार और भंडारण की व्यवस्था

गॉठों को जमीन से बाहर निकालने के बाद यदि गर्मी अधिक नहीं हो तो उन्हें उपचार हेतु खेत में ही खुला छोड़ देते हैं। लेकिन यदि गर्मी अधिक हो तो उन्हें किसी छायादार स्थान पर रखना चाहिए। सुख कर कड़ा हो जाने के लिए प्याज के गॉठों

का उपचार अत्यन्त आवश्यक है। उपचार के बाद क्षतिग्रस्त कटी–फटी और मोटी गर्दन वाली गॉठों को स्वस्थ एवं भली भांति पकी एवं उपचारित गॉठों से अलग कर दिया जाता है। छाँटकर अलग किये गये गॉठो को या तो खाने के काम में लाना चाहिए या बाजार में बेच देना चाहिए। अच्छे हवादार कमरों में जिनका फर्श सीलन रहित हो, प्याज की गॉठों को बालु पर भंडारित करना चाहिए। भंडारित प्याज की बीच–बीच में पलटते रहना चाहिए और सड़े या अंकुरित गॉठों को निकालते रहना चाहिए।

प्रमुख कीट एवं रोग

कीड़े–मकोड़े

प्याज का थ्रीप्स

ये कीड़े छोटे और पीले रंग के होते हैं जो पत्तियों पर सफेद धब्बा बना देते हैं। ये कीड़े पत्तियों का रस चूसते हैं। इसके नियंत्रण के लिए एक लीटर मैलाथियान को 625 लीटर पानी में घोलकर प्रति हेक्टर की दर से छिड़काव करना चाहिए।

प्याज का मैगट्स

यह मक्खियों की तरह होता है। यह थ्रिप्स से छोटा होता है। इसके नियंत्रण के लिए 2 मी॰ली॰ रागर प्रति लीटर पानी में घाल कर 10 दिन के अंतर पर छिड़काव करना चाहिए।

रोग

पर्पिल ब्लॉच

इससे पत्तियों और तनों पर छोटे–छोटे गुलाबी रंग के धब्बे पड़ जाते हैं। प्याज की गॉठे भंडार में सड़ने लगती है। इसके रोकथाम के लिए 2 किलोग्राम कॉपर आक्सीक्लोराइड को 625 लीटर पानी में घोलकर 10–15 दिन के अंतराल पर छिड़काव करना चाहिए।

प्याज का कंडुवा

इसके कारण बीज के स्थान पर कलो रंग के पिण्ड बन जाते हैं जो इस रोग के जीवाणु होते हैं। बीज को किसी फफूँदनाशक दवा जैसे थीरम, बाविस्टीन, सेरेसन, ऐगरोसान आदि में से किसी एक दवा से उपचारित कर ही बोनी चाहिए।

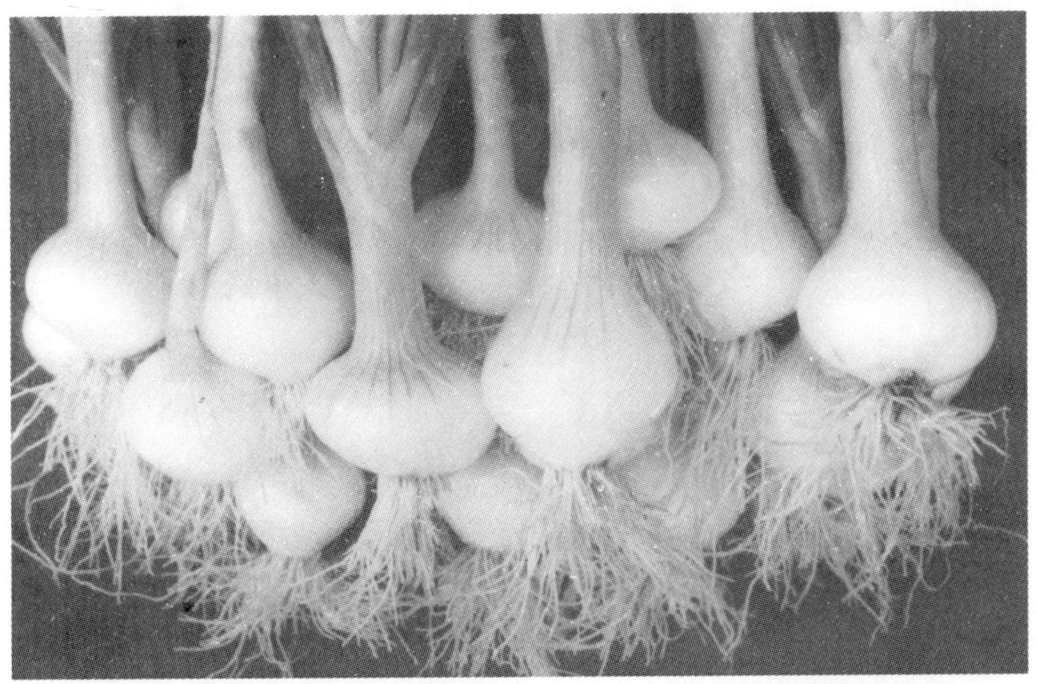

सलाद की तैयार फसल–प्याज, किस्म–पूसा सफेद गोल

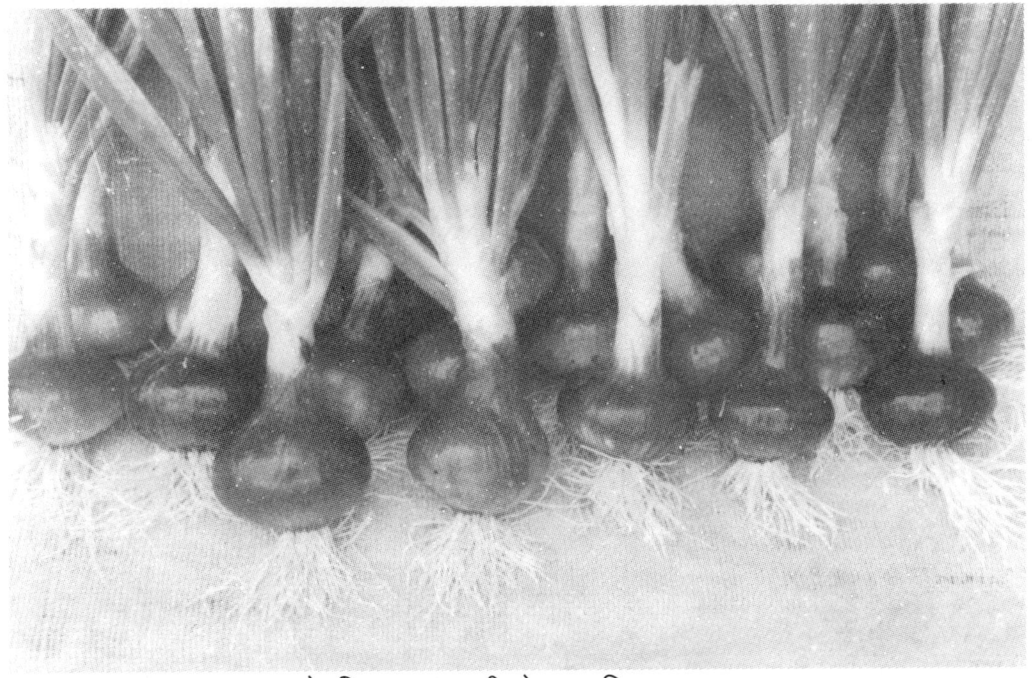

सलाद के लिए प्याज की बेहतर किस्म–पटना लाल।

प्याज किस्म – फूले समर्थ

प्याज किस्म – अर्का निकेतन

प्याज किस्म – पूसा लाल के आकर्षक शल्ककन्द

गृह वाटिका में उगाई गई पूसा सफेद गोल प्याज सलाद के लिए उत्तम।

सलाद के लिए प्याज – किस्म अर्का बिन्दू के सुन्दर गाँठें।

पटना लाल प्याज का बीज उत्पादन

बेसल रॉट

इसमें पत्तियाँ ऊपर से सुखनी शुरू हो जाती है, इसकी रोकथाम बैवीस्टीन 1 किलोग्राम 1000 लीटर पानी में घोल कर प्रति हेक्टर की दर से 15 दिनों के अंतराल पर छिड़काव करना चाहिए।

बीज उत्पादन

प्याज एक परसेचित फसल है। जिस खेत में प्याज के बीज का उत्पादन करना हो, उससे 400 मीटर की दूरी पर प्याज की कोई अन्य जाति नहीं उगानी चाहिए अन्यथा वांछनीय बीज की प्राप्ती नहीं होगी। बीज उत्पादन के लिए 2.5 से 3.0 से॰मी॰ व्यास वाले शल्क कन्द लेना चाहिए। ध्यान रखना है कि वे वांछित जाति के हो तथा उन्हें रोग मुक्त होना चाहिए ताकि उनसे शुद्ध बीज की प्राप्ती हो सके।

प्याज के बीज उत्पादन में भूमि में पर्याप्त मात्रा में खाद एवं उर्वरकों को डालना महत्वपूर्ण एवं अनिवार्य है अन्यथा वांछित मात्रा में बीज की प्राप्ती नहीं होगी। साध ारणतया प्रति हेक्टेयर 200 क्विंटल गोबर की खाद अवश्य डालनी चाहिए। इसके अलावा रोपाई से पहले 40 किलोग्राम नाइट्रोजन 60 किलोग्राम फास्फोरस और 80 किलोग्राम पोटाश प्रति हेक्टेयर की दर से मिट्टी में मिला देनी चाहिए।

एक हेक्टेयर में शल्क कंद बोने के लिए लगभग 12000 शल्क कन्दों की आवश्यकता होती है जिनका वजन लगभग 12–15 क्विंटल होता है।

बीज के लिए चुने शल्क कन्दों को 45 से॰मी॰ की दूरी पर बनी पंक्तियों में 30 से॰मी॰ की दूरी पर लगभग 7–10 से॰मी॰ की गहराई पर बोना चाहिए। शल्क कन्दों को खेत में बोने का सर्वोत्तम समय अक्टूबर का प्रथम पखवाड़ा होता है। इसे जल्दी बोना चाहिए ताकि फसल पकते समय होने वाली वर्षा से प्रभावित नही हो दूसरी ओर यदि उन्हें देर से बोया जाता है तो पौधों की शाकीय बढ़वार पर प्रतिकूल प्रभाव पड़ता है। अतः बुआई अक्टूबर के प्रथम पखवाड़े में अवश्य कर देनी चाहिए। शल्क कन्दों को बोने के तुरंत बाद सिंचाई कर देना चाहिए। उसके बाद आवश्यकतानुसार सिंचाई देते रहना चाहिए।

बुआई के डेढ़ महीना बाद लगभग 35 किलोग्राम नाइट्रोजन प्रति हेक्टर की दर से उपरिवेशन के रूप में डालकर भूमि में भली–भांति मिला देनी चाहिए। फसल के अन्य जाति के पौधों को निकालते रहना चाहिए ताकि शुद्ध बीज उत्पन्न हो सके।

फसल के साथ उगे खरपतवार भूमि से नमी, पोषक तत्व लेते रहते हैं जिसके कारण फसल की बढ़वार पर प्रतिकूल प्रभाव पड़ता है। अतः समय–समय पर हल्की निकाई–गुड़ाई करते रहना चाहिए। कीट एवं रोगों के नियंत्रण के लिए कीटनाशक दवाईयों का छिड़काव करते रहना चाहिए।

शल्क कन्दों को बोने के लगभग 75 दिनों बाद पुष्प प्रदायी शाखायें विकसित होनी शुरू हो जाती है। पुष्प गुच्छों के निर्माण के 45 दिनों बाद अंदर बीज पक जाते हैं। फूलों के गुच्छों में सभी फूल समान रूप से नहीं पकते हैं। अतः केवल उन्हीं गुच्छों को काटना चाहिए, जिनके बीज भलि–भांति पक गये हैं। 3–4 बार गुच्छों की कटाई करने की आवश्यकता होती है।

कटे हुए गुच्छों को एक पक्के फर्श पर डालकर भलि–भांति सुखा कर मसलकर बीज निकाल लेना चाहिए। बीज को साफ करके सुखाकर पोलीथीन की थैलियों में भरकर सुरक्षित स्थान पर रखना चाहिए। एक हेक्टर में लगी फसल से 300–400 किलोग्राम बीज प्राप्त हो जाता है।

प्याज औषधि के रूप में

प्याज निम्नलिखित रोग जैसे अतिसार, अफरा, अर्श, अपस्मार, अम्लपित्ति, आमातिसार, कण्ठ के विभिन्न रोग, दंत रोग, मुख की विवर्णता में, बालकों के रोग, नकसीर, कानों के दर्द, कान का बहना, मानसिक विकार, फोड़ा फुंसी, मासिक–धर्म की गड़बड़ी, प्रदर रोग, प्रमेह, गुर्दे के रोग, दंतकृमि, वायु विकार तथा कफ–पित्त इत्यादि में औषधि के रूप में उपयोग किया जाता है।

□□□

अध्याय 15

मिश्रीकन्द

मिश्रीकन्द सलाद की कन्दीय फसल है। इसे बंगाल के लोग शृंखालू तथा यूरोपवासी याम–बीन कहते हैं। यह लेग्यूमिनोसी कुल का सदस्य है। जिसका वानस्पतिक नाम पेचीराइजस् इरोसस् है। भारत में बिहार, उत्तर प्रदेश तथा बंगाल में इसे उगाया जाता है। मिश्रीकन्द की खेती उत्तर बिहार में सदियों से होती आ रही है, किन्तु इसका स्थान गृह वाटिका तक हीं सीमित था। आठवें दशक के आरम्भ में इस फसल पर राजेन्द्र कृषि विश्वविद्यालय में गहन अनुसंधान कार्य हुए तथा जो तकनीक विकसित की गई, उसके फलस्वरूप इस फसल ने किसानों के लिए अधिक आय का एक नया द्वारा खोल दिया है। इसके फलस्वरूप अब इसकी खेती बड़े पैमाने पर नगदी फसल के रूप में की जा रही है। यद्यपि इस फसल की उन्नत कृषि विधायें काफी हदतक किसानों तक पहुॅची हैं, किन्तु कुछ अद्यतन विधाओं को किसानों के पास पहुँचाने के लिए इनकी संक्षिप्त चर्चा यहाँ की जा रही है। मिश्रीकन्द को बिहार में छिलकर कच्चा खाया जाता है जिसे आप सलाद या नास्ता कह सकते हैं।

भूमि का चुनाव तथा तैयारी

मिश्रीकन्द की अच्छी उपज के लिए उपयुक्त भूमि का चुनाव तथा इसकी अच्छी तैयारी बहुत जरूरी है। इसके लिए हल्की दोमट से दोमट मिट्टी वाली भूमि, जहाँ जल जमाव नहीं होता हो, उपयुक्त होती है। ऐसी भूमि को एक बार मिट्टी पलटने वाले हल से तथा उसके बाद दो–तीन बार देशी हल से जुताई करें तथा प्रत्येक जुताई के बाद पाटा चला देने से खेत की तैयारी पूरी हो जाती है।

बुआई का समय

परम्परागत रूप में मिश्रीकन्द की बुआई जुलाई में ही की जाती थी, परन्तु नए अनुसंधान के फलस्वरूप अब इसकी बुआई जूलाई से सितम्बर के मध्य तक अनुशंसित की गई है। इस तरह बुआई का समय बंधन समाप्त हो गया है। देर से बुआई में पौधों की बढ़वार कम होती है, इसलिए बुआई की दूरी कम रखी जाती है, जिससे पौधों की संख्या एवं बीजदर बढ़ जाता है। इस तरह अब मिश्रीकन्द एक मौसमी फसल बन गयी है जबकि परम्परागत बुआई में यह दो मौसम की फसल थी। अब किसान खरीफ की आगात फसल ले कर मिश्रीकन्द की सितम्बर में बुआई कर सकते हैं।

बीजदर एवं बुआई

जुलाई में बोआई के लिए प्रति हेक्टेयर 15–20 किलोग्राम बीज की आवश्यकता होती है किन्तु अगस्त की बुआई में बीज की मात्रा दूनी हो जाती है, जबकि सितम्बर की बुआई में 50–60 किलोग्राम बीज की आवश्यकता पड़ती है। जुलाई में बुआई के लिए कतार से कतार की दूरी तथा पौधे से पौधे की दूरी 30 से॰मी॰ रखें किन्तु अगर अगस्त में बुआई करनी हो तो पौधे से पौधे की दूरी 15 से॰मी॰ कर दें। सितम्बर महिने में बुआई के लिए कतार से कतार तथा पौधे से पौधे की दूरी 15 से॰मी॰ ही रखें।

खाद एवं उर्वरक

चूँकि यह कन्द वाली फसल है, इसलिए इसे पोटाश की आवश्यकता अधिक होती है। अच्छी उपज के लिए 15–20 टन गोबर की सड़ी खाद के अतिरिक्त 180 किलोग्राम यूरिया, 250 किलोग्राम सिंगल सुपर फॉस्फेट तथा 135 किलोग्राम म्यूरेट ऑफ पोटाश प्रति हेक्टर की दर से व्यवहार अपेक्षित है। इनमें गोबर की खाद का व्यवहार पहली जुताई के पहले तथा यूरिया की आधी मात्रा और फॉस्फेट तथा पोटाश

की पूरी मात्रा का व्यवहार बुआई के समय करें। यूरिया की शेष आधी मात्रा का व्यवहार बुआई के 40–50 दिनों के बाद उपरिवेशन के रूप में करें।

उन्नत किस्में

राजेन्द्र कृषि विश्वविद्यालय द्वारा विकसित राजेन्द्र मिश्रीकन्द–1 की उपज क्षमता 400 क्विंटल प्रति हेक्टेयर से अधिक अर्थात देशी किस्मों की तुलना में दूना से भी अधिक है। शलजमनुमा कन्दों के आकार वाली यह किस्म चार महीने बाद से ही खोदने लायक तैयार हो जाती है।

रख–रखाव

मिश्रीकन्द बुआई के बाद तीन कृषि क्रियाओं पर ध्यान देना अति आवश्यक है जो निम्नलिखित है :

निकाई–गुड़ाई

खेत की बुआई के 40–50 दिनों के बाद खेत की निकाई कर खर–पतवार अच्छी तरह निकाल दें। इस समय यूरिया की शेष आधी मात्रा की टॉप ड्रेसिंग कर देना आवश्यक होता है।

सिंचाई

यूरिया की टॉप ड्रेसिंग के पहले यदि मिट्टी में नमी की कमी हो तो एक हल्की सिंचाई करें। कन्दों की खुदाई में यदि देर हो तो दूसरी सिंचाई की भी आवश्यकता पड़ सकती है इससे कन्दों के फटने का डर नहीं होता है।

फूलों की छँटाई

बुआई के लगभग 60–70 दिनों बाद पौधों में फूल आना आरम्भ हो जाता है। यदि फूलों की छँटाई नहीं की गई तो फूलों से फलियाँ बन जायेंगी। कन्दों के निर्माण पर इसका विपरीत प्रभाव पड़ता है। जिससे कन्द बहुत छोटे बनते हैं और उपज में अप्रत्याशित गिरावट आ जाती है। इसलिए फूलों की छँटाई आवश्यक कृषि क्रिया है। प्रायः किसान बॉस के बने फट्टों द्वारा हाथ से छँटाई करते हैं। इस विधि द्वारा खर्च अधिक पड़ता है तथा समुचित छँटाई भी नहीं हो पाती है। इसके लिए 2, 4 डी० नामक रसायन का 0.05 प्रतिशत घोल का छिड़काव बहुत ही प्रभावकारी तथा कम खर्चीला पाया गया है। एक हेक्टर में छिड़काव के लिए लगभग 1000 लीटर जलीय घोल की आवश्यकता होगी।

मिश्रीकन्द की भरपूर फसल किस्म – राजेन्द्र मिश्रीकन्द–1

मिश्रीकन्द की उन्नत किस्म – राजेन्द्र मिश्रीकन्द–1 के आकर्षक कन्द

मिश्रीकन्द बेचती एक ग्रामीण महिला

पौधा संरक्षण

मिश्रीकन्द में सामान्यतः किसी हानिकारक कीट का प्रकोप नहीं होता है, किन्तु पत्रलांक्षण रोग से बचाव के लिए इंडोफिल–एम 45 दवा की 2.5 ग्राम मात्रा प्रति 10 लीटर पानी में घोलकर 2–3 छिड़काव 15 दिनों के अंतर पर करें। इससे रोग नियंत्रित हो जाता है।

मिश्रित खेती

सितम्बर के महिने में मिश्रीकन्द के साथ अरहर की बुआई की अनुशंसा की जाती है। इससे प्रति इकाई क्षेत्र से अधिक शुद्ध लाभ प्राप्त होता है। शरद कालीन बुआई के लिए अरहर की ''शरद'' किस्म उपयुक्त पायी गयी है। इस मिश्रित खेती में अरहर की दो कतारों के बीच की दूरी 60 से॰मी॰ रखी जाती है तथा अरहर की दो कतारों के बीच मिश्रीकन्द की तीन कतारें 15 से॰मी॰ की दूरी पर बोयी जाती हैं। किसानों के खेतों में जो प्रत्यक्षण, गत दो सालों में किये गये हैं उससे ज्ञात हुआ है कि एकल फसल से 200–300 क्विंटल प्रति हेक्टर उपज प्राप्त होती है। जबकि मिश्रीकन्द और अरहर की मिश्रित खेती से 165 क्विंटल मिश्रीकन्द तथा 18 क्विंटल अरहर की उपज प्राप्त होती है जिसके फलस्वरूप प्रति हेक्टर शुद्ध आय में वृद्धि हो जाती है।

कन्दों की खुदाई एवं उपज

साधारणतः मिश्रिकन्द की फसल को खुरपी या कुदाल की सहायता से खोद कर निकाला जाता है। बीज की बुआई से करीब 180–200 दिनों बाद फसल खादने लायक हो जाती है। आगात खुदाई से उपज कम परन्तु प्रति किलो मूल्य अधिक प्राप्त होता है। मिश्रीकन्द की वैज्ञानिक ढ़ग से खेती करने पर प्रति हेक्टर 200–300 क्विंटल उपज प्राप्त होती है। यदि इसे कम से कम 3 रूपये प्रति किलो के दर से बेचा जाय तो कुल 60,000 से 90,000 रूपये प्राप्त होंगे। यदि इसमें से लागत खर्च का कुल 20,000 रूपये निकाल देने पर 40,000 से 70,000 रूपये की शुद्ध आय प्राप्त होगी जो सीमान्त भूमि के लिए एक बड़ी रकम है।

□□□

अध्याय 16

मूली

जड़वाली फसलों में मूली एक लोकप्रिय सलाद है। यह अल्प अवधि में तैयार होने वाली सलाद है जिसे अन्तरावर्त्ती फसल के रूप में अन्य सब्जियों की दो कतारों के बीच में या मेढ़ों पर या दो फसलों के बीच की अवधि में उगाकर अच्छी आय प्राप्त कर सकते हैं। अतः आप भी फसल चक्र की योजना बनाते समय उसमें मूली को स्थान दे कर अपनी आमदनी बढ़ा सकते हैं।

सलाद फसलों में जड़वाली फसलों की विशेष अहमियत है। जड़वाली फसलों में मूली अपने अनेक लाभप्रद गुणों के कारण अलग पहचान बना चुकी है। स्वास्थ्य की दशष्टि से भी मूली को मनुष्य के भोजन में महत्वपूर्ण स्थान प्राप्त है। इसे कच्चा सलाद के रूप में, तरकारी बनाकर, अचार डाल कर तथा स्वादिष्ट पराठे बनाकर खाया जाता है। यद्यपि यह ठंडी तासीर वाली सब्जी है परन्तु यह कब्ज को दूर करती है और भूख बढ़ाती है। इसकी जड़ों तथा पत्तियों की मिली हुई सब्जी बहुत स्वादिष्ट होती है। मूली की हरी मुलायम फलियों की भी जायकेदार सब्जी बनाई जाती है।

मूली की लोकप्रियता के कारण

मूली की कुछ महत्वपूर्ण विशेषतायें हैं जिससे इसकी लोकप्रियता किसानों, गृहणियों तथा सामान्य लोगों में दिनों–दिन बढ़ती जा रही है। इसकी प्रमुख विशेषतायें निम्नलिखित हैं :–

- मूली उगाना अत्यन्त सरल है।
- इसे अन्य फसलों के बीच अन्तरावर्त्ती फसल के रूप में, मेढ़ों पर तथा गमलों में भी उगाया जा सकता है।
- यद्यपि यह जाड़े की फसल है परन्तु इसे वर्ष के प्रत्येक महीने में उगाया जा सकता है। गर्मी में अधिक तापक्रम के कारण स्वाद, गंध तथा संरचना में अंतर आ जाता है तथा आइसोथायोसाइनेट के अधिक मात्रा में निर्माण होने से स्वाद अधिक तीखा हो जाता है और मूली की जड़ें भी छोटी–छोटी ही बनकर रह जाती है।
- मूली को विभिन्न तापमान पर अलग–अलग किस्मों का चुनाव कर उगाया जा सकता है।
- मूली को दो फसलों के बीच की अवधि में आसानी से उगाया जा सकता है।
- मूली को खेत के अतिरिक्त गृह–वाटिका में, पक्के मकानों की छतों पर, लकड़ी के बक्सों तथा मिट्टी के गमलों में भी परिवार के रोज–रोज के इस्तेमाल हेतू उगा सकते हैं।
- मूली की जड़ों, पत्तियों तथा फलियों की सब्जी, सलाद तथा आचार बनाया जाता है अतः यह एक बहुपयोगी सलाद फसल है।

मूली की उत्पत्ति

कुछ वैज्ञानिकों का मत है कि मूली के भारतीय किस्मों का जन्म पश्चिम चीन तथा भारत में हुआ था परन्तु मूली के पूर्वज यहाँ समाप्त हो चुके है। यूरोपियन किस्मों की जन्म स्थली भूमध्यसागरीय प्रदेश ही है जहाँ इसकी जंगली प्रजातियाँ अभी भी पायी जाती हैं। इसकी जन्म स्थली चाहे जो भी हो परन्तु भारत, मिश्र तथा ग्रीक में भी मूली अत्यन्त प्राचीन काल से उगाई तथा खायी जाती है। जापानी मूली की उत्पत्ति जापान के समुद्री तटीय प्रदेश में हुआ था जहाँ अभी भी इनके पूर्वज जंगली हालत में पाये जाते हैं।

मूली के जड़ों का पोषणमान

पौष्टिकता की दृष्टि से भी मूली की जड़ें तथा पत्तियाँ भोज्य तत्वों जैसे – प्रोटीन, खनिज तथा विटामिन की भंडार हैं। मूली की जड़ों के प्रति 100 ग्राम खाने योग्य भाग में 1.1 ग्राम प्रोटीन 0.1 ग्राम वसा, 93.7 ग्राम जल, 4.2 ग्राम कार्बोहाइड्रेट, 0.7 ग्राम रेशे, 37 मि॰ग्रा॰ कैल्शियम, 31 मि॰ग्रा॰ फॉस्फोरस, 260 मि॰ग्रा॰ पोटैशियम, 1 मिली ग्राम लोहा, 30 अन्तर्राष्ट्रीय इकाई विटामिन–ए एवं 24 मिली ग्राम विटामिन–सी पायी जाती है।

मूली के पत्तियों का पोषणमान

मूली की हरी–हरी पत्तियाँ भी पौष्टिकता से भरपूर होती हैं। पत्तियों की 100 ग्राम खाने योग्य भाग में 3.9 ग्राम प्रोटीन, 0.6 ग्राम वसा, 89.1 ग्राम जल, 4.1 ग्राम कार्बोहाइड्रेट, 0.3 ग्राम कैल्शियम, 0.06 ग्राम फॉस्फोरस, 0.06 ग्राम लोहा तथा 18.6 अर्न्तराष्ट्रीय इकाई विटामिन–ए, 2.7 मिली ग्राम रिवोफ्लेविन एवं 103 मिली ग्राम विटामिन–सी पायी जाती है।

मूली के फलियों का पोषणमान्

मूली की हरी फलियों के 100 ग्राम खाने योग्य मात्रा में 2.3 ग्राम प्रोटीन, 0.3 ग्राम वसा, 90.5 ग्राम जल, 1.4 ग्राम रेशे, 4.7 ग्राम कार्बोहाइड्रेट, 80 मिलीग्राम कैल्शियम, 100 मिलीग्राम फॉस्फोरस, 2.8 मिलीग्राम लोहा, 50 अन्तर्राष्ट्रीय इकाई विटामिन–ए, 0.05 मिलीग्राम रिवोफ्लेविन तथा 60 मिलीग्राम विटामिन–सी पायी जाती है।

मूली की उन्नत किस्में

मूली की अनेक किस्मों का विकास वैज्ञानिकों ने किया है जो विभिन्न प्रकार के आबोहवा में उगाई जा सकती है। इससे मूली को साल के हर मौसम में उगाना संभव हो गया है। मूली को आकार के हिसाब से तीन वर्गों में बाँटा गया है;

- लम्बी आकार वाली जातियाँ
- अंडाकार आकार वाली जातियाँ
- शलजम के आकार वाली जातियाँ

उत्पत्ति तथा तापमान के अनुसार मूली की किस्मों को दो मुख्य वर्गों में बाँटा गया है जो निम्नलिखित है :

एशियाई या अयनवृत्तिय किस्में

इस वर्ग की किस्में लम्बी और अपेक्षाकश्त नीचे की ओर अधिक पतली होती है। ये 3.5 से॰मी॰ से 5 से॰मी॰ मोटी तथा 25–30 से॰मी॰ लम्बी होती हैं इस वर्ग के अन्तर्गत पूसा देशी, पूसा चेतकी, पूसा रश्मि, कल्याणपुर टाईप–1, जापानी मुख्य हैं।

पूसा रश्मि

यह 53–60 दिनों में तैयार होने वाली किस्म है। इसकी बुआई सितम्बर से नवम्बर तक करते हैं तथा उपज 300–400 क्विंटल प्रति हेक्टर होती है। इसकी जड़ें सफेद 25–30 से॰मी॰ लम्बी किन्तु स्वाद में तीखी होती हैं।

पूसा चेतकी

यह मूली की ऐसी किस्म है जिसमें अधिक तापमान सहने की क्षमता है। यही कारण है कि इसे जाड़ा, गर्मी तथा बरसात तीनों मौसम में बुआई कर सकते हैं। यह किस्म 30–35 दिनों में तैयार हो जाती है। इस किस्म की उपज क्षमता जाड़े में 350–400 क्विंटल प्रति हेक्टर परन्तु गर्मी तथा बरसात में 100–150 क्विंटल ही है। इसकी जड़ें सफेद मुलायम तथा नीचे एकदम पतली हो जाती हैं जिनकी लम्बाई 15–20 से॰मी॰ तक होती है। इस किस्म की पत्तियाँ ऊपर की ओर सीधी बढ़ने वाली होती है तथा नीचे एकदम पतली और उपर कुछ चौड़ी होती हैं।

पूसा देशी

यह किस्म 55–60 दिनों में तैयार हो जाती है तथा स्वाद तीखा होता है। इस किस्म को मध्य अगस्त से अक्टूबर तक बोया जा सकता है। इस किस्म की औसत उपज 200–250 क्विंटल प्रति हेक्टर है।

कल्याणपुर टाईप–1

यह शीघ्र तैयार होने वाली किस्म है। इसकी फसल 30–35 दिनों में तैयार हो जाती है। यह जाड़े के लिए बेहतर किस्म है। इसकी जड़े 22–25 से॰मी॰ लम्बी, सफेद तथा मुलायम होती है। पत्तियाँ चौड़ी परन्तु कटाव रहित होती है। उपज 200–300 क्विंटल प्रति हेक्टर होती है।

जापानी सफेद

इस किस्म की मूली 50–60 दिनों में तैयार हो जाती है। इसकी बुआई केवल जाड़े के मौसम में ही किया जाता है। इसकी जड़ें 25–30 से॰मी॰ लम्बी, गोलाईयुक्त होती हैं। इसकी उपज क्षमता अच्छी मिट्‌टी में 350–400 क्विंटल प्रति हेक्टर है।

जौनपुरी मूली

यह उत्तर प्रदेश के जौनपुर जिले की विशेष स्थानीय किस्म है। इसकी जड़ें 55–60 से॰मी॰ लम्बी तथा 8–10 से॰मी॰ तक चौड़ी और जड़ों का रंग हल्का सफेद होता है। जड़ें अत्यन्त मुलायम, स्वाद मिठासयुक्त होता है। जड़ों का छिलका काफी मोटा होता है जिसका अलग से अचार बनाया जाता है। इसे जाड़े में ही उगाते है। इसकी जड़ों की जितनी लम्बाई, चौड़ाई और मोटाई और वजन जौनपुर में होता है उतना अन्य जगहों पर नहीं होता है।

चायना पिन्क

इस मूली का विकास डा॰ वाई॰ एस॰ परमार, यूनिवर्सिटी ऑफ हार्टीकल्चर एण्ड फोरेस्ट्री, सोलन के उद्यान विभाग द्वारा किया गया है। इसकी जड़ों का उपरी भाग गुलाबी तथा निचला भाग सफेद होता है। इस किस्म के मूली की जड़ों की लम्बाई 20–22 से॰मी॰ तथा मोटाई 2.5–3.5 से॰मी॰ तथा औसत वजन 200 ग्राम और औसत उपज 300–400 क्विंटल प्रति हेक्टर है। यह सब्जी तथा सलाद के लिए सर्वोत्तम किस्म है जो 55–60 दिनों में ही तैयार हो जाती है।

मूली का यूरोपीयन किस्में

यूरोपीयन किस्मों की मूली आकार में छोटी होती है तथा तैयार होने के बाद बहुत जल्दी रेशेदार हो जाती है जिससे खाने के लायक नहीं रह पाती है। ये किस्में शीघ्र यानी 25–30 दिनों में तैयार हो जाती है। इसकी जड़ें बहुत छोटी, गोल या अंडाकार होती है। इस वर्ग की अधिकांश किस्में लाल या बैंगनी परन्तु कुछ सफेद भी होती है। इनका स्वाद मिठासयुक्त होता है। इस वर्ग की किस्में सलाद के लिए सर्वोत्तम होती है। इस वर्ग की कुछ मुख्य किस्में हैं : सफेद आईसिकल, स्कार्लेटग्लोब, फ्रेचब्रेक फास्ट, स्कार्लेट लॉग, रैपिड रेड ह्वाइटटिप्ड तथा कैविलियर मुख्य हैं। भारत विशेषकर बिहार में इन किस्मों की कभी व्यवसायिक खेती का प्रचलन नहीं है

केवल कुछ शौकिन बागवानी प्रेमी ही अपनी आँगनबाड़ी में इन्हें उगाते हैं। इन किस्मों को काफी पास–पास (10 से॰मी॰ x 2.5 से॰मी॰) बोते हैं परन्तु इनका आकार अत्यन्त छोटा होने के कारण इनकी औसत उपज 60–75 क्विंटल प्रति हेक्टर होती है।

मूली के लिए उपयुक्त आबोहवा

मूली ठंडे प्रदेश की शीघ्र तैयार होने वाली फसल है, परन्तु स्वाद गंध और संरचना के हिसाब से 10–15 सेन्टीग्रेड तापमान पर इसकी उपज अच्छी होती है। मूली को गर्म मौसम में उगाने पर जड़ों का विकास ठीक से नहीं होने से छोटी रह जाती है तथा स्वाद बहुत तेज तथा तीखा रह जाता है। यही कारण है कि गर्म मौसम में इन्हें जमीन से जल्द निकाल कर इस्तेमाल करना चाहिए। वैसे भी लम्बे दिनों में उच्च तापमान पर अल्प विकसित जड़ वाले पौधे ही अधिकांशतः बनते है।

मूली के लिए भूमि का चुनाव

मूली के लिए हल्की बलुई दोमट मिट्टी सर्वश्रेष्ठ होती है। अच्छी उपज के लिए मिट्टी भुरभुरी तथा जैवांश की धनी होनी चाहिए। मूली को अम्लीय भूमि में भी उगाया जा सकता है। भारी मिट्टी में जड़ें कड़ी तथा बेडौल हो जाती है और उन पर अनेक रेशेदार जड़ें निकल जाती है। अतः भारी और कंकरीली मिट्टी में इसकी खेती नहीं करनी चाहिए। ग्रीष्मकालीन फसल को ठंढी नम मिट्टी में लगाना लाभप्रद होगा।

मूली बोने से पहले खेत की जुताई के समय ही मिट्टी से पिछली फसल के सभी अवशेषों को निकाल देना चाहिए और भूमि को पहली बार मिट्टी पलटने वाले हल से तथा दूसरी और तीसरी बार देशी हल से जोतकर पाटा चला कर भुरभुरी बना लें। अंतिम जुताई के समय बुआई से 20–25 दिनों पहले मिट्टी में 300 क्विंटल गोबर की अच्छी प्रकार सड़ी खाद, 70 किलो यूरिया, 200 किलो सिंगल सुपर फॉस्फेट तथा 100 किलो म्यूरिएट ऑफ पोटाश अवश्य मिला दें जिससे उपज पर कोई प्रतिकूल प्रभाव न पड़े। अब सिंचाई के सुविधानुसार खेत में नाली तथा क्यारियाँ बना लें।

मूली को बोरान (ताम्र रसायन) भी चाहिए

मूली की उपज पर ताँबे का विशेष प्रभाव पड़ता है। उत्तर बिहार की चूनेदार मिट्टी में यह समस्या अधिक प्रबल है। अतः चूनेदार मिट्टी में खेत की तैयारी के

समय 10 किलो बोरेक्स प्रति हेक्टर की दर से देने से मूली की उपज में 45 से 50 प्रतिशत तक की वश्द्धि हो जाती है।

बीज दर तथा बुआई का समय

यह सच है कि मूली को विभिन्न प्रकार की जलवायु सहन करने वाली किस्मों के विकास के कारण सालों भर उगा सकते है फिर भी व्यावसायिक स्तर पर इसे बिहार के मैदानी भागों में सितम्बर से जनवरी तक बो सकते हैं। परन्तु किस्मों का चुनाव मौसम के हिसाब से करें। बीज दर, बुआई के तरीके, किस्म और बीज के आकार पर निर्भर करता है। मोटा बीज पतले बीज के अपेक्षा अधिक लगता है। समतल भूमि में बुआई करने पर बीज अधिक तथा मेढ़ों पर बुआई करने पर बीज कम लगता है। एक हेक्टर भूमि में मूली बोने के लिए 8–10 किलो बीज पर्याप्त होता है।

बुआई की विधि

मूली की फसल को अन्य सब्जियों के दो कतारों के बीच या उनकी मेढ़ों पर या अकेले बो सकते हैं। अकेले बोने के लिए अच्छी प्रकार तैयार किये गये खेत जिसमें पर्याप्त नमी हो, 30 से॰मी॰ की दूरी पर 10–12 से॰मी॰ ऊँची मेंढ़ बना लें तथा इन्हीं मेंढ़ों पर 8–10 से॰मी॰ की दूरी पर 2.5 से 3 से॰मी॰ की गहराई में बीज बोयें। बीज 3–4 दिनों में उग जाते हैं। बीज जमने के 20–25 दिनों बाद अनावश्यक पौधों को उखाड़ कर निकाल दें। समतल भूमि में बुआई करने से जड़ों का विकास अच्छी प्रकार नहीं होने से उपज में कमी आ जाती है। लगातार फसल लेने के लिए 15–20 दिनों के अंतर पर ही बुआई करें।

खड़ी फसल की देखभाल

मूली अत्यन्त शीघ्र तैयार होने वाली फसल है। जिसके विकास के लिए अधिक जल की आवश्यकता पड़ती है। मूली की अच्छी उपज के लिए फसल की सिंचाई वर्षा के अभाव में सर्दियों में 10–15 दिनों पर तथा गर्मी में 4–5 दिनों के अंतर पर करें। फसल के आरम्भ में प्रत्येक सिंचाई के बाद खरपतवार निकाल कर हल्की निराई–गुड़ाई करें तथा जड़ों पर मिट्टी चढ़ा दें। नाइट्रोजन की शेष आधी मात्रा दूसरी सिंचाई के बाद निराई–गुड़ाई के समय उपरिवेशन विधि द्वारा डालें। इस फसल में एक या दो निराई–गुड़ाई ही पर्याप्त होती है।

मूली किस्म – चायना पिंक, सलाद के लिए उत्तम।

मूली किस्म – कल्याणपुर टाईप–1

सलाद के लिए उत्तम किस्में

मूली की परिपक्वता तथा बाजार के लिए तैयारी

मूली की यूरोपीयन किस्में बुआई के 20–25 दिनों बाद तथा एशियाई किस्में 55–60 दिनों बाद तैयार हो जाती हैं। मूली उखाड़ने के पूर्व एक सिंचाई अवश्य कर लें। इससे मूली का वजन बढ़ने से कुल उपज भी बढ़ जाता है। यूरोपीयन किस्मों को लगाने के 22–25 दिनों बाद ही उखाड़ कर इस्तेमाल अवश्य कर लें नहीं तो ये शीघ्र रेशेदार तथा खोखली हो जाती है। मूली को सदैव प्रातः सूरज निकलने से पहले खेत से निकालें। मूली की जड़ों पर निकली छोटी–छोटी रेशेदार जड़ों को तोड़कर साफ कर लें तथा जड़ों को साफ ठंडे जल में धोकर छाया में ही रखें। मूली की जड़ों के उपर की कुछ पुरानी पत्तियों को तोड़कर अलग कर दें ताकि मूली की जड़ें देखने में आकर्षक लगे, जिससे बाजार में दाम अधिक मिल सके।

मूली की उपज तथा आय व्यय का लेखा–जोखा

एक हेक्टर भूमि में लगी मूली की उन्नत किस्म की औसत उपज 250–300 क्विंटल आसानी से प्राप्त होती है जिसे चार रू॰ प्रति किलो की दर से बेचने पर 1 से 1.20 लाख रूपये मिलते है, जिसमें से उत्पादन खर्च के 20 हजार रूपये निकाल देने पर 80 हजार से एक लाख रूपये की शुद्ध आमदनी प्रति हेक्टर की मूली की फसल से प्राप्त होती है। शुद्ध आमदनी की यह रकम आगात फसल उगाकर तथा विपणन की क्रिया में सुधार लाकर और अधिक बढ़ाया जा सकता है। अतः आप भी उपरोक्त विधि द्वारा आगात मूली उगाकर अधिक आमदनी प्राप्त करें।

□□□

सब्जी वर्ग की फलदार सलाद फसलों की उत्पादन–प्रौद्योगिकी

अध्याय 17

ककड़ी

ककड़ी एक सलाद वाली फसल है। इसे वानस्पतिक भाषा में कुकुमीस मेलो किस्म यूटीलिसमस् कहते हैं परन्तु बंगला में – ताता, गुजराती और मराठी में – ककड़ी, तेलगू में – दोसेकाया, संस्कृत में – सकुसा, हिन्दी में ककड़ी या तर, अँग्रेजी में – कामन कुकुम्बर या लॉग मेलन के नाम से जानते हैं। ककड़ी, जायद ऋतु की सलाद वाली सब्जी है। चूँकि ककड़ी को कच्ची अवस्था में ही खाया जाता है। अतः इसमें विद्यमान सभी आवश्यक तत्व (पौष्टिक गुण) बिना बर्बाद हुए हमारे शरीर को मिलता है। ग़र्मियों में इसके सेवन से ठंढ की अनुभूति होती है तथा लू लगने की संभावना भी कम हो जाती है। वैज्ञानिकों का मत है कि ककड़ी खाने के तुरंत बाद पानी नहीं पीना चाहिए, क्योंकि इससे कभी–कभी अपच हो जाता है। ककड़ी के फल नरम और लम्बे होते हैं। ये हल्के या गहरे रंग का होते हैं, इनकी सतह चिकनी या धारीदार होती है और जब फल नरम–नरम होते हैं तो उनकी त्वचा छोटे, मृदु रोओं से ढ़की रहती है। बीज आकार में खरबूजें के बीजों से छोटे होते हैं। बीज खाए जाने योग्य होते हैं तथा केक, बिस्कुटों आदि में डालने के काम में भी आते हैं।

जलवायु

जलवायु संबंधी आवष्यकताएँ खीरा कुल की अन्य ग्रीष्मकालीन सब्जियों की भाँति ही होती है।

बुआई तथा बीज दर

अगेती फसल नवम्बर–दिसम्बर में बोई जाती है। जाड़े में सरकण्डे की टाटी से घेरकर इसकी पाले से रक्षा की जाती है। मुख्य फसल जनवरी तक बोई जाती है। पिछात फरवरी से मार्च में बोई जाती है। एक हेक्टर में ककड़ी बोने के लिए 2.5–3.5 कि॰ग्रा॰ बीज पर्याप्त होती है।

भूमि और उसकी तैयारी एवं खाद एवं उर्वरक

ये करेले की भाँति ही होती है।

जातियाँ – इसकी कई किस्में हैं। कुछ मीठा होता है तो कुछ कड़वी या तीखी।

उन्नतशील जातियाँ

लखनऊ व्हाइट, लॉग ग्रीन, बरेली ग्लोरी, फैजाबादी, अर्का शीतल, लखनऊ अर्ली आदि अच्छी मानी जाती है।

सिंचाई

गर्मियों में फसल हर तीसरे चौथे रोज सींची जाती है और जाड़ों में 10–15 दिनों में एक बार। अगेती फसल को आरम्भिक दिनों में 10–15 दिनों में एक बार सींचना काफी होता है। वृद्धि के समय और फलों के नरम रहने तक फसल को काफी नमी की आवष्यकता होती है।

फलों की तोड़ाई

ककड़ी के फलों की तोड़ाई मुलायम अवस्था में ही करें। जब फल हरे तथा मुलायम हो तभी तोड़ना चाहिए। अन्यथा फलों में आकर्षण कम होने के कारण बाजार में दाम घट जाता है।

ककड़ी–किस्म – लांग ग्रीन

उपज

ककड़ी की प्रति हेक्टर पैदावार मिट्टी के प्रकार, किस्म खाद, उर्वरक और जलवायु पर निर्भर करती है। सामान्य तौर पर 200–250 क्विंटल प्रति हेक्टर तक उपज प्राप्त होती है।

फूट

फूट एक सलाद वाली फसल है। इसे वानस्पतिक भाषा में कुकुमिस मेलो वैरायटी मोमोर्डिका कहते हैं परन्तु हिन्दी और बंगला में फूट, तेलगू में पेड्डाकाई तथा अँग्रेजी में लांग मेलन कहते हैं। इसके फल छोटे चिकने तथा अंडाकार या बेलनाकार होते हैं। गूदा आटे की तरह का कुछ–कुछ रसीला और खट्टा होता है। इसकी लत्तर खरबूज और तरबूज की अपेक्षा दृढ़ होती है। इसे सारे भारत में मक्के की फसल के साथ या खरीफ में एक उप–फसल की भाँति उगाया जाता है। फल कच्चे में ही सलाद, सब्जी या पकाकर फल की तरह खाए जाते हैं। पका फल फट जाता है जिसे चाट या सलाद के रूप में भी खाया जाता है। इसकी दो किस्म होती है, एक बरसाती और दूसरी ग्रीष्मकालीन।

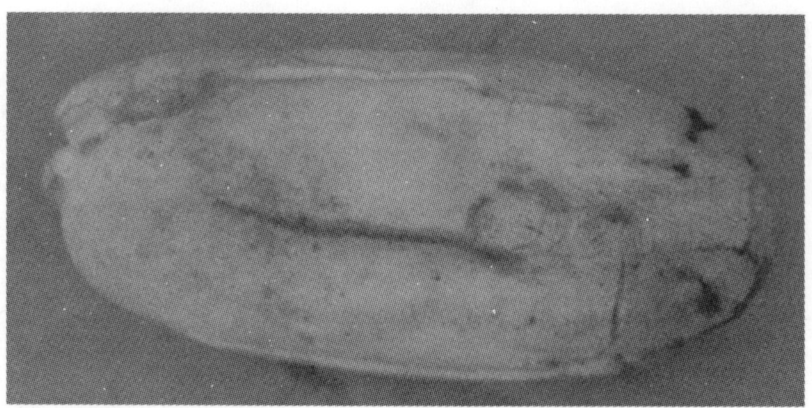

फूट का पका जायकेदार फल

यह यद्यपि गर्म मौसम की सलाद वाली फसल है परन्तु ठंढ़ा हो जाने पर भी यह पक जाती है। इसे एक बार जनवरी से मार्च तक और दूसरी बार जून–जूलाई में बोया जाता है। एक हेक्टर भूमि में बोने के लिए 2.5 कि॰ग्रा॰ बीज पर्याप्त होता है। इसे 1.8 मीटर की दूरी पर बनी पंक्तियों में 60 से॰मी॰ की दूरी पर बोंया जाता है।

फूट के फल बेलनाकार कभी–कभी एक फूट तक लम्बे कच्चे रहने पर तेज या हल्के रंग के तथा पक जाने पर हल्के पीले या नींबूई पीले रंग के होते हैं। पक जाने पर कभी–कभी फल फट जाते हैं और इसलिए इसका नाम फूट पड़ गया है। इसकी खेती बाड़ी संबंधी सभी क्रियाएँ ककड़ी की हीं भाँति होती है।

फलों की तुड़ाई तथा उपज

फल पक जाने पर उस समय तोड़ने चाहिए जब कि उनमें विलग परत विकसित हो गई हो। इसे तोड़ने के तुरंत बाद खा लेना चाहिए। फूट का प्रति हेक्टर 180–250 क्विंटल तक उपज मिलती है।

□□□

अध्याय 18

खरबूज

खरबूज की सलाद अपनी विशिष्ट मिठास तथा सुगंध के कारण अत्यन्त लोकप्रिय है। ठंढ़ी तासीर होने के कारण ग्रीष्म ऋतु के फलों में इसका मुख्य स्थान है। खरबूज के फल फैलने या सहारे पर चढ़ने वाली एक वर्षीय लता पर लगते हैं। इसकी पत्तियाँ बड़ी नरम और रोयेंदार तथा गोल अंडाकार या दीर्घवृत्ताकार होते हैं। खरबूजे का रस चर्म रोग एक्जीमा तथा अन्य कई रोंगों में लेप की तरह लगाया जाता है। अग्निमांध आदि रोगों में भी इसे खिलाया जाता है। जीरा और चीनी मिलाए हुए फल गर्मियों में शरीर को शीतल रखते हैं। बीजों से प्राप्त तेल मूत्र त्याग में दर्द होने या बाधा पैदा होते समय आराम पहुँचाता है। खरबूजे की जड़ें वमनकारी और दस्तावर होती है। कच्चे खरबूजे की सब्जी भी बनाई जाती है। पके हुए फलों के गूदे को जैम बनाने तथा डिब्बा बंदी के लिए भी प्रयोग किया जाता है। इसके बीज की गिरी में 40–44 प्रतिशत तेल होता है। इसकी गिरी को बादाम और पिस्ते जैसे मेवों की भाँति खाया जाता है क्योंकि यह स्वादिष्ट तथा पौष्टिक होता है।

खरबूज में पोषक तत्वों की पर्याप्त मात्रा होती है। 100 ग्राम खाने योग्य खरबूजे के गूदे में 87–92 ग्राम जल, 0.6–1.0 ग्राम प्रोटीन, 0.1 ग्राम वसा, 6.3–1.0 ग्राम कार्बोहाइड्रेट, 4200 अर्न्तराष्ट्रीय इकाई विटामिन ए, 0.06 अन्तर्राष्ट्रीय इकाई बी–1 तथा 0.02 अन्तर्राष्ट्रीय इकाई विटामिन बी–2, तथा 5–10 मिलीग्राम कैल्शियम होता है। खरबूज के फल से 26–41 कैलोरी ऊर्जा मिलती है। खरबूज के फल का 47 प्रतिशत भाग खाने योग्य होता है। खरबूज के फलों में विटामिन सी भी पायी जाती है।

इतिहास एवं उत्पत्ति

खरबूज की उत्पत्ति गर्म अफ्रिका के सहारा रेगिस्तान के पूर्वी भाग ईरान, इराक, अफगानिस्तान तथा रूस के दक्षिण भाग में हुयी थी। परन्तु कुछ लोग इसे उत्तर पश्चिमी भारत का मूल पौधा मानते हैं और वहीं से पूर्व की ओर चीन तथा पश्चिम की ओर दक्षिण यूरोप में इसका प्रसार हुआ। भारत में इसकी खेती प्राचीन काल से होती आ रही है।

जलवायु

खरबूज की अच्छी खेती के लिए उच्च तापमान और शुष्क जलवायु की आवश्यकता होती है। फल के पकने की अवस्था में अधिक तापमान, खुली धूप तथा गर्म व शुष्क हवा मिलने पर फलों के मिठास में वृद्धि होती है। नम जलवायु में खरबूजे के फल देर से पकते हैं तथा सड़ जाते हैं। खरबूज की सफल खेती के लिए 40–45 डिग्री सेल्सियस तापमान सर्वोत्तम होती है।

भूमि तथा उसकी तैयारी

खरबूज की खेती बलुई मिट्टी में बहुत अच्छी होती है। इसे बलुई दोमट, दोमट और कछारी दोमट भूमियों में भी उगाया जा सकता है। खरबूज की सफल खेती के लिए भूमि का अनुकूलतम पी॰एच॰ मान 6 से 6.5 के बीच होना चाहिए। खेत को तैयार करने के लिए एक बार मिट्टी पलटने वाले हल से गहरी जुताई करके, 4–5 बार देशी हल से जुताई करनी चाहिए ताकि मिट्टी अच्छी तरह से भूरभूरी हो जाय। फिर पाटा चला कर खेत को समतल बना लें।

उन्नत किस्में

1. हरा मधु

यह पछेती किस्म है जिसका विकास पंजाब कृषि विश्वविद्यालय, लुधियाना द्वारा किया गया है। इसके फल गोल, एक किलो वजन के छिलके सफेद तथा हरी धारियों वाले होते हैं। गूदा मोटा हल्के रंग का रसदार मीठा होता है जिसमें कुल घुलनशील ठोस पदार्थ की मात्रा 12–15 प्रतिशत होती है। पकने पर फल हवा से छिटकते नहीं हैं। यह एक पिछात किस्म है।

2. पूसा शर्बती

खरबूजे की इस किस्म को भारतीय कृषि अनुसंधान संस्थान, नई दिल्ली ने तैयार किया है। इसके फल गोल अंडाकार होते हैं। छिलके के उपर पतली धारियों का जाल बना रहता है जिस पर हरी पट्टियाँ होती है। गूदा मोटा एवं नारंगी रंग का होता है। इस किस्म का विकास कुटाना रेजिस्टेंट नं॰ 6 (अमेरिकन कैंटालोप) के संकरण द्वारा किया गया है। इस किस्म में कुल घुलनशील शर्करा की मात्रा 10–12 प्रतिशत तक होती है। फल का भार 0.9 से 1.0 किलोग्राम तक होता है। इसे 4–5 दिन तक सुरक्षित रखा जा सकता है। यह किस्म 80–85 दिनों में पक जाती है और प्रति हेक्टर 100–150 क्विंटल तक उपज दे देती है।

3. अर्का राजहंस

यह मध्यम अगेती किस्म है। फल मध्यम बड़े प्रायः 1 से 1.5 किलोग्राम वजन वाले अण्डाकार होते हैं। इसका छिलका मटमैला सफेद महीन जाली वाला होता है। गूदा सफेद मोटा तथा अधिक मीठा (कुल घुलनशील ठोस 12–14 प्रतिशत) होता है। इसकी औसत उपज 320 क्विंटल प्रति हेक्टर होती है। यह पाउडरी मिल्ड्यू की प्रतिरोधी किस्म है। इस किस्म का विकास भारतीय बागवानी अनुसंधान संस्थान, बंगलौर (कर्नाटक) द्वारा किया गया है। निर्यात के लिए यह एक अति उत्तम किस्म है।

4. अर्का जीत

इस किस्म का विकास भी भारतीय बागवानी अनुसंधान संस्थान, बंगलौर द्वारा क़िया गया है यह अगेती किस्म है जो 90 दिनों में तैयार हो जाती है। इसके फल

छोटे (400 से 800 ग्राम), अत्यन्त आकर्षक गोले, नारंगी रंग के होते हैं। गूदा सफेद बहुत मीठा तथा कुल घुलनशील ठोस की मात्रा 12–14 प्रतिशत होती है। इसकी उपज 150–160 क्विंटल प्रति हेक्टर है। इसे लखनऊ के स्थानीय प्रभेद में सुधार करके विकसित किया गया है।

5. दुर्गापुर मधु

यह जल्द तैयार होने वाली अत्यन्त आगात किस्म है जिसका विकास कृषि अनुसंधान केन्द्र, दुर्गापुर, राजस्थान से हुआ है तथा इसे राजस्थान कृषि विभाग, जयपुर ने अनुशंसित किया है। फल अंडाकार, छोटे 500–600 ग्राम औसत वजन वाले होते हैं। छिलके का रंग हरा तथा हरी पट्टियाँ वाला होता है। गूदा हल्का हरा परन्तु रसदार तथा बहुत मीठा होता है, जिसमें कुल घुलनशील ठोस की मात्रा 13–14 प्रतिशत होती है।

6. पूसा मधुरस

इस किस्म का विकास भारतीय कृषि अनुसंधान संस्थान, नई दिल्ली द्वारा किया गया है। राजस्थान के संकलनों से प्राप्त किया गया एक चयन जिसकी लतायें अधिक मजबूत और फैली हुई होती है। पत्तियाँ पूर्ण रूप से हरी होती है। फल गोल तथा दोनों सिरों से कुछ चपटा होता है। इसका छिलका चिकना, पीले रंग का और हरी धारियों वाला होता है। गूदा हल्का नारंगी रंग का रसदार, अच्छी गंध वाला और मीठा होता है जिसमें कुल घुलनशील शर्करा की मात्रा 11–12 प्रतिशत तक होती है। फल का भार लगभग एक किलोग्राम तक होता है। यह 80–85 दिनों में तैयार होने वाली आगात किस्म है तथा उत्तर भारत में उगाने के लिए उपयुक्त है। यह किस्म 120–160 क्विंटल प्रति हेक्टर तक उपज देती है।

7. पंजाब सुनहरी

इस किस्म का विकास पंजाब कृषि विश्वविद्यालय, लुधियाना द्वारा किया गया है। इस किस्म के फल, हरा–मधु नामक किस्म से 12 दिन पहले तैयार हो जाते हैं। बोने के 77 दिन बाद फल तैयार हो जाते हैं। फल का भार 700 से 800 ग्राम तक होता है। प्रत्येक बेल में 2–3 फल लगते हैं। फलों का रंग भूरा होता है। गूदा नारंगी रंग का मोटा तथा रसदार होता है। फल खाने में अत्यन्त मीठे और स्वादिष्ट होते हैं।

खरबूज की उन्नत किस्म – पंजाब सुनहरी। फलों का रंग सुनहरा तथा स्वाद–उत्तम।

खरबूज की रोगरोधी किस्म – काशी मधु

8. पंजाब संकर

इस किस्म का विकास एम॰एस॰ 1 तथा हरा मधु के क्रास द्वारा पंजाब कृषि विश्वविद्यालय, लुधियाना ने किया है। इस किस्म का बेल लम्बा होता है। इसमें फल जल्दी लगता है। फल गोल, छिलके के उपरी भाग पर पतली धारियों का जाल होता है। पीला और गूदा मोटा, रसदार, नारंगी और मीठा (कुल घुलनशील ठोस 12 प्रतिशत) होता है। इसकी औसत उपज 160 क्विंटल प्रति हेक्टर है।

9. काशी मधु

इस किस्म की बेल लम्बी होती है। फल गोल होता है। गूदा नारंगी रंग का, रसदार और मीठा होता है। इसकी औसत उपज 200–250 क्विंटल प्रति हेक्टर है।

10. हिसार मधुर

इस किस्म की बेल छोटी होती है। इसमें फल जल्दी लगते हैं। फल गोल, उपरी परत धारीदार होता है। गूदा हरापन लिए हुए उजला और मीठा होता है। यह डाउनी मिल्ड्यू के लिए प्रतिरोधी किस्म है। औसत उपज 80–100 क्विंटल प्रति हेक्टर है।

11. एम॰एच॰ 10

इस किस्म का बेल मध्यम लम्बा होता है। यह जल्दी फल देता है। फल लगभग गोल अथवा अंडाकार होता है। इस किस्म के फल का वजन 800–900 ग्राम होता है। इस किस्म के फल में कुल घुलनशील ठोस की मात्रा 9–10 प्रतिशत होती है। यह निर्यात के लिए अच्छी है। औसत उपज 200–240 क्विंटल प्रति हेक्टर है।

बोने का समय तथा बीज की मात्रा

खरबूज के बीजों को सीधे खेत में लगाया जाता है क्योंकि खरबूज के पौधे प्रतिरोपन सहन नहीं कर सकते हैं। भारत के मैदानी भागों में फरवरी में बुआई की जाती है जबकि दक्षिणी भागों में दिसम्बर से जनवरी तक का समय सर्वोत्तम माना जाता है। नदी तट पर बुआई का उत्तम समय नवम्बर से जनवरी तक का है।

जिन क्षेत्रों में पाले की संभावना अधिक रहती है वहाँ पर पहले पोलीथिन के थैलों में खाद और मिट्टी की बराबर मात्रा का मिश्रण भरकर उसमें 4–5 बीज प्रति थैले की दर से बुआई की जाती है। फरवरी के अंत या मार्च के प्रारम्भ में जब पौधों में

2–4 पत्तियाँ आ जाती है तब खेत में रोपा जाता है। रोपाई करते समय पालीथिन के थैले को सावधानी पूर्वक काटकर अलग कर देना चाहिए। बीज दर लगभग 2.5–3.5 किलोग्राम प्रति हेक्टर रखी जाती है। पौधों की रोपाई नालियों में जो 1.8 मीटर की दूरी पर बनी होती हैं, 60 से॰मी॰ की दूरी पर करें। एक जगह पर चार पौध रोये।

खाद और उर्वरक

मध्यम उर्वरता वाली बलुई दोमट मिट्टी में 250 क्विंटल गोबर की खाद, 80 किलोग्राम नाइट्रोजन, 50 किलोग्राम फॉस्फोरस और 50 किलोग्राम पोटाश प्रति हेक्टर प्रयोग करने से अच्छी उपज होती है। फॉस्फोरस और पोटाश की पूरी मात्रा और नाइट्रोजन की आधी मात्रा खेत की तैयारी के साथ ही डाली जाती है तथा नाइट्रोजन की शेष आधी मात्रा फूल आने के समय डालनी चाहिए। गोबर की अच्छी प्रकार सड़ी हुई खाद, स्फूर तथा पोटाश की पूरी मात्रा बुआई के लगभग एक महीना पहले ही खेत में डालकर अच्छी तरह से मिला देनी चाहिए।

सिंचाई तथा निराई–गुड़ाई

मैदानी क्षेत्रों में उगी फसल की प्रति सप्ताह हल्की सिंचाई करते रहें। फलों के निर्माण के उपरांत सिंचाई की अवधि बढ़ा दें अन्यथा फलों का मिठास कम हो जायेगा। खरबूज की लतायें भली–भाँति फैलने से 2–3 बार निराई–गुड़ाई कर दें।

फलों की तुड़ाई तथा उपज

साधारणतया खरबूज के फलों को बेल पर ही पकने देना चाहिए। पकने पर फलों का रंग परिवर्त्तन होने लगता है और उससे तेज खुश्बू भी आने लगती है। इसके साथ ही पके हुए फलों के डंठल फल से बहुत आसानी से अलग हो जाते हैं तथा जिस स्थान से फल डंठल से अलग होता है वहाँ पर एक चिकना और गोलाकार चिन्ह रह जाता हैं। खरबूज की उपज उसके किस्मों पर निर्भर करती है। वैसे खरबूज का औसत उपज 125–150 क्विंटल प्रति हेक्टर है परन्तु कुछ किस्मों की उपज 200–250 क्विंटल तक मिल जाती है।

□□□

अध्याय 19

खीरा

खीरा एक उच्चकोटि की सलाद फसल है, जिसके फल अनेक औषधीय गुणों से ओत–प्रोत होते हैं। यदि इसकी उन्नत किस्मों की अगात खेती वैज्ञानिक तौर–तरीके से की जाये तो 75 हजार से 1 लाख रूपये की शुद्ध आमदनी प्रति हेक्टर भूमि में आसानी से प्राप्त हो सकती है। महिलायें इस सलाद वाली सब्जी को गृह वाटिका में, घर की छतों पर तथा मिट्टी के बड़े गमलों में उगाकर अपने परिवार के लिए ताजे फल प्राप्त कर सकती हैं। खीरा के फलों में जल की अधिकता तथा ऊर्जा की कमी होती है। अतः रोज इसका सेवन करने से मोटापा दूर होता है।

खीरा भारतीय मूल की सलाद फसल है। खीरा को वनस्पति वैज्ञानिक कुकुमिस् सटाइवस् कहते हैं परन्तु हिन्दी, बंगाली तथा मराठी भाषी लोग इसे खीरा कहते हैं। तेलुगू बोलने वाले इसे डोसाकाया, तमिलियन विलैयारीकाफी या काकरीकाड कहते हैं। संस्कृत भाषा में खीरा को कर्कटी या मूत्रफलासाक कहते हैं जबकि अँग्रेजी में लोग इसे कुकुम्बर के नाम से पुकारते हैं। रासायनिक विश्लेषण पर खीरा के प्रति 100 ग्राम भार में औसतन कार्बोहाईड्रेट 2.8 प्रतिशत, प्रोटीन 0.4 प्रतिशत, विटामिन

सी 7 मि॰ग्रा॰, खनिज 0.3 ग्राम, वसा 0.1 ग्राम, रेशा 0.4 ग्राम तथा ऊर्जा 13 किलो कैलोरी पायी जाती है, जो हमारे स्वास्थ्य को प्रभावित करने की अद्‌भूत क्षमता से ओत–प्रोत है। खीरा वैसी ही एक सलाद वाली फसल है जो अत्यन्त सस्ता होने के साथ–साथ सरलता से हर जगह उपलब्ध हो जाता है। खीर का तासीर अत्यंत ठंडा होता है क्योंकि इसमें 95 प्रतिशत जल रहता है। इसके अलावा इसमें प्रचुर मात्रा में खनिज लवण, विटामिन बी तथा थोड़ी मात्रा में क्लोरोफिल (पर्णहरित) भी पायी जाती है।

खीरा को यथासंभव छिलके को उतारे बगैर ही खाना चाहिए अन्यथा उसके कई तरह के पौष्टिक तत्व छिलने के साथ उतर जाते हैं। सुबह–सुबह खीरे का सेवन अत्यंत लाभदायक माना जाता है। भोजन के साथ सलाद के रूप में खीरे का प्रयोग स्वास्थ्यवर्धक है। खीरा एक उत्तम सौंदर्य प्रसाधन भी हैं खीरा के छोटे–छोटे टुकड़े लेकर चेहरे पर रगड़ने से चेहरा कांतिमय बनता है। खीरे के रस में चने का आटा मिलाकर नित्य स्नान से पूर्व चेहरे और हाथों पर लगाने से रंग निखरता है और चेहरा कोमल हो जाता है। खीरे के रस में मुल्तानी मिट्‌टी भिंगोकर लगायें। मुहांसे के लिए यह उत्तम घरेलू चिकत्सा है।

खीरा एक, औषधि अनेक

- धूप के कारण त्वचा लाल हो जाती है। ऐसी अवस्था में खीरा को पीसकर त्वचा पर मालिश करनी चाहिए।
- अति तीव्र प्रकाश देखने से, लगातार सूक्ष्म वस्तुओं को देखने से तथा रात्रि में जागरण से आँखें लाल हो जाती है। ऐसी दिशा में खीरा को पीसकर आँखों पर आधे घंटे तक बाँधने से लाभ मिलता है।
- अत्यधिक प्यास लगी हो और पानी पीकर भी संतुष्टि न मिले तब खीरे का शर्बत पिये। एक कप खीरे के रस में दो चम्मच शक्कर मिलाकर पियें। इच्छा हो तो उसमें गुलाब की ताजी पंखुड़ियाँ या पुदीने की पत्तियाँ भी पिसकर मिला लें।
- पेशाब की विकृति हो तो खीरे के बीज को धनिया के बीज के साथ पानी में भिगों दें। वही पानी दिन भर पियें।
- मैदा या गेहूँ से बने पदार्थ यदि अच्छी तरह नहीं पचते हैं तो रोटी के साथ खीरा खाना चाहिये।

- पेशाब में जलन होने या पीला होने पर एक चम्मच धनिया पाउडर में एक कप खीरा का रस डालकर दिन में दो–तीन बार लेना अत्यंत लाभप्रद पाया गया है।
- सर्दी, खांसी या कफ की शिकायत होने पर खीरे का प्रयोग वर्जित है।
- खीरे के पके बीजों से निकलने वाले तेल का उपयोग, मस्तिष्क तथा देह को शीतलता प्रदान करता है।

जलवायु और मिट्टी

खीरा खरीफ तथा जायद की फसल है। इसका बीज कम तापमान में अंकुरित नहीं हो पाता, लेकिन यह ठंडी मिट्टी में काफी समय तक रह सकता है और अनुकूल तापमान मिलने पर अंकुरित हो जाता है। 18° से॰ तापमान पर खीरा का अंकुरण संतोषजनक होता है। अंकुरण की क्षमता तापमान के बढ़ने से बढ़ती है। खीरे के अंकुरण के लिए अनुकूल तापमान 18–24° से॰ है तथा इसके पौधों की वृद्धि के लिए अनुकूल तापमान 27–35° से॰ होता है। अत्यधिक वर्षा तथा आर्द्रता में खीरे को कुछ बीमारियों का सामना करना पड़ता है। इस कारण ऐसे क्षेत्र जहाँ धूप की अधिकता तथा आद्रर्ता कम हो, खीरा का उत्पादन के लिए सर्वोत्तम होते हैं। मिट्टी का पी॰एच॰ मान 5.5 से 6.5 तक होना चाहिए। लगभग एक हेक्टर खेत की बुआई के लिए 2.5–3.0 किलोग्राम बीज की आवश्यकता होती है।

उन्नत किस्में

जापानी लौंग ग्रीन

यह किस्म भारतीय कृषि अनुसंधान संस्थान के कटराइन केन्द्र द्वारा विकसित की गयी है। यह मध्यम और निचली पहाड़ियों के लिए उन्नत किस्म है। इसका महत्वपूर्ण गुण यह है कि 45 दिनों में ही पूर्ण रूप से तैयार हो जाती है। इसके फल 25–30 से॰मी॰ लम्बे और हल्के हरे रंग के होते हैं।

स्ट्रेट एट

यह भी पर्वतीय क्षेत्रों में उगाने के लिए उन्नत किस्म है। इसके फल लम्बे, मोटे तथा हल्के हरे रंग के होते हैं।

फूले सुभांगी

यह चयन विधि द्वारा विकसित किस्म है जिसके फलों का रंग हरा होता है। यह पाउडरी मिल्ड्यू रोगरोधी किस्म है। इसके फलों की उपज खीरा–पूना किस्म से अधिक है।

पोइन सेट

इसके फल 20–25 से॰मी॰ लम्बे, गहरे हरे रंग के होते हैं। यह किस्म रोमिल फफूंद, चूर्णी फफूंद और एंथ्रेक्नोज के लिए रोगरोधी है।

पूसा संजोग

यह जापानी गाइनोडायोशियस और ग्रीन लौंग नैपल्स् प्रजातियों के संक्रमण से विकसित एक संकर किस्म है। यह 200 क्विंटल प्रति हेक्टर उपज देने वाली किस्म है। इसका फल 28–30 से॰मी॰ लम्बे, बेलनाकार, गहरा हरा बीच में पीली धारियों वाला होता है। इसका फल 50 दिनों में खाने योग्य तैयार हो जाता है।

प्रिया

यह इंडो अमेरिकन हाईब्रिड सीड कंपनी द्वारा तैयार की गई संकर किस्म है और भारत में व्यावसायिक स्तर पर उपलब्ध है। इसके फल लगभग 25 से॰मी॰ लम्बे, गहरे हरे रंग के होते हैं। यह फफूंद, मोजैक तथा एंथ्रक्नोज के लिए रोगरोधी है।

बालम खीरा

यह छोटे, नरम तथा अंडाकार फलों वाली किस्म है।

पूसा उदय

इसके फल 13–15 से॰मी॰ लम्बे होते हैं।

पूना खीरा

इसका फल छोटा, पीला और हरा होता है। यह डाउनी मिल्ड्यू, पाउडरी मिल्ड्यू, एंथ्रेक्नोज और लीफ स्पॉट प्रतिरोधी है।

सलाद की अन्तर्राष्ट्रीय फसल–खीरा किस्म–कल्यानपुर ग्रीन

खीरा की अगेती फसल से ज्यादा आमदनी

खीरा की उन्नत किस्मों से अधिक उत्पादन

किसानों की खीरा की फसल की जाँच करते कृषि वैज्ञानिक। साथ में अधिष्ठाता कृषि डा. के.आर. मौर्य

हिमागी और शीतल

ये दोनों किस्में कोंकण तथा गोवा क्षेत्र के लिए व्यावसायिक दृष्टि से सर्वोत्तम पायी गयी हैं। इन दोनों किस्मों का विकास हाल में ही हुआ है।

बुआई

दक्षिणी और मध्य भारत में खीरा की बुआई अक्टूबर–नवम्बर में की जाती है। उत्तर–पूर्व भारत के मैदानी भागों में जब मौसम शुष्क होता है तब ग्रीष्मकालीन फसल की बुआई नवम्बर से मार्च के बीच तथा वर्षाती फसल की जून–जुलाई में की जाती हैं। पहाड़ी क्षेत्रों में इसकी बुआई अप्रैल–मई में की जाती है।

सामान्यतया बीज बोने से पहले बीज को पानी या 0.1 प्रतिशत बेविस्टिन के घोल में कुछ घंटे के लिए डुबा दिया जाता है। यद्यपि चार साल पुराने बीज को भी लाल दवा के घोल में डुबोकर रखने पर बीज में अंकुरण होने लगता है।

खाद उर्वरक

खीरा में खाद एवं उर्वरक का लाभकारी प्रभाव पाया गया है। सामान्यतया भूमि तैयारी के समय 15–20 टन प्रति हेक्टर की दर से सड़ी हुई गोबर की खाद मिलाना चाहिए। 40–45 किलोग्राम नाइट्रोजन तथा 100 किलोग्राम पोटाश प्रति हेक्टर की दर से खीरे की फसल के लिए संस्तुति की गयी है। खीरा के पौधे जब 4 पत्तियों के हो जायें तब 0.3 प्रतिशत के बोरिक एसिड का छिड़काव करने से फलों की उपज बढ़ जाती है।

सिंचाई तथा वर्षाती फसल को सहारा देना

गर्मी में 2–3 दिनों के अंतराल पर सिंचाई करनी चाहिए। लताओ की वृद्धि की प्रारम्भिक अवस्था में निराई–गुड़ाई करने से पौधा का अच्छा विकास होता है तथा फसल भी अत्यधिक होता है। लता की पूर्ण वृद्धि हो जाने पर बड़े खर–पतवारों को हाथ से उखाड़ देना चाहिए। वर्षाती फसल की लताओं को बॉस के शाखादार टहनियों पर चढ़ाने से उपज में 45–55 प्रतिशत की वृद्धि होती है।

उपज

जब खीरा के फल पूर्ण विकसित हो जायें तब उनकी तुड़ाई 2–3 दिनों के अंतराल पर करनी चाहिए। खीरा की औसत उपज 150–200 क्विंटल प्रति हेक्टर

होती है। यदि इसके फलों को कम से कम 10 रू० प्रति किलोग्राम की दर से बेचा जाये और औसत उपज कम से कम 150 क्विंटल/हेक्टर हो तो कुल 1,50,000/– रू० मिलेंगे जिसमें से उत्पादन खर्च के 40,000/– रू० निकाल देने पर 1,10,000/– रूपये की शुद्ध आमदनी प्राप्त हागी। अतः खीरा की अगात फसल अच्छे मुनाफे का सौदा है। इसे अपने फार्म पर प्राथमिकता के आधार पर उगाये।

□□□

अध्याय 20

तरबूज

तरबूज को अँग्रेजी में वाटरमेलन कहते हैं। इसका वानस्पतिक नाम सिट्रुलस् लेनेट्स है। यह फैलने वाला या बेलदार एक वर्षीय पौधा है जिसकी पत्तियाँ खण्डों में विभाजित होती है तथा फल बड़े, गोलाकार व गहरे हरे या पीलापन लिए हरे रंग के होते हैं। गूदा मीठा, स्पंज की तरह का और गुलाबी–लाल या पीला–सफेद रंग का होता है।

तरबूज के पके हुए फलों को हीं खाया जाता है। गर्मियों में तरबूज का रस नमक और काली मिर्च डालकर पीने से शरीर को ठंडक मिलती है। यह हमें स्फूर्ति लाती है। इसका रस पीने से प्यास भी कम लगती है। इसके भुने हुए बीज भी खाने में स्वादिष्ट और पौष्टिक होते हैं। इसे यकृत व आंत के रोगों में भी प्रयोग किया जाता है। इसके रस का प्रयोग टायफाइड में निजर्मकारी पेय के रूप में किया जाता है।

इतिहास और उत्पत्ति

तरबूज की खेती भारत में प्राचीन काल से ही होती आ रही है। तरबूज की उत्पत्ति अफ्रीका के कालाहारी रेगिस्तान में हुआ था। उत्तर भारत में इसे उत्तर प्रदेश,

राजस्थान, हरियाणा, पंजाब, दिल्ली में विशेष रूप से उगाया जाता है। इसके अलावा मध्य प्रदेश, तमिलनाडु, आन्ध्र प्रदेश, पश्चिम बंगाल में भी उगाया जाता है।

उन्नत किस्में

1. शुगर बेबी

यह सबसे अधिक प्रचलित किस्म है जो संयुक्त राज्य अमेरिका से लाई गयी है। इस किस्म के फल बीज बोने के 95–100 दिन बाद तोड़ाई के लिए तैयार हो जाते हैं। फल गोल, मध्यम, छोटे आकार (4–5 कि॰ग्रा॰) का होता है। इसके छिलके का रंग नीला काला और गूदे का रंग लाल होता है। इसके फल अधिक मीठे होते हैं। इसकी औसत उपज 150 क्विंटल प्रति हेक्टर है।

2. आशाही यामातो

यह किस्म जापान से लाई गई है। इसके फल मध्यम आकार (7–8 कि॰ग्रा॰) के होते हैं। फल के उपरी छिलके का रंग हल्का हरा और धारीयुक्त होता है। गूदे का रंग गहरा गुलाबी तथा छोटे–छोटे बीज वाला होता है। इसे सभी क्षेत्रों में सफलतापूर्वक लगाया जा सकता है। इसकी औसत उपज 200–250 क्विंटल प्रति हेक्टर है।

3. न्यू हेम्पशायर

यह एक उन्नत किस्म है। इसके फलों का औसत भार 1.5–2.0 किलोग्राम होता है। इस किस्म के फल 85 दिन में खाने योग्य हो जाते हैं। इसका छिलका हरा और हल्की धारियों वाला होता है।

4. पूसा बेदाना

यह बीज रहित किस्म है, जिसका विकास भारतीय कृषि अनुसंधान संस्थान, नई दिल्ली ने संयुक्त राज्य अमेरिका की टेट्रा–2 (टेट्राप्लाइड) तथा पूसा रसाल (डिप्लाइड) किस्मों के संकरण से किया है। यह किस्म 85–90 दिन में तैयार हो जाती है। इसका गूदा गुलाबी मीठा होता है। बीजाण्ड गूदे में उपस्थित रहते हैं जिसे गूदे के साथ खाया जाता है।

5. इम्प्रुभड सिपर

इस किस्म का विकास पंजाब कृषि विश्वविद्यालय, लुधियाना द्वारा इन्ट्रोडक्सन विधि द्वारा किया गया है। गूदा गहरे लाल रंग का रसदार और खाने में अत्यन्त स्वादिष्ट होता है। मिठास 8–9 प्रतिशत तक होती है। फल का भार 8–10 किलोग्राम होता है। प्रति हेक्टर 300–400 क्विंटल तक पैदावार मिल जाती है।

6. दुर्गापुर केसर

इस किस्म का विकास कृषि अनुसंधान केन्द्र दुर्गापुरा (राजस्थान) द्वारा किया गया है। यह तरबूज की किस्मों के विकास में अत्यन्त महत्वपूर्ण उपलब्धि है। फल का भार 6–7 किलोग्राम होता है। फल हरे रंग के होते हैं जिसपर गहरे हरे रंग की धारियाँ होती हैं। गूदा केसरी रंग का होता है। इसमें मिठास 10 प्रतिशत होती है।

7. अर्का ज्योति

यिह किस्म भारतीय बागवानी अनुसंधान संस्थान, बंगलौर द्वारा विकसित किया गया है। यह संकर किस्म है जिसे आई॰एच॰आर॰–20 (राजस्थान से चुनाव) तथा क्रिसमस स्वीट के संकरण से प्राप्त किया गया है। यह अगेती किस्म है। इसके फल गोल, मध्यम आकार (6–8 किलोग्राम) के होते हैं। फलों के छिलके का रंग हल्का हरा होता है जिस पर गहरी हरी धारियाँ होती है। गूदे का रंग गहरा गुलाबी तथा बहुत मीटा होता है, कुल घुलशील ठोस (टी॰एस॰एस॰) 12–14 प्रतिशत होता है। प्रत्येक लता में 2–3 फल आते हैं तथा इसकी औसत उपज 900 क्विंटल प्रति हेक्टर तक प्राप्त की गयी है। इसकी परिवहन एवं भंडारण क्षमता उत्तम होती है।

8. अर्का मानिक

इस किस्म का विकास आई॰एच॰आर॰ 21 तथा क्रिसमस स्वीट के संकरण तथा बाद की पीढ़ियों से चयन विधि द्वारा किया गया है। इसमें विभिन्न रोगप्रतिरोधक गुण हैं तथा एनथ्रेक्नोज, डाउनी मिल्ड्यु एवं पाउडरी मिल्डयु रोगों के लिए प्रतिरोधिता समाविष्ट की गई है। इसके फल अण्डाकार होते हैं। फलों का औसत वजन 7–8 किलोग्राम होता है। छिलके का रंग हरा व धारीयुक्त होता है। गूदा दानेदार गहरा लाल रंग का बहुत मीठा तथा सुगंधित होता है। इसमें कुल घुलनशील ठोस (टी॰एस॰एस॰) 12–13 प्रतिशत होता है। इसकी औसत उपज 600 क्विंटल प्रति हेक्टर तक ली गई हैं। इसकी परिवहन तथा भंडारण क्षमता भी अच्छी होती है।

जलवायु

तरबूज की अच्छी पैदावार के लिए गर्म एवं शुष्क जलवायु अधिक उपयुक्त रहती है। बीज जमाव के लिए मृदा तापमान कम से कम 18.3 डिग्री उपयुक्त होता है। पुष्पन तथा फलन के लिए 18–30 डिग्री से॰ तापमान उपयुक्त होता है।

भूमि तथा उसकी तैयारी

तरबूज की खेती के लिए जीवांश की अधिकता वाली बलुई दोमट मिट्टी सर्वोत्तम होती है जिसका पी॰एच॰ मान 5.5–7.0 हो। खेत को तैयार करने के लिए एक गहरी जुताई मिट्टी पलटने वाले हल से करना चाहिए। उसके बाद 3–4 बार देशी हल अथवा कल्टीवेटर चलाना चाहिए। पाटा चलाकर खेत को समतल करना आवश्यक है।

बुआई का समय तथा बीज की मात्रा

भारत के मैदानी भागों में गर्मी की फसल के लिए बुआई मध्य फरवरी से मार्च तक की जाती हैं नदी तट पर आगात फसल की बुआई का उत्तम समय नवम्बर से फरवरी है। तरबूज का प्रति हेक्टर 4–5 किलोग्राम बीज पर्याप्त होता है।

बुआई की विधि

मैदानी क्षेत्रों में इसकी बुआई समतल भूमि में या नालियों में की जाती है, जबकि पर्वतीय क्षेत्रों में बुआई कुछ ऊँची उठी क्यारियों में की जाती है। प्रत्येक गड्ढे में 3–4 बीज बोया जाता है। अंकुरण के बाद 2 स्वस्थ पौधों को छोड़कर शेष को उखाड़ देते हैं। पंक्ति से पंक्ति की दूरी 1.8 मीटर तथा पौध से पौध की दूरी 60 से॰मी॰ रखनी चाहिए।

खाद एवं उर्वरक

खेत की तैयारी के समय ही 200–250 क्विंटल गोबर की सड़ी खाद प्रति हेक्टर की दर से मिला देना चाहिए। इसके अतिरिक्त 80 किलोग्राम नाईट्रोजन, 50 किलोग्राम फॉस्फोरस और 50 किलोग्राम पोटाश प्रति हेक्टर की दर से उर्वरकों का उपयेाग करना चाहिए। फॉस्फोरस और पोटाश की पूरी मात्रा तथा नाईट्रोजन की आधी मात्रा बोने के समय थाला में दिया जाता है। नाईट्रोजन की शेष आधी मात्रा फलन प्रारम्भ होने पर देना चाहिए।

सिंचाई

बलुई मिट्टी में बुआई के बाद सिंचाई करना चाहिए। भारी चिकनी मिट्टी में पूरा आर्द्रता रहने पर ही बुआई करनी चाहिए। अन्यथा मिट्टी की सतह पर कड़ी पपड़ी बन जायेगी जो अंकुरित पौधे को मिट्टी की सतह से बाहर निकलने नहीं देगी। अंकुरण के बाद लगभग हर सप्ताह सिंचाई करनी चाहिए। जब तरबूज का आकार पूरा बढ़ जाता है और फल पकने शुरू हो जाते हैं तो सिंचाई बिल्कुल बंद कर देना चाहिये। अन्यथा फल पकने की अवधि बढ़ जाती है तथा फलों का मीठापन भी कुछ कम हो जाता है। नदी तट पर बोयी गई फसल को सिंचाई की आवश्यकता नहीं पड़ती है। इनकी जड़े कोशिका क्रिया द्वारा मिट्टी की निचली सतह से जल प्राप्त कर लेती है।

निराई–गुड़ाई

प्रारंभिक अवस्था में 2–3 निराई–गुड़ाई की आवश्यकता होती है। बुआई के 20–30 दिनों बाद पहली तथा 40–50 दिनों बाद दूसरी निराई–गुड़ाई कर देनी चाहिए। जब वानस्पतिक वृद्धि अधिक हो जाती है तो निराई–गुड़ाई संभव नहीं हो पाती। उस समय सिर्फ खर–पतवारों को हाथ से निकाल देना चाहिए।

फलों की तुड़ाई

तरबूज को बेल पर ही पकने के बाद तोड़ना चाहिये। प्रारम्भ में तरबूज के फलों के पकने की पहचान करना कुछ कठिन होता है लेकिन कुछ अनुभव हो जाने पर यह काम आसान हो जाता है। साधारण तौर पर निम्नलिखित बातों से पके हुए तरबूज को पहचानने में आसानी होती है :

1. सूत सूखना

बेल पर जिस पत्ती के कक्ष में तरबूज लगा है, इसके पास एक सूत होता है जिसका सूखना तरबूज के पकने की पहचान समझी जाती है, लेकिन कुछ किस्मों में यह पहचान ठीक नहीं निकलती।

2. आवाज

तरबूज के फलों को अंगुली या हथेली से ठोक कर देखा जाता है। कच्चे तरबूज की आवाज तेज और धातु के खनकने के समान प्रतीत होती है, लेकिन पके हुए तरबूज से धब–धब की आवाज आती है।

तरबूज किस्म – सुगर बेबी

तरबूज की संकट किस्म– एम.एच.डब्लू–4 के ग्रेडेड फल मंडी में।

तरबूज के फलों की बिक्री करता हुआ आदिवासी किसान – पुत्र।

तरबूज किस्म – सुगर बेबी

खरबूज की रोगरोधी किस्म – काशी मधु

3. रंग

तरबूज के फलों का मिट्टी पर टिके हुए भाग का रंग पहले सफेद होता है जो पकने पर पीले रंग का हो जाता है।

फलों को पकने के बाद तुरंत तोड़ लेना चाहिये, अन्यथा अधिक समय तक बेल पर छोड़ देने पर फलों का गूदा मुलायम हो जाता है और उनका स्वाद और मिठास भी कम हो जाता है। तरबूज की औसत उपज 260–300 क्विंटल प्रति हेक्टर होती है।

भंडारण एवं विपणन हेतु तैयारी

फलों के ठंढे छायादार स्थान में कुछ दिन तक सुरक्षित रख सकते हैं। 2.2 से 4.4 से॰ तापमान तथा 85 प्रतिशत आपेक्षिक आर्द्रता पर इन्हें एक से तीन सप्ताह तक भंडारित किया जा सकता है।

फलों को तोड़कर शीघ्र ही बाजार भेज देना चाहिए। फलों को बैलगाड़ियों, ट्रकों या खच्चरों आदि पर लादकर बाजार भेजा जाता है। ट्रक या बैलगाड़ी में भरने के पहले लगभग 15–20 से॰मी॰ मोटी भूसे या पुवाल आदि की परत बिछा देनी चाहिये ताकि यातायात के दौरान झटके आदि लगने से फलों के छिलके पर खरोंच न आ सके।

तरबूज में लगने वाले कीट एवं उसका नियंत्रण

तरबूज को हानि पहुँचाने वाले मुख्य कीटों की पहचान एवं उनके नियंत्रण के तरीके निम्नलिखित है :

1. कद्दू का लाल कीट

इस चमकीले कीट के शरीर के ऊपर का हिस्सा लाल एवं नीचे का हिस्सा काला रंग का होता है। इसकी सूड़ियाँ क्रीमी रंग की होती हैं। सूड़ियाँ जमीन के नीचे रहती हैं और पौधों की जड़ों एवं तनों में छेद कर देती है जिससे वे मर जाते हैं। जमीन के सम्पर्क में लगने वाले फलों में छेद कर नुकसान करती है। भृंग छोटे पौधों की कोमल पत्तियों में छेद करके उन्हें खा जाते हैं जिससे पौधे पत्ती रहित हो जाते हैं और अंत में मर जाते हैं। नियंत्रण के लिए प्रौढ़ कीटों को सुबह एकत्र कर मार देना चाहिए। क्षेत्रफल के अनुसार सेविन पाउडर (कार्बेरिल) और खाद बराबर मात्रा में मिलाकर भुरकाव करना चाहिए या 5 ग्राम क्लोरोपाइरिफास 20 ई॰सी॰ को थोड़ी सीराख में मिलाकर पौधों की जड़ों के पास मिट्टी में मिला दें।

2. फल मक्खी

यह लाल भूरे रंग की और सिर पर काले सफेद रंग के धब्बे वाली मक्खी होती है। यह मटमैले सफेद रंग के मैगट को जन्म देती है। मादा फल मक्खी फलों की वाह्य त्वचा में एक स्थान पर एक छेद करके अंडे देती है। इस तरह प्रत्येक फल में 3 से 5 छेद करती है। अंडे देने के बाद मादा उस छेद को हल्के, भूरे लसदार पदार्थ से ढ़क देती है। अण्डों से 3 से 5 दिन में सूड़ियाँ विकसित होकर फलों के अंदर ही अंदर गूदे को खाकर नष्ट कर देती हैं। क्षतिग्रस्त फल इस कीट के अण्डा देने के स्थान से टेढ़ा हो जाता है जो आसानी से पहचाना जा सकता है। प्रौढ़ कीटों को मारने के लिए 2 लीटर पानी में 500 ग्राम गुड़ या शीरा, 20 मि॰ली॰ मैलाथियान 50 ई॰सी॰ तथा 50 मि॰ली॰ डाइजिनान 20 ई॰सी॰ मिलाकर किसी जगह उथले बर्तन में रख देना चाहिए।

तरबूज में लगने वाले रोग एवं उसका प्रबंधन

1. रोमिल फफूंद

यह रोग स्यूडोपेरोनोस्फोरा कयूवेन्सिस नामक फफूंद से होता है। अधिक आर्द्रता होने पर पहले पीले धब्बे बनते हैं जो बाद में बादामी रंग के हो जाते हैं। कालांतर

में नील लोहित रंग की मश्दुरोमिल फफूंद प्रकट होती है। अंततः रोगग्रस्त पत्तियाँ सूख जाती है और पौधा कमजोर पड़ जाता है। फल नहीं बनते या बनते हैं तो खाने योग्य नहीं रहते। नियंत्रण के लिए ब्लाइटॉक्स का 0.25 प्रतिशत घोल बनाकर 15 दिन के अंतराल पर छिड़काव करना चाहिए।

2. चूर्णी फफूंद

चूर्णी रोग एरिसाइफी सिकोरेसियेरम और स्मीरोथिका फ्यूलियनेना नामक फफूंद से होता है जो पत्तियों एवं फल को ज्यादा नुकसान पहुँचाता है। पहले यह पत्तियों तनो पर सफेद या धूसर सूक्ष्म आभायुक्त धब्बों के रूप प्रकट होते हैं बाद में यह श्वेत चूर्णी पदार्थ समूचे परपोषी की सतह को ढ़क लेता है। फिर पत्तियाँ सूखना शुरू कर देती है। रोकथाम के लिए 250 ग्राम गंधक प्रति 10 लीटर पानी में घोलकर छिड़काव करना चाहिए या कैराथन नामक फफूंदनाशी का 0.05 प्रतिशत घोल बनाकर 10–15 दिन के अंतराल से छिड़काव करना चाहिए। जल निकास की उचित व्यवस्था करें।

3. एन्थ्रेकनोज

एन्थ्रेकनोज नामक बीमारी कोलिटोट्राइकम लेजीनेरियम् द्वारा उत्पन्न होती है। यह तरबूज के फलों को ज्यादा प्रभावित करता है। पहले फलों पर हल्के धंसे हुए या दरारयुक्त धब्बे प्रकट होते हैं जो बाद में काले धब्बों का रूप ले लेते हैं। पत्तों के पिछले भाग में अण्डाकार या बेडौल दाग उत्पन्न हो सकते हैं। नई पत्तियाँ इस संक्रमण के प्रति अत्यधिक सुग्राही होती है। नियंत्रण के लिए इन्डोफिल–एम॰ 45 का 0.25 प्रतिशत के घोल का छिड़काव करना चाहिए। बचाव के लिए फसल में जल निकास की उचित व्यवस्था की जानी चाहिए जिससे आर्द्रता न बढ़ने पाए। रोगग्रस्त फसल से बीज नहीं लेना चाहिए।

□□□

अध्याय 21

टमाटर

टमाटर से सलाद, सूप, चटनी, सॉस, कैचप, अचार एवं टमाटर प्यूरी बनाई जाती है। टमाटर के अन्दर कुछ ऐसे रसायनिक तत्व पाये जाते हैं जो पेट के कीड़ों के साथ–साथ कैंसर जैसे भयानक रोग को भी नष्ट करने की क्षमता रखते हैं। टमाटर को लाल रंग प्रदान करने वाला पिगमेन्ट लाइकोपीन कैंसर प्रतिरोधी होता है। लाल पके टमाटर को काटकर उस पर काली मिर्च का पाउडर डालकर खाने से पेट के कृमि मर जाते हैं। नयी तकनीकों द्वारा टमाटर की खेती करने से अधिक उपज के साथ अधिक आमदनी भी मिलेगी।

टमाटर की उत्पत्ति पेरूवियन एवं मैक्सिकन क्षेत्र में हुयी थी। यहीं से यह यूरोप और यूरोप से अमेरिका तक पहुंचा। भारत में टमाटर पुर्तगालियों द्वारा लाया गया था। टमाटर सोलेनेसी कुल का पौधा है। इसका जीनस लाइकोपरसीकन् तथा प्रजाति एसकुलेन्टम् है।

उपयुक्त भूमि का चुनाव

टमाटर की खेती सभी प्रकार की मृदा में हो सकती है परन्तु अच्छी एवं व्यावसायिक खेती के लिए अच्छे जल निकास वाली बलुई दोमट एवं अधो चिकनी बलुई दोमट भूमि ही अच्छी होती है। परन्तु वैज्ञानिक आंकड़ों से प्राप्त जानकारी के अनुसार टमाटर की पैदावार चिकनी दोमट एवं सिल्ट दोमट मृदा में अच्छी होती है।

टमाटर का पौधा अधिक अम्लीय या अधिक क्षारीय भूमि में नहीं उगता है। इसलिए रोपाई से पहले यह जरूरी है कि मृदा परीक्षण प्रयोगशाला में मृदा की पी॰एच॰ एवं विद्युत चालकता की जांच करा लें। टमाटर के लिए मृदा का पी॰एच॰ मान 6.5–7.5 तक तथा विद्युत चालकता 0.16 डी॰एस॰/एम॰ तक होनी चाहिए।

टमाटर के लिए जलवायु

टमाटर की फसल पर मौसम का प्रतिकूल प्रभाव पड़ता है क्योंकि इसका पौधा अधिक सर्दी, गर्मी एवं वर्षा को सहन नहीं कर सकता है। टमाटर की अच्छी फसल के लिए 20–30 डिग्री से॰ तापमान एवं 50–60 प्रतिशत आर्द्रता वाला मौसम उपयुक्त रहता है। अधिक सर्दी में कम आर्द्रता पर फसल को पाला मार देता है, जबकि अधिक गर्मी से सूखे की स्थिति में उत्स्वेदन क्रिया की वृद्धि के कारण फूल गिर जाते हैं। फलों का बनना बंद हो जाता है। अधिक वर्षा के कारण पौधों की जड़ें सड़–गल जाती है और अधिक आर्द्रता एवं ताप पर पौधों को झुलसा या ब्लाइट जैसी बीमारी लग जाती हैं। तापमान एवं प्रकाश की गहनता का प्रभाव फलों की संख्या, रंग एवं आहार मूल्य पर पड़ता है। इसलिए टमाटर के पौधों को अच्छी बढ़वार के लिए मृदा में उचित नमी एवं खुली धूप चाहिए। टमाटर की व्यावसायिक खेती मैदानी भागों में अधिक सफल हुई है।

बुआई का समय एवं बीज दर

टमाटर की मुख्यतः दो फसल ही ली जाती है। परन्तु आधुनिक अनुसंधान के द्वारा टमाटर पॉली हाउस में वर्ष भर उगाया जा सकता है। मैदानी भागों के अतिरिक्त उचित वातावरण एवं जलवायु में टमाटर की खेती पहाड़ी क्षेत्रों में भी की जा सकती है। अलग–अलग स्थानों के लिए बुआई का समय निम्न प्रकार है।

मैदानी क्षेत्रों के लिए आगात फसल की बुआई

1. जून–जुलाई में की जाती है, फसल परिपक्वता का समय अक्टूबर–नवम्बर है।
2. मुख्य फसल की बुआई का समय नवम्बर है, परिपक्वता समय मार्च–अप्रैल है।
3. पहाड़ी क्षेत्रों के लिए
   (क) बुआई का समय : मार्च–अप्रैल
   (ख) परिपक्वता का समय : जुलाई–अगस्त
   (ग) बीज की मात्रा प्रजातियों एवं बोने के समय पर निर्भर करती है।

सामान्यतः 400–500 ग्राम बीज प्रति हेक्टर पर्याप्त रहता है परन्तु कुछ बहुराष्ट्रीय कम्पनी के बीज की मात्रा 200–250 ग्राम प्रति हेक्टर ही पर्याप्त रहती है क्योंकि इन कम्पनियों के बीज एफ–1 हाइब्रिड होते हैं।

नर्सरी तैयार करने की विधि

नर्सरी तैयार करने के लिए नर्सरी स्थान को 15–20 से॰मी॰ खेत की सतह से ऊँचा रखना चाहिए, जिससे पानी भरने से पौध खराब न हो। क्यारी का आकार 3 मी॰ लम्बाई तथा 60 से॰मी॰ चौड़ाई का हो और सुबह–शाम अच्छी धुप आती हो तथा दोपहर में कुछ छाया हो तो अच्छी रहती है।

नर्सरी तैयार करने वाली भूमि को फफूंदीनाशक (बाविस्टीन या फार्मल्डिहाइड) रसायन के 0.1 प्रतिशत घोल से उपचारित कर लें तथा गोबर की अच्छी तरह सड़ी हुई खाद को छानकर मिट्टी में मिला दें। साथ ही यूरिया : सुपर फॉस्फेट : पोटाश की 100 कि॰ग्रा॰, 60 कि॰ग्रा॰ तथा 60 कि॰ग्रा॰ मात्रा प्रति हेक्टर के हिसाब से मिला दें। जब मिट्टी अच्छी तरह भुरभुरी हो जाए तो किसी लकड़ी या उगंली की सहायता से मिट्टी में लाइन बनाकर बीज को एकसार डाल दें और हाथ से या लकड़ी की पतली तख्ती से मिट्टी को फैलाकर बीज कोढ़क दें। इसके बाद धीमी गति से फव्वारे से पानी दें। बीज काउचित अंकुरण होने और बीज को चिड़ियों से बचाने के लिए क्यारियों को धान के पुवाल से ढक दें, और जब पौधे 15–20 से॰मी॰ के हो जाएं तो मुख्य खेत में रोपाई कर दें तथा रोपाई के तुरन्त बाद पानी लगा दें।

फसल की देख–रेख

फसल की पौध मुख्य खेत में लगाने के बाद जब पौधा अपनी बढ़वार शुरू कर दे तो खुरपी या 'हैंड हो' की सहायता से खेत में से खरपतवार निकालते रहें तथा

जमीन (भूमि) की हल्की गुड़ाई भी करते रहें, जिससे कि पौधों की जड़ों का विकास अच्छी तरह हो सके। ध्यान रखें कि टमाटर का पौधा झकड़ा जड़ वाला होता है यानी जड़ भूमि की ऊपरी सतह पर ही रहती है। अतः निकाई–गुड़ाई करते समय जड़ों को किसी प्रकार की क्षति नहीं होनी चाहिए।

टमाटर एक संतुलित सिंचाई चाहने वाली फसल है। इसमें अधिक एवं कम, दोनों ही सिंचाई हानिकारक हो सकती है, अतः सहारा देने वाली फसल में 7–8 दिन बाद और जमीन पर फैलने वाली फसल मे 8–10 दिन बाद सिंचाई करते रहना चाहिए। ध्यान रहे कि मृदा में हल्की नमी हमेशा बनी रहे, क्योंकि सूखे की स्थिति में तुरंत पानी देने से फल फट जाते हैं।

टमाटर की फसल को सहारा देना अत्यन्त आवश्यक है। पौधों के नीचे की शाखाओं को सिकेटियर की सहायता से काट कर केवल एक तना ही छोड़ देते हैं। इस तने के दोनों तरफ बांस की सीधी डण्डियाँ जमीन में गाड़ देते हैं और तने को सुतली की सहायता से बांस की डण्डियों से बांध देते हैं। इस क्रिया से तने मजबूत हो जाते है और फल शीघ्र लगते हैं तथा अंतःक्रियायें करने में सुविधा रहती है। इससे उपज में 45–50 प्रतिशत वृद्धि होती है।

टमाटर की किस्में

टमाटर लाइकोपर्सिकान वंश का पौधा है। इसकी दो स्पिशीज पूरे विश्व में प्रसिद्ध हैं अधिकांश किस्में एस्कुलेन्टम् वर्ग की हैं। परन्तु एक और स्पिशीज पिम्पिनेलीफोलियम् है जिसकी किस्मों के फल बहुत छोटे–छोटे होते हैं और उनका व्यावसायिक महत्व नहीं है।

टमाटर के पौधों के वृद्धि के अनुसार उनकी किस्मों को तीन मुख्य भागों में बाँटा गया है :

1. **अनिर्धारित वृद्धि वाली किस्में** : इन किस्मों के पौधों की मुख्य अक्ष बराबर वृद्धि करता रहता है और प्रत्येक तीसरी पर्वान्तर पर पुष्पक्रम पैदा होते रहते हैं। पौधों की शाखायें बराबर बढ़ती रहती हैं जैसे – पंत 3, पंत बहार, पंत टमाटर–1, अर्का विकास, पूसा उपहार, पूसा दिव्या, पूसा रूबी, यशवन्त–2, इत्यादि।

2. **अर्द्ध निर्धारित वृद्धि वाली किस्में** : इन किस्मों के पौधों की मुख्य अक्ष कुछ समय तक बढ़ता है परन्तु बाद में शाखाओं के उपर पुष्पक्रम पैदा होकर वृद्धि रूक जाती है। जैसे – अर्का सौरभ, पूसा–120, हिसार ललित।

3. **निर्धारित वृद्धि वाली किस्में** : इन किस्मों के पौधों की शाखाओं के पर्वान्तर (इन्टर नोड) पर तब तक पुष्पक्रम निकलते रहते हैं जब तक शीर्ष पर पुष्प न आ जायें। इस समय पौधों की वृद्धि एकदम रूक जाती है। जैसे – पूसा अर्ली ड्वार्फ, पूसा गौरव, पूसा हाइब्रिड–1,2,3,4, पंजाब छुहाड़ा, एच॰एस॰ 101, एच॰एस॰ 102, अर्का आभा, अर्का विशाल, अर्का आहुति, अर्का वर्धन, अर्का श्रेष्ठ, अर्का मेघाली, अर्का आलोक, अर्का अभिजीत, हिसार अरूण, पूसा रोहिणी, पूसा सदाबहार, पूसा शीतल इत्यादि।

4. **टमाटर की विदेशी किस्में** : आज से 60–70 वर्ष पहले टमाटर की विदेशी किस्मों की ही खेती भारत में होती थी जो निम्नलिखित है :–

   स्यू, पोंडेरोसा, प्रिचर्ड, मारग्लोब, आक्सहर्ट, रट्गर्स, डेवलिम्स चोइस, रेडक्लाउड, फायर वाल, बोनी बेस्ट, बेस्ट ऑफ आल, रोमा, इटेलियन रेड पीयर तथा सोलिड रेड मुख्य है।

   सलाद के लिए ऐसी किस्मों को चुनते हैं जिनमें गुदा की मात्रा अधिक हो तथा रस बिल्कुल नहीं हो।

अधिक फलोत्पादन के लिए पादप वृद्धि नियामक

कम व अधिक तापमान होने की स्थिति में सेचन एवं गर्भाधान की क्रिया में कमी हो जाती है। ऐसी स्थिति में अधिक फूल आने के बाद भी कम फल लगते हैं। अतः सेचन एवं गर्भाधान की क्रिया बढ़ाने एवं पौधें की पादप क्रियाओं को उत्तेजित करने के लिए पादप वश्द्धि नियामक का छिड़काव करने से फूलों के बनने में बढ़ोत्तरी हो जाती है। जिब्रेलिक एसिड (जी॰ए॰3), इन्डोलएसिटिक एसिड (आइ॰ए॰ए॰), पैराक्लोरोफ्नोक्सी एसिटिड और 2–4–डी॰ में से किसी एक पी॰जी॰आर॰ का 50–100 पी॰पी॰एम॰ (लक्षांश) का घोल, इनके अतिरिक्त 0.2 प्रतिशत यूरिया का घोल भी छिड़कने से फलों की संख्या में वृद्धि होती है।

फसल सुरक्षा के उपाय

पौधों को कीड़े एवं बीमारियों से बचाना जरूरी है नहीं तो पूरी मेहनत एवं लागत बर्बाद हो जाती है। टमाटर की फसल में लगने वाले महत्वपूर्ण बीमारी निम्न हैं :–

1. **डैम्पिंग ऑफ** : यह बीमारी नर्सरी में पौध उगाते समय लगती है। पौधे का तना जमीन से लगकर सड़ जाता है। हमेशा बाविस्टीन उपचारित बीज ही बोना चाहिए।

2. **फ्यूजेरियम उकठा** : टमाटर की पत्तियाँ पीली पड़कर सूख जाती है तथा कभी–कभी तने पर ऊपर की एक दो पत्तियाँ ही रह जाती है। कवक प्रतिरोध ी प्रजातियाँ ही बोनी चाहिए। जैसे – मारग्लोब, साउथ लैंड तथा प्रोएग्रो बीज कम्पनी की एन॰पी॰ 7704 प्रजाति, इंडो–अमेरिकन बीज कम्पनी की अवतार, एस॰ 7610, एस॰ 176, एस॰ 230 प्रजाति।

3. **पछेती झुलसा रोग** : यह एक फफूंदी रोग है। पत्तियों में गहरे बादामी रंग के चकते बन जाते हैं तथा अधिक प्रकोप होने पर पूरी पत्ती झुलस जाती है, सूख जाती है। इस बीमारी का असर कभी–कभी फलों पर भी पड़ जाता है। फल सड़ जाते हैं। अधिक आर्द्रता एवं 15–20 डिग्री से॰ ताप पर बीमारी अधिक बढ़ जाती है। झुलसा रोग की रोकथाम के लिए बीज को उपचारित करके बोना चाहिए, यदि बीमारी का प्रकोप हो जाए तो बाविस्टीन या डाइथेन एम॰ 45 या डाइथेन जैड 78 का 1.0 प्रतिशत के घोल का छिड़काव खुली धुप में पन्द्रह दिन के अंतराल पर दो बार करना चाहिए।

कीड़ों की रोकथाम

1. **लीफ माइनर** : पत्तियों में घुसकर क्लोरोफिल युक्त पत्ती के गूदे को अंदर ही अंदर खाता रहता है। पत्ती के ऊपर सफेद धारी साफ दिखाई देती है। कभी–कभी पौधे की पूरी पत्तियों को खा जाती है। सिस्टीमेटिक कीटनाशी जैसे – साइपरमेथ्रीन का 0.01 प्रतिशत घोल बनाकर छिड़के जाने से रोकथाम हो जाती है।

2. **तना एवं फल छेदक** : पौधे के तने एवं शाखाओं को अंदर से खाता रहता है तथा यही कीड़ा फल को भी नुकसान पहुँचाता है। फल के अंदर छेद करता है और पूरी फसल कुछ ही दिन में बर्बाद कर देता है। इसके प्यूपा कभी–कभी

पत्तियों पर भी देखे जा सकते हैं। स्पर्श कीटनाशी एवं सिस्टीमेटिक कीटनाशी, दोनों का प्रयोग करना उचित रहता है। जैसे – मैलाथियोन, एण्डोसल्फान, साइपरमैथ्रिन, न्यूवान आदि का घोल 8–10 दिन के अंतराल पर छिड़काव करना चाहिए।

3. **जैस्डि्स** : यह पत्तियों की निचली सतह पर रस चूसने वाला हरे रंग का छोटा कीट है। इसके प्रभाव से पत्तियां मुड़ जाती हैं। ऐसा भ्रम होता है कि फसल पर किसी बीमारी का प्रकोप हो गया है। मैलाथियोन, एण्डोसल्फान, साइपरमैथ्रिन आदि का छिड़काव करना चाहिए।

फलो की ग्रेडिंग

फलों को तोड़कर उनमें से कीड़े युक्त, छिद्र युक्त, कटे–फटे एवं बहुत छोटे फलों को अलग–अलग कर देना चाहिए, क्योंकि बहुत कम मात्रा में खराब फल मिले होने से भी अच्छे फलों का मूल्य अच्छा नहीं मिलता है।

एक से आकार के फलों को एक साथ रखना चाहिए। एक से रंग के फलों को एक साथ रखना चाहिए तथा भेजने वाली टोकरी या प्लास्टिक की ट्रे का आकार बहुत बड़ा (10 कि॰ग्रा॰) नहीं होना चाहिए क्योंकि बड़े आकार के बर्तन में ज्यादा फल भरने से नीचे के फल दबकर खराब हो जाते हैं। लकड़ी की टोकरियों में टमाटर भरने से पहले नीचे रद्दी कागज (पुराने अखबार) बिछाकर बाद में टमाटर भरने चाहिए। ऐसा करने से टमाटर में दाब एवम् दाग नहीं पड़ते हैं तथा टमाटर ताजा बने रहते हैं। टोकरियाँ या ट्रे हमेशा हवादार होनी चाहिए, क्योंकि हवा न लगने की स्थिति में फल पसीज कर भी खराब हो जाते हैं। थोड़ी सी सावधानी बरतने से बड़े नुकसान को बचाया जा सकता है।

फलों के विभिन्न ग्रेड

कुछ उत्पादक, बाजार की मांग एवं उनके द्वारा अपनाये गये बाजार विशेषीकरण के अुनसार टमाटर को निम्न श्रेणी में वर्गीकृत करते है :

1. सुपर ए : अति उत्तम
2. सुपर : उत्तम
3. फैन्सी : अच्छा
4. कामर्शियल : सामान्य

सलाद वाली टमाटर की किस्म – लावोनिटा

टमाटर की बेहतर किस्म – अर्का गौरव, सलाद के लिए उत्तम।

टमाटर की किस्म – सू

टमाटर की किस्म – अर्का विकास

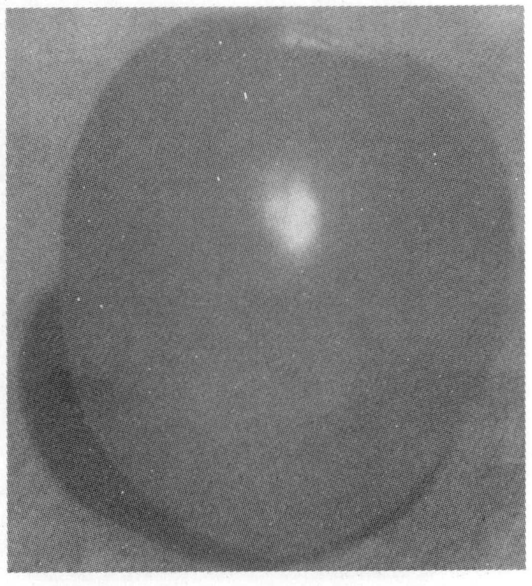

टमाटर की किस्म – मारग्लोब

टमाटर की सलाद के लिए उपयुक्त किस्म – पूसा हाइब्रीड–1

टमाटर की किस्म–संचुरी, सलाद हेतू उत्तम

टमाटर की किस्म – सौरभ, सलाद के लिए उपयुक्त

सलाद के लिए टमाटर की उत्तम किस्म – हिसार 101

सही प्रबंधन – भरपूर पैदावार

टमाटर किस्म – काशी अमृत के फल मण्डी में।

तुड़ाई की अवस्था तथा समय

टमाटर के फलों को पकने की अवस्था, उसके उगाने के उद्देश्य एवं भेजे जाने वाले दूसरे स्थान की दूरी के उपर तुड़ाई की अवस्था निर्भर करती है। इसके फलों की तुड़ाई विभिन्न अवस्था में की जाती है :

1. हरी अवस्था – अधिक दूर के बाजारों को भेजने के लिए।
2. गुलाबी अवस्था (हरे रंग के साथ मिक्स लाल रंग) – स्थानीय बाजार, पैकिंग के बाद 10–15 घंटे बाद पहुंचने का कुल समय।
3. पकी हुई अवस्था – खेत के पास 2–5 कि॰मी॰ तक की दूरी के लिये एवं तुरंत प्रयोग के लिये।
4. पूर्ण पकी हुई अवस्था (गहरा लाल रंग) – अचार, टमाटर सॉस एवं डिब्बों में भरने के लिये।
5. फलों की तुड़ाई सदैव प्रभात की बेला में करें। यह कार्य 10 बजे के पहले अवश्य पूरा कर लें।

फलों की उपज तथा आय–व्यय का लेखा–जोखा

टमाटर की उपज किस्म तथा खेती के तौर तरीके पर निर्भर करती है। अच्छी भूमि में उन्नत खेती से टमाटर के 200–300 क्विंटल फल मिलते हैं जिन्हें यदि औसतन 5 रूपये किलो बेचा जाय तो कुल एक लाख से 1.5 लाख रूपये मिलते हैं जिसमें से लागत खर्च के 50 हजार रूपये निकाल देने पर 50 हजार से एक लाख रूपये की शुद्ध आमदनी प्रति हेक्टर होती है। वैसे संकर किस्मों की उपज 400–600 क्विंटल प्रति हेक्टर तक प्राप्त होती है जिसमें शुद्ध लाभ और अधिक होती है।

□□□

अध्याय 22

हरी मिर्च

भोजन में जब चरपराहट की बात चलती है तो मिर्च का नाम अपने आप जुबान पर आ जाता है। चिराग लेकर भी ढूँढेंगे तो भी शायद ही ऐसा कोई आदमी मिले जिसने मिर्च को चखा न हो। हरी मिर्च गरीब लोगों की रेडीमेड सब्जी है। भारत में गरीब लोग सब्जी के अभाव में हरी मिर्च तथा नमक के साथ खाना खा लेते है। सलाद कोई भी हो, बिना हरी मिर्च के अधूरी रहती है। हरी मिर्च विटामिन ए, सी और बहुत से अन्य खनिज लवणों का अच्छा स्रोत है। भारतीय पाक कला में मिर्च का उपयोग दाल, कढ़ी, सब्जियाँ, अचार, चटनी, मछली, मांस तथा सलाद को रंगीन, स्वादिश्ट तथा तीता बनाने हेतु वृहत पैमाने पर किया जाता है। लाल मिर्च पाउडर का उपयोग कढ़ी पाउडर, सलाद, चाट, पकौड़ा, सॉस, सूप आदि को चटपटा तथा तीखा बनाने में किया जाता है। मसालों में हरी मिर्च, लाल मिर्च और काली मिर्च के महत्व को नकारा नहीं जा सकता है। हरी मिर्च नगदी फसल के रूप में उगायी तो जाती है किन्तु अनुसंधान द्वारा विकसित नयी किस्में तथा उन्नत तकनीक किसानों तक बहुत ही कम पहुँच पायी हैं जिससे आमदनी जितनी मिलनी चाहिए वह नहीं

मिल पा रही है। इसके लिए उन्नत किस्मों की खेती वैज्ञानिक तौर तरीके से करनी होगी।

उत्पत्ति

मिर्च की उत्पत्ति दक्षिण अमेरिका में हुयी थी। सर्वप्रथम कोलम्बस ने सन् 1493 की अपनी समुद्री यात्रा से लौटते समय लाल मिर्च को स्पेन लाया था परन्तु भारत में लाल मिर्च को ईसाइ पादरी लोग 1584 में लाये थे। उत्तरी–पूर्व प्रदेशों में आज भी लाल मिर्च के अनेक प्रकार के जनन–द्रव्य पाये जाते हैं। मिर्च में तीतापन तीक्ष्ण एल्केलाइड केप्सेसिन के कारण होता है जो सूखी लाल मिर्च में 0.1 प्रतिशत होती है। मिर्च सोलेनेसी कुल की फसल है जिसका वानस्पतिक नाम कैप्सीकम एन्नम् है।

किस्मों का चयन

मिर्च की खेती में पहली महत्वपूर्ण बात किस्मों का चुनाव है। उत्तर बिहार की परम्परागत किस्मों में सिटी और राढ़ी मुख्य रही हैं किन्तु अब इनसे भी अधिक उपज देने वाली तथा बीमारियों और कीड़ों से सहिष्णु किस्में निकाली गयी है। इन किस्मों में सबौर अंगार, सबौर अरूण और सबौर अनल प्रमुख किस्में हैं। इनके फल औसत तीखे तथा परिपक्वता 80–100 दिनों की है। सबौर अरूण के फल 80–82 दिनों में सबौर अंगार के 90–92 दिनों में तथा सबौर अनल के 84–90 दिनों में तैयार हो जाते हैं इन किस्मों के अतिरिक्त निम्नलिखित किस्मों में से किसी एक का चयन करे। परन्तु शुद्ध बीज राष्ट्रीय बीज निगम से ही प्राप्त करें।

कल्याणपुर टाइप–1

इसकी फलियाँ नारंगी या पीली लम्बी या तीखी होती है। इस किस्म के सूखी लाल मिर्च की पैदावार 12 से 15 क्विंटल प्रति हेक्टर होती है।

कल्याणपुर टाइप–2

इसकी फलियाँ लाल, लम्बी एवं तीखी होती है। सूखी लाल मिर्च की पैदावार प्रति हेक्टर 12 से 15 क्विंटल होती है।

संकर मिर्च कल्याण

कल्याणपुर टाइप–1 और 2 की अपेक्षा इसकी उपज लगभग चार गुणा होती हैं। फलियाँ सूर्ख चमकदार और बड़ी होती है।

कल्याणपुर चमन

यह संकर मिर्च "कल्याण" से चयन की गई है। इसकी फलियाँ लाल, लम्बी और तीखी होती है। इसकी सूखी लाल मिर्च की पैदावार 35 क्विंटल प्रति हेक्टर होती है। फलियाँ शीघ्र तैयार हो जाती हैं।

कल्याणपुर चमत्कार

यह संकर मिर्च लाल रंग की होती है। इसका विकास सब्जी अनुसंधान केन्द्र, कल्याणपुर (कानपुर) से किया गया है। यह किसानों में काफी लोकप्रिय है।

चंचल

इस किस्म की फलियाँ छोटी, मोटी, लाल और बड़ी तीखी होती है। पौधों पर फलियाँ की शिखा उपर की ओर रहती है। फलन अधिक होती है।

पंत सी–1

मिर्च की यह प्रजाति पत्ती सिकुड़न और मोजेक रोगरोधी होती है। फली की शिखा पौधों पर उपर की ओर रहती है। इस प्रजाति की फली मुलायम, सूर्ख, तीखी 5 से 6 से॰मी॰ लम्बी और बीजों से भरी हुई होती है। सूखने पर फलियों का रंग पूर्व की भाँति बना रहता है।

ज्वाला

यह भी विषाणु एवं पत्ती सिकुड़न रोगरोधी मिर्च की अच्छी प्रजाति है। इसकी फलियाँ सूर्ख, लम्बी, तीखी और शीघ्र तैयार होने वाली होती है। पैदावार प्रति हेक्टर 15 से 20 क्विंटल (सूखी) होती है। यह हरी मिर्च के लिए उत्तम किस्म है।

आँध्र ज्योति

आँध्र प्रदेश कृशि विश्वविद्यालय, हैदराबाद द्वारा विकसित मिर्च की यह एक नवीन प्रजाति है। इसकी फलियाँ छोटी, मोटी, तीखी, चमकदार और बीजों से भरी होती है। यह किस्म थ्रीप्स, फली–सड़न और डाई बैंक रोगरोधी है।

के॰ 5452

यह चयन विधि द्वारा विकसित की गयी जाति है। इस मिर्च की फलियाँ लगभग 6 से॰मी॰ लम्बी और 1.5 से॰मी॰ मोटी, पकने पर लाल और अधिक बीज वाली होती है। फलियों की शिखायें पौधों पर उपर की ओर होती हैं। तोड़ते समय डंठल पौधों में रह जाते हैं बिना डंठल की सूखी मिर्च 20–22 क्विंटल प्रति हेक्टर तक प्राप्त हो जाती है।

कल्याणपुर मोहिनी

इस मिर्च की फलियाँ कम लम्बी और अधिक मोटी चमकदार लाल रंग की होती हैं। पौधों पर फलियों की शिखायें उपर की ओर होती है। इनमें तीखापन मध्यम होती है। अतः सलाद के लिए उत्तम किस्म है।

शिमला मिर्च

इसे अंग्रेजी में कैप्सीकम या स्वीट पीपर या बेल पीपर भी कहते है। इसका वानस्पतिक नाम कैप्सिकम एन्नम् वेरायटी ग्रोसम है। इसके कच्चे फलों का उपयोग सलाद तथा सब्जी के रूप में किया जाता है तथा पके लाल फलों को सूखाकर पाउडर बनाया जाता है जो विभिन्न भोजन सामग्रियों को रंगने हेतु इस्तेमाल किया जाता है। इसके फल 80–100 ग्राम वजन के तथा घंटीनुमा आकार के होते है जो पौध रोपनी के 125–140 दिनों बाद फल देती है। फलों की औसतन उपज 150–250 क्विंटल प्रति हेक्टर होती है।

भारतीय बागवानी फसल अनुसंधान संस्थान, बंगलौर ने शिमला मिर्च की अर्का मोहनी, अर्का गौरव तथा अर्का बसन्त किस्में विकसित की हैं जिनकी उपज 180–250 क्विंटल प्रति हेक्टर पायी गई है। इन किस्मों की नर्सरी में बुआई मध्य अगस्त में तथा रोपनी अक्टूबर के प्रथम सप्ताह में करते हैं। इनकी रोपाई 50 से॰मी॰ x 50 से॰मी॰ की दूरी पर करनी चाहिए।

हरी मिर्च के लिए जलवायु

हरी मिर्च को उष्ण तथा उपोशण जलवायु अधिक पसंद है। हरी मिर्च की अधिकांश किस्मों के पौधों की वृद्धि तथा फलन औसतन 20 डिग्री से॰ तापमान पर अच्छी होती है परन्तु न्यूनतम तापमान यदि 10 डिग्री से॰ से नीचे जाने पर तथा भूमि

में नमी की कमी होने पर कलियॉ, फूल तथा फल गिरने लगते हैं। शिमला मिर्च के लिए अपेक्षाकृत ठंडा मौसम अनुकूल होता है। हरी मिर्च को 80–100 से॰मी॰ वर्षा वाले क्षेत्रों में बिना सिंचाई के ही उगाया जा सकता है।

भूमि का चुनाव तथा तैयारी तथा खाद एवं उर्वरक

हरी मिर्च की सफल खेती के लिए अच्छी जल निकास तथा जीवांश की बहुलता वाली बलुआर दोमट या मटियार दोमट भूमि अच्छी होती है। मृदा का पी–एच 6 से 7 के मध्य होना चाहिए। परन्तु उत्तर बिहार के चूना युक्त मिट्टी में, जिसका पी–एच 8.5 होता है, उसमें हरी मिर्च की अच्छी उपज होती है। खेत की तैयारी के लिए एक बार मिट्टी पलटने वाले हल से तथा दो तीन बार कल्टीवेटर से या देशी हल से जुताई करनी चाहिए। अंतिम जुताई के समय मिट्टी में 200–300 क्विंटल गोबर की सड़ी खाद, 500 किलोग्राम सिंगल सुपर फॉस्फेट तथा 150 किलो म्यूरिएट ऑफ पोटाश डालकर अच्छी प्रकार मिला देनी चाहिए। पौध रोपाई के दो दिन पहले 150 कि॰ग्रा॰ कैल्शियम अमोनियम नाईट्रेट भी मिट्टी में डालनी चाहिए।

पौधशाला का प्रबंध

अधिक उत्पादन की दूसरी आवश्यकता स्वस्थ बिचड़ों को उगाना हैं इसके लिए ऊँची भूमि जिसकी मिट्टी हल्की दोमट परन्तु उपजाऊ हो, का चुनाव पौधशाला के लिए करें। एक हेक्टर भूमि में मिर्च की रोपनी के लिए एक मीटर चौड़ी तथा 10 मीटर लम्बी लगभग 25 क्यारियों की आवश्यकता होगी। क्यारियों में बीज की बुआई के पहले 20–25 टन प्रति हेक्टर की दर से कम्पोस्ट या गोबर की सड़ी खाद का व्यवहार करें। इतनी क्यारियों में बोने के लिए 2 से 2.5 किलोग्राम बीज की आवश्यकता होगी। बुआई के पूर्व बीज को 3 ग्राम प्रति किलोग्राम की दर से सेरेसन या एग्रोसन जी॰एन॰ या थीरम नामक दवा से उपचारित करें। इससे बीमारियों से सुरक्षा होगी। यदि हथेलियों पर थोड़ा सा मिट्टी का तेल लेकर बीज पर लगा दिया जाये तो नर्सरी में बीज पर चिटियाँ नहीं लगती है। छिटकवाँ विधि से बीज बोकर महीन कम्पोस्ट की पतली तह से ढक दें। रोपाई के 8–10 दिनों पहले पौधों का उपरी सिरा (1 से 1.5 से॰मी॰) काट देने से बिचड़े मोटे हो जाते हैं और पतियाँ भी मुड़ती नहीं है और इससे अधिक शाखाएँ भी निकलती है। लगभग 35–40 दिन उम्र के 10–15 से॰मी॰ लम्बाई के पौध रोपनी के लिए सर्वोत्तम होती है। मिर्च के बीज को नर्सरी में बोने से पहले एजेटोबैक्टर या एजोस्पाईरीलम् से उपचारित कर लेने से हरी

मिर्च की उपज में वृद्धि हो जाती है। पौधों की रोपाई यथा संभव शाम के समय करें तथा पंक्तियों से पंक्तियों की दूरी 60 से॰मी॰ एवम् पौधों से पौधों की दूरी 45 से॰मी॰ रखें। हरी मिर्च की खड़ी फसल में रोपाई के 40–45 दिनों के बाद यूरिया की शेष आधी मात्रा टाप ड्रेसिंग के रूप में व्यवहार करनी चाहिए।

निकाई–गुड़ाई

मिर्च की खरीफ फसल में खरपतवार के नियंत्रण के लिए 2–3 निकाई–गुड़ाई की आवश्यकता पड़ती है। रोपाई के 3–4 सप्ताह बाद पंक्तियों के बीच हल्की गुड़ाई से अधिक जड़े पैदा होती है जिससे उपज पर अच्छा प्रभाव पड़ता है। जहाँ तक सिंचाई का प्रश्न है यह मिट्टी तथा वर्षा पर निर्भर करती है। यूरिया की टाप ड्रेसिंग के समय यदि वर्षा नहीं हो तथा मिट्टी में नमी का अभाव हो तो एक हल्की सिंचाई अवश्य कर दें। फूल आने के समय यदि प्लेनोफिक्स नामक दवा की दो ढक्कन मात्रा 10 लीटर पानी में घोलकर छिड़काव करने से फूलों तथा फलों का गिरना रूक जाता है।

रोग का नियंत्रण

मिर्च में कीड़ों का प्रकोप प्रायः नगण्य होता है किन्तु बीमारियाँ नर्सरी से आरम्भ हो जाती है।

आर्द्र–विग्लन रोग

इसमें पौधों का तना जमीन की सतह से सड़ जाता है तथा पौधे मर जाते हैं। इसके बचाव के लिए उचित जल निकास, सावधानीपूर्वक सिंचाई, बीजोपचार आवश्यक है। इसके अतिरिक्त नर्सरी ऐसे स्थान पर रखें जहाँ पर्याप्त धूप और हवा जाती है। अंकुरण के दो सप्ताह बाद कैप्टान नामक दवा की 0.1 प्रतिशत के घोलकर छिड़काव करें।

फल सड़न रोग

इस रोग में नये और अधपके फलों पर काले धब्बे पड़ जाते हैं जिससे फल सूखने और गिरने लगते हैं। पहले बताये गये बीजोपचार के अतिरिक्त 250 ग्राम इन्डोफिल एम–45 दवा 100 लीटर पानी में घोलकर 10–15 दिनों के अंतर पर 2–3 छिड़काव करें।

पर्णकुंचन या मोजेक रोग

इसके विषाणु कीड़ों द्वारा फैलते हैं इससे बचाव के लिए रोगर नामक कीटनाशी दवा की 1.5 मि०ली० मात्रा प्रति लीटर पानी में घोल कर छिड़के।

शीर्षारम्भीक्षय या डाई बैंक रोग

यह अधिक हानिकारक रोग है। इसका प्रकोप पौधों के उपरी भाग पर होता है तथा शाखाएँ उपर से नीचे की ओर सूखने लगती हैं। नम मौसम, छाया तथा जल–जमाव इस रोग को फैलने में मदद करते हैं। इससे बचाव के लिए भी इन्डोफिल एम–45 नामक दवा की 2 मि०ली० मात्रा प्रति लीटर पानी में घोल कर छिड़काव करनी चाहिए।

सफेद चूर्णी रोग

यह रोग अधिक हानिकारक हो सकता है। इसकी रोकथाम के लिए 40–50 मिलीलीटर कैराथन ई॰सी॰ 100 लीटर पानी में घोलकर 10–12 दिनों के अंतर पर 2–3 छिड़काव अवश्य करें।

कीड़े

कीड़ों में थ्रीप्स, माहू, फल छेदक तथा सफेद सुंडी नामक कीड़े क्षति पहुँचाते हैं। इसकी रोकथाम के लिए डोमोक्रान दवा की 300 मि॰ली॰ मात्रा 100 लीटर पानी में घोलकर 2–3 छिड़काव आवश्यकतानुसार करें।

लाल मिर्च के औषधिय गुण

लाल मिर्च का उपयोग कच्चे तथा पके दोनों रूप में होता है। हरी मिर्च को नमक तथा नींबू के साथ गरीब लोग खाते हैं। इसके अतिरिक्त लाल मिर्च का उपयोग मसाले के रूप में दाल, कढी, साग, भाजी, चटनी, अचार, मांस, मछली को चटपटा तथा जायकेदार बनाने में किया जाता है। लाल मिर्च कढी पाउडर का एक मुख्य भाग है।

1. लाल मिर्च की कैप्सेसीन से अनेक दवायें बनाई जाती है जिनका व्यवहार ठण्डक, गला की खराबी तथा छाती के जकड़न में होता है। एक कहावत है कि सबसे उपयोगी लाल मिर्च, परन्तु उससे उपयोगी हरी मिर्च और उससे भी अधिक उपयोगी काली मिर्च होती है।

अधिक उपज देने वाली मिर्च की किस्म हरियाणा मिर्च–44

अपने घर के लिए हरी मिर्च आप गमलो में लगायें।

अधिक तीखी सलाद वाली मिर्च किस्म – सुर्यमुखी

अर्नामेन्टल चीली कम तीखी, सलाद के लिए उत्तम

हरी मिर्च के लिए सबौर अरूण उगायें।

मिर्च किस्म पूसा ज्वाला की उत्तम फसल अच्छी देख–रेख से।

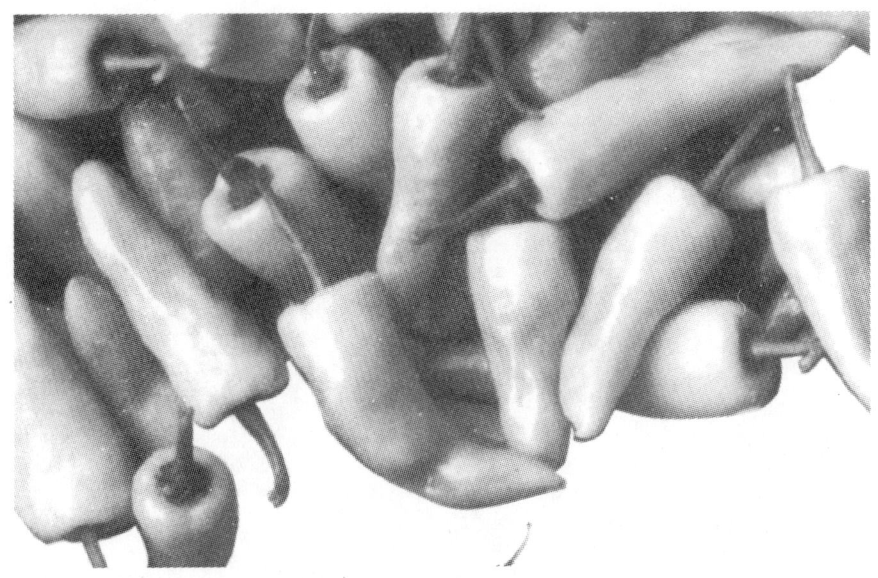

सफेद रंग के फल वाली हरी मिर्च सलाद में रंग ला देती है।

लाल मिर्च के पके फलों को धूप में सुखाते हुए किसान।

2. लाल मिर्च की कैप्सेसीन का इस्तेमाल घमौरी रोधक पाउडर तथा मलहम बनाने में किया जाता है।
3. शिमला मिर्च से बना पाउडर कढी, आलू, अंडा, पनीर जैसे हल्के रंग वाले भोज्य पदार्थों को रंगने में तथा आकर्शक बनाने में किया जाता है।
4. मिर्च खाने से मुँह में लार ग्रंथियों की सक्रियता बढ़ जाने से अधिक एमाईलेज इन्जाइम का उत्पादन बढ़ जाता है जिससे स्टार्च बाहुल्य भोजन का पाचन सरलता से हो जाता है।
5. सौ ग्राम हरी मिर्च खाने पर 50 मिली ग्राम विटामिन सी की प्राप्ति होती है जो हमारे शरीर में रोग रोधिता की क्षमता को बढ़ाता है।
6. लाल मिर्च के अर्क का व्यवहार अदरक से बने बीयर में किया जाता है।
7. लाल मिर्च के कैप्सेसीन से दर्द निवारक मलहम, घाव पर बांधने की पट्टी तथा दाँत दर्द की दवा बनाई जाती है।
8. लाल मिर्च का नियमित सेवन सर्दी, जुकाम से हमारी रक्षा करता है।

□□□

सब्जी वर्ग की पत्तीदार सलाद फसलों की उत्पादन–प्रौद्योगिकी

अध्याय 23

पत्ता गोभी

पातगोभी को पत्ता गोभी, बन्धा गोभी या बन्द गोभी भी कहते हैं परन्तु इसे अँग्रेजी में कैबेज कहते हैं। यह शरद ऋतु की पत्तीदार सलाद–फसल है परन्तु पहाड़ी इलाकों में सालोभर उगाई जाती है। गृह वाटिका में इसे उगाने का प्रचलन अधिक लोकप्रिय हो गया है। आज–कल पातगोभी के भीतरी कोमल पत्तियों का सलाद बनाने का प्रचलन तेजी से बढ़ा है। कई सितारा होटलों में इसकी सलाद हर मौसम में परोसी जाती है जिसे भारतीय तथा विदेशी बड़े चाव से खाते हैं। इसका वानस्पतिक नाम ब्रैसिका ओलेरिसिया वेरायटी कैपीटाटा है।

भारत में पातगोभी का आगमन फूलगोभी से पहले हुआ। मुगलों के शासन काल में पातगोभी की खेती होती थी। इसे पुर्तगालियों ने भारत में लाया था। परन्तु यह अँग्रेजी शासन काल में अधिक लोकप्रिय हो गई। पहले इसके बीज यूरोप से आयात किये जाते थे परन्तु स्वतंत्रता प्राप्ति के बाद अपने देश में ही बीज उत्पादन का कार्य शुरू हो गया।

पातगोभी का पौषणमान

पातगोभी के 100 ग्राम खाने योग्य भाग में जल 91.90 ग्राम, प्रोटीन 1.80 ग्राम, वसा 0.10 ग्राम, खनीज 0.6 ग्राम, रेशा 1.00 ग्राम, कार्बोहाइड्रेट 4.60 ग्राम, थियामीन 0.07 ग्राम, राइबोफलेविन 0.03 मि॰ग्रा॰, विटामिन सी 124 मि॰ग्रा॰ और कैरोटीन 200 अ॰ रा॰ ईकाई तथा ऊर्जा 27 कैलोरी पायी जाती है। देश में पातगोभी की खेती 2. 20 लाख हे॰ भूमि में होती है जिससे 42.00 लाख टन उत्पादन होता है। कुल उत्पादन का 90 प्रतिशत भाग की सब्जी बनती है और केवल 10 प्रतिशत का सलाद तथा अचार बनता है।

पातगोभी की किस्में

हल्की हरी किस्में

अगात किस्में (60–75 दिनों की) – पूसा संबंध, गोल्डन एकर, प्राइड ऑफ इंडिया, पूसा मुक्ता।

मध्यम समय की किस्में (80–90 दिनों की) – सितम्बर, अर्ली ड्रमहेड।

पिछात किस्में (90–120 दिनों की) – पूसा ड्रमहेड, लेट के॰ 1, लेट लार्ज ड्रमहेड। सलाद के लिए आज कल लाल पत्तागोभी अधिक लोकप्रिय हो रही है।

जलवायु

पातगोभी की अधिक ठंडी तथा नम जलवायु अधिक पसंद है। इसके बीजों का अंकुरण 12.0–16.0 डिग्री सेल्सियस पर अच्छा होता है। पातगोभी की अधिकांश किस्मों की वृद्धि 25 डिग्री सेल्सियस से ऊपर तापक्रम पर प्रभावित हो जाती है। पातगोभी के लिए 15–20 डिग्री सेल्सियस तापमान सर्वोत्तम होता है।

भूमि का चुनाव एवं तैयारी

पातगोभी विभिन्न प्रकार की भूमि में उगाई जाती है। अगात फसल के लिए बलुआर दोमट भूमि अच्छी होती है। जब पिछात फसल को अधिक उपजाउ भूमि पंसद है। मिट्टी का पी॰एच॰ 5.5 से 6.5 तक बढ़िया रहता है।

मिट्टी को जोतकर खूब भूरभूर बना लें। अंतिम जुताई के समय खेत में 25–30 टन गोबर की सड़ी खाद तथा 80 किलो पोटाश/हेक्टर की दर से डालकर मिला

देनी चाहिए। नेत्रजन की आधी मात्रा पौध रोपने के ठीक पहले मिट्टी में डाल दें और शेष मात्रा पौध रोपने के तीन सप्ताह बाद खड़ी फसल में देना चाहिए तथा उर्वरक देने के पहले खरपतवार निकाल देना अति आवश्यक है।

बीजदर तथा नर्सरी में बुआई

एक हेक्टर में पातगोभी लगाने हेतू 500 ग्राम बीज की आवश्यकता पड़ती है। इस बीज को बोने से पहले एक ग्राम बाभिस्टीन को प्रति किलो बीज में मिलाकर उपचारित करना चाहिए। नर्सरी में बीज की बुआई मध्य अगस्त तक कर देनी चाहिए। नर्सरी की क्यारियों की सतह 15 से॰मी॰ उपर उठी हुई रखने से जल जमाव नहीं होता है तथा अधिक वर्षा होने की आशंका होने की दशा में नर्सरी क्यारियों के उपर पालीथिन की सीट का कवर बास गाड़ कर बना दें। जब विचड़े 30–35 दिनों के हो जाय जिनमें 4–6 पत्तियाँ विकसित हो गई हों उन्हें संध्या के समय स्थायी तैयार खेत में रोपना चाहिए।

रोपाई की दूरी

स्वस्थ विचड़ों को आगात फसल की स्थिति में 60 से॰मी॰ x 30 से॰मी॰ की दूरी पर मध्य फसल को 60 x 45 से॰मी॰ पर तथा पिछात फसल को 60 x 60 से॰मी॰ पर रोपना चाहिए। रोपने के बाद हल्की सिंचाई अवश्य कर दें।

सिंचाई

पातगोभी के खेत में नमी रहना फसल के संतोशजनक वृद्धि के लिए बहुत आवश्यक है। पहली सिंचाई के बाद वर्षा की दशा के अनुसार 10–15 दिनों पर सिंचाई करें। इस प्रकार 6–8 सिंचाई की आवश्यकता होती है। पातगोभी की गॉठे अनियमित सिंचाई के कारण फटने लगती है।

निकाई–गुड़ाई

खेत से खरपतवार निकालने हेतू निकाई–गुड़ाई नियमित करें। दूसरी निकाई गुड़ाई के अवसर पर पौधों की जड़ों पर हल्की मिट्टी अवश्य चढ़ानी चाहिए।

पातगोभी की उपज

पातगोभी की उपज, किस्म, मिट्टी, जलवायु तथा उत्पादन व्यवस्था पर पूर्णतया निर्भर करती है। यदि जाड़ा का मौसम लम्बा होता है तो पातगोभी की उपज अच्छी होती है। अगात फसल की औसत उपज 200 क्विंटल मध्यवर्त्ती फसल की 250 क्विंटल तथा पिछात किस्म की 300–350 क्विंटल/हेक्टर होती है।

पातगोभी के रोग

1. **क्लेद गलन (डैम्पिंग ऑफ) :** यह रोग पिथियम, फाइटोफ्थोरा, ता पेलिकुलेरिया नामक फफूँदों द्वारा होता है तथा नर्सरी में बिचड़ों का तना जमीन की सतह पर से सड़ जाता है तथा पौधे जमीन पर गिरकर सुख जाते हैं। इसकी रोकथाम के लिए बाभिस्टीन से बीजोपचार तथा इन्डोफिल एम–45 का नर्सरी में 3 छिड़काव आवश्यक है। नर्सरी मिट्टी में एक भाग बालू मिला दें तथा नर्सरी धूपदार जगह पर बनायें। मिट्टी को एक लीटर फारमेलिन को 40 लीटर पानी में घोलकर ड्रेचिग कर दें।

2. **कालाक्षय (ब्लैक रॉट) :** यह जैन्थोमोनास कम्पेस्ट्रीस नामक जीवाणु से होता है। इस रोग में पत्तियाँ पीली पड़ जाती है और शिरायें काली। रोग की तीव्रता की दशा में गॉठे नहीं बनती हैं। यह रोग बीज द्वारा फैलता है अतः बीज बोने से पहले 25–30 मिनट तक 50° से॰ वाले गर्म जल में उपचारित कर लें फिर उसे स्ट्रेप्टोसाइक्लीन (एक ग्राम दवा 10 लीटर में घोले) में 30 मिनट तक उपचारित करें। रोगी पौधों को उखाड़ कर नष्ट कर दें और लम्बे अवधि की फसल चक्र अपनायें तथा गॉठ बनते समय स्ट्रेप्टोसाइक्लीन का छिड़काव करें।

3. **मुगदर मूल (क्लब रूट) :** यह रोग प्लाएमोडियोफोरा ब्रैसिकी द्वारा फैलता है। इस फफूँद के बीजाणु पौधों की जड़ों में प्रवेश कर जाते है जिसके कारण जड़े फूल कर मुगदर नुमा हो जाती है जिससे जल आपूर्त्ति में बाधा पड़ती है और पत्तियाँ मुरक्षा जाती है और पौधों की वृद्धि रूक जाती है। यह रोग अम्लीय भूमि में अधिक होती है। पौध रोपने के पहले प्रत्येक छेद में 0.05 प्रतिशत का मरक्यूरिक क्लोराइड की 150 मि॰ली॰ मात्रा डालकर पौध रोपने से यह रोग नहीं लगता है।

4. **रूट नॉट (मूल ग्रंथी) :** नीमेटोड जनित इस रोग में जड़ों पर अंडाकार या गोलाकार या लम्बी ग्रथियाँ बन जाती है जिससे पौधों की वृद्धि रूक जाती है

और पत्तियाँ पीली पड़कर लटक जाती है और पौधे मुरझाने लगते है। रोकथाम के लिए डी॰डी॰ (डाइक्लोरोप्रोपेन–डाइक्लोवो प्रपिन) या निमागान से धुमन करें। खेत में नीम की खली 10–15 क्विंटल/हेक्टर की दर से देने से यह रोग नहीं लगता है।

5. **ब्लैक लेग** : यह रोग फोमालिंगम फफूंद द्वारा होता है जिससे तने पर गहरे गड्ढ़े बन जाते है तथा आधार पर तना मर जाता है और पौधे मुरझा कर झरने लगते है। इस फफूंद के बीजाणु मिट्टी में 2 वर्षो तक रहते है अतः खेत में 3–4 वर्षो तक गोभी की कोई फसल नहीं लगायें। पूसा ड्रम हेड किस्म इस रोग का प्रतिरोधी किस्म है।

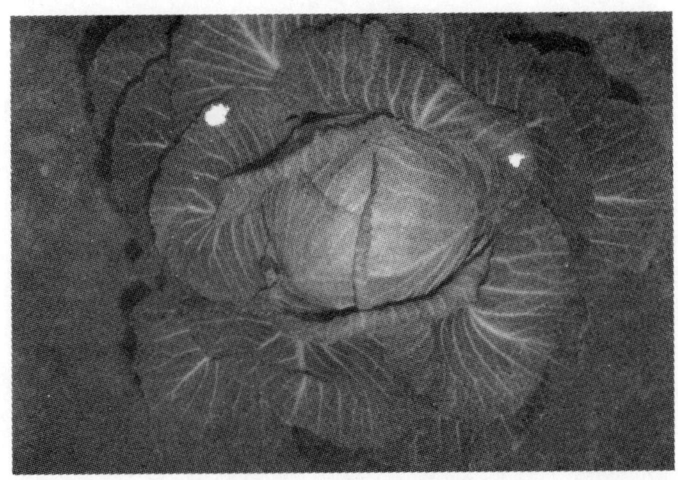

पौष्टिकता से भरपूर सलाद फसल – पत्तागोभी किस्म – प्राइड ऑफ इन्डिया

पातगोभी के कीट

डायमन्ड ब्लैक मोथ

इसके गिडार वृद्धि कर रहे शीर्ष भाग तथा नम पत्तियों को खाते हैं। जिससे पातगोभी की पौध ब्लाइन्ड हो जाती है और गॉठ नहीं बनती है। पातगोभी के 25 पंक्ति के बाद सरसों की एक पंक्ति अवश्य लगायें। पौधों पर निमिसिडीन का छिड़काव करें। पातगोभी की तितली के गिडार पत्तियों को खाकर हानि पहुँचाते है इनकी रोकथाम हेतू क्लोरोपाइरीफॉस नामक दवा के 0.05 प्रतिशत के घोल का छिड़काव करें।

❑❑❑

अध्याय 24

लेट्यूस

लेट्यूस ठंडे जलवायु की सलाद फसल है। इसका वानस्पतिक नाम लेक्ट्यूका सेटाइवा है। लेट्यूस की गॉठ वाली, खुली पत्तियाँ वाली तथा तने वाली प्रजातियाँ प्रमुख हैं। गॉठ वाली प्रजातियाँ की गॉठ (बंद), तना वाली प्रजातियाँ का तना व उसकी नई पत्तियाँ तथा खुले पंत्तियों वाली प्रजातियों की पत्तियाँ सलाद के रूप में प्रयोग की जाती है।

विदेश में लेट्यूस की खेती व्यावसायिक रूप से की जाती है परन्तु हमारे देश में यह गृह वाटिका तक ही सीमित है। इसका कारण कृषकों व उपभोक्ताओं की अनभिज्ञता, कृषि तकनीक की कमी तथा बीज उत्पादन हेतु सीमित जलवायु तथा प्रचार–प्रसार की कमी है। स्थानीय खपत के साथ–साथ इन सलाद सब्जियों की महानगरों तथा पाँच सितारा होटलों में भारी मांग है। मल्टीनेशलन कंपिनयों के कर्मचारियों तथा विदेशी पर्यटकों के भारत आगमन से इस सलाद की मांग और अधिक बढ़ी है।

उत्तर भारत में इसकी खेती की अच्छी संभावनाए है। कृषि तकनीक, बीज उत्पादन तकनीक तथा पौष्टिक गुणवत्ता का अध्ययन राजकीय फल अनुसंधान केन्द्र, पिथौरागढ़ द्वारा प्रारंभ किया गया है जिससे अच्छे नतीजे प्राप्त होने की प्रबल सम्भावनायें हैं।

भूमि और जलवायु

लेट्यूस की खेती के लिए हल्की दोमट भूमि, जिसमें जीवांश पदार्थ की मात्रा पर्याप्त हो, उपयुक्त होती है। भूमि का पी॰एच॰ 5.8 तथा 6.8 के बीच होना चाहिए। लेट्यूस की जड़े ऊपर ही रहती है अतः भूमि में पौष्टिक तत्वों का होना नितांत आवश्यक है। इसकी खेती षीतोष्ण जलवायु में भली–भांति होती है। 12 से 16 डिग्री से॰ तापमान इसकी खेती के लिए अति उत्तम है। 25 डिग्री से॰ से अधिक तापमान होने पर पत्तियाँ कड़वी हो जाती हैं तथा सीड स्टैम विकसित हो जाते हैं। उत्तराखंड की निम्न ऊँचाई वाले क्षेत्रों में अक्टूबर–नवम्बर, मध्यम ऊँचाई वाले क्षेत्रों में अगस्त–सितम्बर तथा ऊँचाई वाले क्षेत्रों में मार्च–अप्रैल बुआई के लिए उपयुक्त पाये गये है परन्तु उत्तर भारत के मैदानी इलाकों में इसे नवम्बर के मध्य में अवश्य पौधशाला में बोयें तथा 35–40 दिनों के बिचड़ों की रोपाई तैयार खेत में करें।

प्रमुख प्रजातियां

गॉठ वाली प्रजाति – ग्रेट लैक्स तथा आसवर्ग । तने वाली प्रजाति – सेल्ट्यूस खुले पत्ते वाली प्रजाति – सिमसान इत्यादि।

कृषि तकनीक

लेट्यूस की खेती पौध रोपण विधि से की जाती है। इसके लिए बीजों को नर्सरी में 1 से 2 से॰मी॰ गहराई में तथा 10–15 से॰मी॰ दूर पंक्तियों में बोया जाता है। बुआई के बाद हल्की सिंचाई कर देते हैं। बुआई से पहले बीजों को 0.2 प्रतिशत कैप्टन से उपचारित कर लेते है। लगभग 400–500 ग्राम बीज एक हेक्टर के लिए पर्याप्त होते हैं। लगभग 35–40 दिनों बाद पौध रोपण हेतु तैयार हो जाती है। रोपण से पहले पौधों को हार्डनिंग अवस्था में सिंचाई रोक कर लाया जाता है। पौधों को नर्सरी से निकाल कर 45 x 45 से॰मी॰ की दूरी पर खेत में रोप कर सिंचाई कर देते हैं।

खेत की जुताई, खाद तथा उर्वरक का व्यवहार

खेत की 3–4 बार जुताई कर पाटा चलाकर समतल बना लेते हैं। इसके लिए 100 क्विंटल गोबर की खाद, 25 किग्रा॰ नाइट्रोजन, 90 किग्रा॰ फॉस्फोरस तथा 25 किग्रा॰ पोटाश की आवश्यकता होती है जो भूमि की उर्वरता पर निर्भर करती है। गोबर की खाद, फॉस्फोरस, पोटाश का संपूर्ण भाग तथा नाइट्रोजन की आधी मात्रा खेत तैयारी करते समय मिट्टी में मिलाया जाता है। नाइट्रोजन का शेष भाग रोपण के 40 दिनों बाद टॉप ड्रेसिंग के रूप में प्रयोग करते हैं।

कटाई तथा उपज

राजकीय फल अनुसंधान केन्द्र, पिथौरागढ़ में हेड वाली प्रजाति, खुले पत्तों वाली प्रजातियां तथा तने वाली प्रजाति की खेती के बाद पाया गया कि वे प्रजातियां क्रमशः 90–100 दिनों, 50–60 दिनों और 65–75 दिनों के बाद कटाई हेतू तैयार हो जाती है।

गॉठ वाली प्रजाति (ग्रेट लेक्स) में 120 क्विंटल प्रति हेक्टर, खुले पत्तों वाली प्रजाति (सिमसान) में 100 से 110 क्विंटल प्रति हेक्टर तथा तने वाली प्रजाति (सेल्ट्यूस) में 130 क्विंटल प्रति हेक्टर उपज प्राप्त होती है। सलाद को काटकर पैकिंग के बाद विपणन हेतू भेज दिया जाता है।

बीज उत्पादन

लेट्यूस स्वपरागी फसल है। इसके बीज उत्पादन में कोई समस्या नहीं आती है। हेड वाली प्रजातियों में चीरा लगा देते हैं ताकि पुष्प वृन्त का विकास सुगमता से हो सके। लगभग 200 दिनों बाद बीज फसल कटाई हेतू तैयार हो जाती है। पौधा पीला पड़ने पर फसल को काटकर एक स्थान पर इकठ्ठा कर लेते हैं। लगभग एक हफ्ते सुखाने के बाद बीजों की मड़ाई कर निकाल लिया जाता है।

इस प्रकार ग्रेट लेक्स प्रजाति में 120 से 150 किग्रा॰, सिमसान में 150–160 किग्रा॰ तथा सेल्ट्यूस में 140–150 किग्रा॰ प्रति हेक्टर बीज प्राप्त होता है।

पौष्टिक गुणवत्ता

राजकीय फल अनुसंधान केन्द्र, पिथौरागढ़ में इन प्रजातियों की पौष्टिक गुणवत्ता का अध्ययन करने पर ज्ञात हुआ कि इनमें प्रोटीन, शर्करा, खनिज, वसा, रेशे इत्यादि प्रचुर मात्रा में पाये जाते हैं।

लेट्यूस का बीज उत्पादन

पौध रक्षा के उपाय

1. लेट्यूस में आर्द्र गलन बीमारी लगती है इसलिए बीज तथा नर्सरी को कैप्टान से उपचारित करना चाहिए।

2. जड़ गलन तथा लेट्यूस ड्राप बीमारियों के नियंत्रण के लिए बाविस्टीन का छिड़काव करना चाहिये।

3. माहू तथा कैबेज लूपर कीटों के नियंत्रण के लिए नुवाक्रोन तथा मिलाथियोन का स्प्रे करना चाहिये था स्प्रे के एक सप्ताह बाद सलाद हेतू पौधों को काटना चाहिए।

□□□

अध्याय 25

हरी धनिया

हरी धनिया एक लोकप्रिय पत्तीदार सलाद फसल है। इसमें अनेक अद्‌भूत गुण है। धनिया की पत्तियाँ और बीज दोनों ही खाने के काम में आते हैं। धनिया की हरी पत्तियों का उपयोग सलाद, चटनी, मसाला और औषधि के रूप में किया जाता है। इसकी पत्तियों में शर्करा, कैल्शियम, लोहा तथा विटामिन–ए प्रचुर मात्रा में होता है। धनिया का पानी अपच एवं अन्य उदर रोगों की रोकथाम के लिए उपयोग में लाया जाता है। धनिया के दानों में 0.1 से 1.0 प्रतिशत तक सुगंधयुक्त तेल होता है। इस तेल का व्यवहार मुख्य रूप से बेक्ड फूड, तंबाकू युक्त पदार्थ, मांस, तेल, शराब, चॉकलेट और मिठाईयों को सुगंधित करने में किया जाता है। इसके अलावा इसमें करीब 21 प्रतिशत साधारण तेल होता है जो अच्छी किस्म का नहाने का साबुन बनाने के काम में आता है। तेल निकालने के बाद बचा हुआ भाग पशुओं के चारे के काम आता है जो विटामिन एवं प्रोटीन युक्त होता है।

भारत में धनिया की खेती 3,34,940 हेक्टर भूमि में होती है जिससे 2,11,500 टन दाने की उपज प्राप्त होती है परन्तु बिहार राज्य में धनिया की खेती लगभग 10,286

हेक्टर भूमि में होती है जिससे लगभग 9463 टन दाने की उपज प्राप्त होती है। भारत की कुल धनिया उत्पादन में बिहार की साझेदारी 2.89 प्रतिशत हीं है जो बहुत कम है। इस साझेदारी को हमें बढ़ाना होगा। यदि प्रति हेक्टर उपज पर दृष्टि डाली जाती है तो यह स्पष्ट होता है कि धनिया की राष्ट्रीय उत्पादकता 1.58 टन प्रति हेक्टर है जब कि बिहार में यह 0.92 टन ही है। अतः बिहार में धनिया की उत्पादकता बढ़ाने की अभी भी व्यापक संभावनायें हैं। यदि धनिया की उन्नत किस्मों की खेती समय पर तथा वैज्ञानिक तौर–तरीके से की जाय तो बिहार में भी धनिया की प्रति हेक्टर 18–20 क्विंटल उपज प्राप्त की जा सकती है परन्तु आवश्यकता मानसिकता बदलने की है।

भारत से निर्यात होने वाली जिन्सों में धनिया का महत्वपूर्ण स्थान है। प्रतिवर्ष 13,550 टन धनिया श्रीलंका, मलाया, सिंगापुर, पूर्वी अफ्रिका तथा खाड़ी के अन्य देशों को भारत से निर्यात किया जाता है जिससे 19.91 करोड़ रूपये मूल्य की विदेशी मुद्रा प्राप्त होती है। बिहार के किसानों की आर्थिक समृद्धि के लिए हमें धनिया का निर्यात और अधिक बढ़ाना होगा जिसके लिए उच्च कोटी की धनिया का उत्पादन करना होगा। आज कल तो धनिया की हरी पत्तियों के लिए खेती नगदी फसल का वृहत रूप ले लिया है जिससे कम समय में अच्छा आमदनी प्राप्त होती है।

धनिया का भारत तथा बिहार में वितरण

वैसे तो धनिया की खेती थोड़ी बहुत मात्रा में भारत में सर्वत्र होती है परन्तु इसकी व्यवसायिक खेती गुजरात, राजस्थान, हरियाणा, पंजाब, बिहार, आन्ध्रप्रदेश, मध्यप्रदेश, तमिलनाडु तथा महाराष्ट्र में होती है। बिहार में धनिया उगाने वाले जिलों में चंपारण, वैशाली, मुज्फ्फरपुर, समस्तीपुर, सारण, नालन्दा, पटना, बेगुसराय, खगड़िया, मुंगेर, भागलपुर मुख्य है। बिहार में धनिया की खेती से गंगा दियरा का बहुत बड़ा क्षेत्रफल बक्सर से साहेबगंज तक भरा पड़ा है। इस क्षेत्र में धनिया की उत्पादकता अन्य क्षेत्रों की तुलना में अधिक है कारण यह है कि दियारा की मिट्टी अधिक उपजाउ है।

धनिया की भरपूर उपज के लिए उत्पादन के विभिन्न अवयवों जैसे उन्नत किस्मों का चयन, खाद, उर्वरक तथा बुआई के तौर तरीकों पर विशेष ध्यान देना होगा तभी अच्छी उपज प्राप्त होगी।

धनिया की उन्नत किस्में

उपयोगिता के आधार पर धनिया की किस्मों को दो भागों में बॉटा गया है। पहले वर्ग में वे किस्में आती है जिनको हम बीज के लिए उगाते है तथा बीज को मसाले के रूप में इस्तेमाल करते हैं। मसाले वर्ग की किस्मों में राजेन्द्र स्वाती, कर्ण, पूसा सलेक्सन–360, पंत धनिया–1, कोयम्बटूर–1, गुजरात धनिया–1, लैम सलेक्सन–2 तथा यू॰डी॰–20 मुख्य है। जिनका वर्णन नीचे दिया जा रहा है।

1. राजेन्द्र स्वाती

इस किस्म का विकास राजेन्द्र कृषि विश्वविद्यालय, पूसा, बिहार के ढ़ोली केन्द्र से हुआ है। इसके पौधों की ऊँचाई 80–82 से॰मी॰ होती है तथा 50–55 दिनों में फैलने लगती है। इसमें द्वितीयक षाखाओं की संख्या 10–12 प्रति पौधे तथा गुच्छों की संख्या 40–45 प्रति पौधा होती है। यह 110–120 दिनों में तेयार हो जाती है। इसकी उपज क्षमता 20–22 क्विंटल प्रति हेक्टर है तथा इसमें कुबड़ा रोग नहीं लगता है। राजेन्द्र स्वाती के दाने महीन होते हैं जिसमें इनसे सुगंध अधिक, बाजार में कीमत भी अधिक मिलती है।

2. कर्ण

धनिया की दूसरी उन्नत किस्म कर्ण है जिसका विकास राजस्थान कृषि विश्वविद्यालय के जोबनेर केन्द्र से हुआ है। यह 130–140 दिनों में तैयार होती है। इस किस्म में धनिया का कुबड़ा रोग नहीं लगता है। इसकी उपज क्षमता 18–20 क्विंटल प्रति हेक्टर है।

3. पूसा सलेक्सन–360

धनिया की तीसरी उन्नत किस्म पूसा सलेक्सन–360 है। यह जल्द तैयार हो जाती है। इसके दाने महीन तथा हल्के पीले रंग के होते हैं। इसकी उपज क्षमता 16–18 क्विंटल प्रति हेक्टर है।

4. पंत धनिया–1

किसान भाई धनिया की उन्नत किस्म पंत धनिया–1 भी लगा सकते हैं जिसकी उपज क्षमता 14–15 क्विंटल प्रति हेक्टर है। इन किस्मों का बीज बोने पर देशी किस्मों की अपेक्षा 25–30 प्रतिशत अधिक उपज प्राप्त होती है।

5. सिमाप--33

इस किस्म का विकास बुल्गोरिया से प्राप्त किस्म से चयन विधि द्वारा सिमाप के बंगलौर केन्द्र के द्वारा किया गया है। इसके दाने भारतीय धनिया से अधिक महीन तथा वाष्पशील तेल से परिपूर्ण होते हैं। इसकी उपज क्षमता भी 20–22 क्विंटल प्रति हेक्टर है। इसमें धनिया का कुबड़ा रोग कतई नहीं लगता है।

धनिया की पत्तियों वाली किस्में

हरी पत्तियों के लिए यदि धनिया उगानी है तो पंजाबी धनिया, राजेन्द्र स्वाती, कोयम्बटूर–2, गुजरात धनिया–2, आन्ध्रप्रदेश की किस्म – साधना, राजस्थान की किस्म यू॰डी॰–373, यू॰डी॰–374 तथा पंत हरितिमा में से किसी एक को प्राथमिकता दें।

भूमि का चुनाव तथा उसकी तैयारी

धनिया के लिए आप बलुई दोमट मिट्टी से लेकर भारी मटियार मिट्टी चुन सकते हैं परन्तु यह ध्यान रहे कि मिट्टी में जैवाश पर्याप्त मात्रा में हो तथा जल ध ारण करने की क्षमता भी हो। ऐसी मिट्टी जिसमें वर्षा होने पर जल जमाव होता है न चुने। धनिया को दियारा क्षेत्र में बाढ़ का पानी घटते ही बरानी फसल के रूप में ले सकते हैं। मिट्टी को एक बार मिट्टी पलटने वाली हल से तथा दो बार देशी हल से जोतकर पाटा चलाकर मिट्टी को भुरभुरी परन्तु समतल बना लें। अंतिम जुताई के समय मिट्टी में अच्छी प्रकार सड़ी गोबर की खाद या कम्पोस्ट 20–25 टन, 250 किलो सिंगल सुपर फॉस्फेट तथा 50 किलो म्यूरिएट ऑफ पोटाश प्रति हेक्टर की दर से डालकर अच्छी प्रकार मिला दें। यदि मिट्टी में दीमक का प्रकोप हो तो उसमें नीम की खल्ली 5 क्विंटल/हेक्टर की दर से भी मिला दें तथा सिंचाई के सुविधानुसार नालियॉ तथा मेढ़ बना लें।

बुआई का समय

धनिया के उपज पर उसके बुआई के समय का गहरा प्रभाव पड़ता है। राजेन्द्र कृषि विश्वविद्यालय के ढ़ोली परिसर में हुई अनुसंधान से यह साबित हो चुका है कि धनिया बोने का सबसे अच्छा समय 15 अक्टूबर से 30 अक्टूबर के बीच का है। इसके बाद फसल बोने पर उपज में क्रमशः कमी आने लगती है और धनिया का

कुबड़ा रोग तथा सफेद चूर्णित रोग का प्रकोप अधिक तेज होने लगता है। अतः अच्छी उपज के लिए धनिया की बुआई समय पर अवश्य करें।

बीजदर तथा बीजोपचार

एक हेक्टर भूमि में धनिया बोने के लिए 20–25 किलो बीज पर्याप्त होता है। बोने से पहले बीज को लकड़ी के तख्ते पर रखकर किसी बेलनाकार दंडे से दबा–दबा कर दो भागों में विभाजित कर लें। बीजों का अंकुरण शीघ्र हो इसके लिए यह आवश्यक है कि मिट्टी में पर्याप्त नमी हो फिर भी आप बीज को बारह घंटे पानी में भिंगो दें तथा इसके बाद पानी से निकालकर छाया में फैला दें। जब बीजों के उपर का पानी सूख जाय तब प्रति किलो बीज में 3 ग्राम थीरम या एग्रोसन जी॰एन॰ या सेरेसन नामक दवा मिलाकर उपचारित कर लें।

बुआई की विधि

धनिया की बुआई सदैव पंक्तियों में करनी चाहिए। पंक्ति से पंक्ति की दूरी 30 से॰मी॰ रखें। बीजो की बुआई 2.5–3 से॰मी॰ की गहराई में करें। बीजों का अंकुरण 8–10 दिनों में हो जाता है। बुआई के 30–35 दिनों बाद जब पौधे 6–8 पत्तियों के हो जाये तब पंक्तियों में उगे अनावश्यक पौधों को उखाड़ कर पौधों से पौधों की दूरी 20 से॰मी॰ करें। यही समय है जब खेत में उगे खर–पतवार निकाल दें तथा प्रथम सिंचाई कर दें। सिंचाई के बाद खड़ी फसल में 130 किलो यूरिया का प्रति हेक्टर की दर से उपरिवेशन अवश्य करें। इससे धनिया की भरपूर उपज प्राप्त कर सकते हैं।

धनिया अन्तः फसल के रूप में

हमारे देश में अधिकांश किसान सीमांत हैं जो धनिया की फसल को अन्तः फसल के रूप में उगाना चाहते हैं। धनिया को अन्तः फसल के रूप में तम्बाकू, आलू, शकरकंद, शरदकालीन मक्का, पतागोभी, बैंगन, टमाटर, मिर्च तथा मटर आदि फसलों के बीच लगा सकते हैं। बैंगन में तो धनिया की अन्तः फसल लगाने से कीड़ों का आक्रमण भी कम हो जाता है। उत्तर बिहार में शरदकालीन ईख में धनिया की अन्तरावर्ती खेती अधिक प्रचलित है और अच्छी आय की जरिया भी है। इसी प्रकार आप हरी–हरी पत्तियों के लिए भी इन फसलों के बीच धनिया की अन्तरावर्ती खेती करके अच्छी आमदनी प्राप्त कर सकते हैं।

सिंचाई

धनिया की अधिक उपज प्राप्त करने के लिए सिंचाई का विशेष महत्त्व है। सिंचाई का पौधों के बाढ, विकास और उपज पर काफी अच्छा प्रभाव पड़ता है। सिंचित क्षेत्रों में धनिया की फसल के लिए कम से कम दो सिंचाई की आवश्यकता पड़ती है। पहली सिंचाई बोने के 30 दिनों बाद और दूसरी 60 दिनों बाद करनी चाहिए। सिंचाई के समय का निर्धारण भूमि में नमी की मात्रा एवं स्थानीय मौसम के आधार पर किया जाना चाहिए। बारानी क्षेत्रों में फूल एवं दाने बनने के समय खेत में नमी का रहना जरूरी है। नमी कम रहने पर उपज पर प्रतिकूल प्रभाव पड़ता है। गंगा दियारा में बाढ़ का पानी हटते ही धनिया बोई जाती है तथा कोई सिंचाई की आवश्यकता नहीं पड़ती है।

निकाई–गुड़ाई

धनिया की फसल में उगे खर–पतवार से उसकी उपज पर प्रतिकूल प्रभाव पड़ता है। अतः अधिक उपज के लिए निकाई–गुड़ाई करना अति आवश्यक है। बारानी क्षेत्रों में बुआई के 30–40 दिनों बाद जब पौधे लगभग 5–6 से॰मी॰ लम्बे हो जाये तब निकाई–गुड़ाई कर देनी चाहिए। ऐसा करने से खेत खर–पतवार से मुक्त रहेगा एवं खेत में नमी बनी रहेगी। पुष्ट बीज एवं अच्छी पैदावार के लिए फसल की पंक्तियों से अनावश्यक पौधों को उखाड़कर पौधों से पौधों के बीच की दूरी 20 से॰मी॰ रखें। उखाड़े पौधों को हरी पत्तियों के रूप में बाजार में बेच दें।

कटाई–झड़ाई

धनिया की पत्ती वाली तथा दाने वाली फसल, किस्मों के अनुसार क्रमशः 50–55 दिनों एवम् 120–130 दिनों में तैयार हो जाती है। पकने पर गुच्छों में दानों का रंग पीला पड़ने लगता है। फसल काटने के बाद 5 से 6 दिनों तक छाया में रखें ताकि दानों का रंग सुनहला पीला हो जाए। इसके बाद इसे धूप में सूखाकर डंडे से पीटकर दाने अलग कर लें तथा सुखाकर बोरों में भंडारित करें। हरी पत्तियों के लिए पौधों के बुआई के 50–55 दिनों के बाद जड़ से उखाड़ना शुरू कर सकते हैं। यदि आप चाहे तो पौधों की बुआई के 45–50 दिनों बाद उखाड़कर भी बेच सकते हैं परन्तु उपज हल्की कम होगी।

उपज

धनिया की उपज उसकी उगाई जानेवाली किस्म, मिट्टी की उर्वरा शक्ति तथा फसल की देखभाल पर निर्भर करती है। अच्छी तरह खेती करने पर दानों की उपज 18–20 क्विंटल प्रति हेक्टर प्राप्त की जा सकती है। परन्तु हरी पत्तियों की उपज 75–100 क्विंटल प्रति हेक्टर तक होती है।

धनिया के कीट तथा उनकी रोकथाम

चैम्पा (एफिड) – इस कीड़े का प्रकोप फसल पर मुख्य रूप से फूल निकलते समय या उसके बाद होता है। ये कीड़े पौधों के फूलों, दानों तथा अन्य भागों से रस चूसकर पौधों को हानि पहुँचाते हैं फलस्वरूप पौधों पीले होकर सूखने लगते हैं और उपज में भारी कमी आ जाती है।

इसकी रोकथाम के लिए मेटासिसटॉक्स 25 ई॰सी॰ दवा की एक मिलीलीटर मात्रा प्रति लीटर पानी में घोलकर छिड़काव करें। आवश्यकतानुसार 10 दिनों बाद दूसरा छिड़काव करें। दवा का छिड़काव शाम के समय करें जब फसल पर मधुमक्खियों की संख्या कम हो जाए।

धनिया के रोग तथा उनकी रोकथाम

उकठा (वील्ट)

यह रोग फयूजेरियम ऑक्सीपोरम् नामक फफूँदी के कारण होता है। इस रोग के कारण उपज में 40–50 प्रतिशत की कमी हो जाती है। रोग से आक्रान्त पौधों की पत्तियाँ प्रारम्भ में पीली पड़ जाती हैं और गिरने लगती है। बाद में पूरा पौधा मुरझा जाता है। जड़ों के संवहनी तंतु बदरंग हो जाते हैं। यह मिट्टी से होने वाला रोग है। यह फफूँदी लम्बे समय तक मिट्टी में उपस्थित रहता है।

इसकी रोकथाम के लिए खेत की गर्मी में गहरी जुताई करें। बीज बोने के पूर्व एग्रोसेन जी॰एन॰ या कैप्टान या सेरेसन फफूँदीनाशक दवा 2 ग्राम प्रति किलोग्राम बीज की दर से उपचारित करके बोये। लम्बा फसल–चक्र अपनाएँ। रोग अवरोधी किसमें लगाएँ, जैसे – टी–5365।

चूर्ण फफूँदी

यह रोग एरिसाइफी पोलिगोनि नामक फफूँद के कारण होता है। इस रोग के प्रकोप से पत्तियों तथा अन्य भागों पर सफेद चूर्ण जैसा पदार्थ जम जाता है।

फलस्वरूप फल या तो लगते ही नहीं और यदि लगते हैं तो पौधों पर ठीक से पकते नहीं।

इसकी रोकथाम के लिए 0.03 प्रतिशत सल्फेक्स नामक दवा का छिड़काव करना चाहिए।

धनिया का कुबड़ा रोग

यह रोग प्रोटोमायसिस नामक फफूँद द्वारा फैलता है। इस रोग का प्रकोप होने पर षाखाओं तथा पत्तियों के डंठलों पर कुबड़ (टियूमर) निकल आते हैं। रोग ग्रसित पौधों के तने टेढ़े–मेढ़े हो जाते हैं। आक्रान्त पौधों पर फूलों के गुच्छे निकलते ही नहीं परन्तु यदि निकलते हैं तो गुच्छों में दाने या तो बनते ही नहीं है, यदि बनते हैं तो उनका आकार साधारण दाने से 3–4 गुणा बड़ा हो जाता है तथा उसमें काले रंग का पाउडर भर जाता है। धनिया के पौधों में फूल लगने के समय बादल वाला मौसम का होना या मिट्टी में अधिक नमी का होना इस रोग को बढ़ावा देता है। जिस फसल में पिछले साल यह रोग लगा है उसका बीज बोने से भी यह रोग अधिक तेजी से दूसरे वर्ष में फैल जाता है। देर से बोई गई फसल में भी यह रोग तेजी से फैलता है। इस रोग के प्रथम आक्रमण की दशा में 80–90 प्रतिशत क्षति होती है।

रोकथाम के उपाय

1. रोगरोधी किस्में जैसे पंत धनिया–1, राजेन्द्र स्वाती, कर्ण आदि किस्मों को ही लगावें।
2. खेत में जल का जमाव नहीं होने दें।
3. धनिया की बुआई 15–30 अक्टूबर के बीच अवश्य कर दें।
4. बीज बोने के पहले थिरम नामक दवा की 3 ग्राम प्रति किलो बीज की दर से बीज में मिलकार उपचारित करें।

धनिया के औषधीय गुण

धनिया सलाद एवम् मसाले के साथ–साथ एक घरेलू औषधि भी है। इसकी तासीर शीतलता प्रदान करने वाली होती है। धनिया का बीज पित्त नाशक, वात विकार नाशक, भूखवर्द्धक, अजीर्ण तथा उल्टी को दूर करने वाला होता है।

धनिया किस्म – राजेन्द्र स्वाती की फसल का निरीक्षण करते हुए कृषि वैज्ञानिक

धनिया की हरी पत्तियों को मण्डी ले जाती हुई ट्रैक्टर।

धनिया की हरी पत्तियाँ सब्जी बाजार में।

धनिया की हरी पत्तियाँ बेचता एक ग्रामीण युवक।

- धनिया के 8–10 दाने चबाने से मुँह की दुर्गंध दूर हो जाती है।
- मसाले में धनिया के व्यवहार से अजीर्ण समाप्त हो जाती है और उदर स्फीति में लाभ होता है।
- धनिया के बीज को घी में भून कर चूर्ण बनाकर मिश्री के साथ खाकर दूध पीने से बल बढ़ता है।
- धनिया के बीज को चूर्ण बनाकर घी में भूनकर चीनी से साथ यदि खाया जाय तो यह कामोत्तेजक का भी कार्य करता है।
- धनिया का तेल फोड़ा–फुन्सी को दूर करता है।
- हरि धनिया की चटनी भूख को बढ़ाती है और भोजन का पाचन आसानी से होता है।

❑❑❑

अध्याय 26

सोवा

पत्तीदार सलाद फसलों में सोवा का विशिष्ट स्थान है। यह एक बीज वाला मसाला है। इसकी हरी सुगंधित पत्तियों को सलाद में डालते हैं तथा स्वादिष्ट चटनी भी बनाई जाती है। इसके छोटे–छोटे कोमल पौधों का इस्तेमाल मेथी, आलू तथा बैंगन के साथ मिलाकर सब्जी बनाने में भी किया जाता है। सोवा के बीजों का इस्तेमाल सब्जी तथा दाल को छौंकने में किया जाता है। सोवा के बीजों से वाष्पशील तेल निकाला जाता है जिससे साबुन, आयुर्वेदिक तथा एलोपैथिक दवायें बनाई जाती हैं।

सोवा दो प्रकार का होता है :

1. यूरोपियन सोवा तथा
2. भारतीय सोवा

यूरोपियन सोवा साधारणतया इंग्लैंड, जर्मनी, रोमानिया, टर्की, अमेरिका तथा रूस में उगाया जाता है। परन्तु भारतीय सोवा की खेती छोटे स्तर पर गृहवाटिका में

ही उत्तर भारत में होती है। भारतीय सोवा को एनिथ्म सोवा तथा यूरोपियन सोवा को एनिथ्म ग्रेविओलेंस कहते हैं। दोनों किस्में अम्बेलीफेरी कुल के सदस्य हैं।

जलवायु तथा मिट्टी

सोवा रबी की फसल है। इसमें पाला को बर्दाश्त करने की अधिक शक्ति होती है। अच्छा बीज उत्पादन के लिए फूल लगने के समय सूखा मौसम लाभप्रद होता है। उत्तर भारत में सोवा की फसल को तीन सिंचाई की आवश्यकता पड़ती है। परन्तु दक्षिण भारत में इसे असिंचित फसल के रूप में उगाया जा सकता है। कम उपजाऊ भूमि में भी यह हरी पत्तियों तथा बीज की भी अच्छी उपज देता है।

भूमि की तैयारी

जिस खेत में सोवा लगाना हो उसमें से खर–पतवार निकाल कर 2–3 जुताई करें तथा पाटा चला कर मिट्टी को भुरभुरी बना लें।

बीज दर

सोवा का 3–4 किलो ग्रामबीज एक हेक्टर भूमि के लिए पर्याप्त होता है।

बुआई का समय तथा विधि

सोवा बोने का बेहतर समय अक्टूबर से नवम्बर तक का है। लेकिन 15 अक्टूबर से 15 नवम्बर के बीच का समय अधिक उपज के लिए सर्वोत्तम होता है। वैसे तो सोवा को छिटकवां विधि से भी बोया जाता है। परन्तु इसे 30 से॰मी॰ की दूरी पर पंक्तियों में बोयें। बीज के साथ राख या बालू अवश्य मिला दें जिससे एक ही स्थान पर अधिक बीज नहीं गिरने पाये।

खाद तथा उर्वरक

सोवा में अधिक खाद तथा उर्वरक की आवश्यकता नहीं पड़ती है। फिर भी अच्छी उपज के लिए खेत की अंतिम जुताई के समय 10 टन कम्पोस्ट तथा 250 किलो सिंगल सुपर फॉस्फेट का प्रति हेक्टर की दर से मिट्टी में डाल कर मिला दें। प्रथम तथा द्वितीय सिंचाई के बाद प्रत्येक बार प्रति हेक्टर 100 किलो यूरिया का उपरिवेशन करें। सिंचाई की संख्या वर्षा की दशा पर निर्भर करती है। तीसरी सिंचाई बीज बनते समय कर देनी चाहिए।

निकाई–गुड़ाई

प्रत्येक सिंचाई के बाद एक हल्की निकाई–गुड़ाई तब करें जब मिट्टी में निखार आ जाये। इस समय पौधों से पौधों की दूरी 10 से॰मी॰ करने हेतू अनावश्यक पौधों को जड़ से निकाल दें।

उपज

सोवा की हरी–हरी पूर्ण विकसित पत्तियों को तोड़कर आवश्यकतानुसार इस्तेमाल करना चाहिए। मसाले के लिए सोवा की फसल मार्च के मध्य तक पक कर तैयार हो जाता है। यह 130–145 दिनों की फसल है। फसल पकने के समय पौधों पीले पड़ जाते हैं तथा दाने हल्का भूरे रंग के हो जाते हैं। इस समय पौधों की कटाई करके खलिहान में छायादार स्थान पर 9–10 दिनों तक इन्हें सूखा लें तथा डंडे से पीट कर बीज निकाल लेना चाहिए। बीज को साफकर के अच्दी प्रकार सूखा कर बोरों में भंडारित करें। एक हेक्टर भूमि से 9–10 क्विंटल बीज प्राप्त होता है।

रोग तथा कीट

सोवा में सफेद चूर्णित रोग लगता है। इसकी रोकथाम के लिए प्रति लीटर पानी में 3 ग्राम गंधक घोलकर उस समय छिड़के जब बीमारी के लक्षण दिखाई पड़े। पत्तियों को खाने वाले कैटरपीलर की रोकथाम के लिए मोनोक्रोटोफॉस नामक दवा की एक मिली लीटर मात्रा प्रति लीटर पानी में मिलाकर छिड़काव करनी चाहिए।

□□□

अध्याय 27

सेलरी

सेलरी सलाद की महत्वपूर्ण फसल है। इसे वैज्ञानिक लोग एपियम् ग्रेवियोलेन्स कहते हैं जो अम्बेलीफेरी पौध परिवार का एक सदस्य पौधा है। इस सलाद फसल की जन्मस्थली एशिया माइनर है। इस सलाद फसल की खेती इसके मांसल पर्णवृन्तों के लिए किया जाता है जिसका स्वादिष्ट सलाद तथा सब्जी भी बनाई जाती है। भारत में इसे पंजाब, कश्मीर, हिमाचल प्रदेश तथा दिल्ली के आस–पास उगाया जाता है अतः यह सलाद फसल अभी भरत में लोकप्रिय नहीं हो पायी है।

जलवायु

सेलरी को ठंडी जलवायु अधिक पंसद है। जहाँ सालों भर वर्षा का वितरण समान होता है वहाँ सेलरी की फसल अच्छी होती है।

भूमि का चुनाव तथा तैयारी

सेलरी की खेती के लिए बलुआर या मटियार दोमट मिट्टी वाली भूमि चूनें। मिट्टी में जीवांश पदार्थ की अधिकता होनी चाहिए तथा मिट्टी का पी॰एच॰ 5.5 से

6.5 होना चाहिए। खेत से खर–पतवार, कंकड़–पत्थर निकाल कर तीन जुताई करके पाटा चलाकर मिट्टी खूब भूरभूरी बना लेनी चाहिए। अंतिम जुताई के समय ही खेत में 25–30 टन सड़ी गोबर की खाद, 325 किलो सिंगल सुपर फॉस्फेट तथा 200 किलो म्यूरिएट ऑफ पोटाश तथा 20 किलो सुहागा डालकर अच्छी प्रकार मिला दें।

बीज दर तथा पौधशाला में बुआई

एक हेक्टर भूमि में सेलरी रोपने हेतू 250 ग्राम बीज को सितम्बर के अंत में तैयार पौधशाला में बोते हैं। बीज बोने के पहले बाभीस्टीन से उपचारित कर लेना चाहिए। बीज को पौधशाला में एक से॰मी॰ की गहराई में बोंये। सेलरी के 35–40 दिन पुराने पौध मुख्य खेत में रोपना चाहिए।

मुख्य खेत में सेलरी के पौध को 60 से॰मी॰ की दूरी पर बनी पत्तियों में 30 से॰मी॰ की दूरी पर रोपनी चाहिए। पौध की रोपाई संध्या के समय करें तथा रोपने के बाद हल्की सिंचाई कर दें। जब फसल 20–25 दिनों की हो जाये तो दूसरी सिंचाई करे। इस सिंचाई के बाद ही 100 किलो यूरिया का उपरिवेशन करे। फिर 100 किलो यूरिया 40 दिनों बाद तीसरी सिंचाई के बाद डालें।

सलाद की फसल सेलरी

सेलरी की किस्में

भारत में उगाई जाने वाली सभी किस्में विदेशी हैं। ये दो तरह की हैं (1) पीले डंठल वाली किस्मों को विवर्ण (ब्लीचिंग) करने की आवश्यकता नहीं पड़ती है क्योंकि उनके डंठल पीले होते हैं जैसे : मिचीगन इम्प्रुभ्ड गोल्डेन, सुप्रीम गोल्डेन तथा गोल्डेन प्लम्। (2) हरे डंठल वाली किस्मों को विवर्ण (ब्लीचिंग) करने की जरूरत पड़ती है जैसे : स्टैंडर्ड बियरर, राइट गिंयोब ग्रान्ट आदि। इन किस्मों के पर्णवृन्तों को विवर्ण करने के लिए उन पर या तो मिट्टी चढ़ा देते है या काले कागज से ढ़क देते हैं।

डंठलों की कटाई तथा उपज

पूर्णतया तैयार डंठलों को तेज चाकू से काटना चाहिए। एक हेक्टर में अच्छी फसल से 100–125 क्विंटल डंठल मिलता है। भारत जैसे देश में जहाँ विदेशी यात्रियों की भीड़ लगी रहती है, इस सलाद फसल की माँग कई सितारा होटलों में बड़ी तेजी से बढ़ रही है और उत्पादकों को अच्छी आमदनी प्राप्त हो रही है। आवश्यकता इसकी वैज्ञानिक तौर–तरिके से जैविक खेती करने की है।

❑❑❑

अध्याय 28

पोदीना

पोदीना पत्तीदार सलाद की सुगन्धित फसल है। भारत के लोगों द्वारा इसकी पत्तियों का इस्तेमाल सलाद, चटनी, सूप, करी, साफ्ट पेय तथा विरयानी बनाने में किया जाता है। पोदीना की पत्तियों तथा तने से सुगन्धित तेल निकाला जाता है जिसका उपयोग तरह–तरह की दवायें तथा सौन्दर्य प्रसाधन की चीजें बनाने में किया जाता है।

वानस्पतिक विवरण

पोदीना को अँग्रेजी में मिन्ट कहते हैं जो लेबिएसी पौध परिवार का सदस्य है। इसे वानस्पतिक भाषा में मेन्था आर्वेन्सिस कहते हैं। मेन्था जीनस की पाँच स्पीसीज अधिक लोकप्रिय हैं जो निम्नलिखित है :–

1. जापानी पोदीना – मेन्था आर्वेसिंस।
2. पिपरमिन्ट – मेन्था पिपरेटा।
3. स्पीयर मिन्ट – मेन्था स्पाइकाटा।

4. बरगोनमिन्ट – मेन्था सिट्राटा।
5. गार्डेन मिन्ट – मेन्था भिरडीस।

इसका उपयोग भारत में मुख्य रूप से सलाद, चटनी तथा आयुर्वेदिक दवाओं के निर्माण हेतू किया जाता है। वास्तव में यही भारतीय पोदीना है।

पोदीना आँगनबाड़ी में

पोदीना आँगनबाड़ी की बेहतरीन सलाद फसल है। आप अपनी आँगनबाड़ी में एक छोटी–सी क्यारी में इसे लगायें। यदि आप बहु–मंजिले मकानों में रहते हैं तो पोदीना को गमलों में मिट्टी+गोबर की कम्पोस्ट भर कर लगा सकते हैं। इस सलाद फसल को उगाना आसान है। आप इसे इसकी तनों की 4–5 से॰मी॰ लम्बी कटिंग बनाकर नमीयुक्त मिट्टी में 2 से॰मी॰ की गहराई में लगाकर मिट्टी से ढक दें और हल्की सिंचाई कर दें। 10–12 दिनों में आप के पोदीने के पौधे उग आयेंगे। इन्हें समय–समय पर सिंचते रहें। 30–35 दिनों बाद इनकी पत्तियाँ आप जमीन के उपर से 2 से॰मी॰ छोड़कर काट कर उपयोग कर सकते हैं। कटाई के बाद यूरिया एक मुठ्ठी प्रति वर्ग मीटर जमीन की दर से डाल कर सिंचाई करें। दूसरी कटिंग के लिए पौधे शीघ्र तैयार हो जायेंगे। इस तरह आप अपनी आँगनबाड़ी से या गमलों से पोदीना जब चाहे तब काटकर सलाद, चटनी, सूप बना सकते हैं।

पोदीना की व्यावसायिक खेती सलाद–चटनी के लिए

पौध प्रसारण की विधि – तनों की कटिंग द्वारा। कटिंग 4–5 से॰मी॰ लम्बी होनी चाहिए।

लगाने का समय – दिसम्बर से फरवरी तक और फिर अप्रैल से मई तक।

लगाने की दूरी – पंक्ति से पंक्ति की दूरी 20 से॰मी॰ तथा पौध–से–पौध की दूरी 10 से॰मी॰

खाद तथा उर्वरक की मात्रा

एक हेक्टर भूमि में अच्छी फसल के लिए 20–25 टन गोबर की सड़ी खाद + 50 किलो स्फूर + 150 किलो नेत्रजन देनी चाहिए। गोबर की कम्पोस्ट + स्फूर की पूरी मात्रा खेत की तैयारी के समय तथा नेत्रजन की मात्रा चार बार में प्रत्येक कटाई के बाद उपरिवेशन विधि द्वारा देकर सिंचाई अवश्य कर देनी चाहिए। इससे उपज भरपूर मिलेगी।

जापानी पोदीना

निकाई–गुड़ाई

पोदीना की अच्छी उपज के लिए खेत को खर–पतवार रहित रखने हेतू शुरू की वृद्धि अवस्था में 2–3 निकाई–गुड़ाई करें। जब पौधे बढ़ जाते हैं तब खर–पतवार स्वतः समाप्त हो जाते है।

उपज तथा आय–व्यय का लेखा–जोखा

चूँकि भारतीय पोदीना की खेती पत्तियों के लिए करते हैं अतः इसे फूल आने से पहले ही जमीन के उपर 2 से॰मी॰ छोड़कर काट लिया जाता है तथा पौधों को धोकर 100 ग्राम के बंडल बाँधकर बाजार भेज देना चाहिए। एक हेक्टर पोदीना की फसल से लगभग चार कटिंग में कुल 100–120 क्विंटल हरी पत्तियाँ प्राप्त होती हैं जिन्हें यदि 10 रूपये प्रति किलो बेचा जाये तो कुल 100,000–120,000 रूपये की आय प्राप्त होती है यदि इसमें से 10,000 रूपये खर्च के निकाल दे तो कुल 90,000 से 1,10,000 रूपये की शुद्ध आमदनी मिल जाती है। यह आय फसल की माँग के अनुसार घट या बढ़ सकती है। अतः आय की दृष्टि से भी पोदीना किसानों के लिए अत्यन्त उपयोगी फसल है।

पोदीना औषधि के रूम में

भारतीय पाक विज्ञान में पोदीना की विशेष अहमियत है क्योंकि इसकी हरी तथा सुखी पत्तियों का इस्तेमाल विभिन्न प्रकार के भोजन को सुगंधित करने में किया जाता है। फिर भी यह सलाद फसल अनेक रोगों की अचूक औषधि है :–

1. पोदीना का रस, प्याज का रस तथा नींबू का रस समान मात्रा में मिलाकर हैजा के रोगी को आधा कप, आधा–आधा घंटे पर तीन बार पिलाने से कय–दस्त रूक जाती है।
2. पोदीना की हरी पत्तियों के आधी कप रस में एक चम्मच नींबू का रस तथा शहद मिलाकर दिन में तीन–चार बार पिलाने से बदहजमी, पेट दर्द तथा सूतकृमि समाप्त हो जाते हैं।

□□□

फल वर्ग की सलाद फसलों की उत्पादन–प्रौद्योगिकी

अध्याय 29

अनार

अनार की उत्पत्ति इरान में हुयी थी जहाँ से यह पूरे विश्व में फैल गया है। अनार अमीरों का फल है। यह फल देखने में खूबसूरत तथा खाने में अत्यन्त स्वादिश्ट होता है। प्राचीन काल में "एक अनार–सौ बीमार" की कहावत इसलिए सत्य थी कि अनार का उत्पादन बहुत ही कम था तथा यह गरीबों को दुर्लभ था। केवल अमीर लोग ही इसका जायका लेते थे। गरीबों को तो यह नसीब नहीं था। परन्तु सत्तर के दशक के बाद अनार की नई–नई किस्मों का विकास होने से इसके उत्पादन में आशातीत वृद्धि हुई है जिससे इस फल की उपलब्धि अपने देश में बढ़ी तो है परन्तु अभी भी इसकी प्राप्ति सभी को नहीं हो पा रही है। सेव की तरह ही अनार को घर–घर तक पहुँचाने के लिए इसके व्यावसायिक बाग लगाने होंगे।

अनार का वानस्पतिक नाम प्यूनिका ग्रेनेटम् है जो पुनीकेसी पौध कुल का सदस्य है। अनार का फल जितना खूबसूरत होता है उससे कहीं अधिक पौष्टिक होता है। अनार का 100 ग्राम फल खाने से कार्बोहाईड्रेट्स 14.3 ग्राम, प्रोटीन 1.6

ग्राम, वसा 0.1 ग्राम, खनिज लवण 0.6 ग्राम, रेशे 5.1 ग्राम, ऊर्जा 6.5 किलो कैलोरी, कैल्शियम 10 मिली ग्राम, फॉस्फोरस 70 मिली ग्राम, विटामिन सी 0.3 मिलीग्राम की प्राप्ति होती है। अनार के फलों में उसके वजन का 40.1 प्रतिशत रस में, कुल घुलनशील ठोस 17.5 से 18.5 प्रतिशत पाये जाते हैं। फल के रस में टैनिन 0.120 प्रतिशत पायी जाती है। सलाद वाले फलों में अनार का महत्वपूर्ण स्थान है। फल–सलाद अनार के बिना अधूरा सा रह जाता है।

उपयुक्त जलवायु

अनार की बागवानी के लिए जाड़े के दिनों में ठण्डक तथा गर्मियों में शुष्क तथा गर्म जलवायु उपयुक्त होती है। फलों का विकास 38.4 डिग्री से॰ तापमान पर अच्छा होता है। रेगिस्तानी प्रदेश में अनार के फल उँचे दर्जे के होते हैं। अनार के पौधों में अधिक सूखा सहन करने की शक्ति होती तो है परन्तु बिना सिंचाई के फलों की संख्या तथा वजन घट जाता है। परन्तु ऐसी भूमि जिसमें नमी अधिक दिनों तक बनी रहती है तो उसमें अनार के बागों से कई वर्षों तक अच्छी उपज प्राप्त की जा सकती है। अनार में पाले को बर्दास्त करने की शक्ति होती है, परन्तु 4 डिग्री से॰ से कम तापमान पौधों को हानि पहुँचाता है। अनार मैदानों में तो सदाबहारी पौधा है, परन्तु पहाड़ों पर जहॉ जाड़े की ऋतु अधिक ठंडी होती है वहॉ पर पर्णपाति प्रकृति अपना लेता है।

मिट्टी का चयन तथा तैयारी

अनार के बागवानी के लिए मटियार दोमट से लेकर बलुई दोमट मिट्टी अनुकूल होती है। अन्य फलों की तुलना में अनार में क्षारीयता सहने की अधिक शक्ति होती है, इसलिए क्षारीय मिट्टी में भी अनार के बाग सफलतापूर्वक लगाये जा सकते हैं। मिट्टी ऐसी हो जिसमें जल–जमाव नहीं होता हो तथा जैवाशं की अधिकता हो। मिट्टी का पी–एच॰ मान 6.5 से 7.5 तक अनार के लिए अच्छा होता है।

पौध–प्रसारण की विधियाँ

अनार के बीज आसानी से अंकुरित हो जाते हैं, परन्तु बीजू पौधे, कलमी पौधों की तुलना में देर से फलते हैं। अनार के कलमी पौधे तैयार करने की दो सरल

विधियाँ हैं। पहली विधि में पेंसिल के मोटाई के समान टहनियों को 20–30 से॰मी॰ लम्बे–लम्बे टुकड़े (कलमें) बालू में लगते हैं। कलम काट कर उनके सिरों को सिराडिक्स (बी) से उपचारित करके लगाते हैं जिसमें 20–30 दिनों में जड़ें विकसित हो जाती है। इन पौधों को 60 दिनों बाद दूसरी क्यारियों में लगा देते हैं जो 12 महीने बाद लगाने योग्य हो जाती हैं। कलम सदैव जून–जुलाई में लगावें।

अनार की पौध तैयार करने की दूसरी विधि गुटी द्वारा है। इस विधि में पेंसिल के आकार की मोटी टहनियों की 2 से॰मी॰ लम्बी छाल गोलाई में छिल देते हैं और 15 दिनों तक छोड़ देते हैं। जब छिला हुआ जगह भूरा पड़ जाये तथा कैलस बनना पूरा हो जाये तब मिट्टी, बुरादा, खल्ली के सड़े हुए मिश्रण को छिले जगह पर लगाकर पॉलीथीन से लपेट कर उपर–नीचे सुतली से बांध देते हैं। जड़े 35–40 दिनों में विकसित हो जाती हैं तो गूटी को काटकर पॉलीथीन खोलकर नर्सरी में बैठा देते हैं जो अगले वर्ष जून–जुलाई में लगाने लायक हो जाती हैं।

गड्ढ़ों की खुदाई तथा भराई

अनार के बाग लगाने के लिए गड्ढ़ों की खुदाई अप्रैल–मई में करें। प्रत्येक गड्ढ़ों का आकार 60 से॰मी॰ लम्बा, 60 से॰मी॰ चौड़ा तथा 60 से॰मी॰ गहरा रखें। अनार के पौधों को 6 मीटर की दूरी पर लगावें। गड्ढ़ों में उपर की आधी उपजाउ मिट्टी, 25 किलोग्राम गोबर की सड़ी खाद या कम्पोस्ट, 10 किलोग्राम बालू तथा 100 ग्राम बी॰एच॰सी॰ (10 प्रतिशत धूल) भी डाल दें तथा गड्ढ़ों को 15 से॰मी॰ उपर तक भर दें। जब एक–दो वर्षा हो जाये तथा गड्ढ़ों की मिट्टी दबकर जमीन के बराबर हो जाये तब जून–जुलाई में प्रति गड्ढ़े एक–एक स्वस्थ कलम या गूटी से तैयार पौध लगा दें। लगाने के पहले पौधों के थाले नहीं फूटने चाहिए। पौध लगाने के बाद तुरंत एक हल्की सिंचाई अवश्य कर दें।

खाद तथा उर्वरक

अनार के फलों की अच्छी उपज के लिए उसे आवश्यक मात्रा में खाद तथा उर्वरक देना नितांत आवश्यक है। पहले वर्ष में 10 किलोग्राम कम्पोस्ट, 50 ग्राम नेत्रजन अर्थात 110 ग्राम यूरिया, 25 ग्राम फास्फोरस अर्थात 156 ग्राम सिंगल सुपर फॉस्फेट, 50 ग्राम पोटाश अर्थात 83 ग्राम म्यूरेट ऑफ पोटाश प्रति पेड़ की दर से पहली वर्षा के बाद मई–जून में व्यवहार करें। खाद तथा उर्वरक को पेड़ के तने से

50 से॰मी॰ की दूरी पर बनी 15 से॰मी॰ चौड़ी तथा 15 से॰मी॰ गहरी घेरेदार नाली में मिट्टी के साथ मिलाकर व्यवहार करें तथा सिंचाई कर दें। प्रथम वर्ष में दी गई खाद तथा उर्वरक की मात्रा के बराबर मात्रा प्रति वर्ष, पाँच वर्षों तक बढ़ाते जायें। पाँचवे वर्ष में दी गयी मात्रा ही छठे वर्ष तथा उसके बाद प्रति पेड़ देते हैं। उत्तर बिहार की मिट्टी में बोरोन की कमी होने पर अनार के फल फटने लगते हैं तथा उनका रंग फीका हो जाता है। अतः फल बनने पर बोरेक्स के 0.2 प्रतिशत के घोल का दो छिड़काव 15 दिनों के अंतर पर करें।

अनार के बागों में अन्तरावर्ती फसलें

अनार के पौधों का फैलाव चार–पाँच वर्षों तक कम ही रहता है जिससे पौधों के चारों तरफ की खाली भूमि पड़ी रहती है। इस भूमि में आप दलहनी फसलें जैसे – मटर, लोबिया, बकला, मिश्रीकन्द, राजमा, मूली, भिंडी तथा मेथी लगाकर अतिरिक्त आमदनी प्राप्त कर सकते हैं। इन फसलों का अनार पर कोई प्रतिकूल प्रभाव नहीं पड़ता है तथा भूमि की उर्वरा शक्ति भी कायम रहती है। इन फसलों को उगाने से खर–पतवार भी नहीं के बराबर ही उगते हैं। जब अनार के पौध बड़े हो जायें तथा फलोत्पादन पूर्णरूपेण शुरू हो जाये तब अन्तरावर्ती फसलों को नहीं उगायें।

सिंचाई तथा सस्य प्रबंधन

अनार के बागों की देखभाल उचित ढंग से करके पौधों को तन्दुरूस्त रखा जा सकता है जिससे अधिक मात्रा में उच्च कोटि के फल प्राप्त होंगे। अनार के पौधों में सूखा बर्दाशत करने की अधिक क्षमता होती है फिर भी बागों की गर्मी के मौसम में 10–15 दिनों के अंतराल पर हल्की सिंचाई अवश्य करें। मिट्टी में पर्याप्त तथा नियमित नमी बनी रहने से फलों की वृद्धि अच्छी होती है साथ ही फल फटने की समस्या भी दूर हो जाती है क्योंकि फलों का फटना मिट्टी में नमी की कमी तथा अधिकता से भी संबंधित है। वर्षा ऋतु में अनार के बागों में जल–जमाव हानिप्रद होता है। अतः जल निकास की उचित व्यवस्था अवश्य करें।

अनार के बागों की सफाई अत्यन्त आवश्यक है क्योंकि खर–पतवार जल, स्थान, भोजन, प्रकाश आदि में अनार के पौधों के साथ–साथ साझेदारी करते हैं जिससे अनार के पौधों पर प्रतिकूल प्रभाव पड़ता है अतः निकाई–गुड़ाई द्वारा अनार के बागों

को पूर्णतया साफ–सुथरा रखें। इससे फलोत्पादन अधिक तथा उत्तम गुणवत्ता का होगा और शुद्ध आय में वृद्धि हो जायेगी।

अनार में बहार का निर्धारण

फल–वृक्षों में फूल लगने की क्रिया को बहार कहा जाता है। अनार के पौधों में उत्तर–भारत में मुख्य तीन बहारें आती हैं। प्रथम अम्बे बहार (फरवरी–मार्च), द्वितीय मृग बहार (जून–जुलाई) तथा तृतीय हस्त बहार (सितम्बर–अक्टूबर)। उपज तथा गुणवत्ता की दृष्टि से पौधों पर कई बार फूल–फल लगना ठीक नहीं होता है। अतः बहार नियंत्रण करके अच्छी उपज प्राप्त की जा सकती है। बहार नियंत्रण करने के लिए या तो फूलों की कली अवस्था में ही तोड़ दें या फूल निकलने के समय सिंचाई बंद कर दें। अम्बे बहार सबसे उत्तम होती है जिसके फल जून–जुलाई में तैयार हो जाते हैं, परन्तु फलों पर कीड़ों का आक्रमण अधिक होता है। अनार के पौधों पर लगभग 75 प्रतिशत नर पुष्प आते हैं जो बाद में झड़ जाते हैं, परन्तु उभयलिंगी फूलों से फल बनते हैं। अधिक बड़ें आकार के फलों की प्राप्ति के लिए प्रति पेड़ फलों की संख्या कम रखना होगा। इसके लिए कुछ निम्न कोटि के फलों को तोड़कर हटा देना चाहिए।

अनार की उन्नत किस्में

अनार की किस्मों को दो मुख्य भागों में बाँटा गया है :

1. पर्णपाती किस्में

इस वर्ग की किस्मों के पौधों की सारी पत्तियाँ जाड़े में झड़ जाती है। इन किस्मों के पौधों में अच्छा फूल तथा फल लगने के लिए जाड़ें में कम तापमान की आवश्यकता पड़ती है। यदि तापमान कम नहीं हुआ तो अच्छी फलन नहीं हो पाती है। अतः पर्णपाती किस्में को भारत के मैदानी भागों में नहीं लगावें।

2. सदाबहार किस्में

इस वर्ग की किस्मों के पौधों की पत्तियाँ नहीं गिरती है। अतः कम ठंडक वाले इलाकों में इसकी बागवानी सफलतापूर्वक की जा सकती है। सदाबहार की प्रमुख किस्मों में गनेश, ढ़ोलका, बेसिज सीडलेस, काबुली, गरकठ, ज्योति, पेपरशेल,

जोधपुरी तथा कन्थारी का चुनाव कर सकते हैं। गनेश के पके दाने भूरे रंग के, ढ़ोलका के हल्के गुलाबी सफेद तथा कंधारी के दाने सूर्ख लाल रंग के होते हैं। इन किस्मों के पौधे आप महात्मा फूले कृशि विद्यापीठ के उद्यान विभाग, राहुरी, महाराष्ट्र से तथा केन्द्रीय मरू क्षेत्र अनुसंधान संस्थान उपकेन्द्र, पाली, मारबाड़ से भी प्राप्त कर सकते हैं।

अनार के कीट तथा रोग

1. अनार की तितली

अनार की तितली फलों की भयानक शत्रु है। इसकी मादा फूलों तथा नये फलों पर अण्डे देती है। अण्डों से निकली झल्लियाँ फलों के अंदर प्रवेश करके इन्हें नष्ट कर देती हैं। अण्डे देने से पहले यदि फूलों और फलों को मलमल के कपड़े की थैलियों में बंद कर दिया जाय तो फलों की रक्षा हो जाती है। फल टिकाव के बाद, पंखुड़ियों के गिरते ही यदि पुश्पकोश को काट दिया जाय तो किसी सीमा तक अण्डा देना रोका जा सकता है। कीटग्रसित फलों को एकत्रित करके नश्ट कर दें। फल–टिकाव के बाद 15 दिनों के अंतराल पर जब तक फल की खोल (उपरी परत) सख्त न हो जाय 0.03 प्रतिशत मे टासिस्टाक्स के घोल का छिड़काव करना लाभप्रद होता है।

2. दीमक

इसका प्रकोप जड़ों से तने तक होता है। पौधे लगाते समय थाले में बी॰एच॰सी॰–10 प्रतिशत धूल 100 ग्राम प्रति थाला की दर से मिट्टी में प्रयोग करके पौधों को इससे बचाया जा सकता है।

3. सेमीलूपर

ये फलों का रस चूसते हैं तथा इसकी सूड़ियाँ अंदर गूदा खाती हैं। इनकी रोकथाम के लिए 0.05 प्रतिशत डायक्लोरोफॉस घोल में डूबी रूई कीट के प्रवेश द्वारा में ठूंस कर मिट्टी का लेप लगा देनी चाहिए।

4. तनाबेधक

व्यस्क कीट नवजात कोपलें और टहनियाँ खाते हैं, जबकि गिडार तने के अन्दरसुराख बनाकर अन्तःउत्तक खाते रहते हैं। इसकी रोकथाम के लिए 0.05 प्रतिशत डायक्लोरोफेन या 0.03 प्रतिशत डायक्लोरोफॉस घोल में डूबी रूई कीट के प्रवेश द्वार में ठूंस कर मिट्टी का लेप लगा देनी चाहिए।

अनार किस्म – ज्योति घर की बगिया में।

अनार दाना उत्पादन में लाखो ग्रामीण महिलाओं को रोजगार प्राप्त है।

अनार की किस्म – फुले अरक्ता

बेहतर सेहत के लिए सलाद में अनार अवश्य डालिए।

अनार के स्वस्थ फल

अनार की फल मक्खी द्वारा प्रभावित फल

अनार के रोग तथा उनकी रोक–थाम

अनार के पौधों तथा फलों को अनेक रोगों से काफी नुकसान होता है। इसकी रोकथाम करने से अच्छी उपज मिलती है अन्यथा पूरी फसल नश्ट हो जाती है।

1. पत्ती एवम् फल–धब्बा रोग

अधिकत्तर मृग बहार फसल में इस रोग का प्रकोप होता है। इसकी रोकथाम के लिए इन्डोफिल एम–45 दवा की 0.2 प्रतिशत के घोल (2 ग्राम दवा प्रति लीटर पानी में) का 15 दिनों के अन्तराल पर तीन छिड़काव करना चाहिए।

2. फल सड़न रोग

इस रोग के लगने से फल सड़ने लगते हैं। इसके नियंत्रण के लिए बेविस्टीन फफूंद नाशक दवा का 0.1 प्रतिशत के घोल का 15 दिनों के अंतर से दो या तीन बार छिड़काव करना चाहिए।

फलों की तुड़ाई, उपज तथा शुद्ध आय

फूल लगने के 170–180 दिनों बाद फल पक कर तैयार हो जाते हैं। पके फलों का रंग चमकीला रेशमी या हल्का गुलाबी या लाल हो जाता है। जब फलों पर पूर्णतया पकने का रंग आ जाये तब फलों को तोड़ें। गृह वाटिका में फलों की तुड़ाई परिवार के आवश्यकतानुसार ही करें तथा ताजा व्यवहार करें।

अनार के पौधों में फल लगने के प्रारंभिक 3–4 वर्षों में 20–30 फल प्रति पेड़ ही लगते हैं जिसकी संख्या धीरे–धीरे उम्र के साथ बढ़ती जाती है और एक प्रौढ़ वृक्ष पर लगभग 60–90 फल लगते हैं। अनार की बागवानी अन्य फलों की तुलना में अधिक आसान तथा अधिक लाभप्रद भी है। अनार की एक हेक्टर की बाग से प्रति वर्ष 1.5 से 2.0 लाख रूपये की शुद्ध आय प्राप्त हो सकती है बशर्त्ते कि बागों की देखभाल वैज्ञानिक तौर–तरीके से की जाय।

□□□

अध्याय 30

अंगूर

सलाद वर्ग के फलों में अंगूर की विशिष्ट अहमियत है। यह शीघ्र तैयार होने वाला, खाने में स्वादिश्ट तथा पोष्टिक फल है। इसकी बागवानी व्यावसायिक स्तर पर तथा गृह वाटिका मे कुछ पौधे लगाकर की जा सकती है। ताजे खाने के अतिरिक्त इसके फलों से रस और सुरा भी बनाई जाती है तथा फलों को सूखाकर किशमिश तथा मुन्नका भी बनाये जाते हैं। आधुनिक युग में अंगूर की बैंगनी तथा हल्के हरे रंग की किस्मों का उपयोग फल–सलाद बनाने में वृहत रूप में हो रहा है। इस फल की जन्मस्थली केस्पीयन सागर के आस–पास का क्षेत्र है। भारत में इसे 12वीं शताब्दी में मुगलों द्वारा लाया गया था। वानस्पतिक भाषा में इसे वाइटिस बिनीफेरा कहते है जो वाइटेसी कुल का सदस्य है।

भूमि एवं जलवायु

अंगूर के लिए गहरी दोमट भूमि जिसमें उचित जल निकास की व्यवस्था हो, उत्तम होती है। खारी, उसरीली भूमि में अंगूर की खेती नहीं करनी चाहिए। अंगूर

उपोशण जलवायु का पौध है। परन्तु इसकी विभिन्न किस्मों की बागवानी हिमालय की तलहटी से लेकर कन्याकुमारी तक की जाती है। भारत में महाराष्ट्र सबसे बड़ा अंगूर उत्पादक राज्य है। पौधों की अच्छी वृद्धि एवं फलन हेतु गर्म तथा सूखा मौसम चाहिए। फलों के पकने के समय बरसात हो जाने पर इसके दाने खट्टे हो जाते हैं तथा फटने भी लगते हैं। जाड़ें में मौसम ठंढ़ा होना चाहिए तथा फूल आते समय मौसम साफ होना चाहिए।

अंगूर का पोषणमान

अंगूर के 100 ग्राम खाने योग्य भाग में जल 82.2 ग्राम, कार्बोहाइड्रेट्स 13.1 ग्राम, रेशा 2.8 ग्राम, प्रोटीन 0.6 ग्राम, वसा 0.4 ग्राम, कैलोरी 58, विटामिन ए 5.0 अ॰ई॰, थियामिन 0.04 मि॰ग्रा॰, राइबोफ्लेविन 0.01 मि॰ग्रा॰, विटामिन सी 1.0 मि॰ग्रा॰, कैल्शियम 20.0 मि॰ग्रा॰, फॉस्फोरस 23.0 मि॰ग्रा॰ और लोहा 1.30 मि॰ग्रा॰ पाया जाता है।

अंगूर की उन्नत किस्में

उपयोग के आधार पर अंगूर की किस्मों को चार वर्गों में बाँटा गया है :

ताजे फलों के लिए उपयुक्त किस्में

इन किस्मों के फल ताजे खाये जाते हैं। ये किस्में मीठी तथा बिना बीज या कम बीज वाली होती हैं। परलेट, ब्यूटी सीडलेस, थाम्पसन सीडलेस, अनाब–ए–शाही, डिलाइट हिमराड, पन्डारी साहबी तथा भोकरी इस वर्ग की प्रमुख उन्नत किस्में हैं।

किशमिश एवम् मुनक्का के लिए उपयुक्त किस्में

बीज वाले बड़े आकार के अंगूर के फलों से बने उत्पाद को मुनक्का तथा छोटे बीज रहित अंगूर के फल से बने उत्पाद को किशमिश कहते हैं। बड़े से छोटे आकार के फल वाली किस्में इस वर्ग में आती हैं। इनका रंग हरा–सफेद या काला होता है जिसमें बीज भी उपस्थित हो सकते हैं। उच्च शर्करा प्रतिशत इन क़िस्मों का प्रमुख गुण होता है। इस वर्ग की कुछ महत्वपूर्ण किस्मों में थाम्पसन सीडलेस, अर्कावती, सुल्तानिया, किशमिश बेली, व्हाइट कोरेंथ, रेड कोरेंथ महत्वपूर्ण हैं।

रस के लिए उपयुक्त किस्में

इस वर्ग की किस्मों का उपयोग मुख्यतया ताजे रस के लिए किया जाता है। ये किस्में परिरक्षण के बाद अपना विशिष्ट स्वाद, सुगन्ध तथा रंग बनाये रहती हैं। रस हल्का अम्लीय होता है। इस वर्ग में ब्यूटी सीडलेस, अर्ली, मस्कट, वैंगलोर ब्लू, चैम्पियन तथा ब्लैक चम्पा किस्में आती हैं।

शराब के लिए उपयुक्त किस्में

अंगूर का मुख्य उत्पाद शराब होती है। विश्व के कुल अंगुर उत्पादन का 70 प्रतिशत अंगूर शराब बनाने में इस्तेमाल किया जाता है। विदेशों में व्हाइट रीजलिंग, पाईनट नोयर तथा मस्कट केनेल्ली ऐसी उच्च गुणवत्ता वाली किस्मों को शराब बनाने में उपयोग किया जाता है। भारत में इस वर्ग की किस्मों में अर्का कंचन, अर्का श्याम, अर्का नवरंग, ब्यूटी सीडलेस, अर्का सोमा, अर्का तृश्णा, अर्ली मस्कट आदि प्रमुख हैं।

पौध प्रवर्द्धन एवं पौध रोपाई

अंगूर का प्रर्वद्धन मुख्यतः कलम द्वारा किया जाता है। कलम स्वस्थ, मध्यम ओजस्वी तथा विशाणु रहित शाखा से लेना चाहिए। उत्तरी भारत में कलम जनवरी में तथा दक्षिण भारत में अक्टूबर में लेनी चाहिए। जाड़ें में कटाई–छटाई से प्राप्त शाखों से 3–4 गॉठ की 25–30 से॰ मी॰ लम्बी कलमें बना ली जाती है। इनका बन्डल बनाकर नम बालू में भंडारित कर देते हैं अथवा सीधे तैयार क्यारियों में रोपण कर दिया जाता है। यदि कलमों को 300 पी॰पी॰एम॰ के आई॰बी॰ए॰ के घोल से उपचारित करने से जड़े शीघ्र तथा अधिक निकलती हैं।

रोपण हेतू 90 ग 90 ग 90 से॰ मी॰ आकार के गड्ढे खोद लेना चाहिए। फिर इन गड्ढो में उर्वर मिट्टी के साथ 30 किलो गोबर की सड़ी खाद, 1 कि॰ग्रा॰ सिंगल सुपर फॉस्फेट, 50 ग्राम सल्फेट ऑफ पोटाश और 50 ग्राम मैलाथियान चूर्ण मिलाकर भर देते हैं। यह क्रिया रोपाई से एक माह पूर्व कर लेनी चाहिए। एक वर्ष आयु की जड़ वाली कलमों का रोपण, तैयार गड्ढों में 2 मी॰ ग 2 मी॰ की दूरी, माह जनवरी के महिना में किया जाता है। जबकि दक्षिणी भारत में अक्टूबर–नवम्बर में रोपाई करते हैं।

अंगूर के वेलों (पौधों) की संधाई

अंगूर का पौधा बेल के रूप में होता है। अतः इसकी संधाई विशेश विधियों द्वारा करने तथा कटाई–छटाई करते रहने पर ही अच्छी फलन होती है। संधाई की चार प्रमुख विधियाँ है जिनको किस्म एवं आमदनी के अनुसार अपनाया जा सकता है :

हेड विधि

यह सबसे आसान एवं सस्ती विधि हैं। इस विधि में अंगूर की बेलों को झाड़ी का आकार दिया जाता है। कम ओज वाली किस्में जैसे ब्यूटी सीडलेस, परलेट हेतु यह विधि अच्छी होती है। इसमें बेल का फैलाव थोड़ा होता है। फलतः अन्य की अपेक्षा उपज कम होती है। परंतु रोपण दूरी कम होने के कारण अधिक पौध लगाये जाते है।

जनवरी में लगाई गई बेल मार्च में फूटना शुरू कर देती हैं जब फुटाव 20–25 से॰मी॰ का हो जाय तो उसे लकड़ी की बल्ली या बॉस के डण्डे के सहारे एक तने के रूप में बढ़ने दिया जाता है। दूसरे वर्ष माह जनवरी में 1.25 मीटर बेल रख कर उपर से काट दिया जाता है। इससे नीचे की गॉठ फूटकर नई शाखें निकालती हैं जिनमें चार शाखों का चयन चारों दिशाओं में भूमि से 75 से॰मी॰ तथा 1.25 मी॰ के बीच में किया जाता है। इन्हीं शाखों को जिन्हें मुख्य भुजा कहा जाता है पूरे वर्ष बढ़ने दिया जाता है। तीसरे वर्ष जनवरी में इन्हीं भुजाओं की लम्बाई 45 से॰मी॰ रखकर शेश भाग काट दिया जाता है। 4 वर्शों में बेल झाड़ीनुमा आकार ले लेती है।

निफिन विधि

इस विधि में मध्यम ओजवाली किस्में जैसी ब्यूटी सीडलेस, परलेट, डिलाइट इत्यादि की संधाई की जाती है। रोपित बेल को बॉस की डण्डियों के सहारे बढ़ने दिया जाता है। इस विधि में दो जी॰आई॰ तार भूमि में क्रमशः 1.05 तथा 1.65 मीटर की ऊँचाई पर लोहे या लकड़ी के खम्भों के सहारे एक छोर से दूसरे छोर तक खींचे जाते हैं। ये तार छोर के दोनों खम्भों में पेंच द्वारा कसे होते हैं। खम्भों की आपसी दूरी 4.8 मीटर होती है। लता भूमि से 1.65 मीटर की ऊँचाई पर से काट दी जाती है तथा तारों के पास दोनों तरफ दो शाखायें क्षैतिज दिशा में बढ़ने दिया जाता है। इस प्रकार दोनों तारों पर भुजायें बन जाती है। इन्हीं भुजाओं पर फल देने वाली छोटी शाखें रहती है जिनकी काट छाट नियमित रूप में करनी पड़ती है।

बावर विधि

इसे मण्डप, पंडाल तथा ओरबर के नाम से भी जाना जाता है। इस विधि में ब्यूटी सीडलेस, परलेट, डिलाइट, पूसा सीडलेस इत्यादि किस्मों की संधाई की जाती है। फल की उपज सबसे अधिक इस विधि में होती है तथा सूर्य की रोशनी एवं चिड़ियों से हानि भी कम होती है।

इस विधि में पंडालनुमा ढाँचा बनाया जाता है। इसके लिए 4.5 से 6.00 मीटर की दूरी पर 2.10 मीटर ऊँचे खम्भों के उपर तार के सहारे जाली बनाई जाती है। तार खड़े और पड़े दोनों तरफ से 45–60 से०मी० की दूरी पर खींचे जाते हैं। बेल को जाली के उपर इस प्रकार साधा जाता है कि उसकी मुख्य शाखायें 45 से०मी० की दूरी पर उप शाखायें निकल कर छतरीनुमा फैल जाय। इस विधि में अन्य की अपेक्षा खर्च अधिक होता है।

अंगूर की बेलों की कटाई–छटाई

अंगूर की बेल का फैलाव अधिक होता हैं। यदि इनकी वार्शिक काट–छाँट नहीं की जाय तो शाखों का प्रसार अधिक होगा परन्तु फल उत्पादन एवं फलों के गुण क्षीण होने लगते हैं। अतः आवश्यक है कि बागवानी किस्म के अनुसार कटाई–छटाई करते रहें।

उत्तरी भारत में पतझड़ के बाद जनवरी माह में कटाई–छटाई की जानी चाहिये। अंगूर में फल पिछले वर्ष की शाखों से उत्पन्न वृद्धि पर, जिन्हें केन कहते हैं। इन्हीं केन को किस्म के अनुसार कुछ आँखे छोड़कर काटना चाहिये। कुछ किस्में जिनमें फल नीचे आने वाली 2–3 आँखों से निकलने वाली शाखाओं पर लगते हैं, की कटाई छँटाई किया जाता है। इसे ठूठ काट–छॉट कहते हैं। इस तरह की काट–छॉट परलेट, ब्यूटी सीडलेस, डिलाइट, गोल्ड आदि किस्मों में की जाती हैं। अन्य किस्मों में फल 8–10 आँखों पर आती है, अतः इसमें 8–10 आँखों छोड़कर कटाई करनी पड़ती है। इसे केन प्रुनिंग कहते हैं। इस विधि द्वारा थम्पसन सीडलेस, पूसा सीडलेस, किशमिश बेली एवं किशमिश चरनी इत्यादि किस्मों की छँटाई की जाती है। इनमें नीचे की आँखों में फलन नहीं होती है।

अंगूर के बागों की सिंचाई

अंगूर की बेलों की आवश्यकतानुसार सिंचाई करते रहना चाहिए। फूल तथा फल लगने के पहले सिंचाई की जानी चाहिये। फल के टिकाव के पश्चात सिंचाई

करते रहना चाहिये। इसी समय फलों तथा पौधे की वश्द्धि होती है। पकने के समय हल्की सी नमी की कमी होनी चाहिये। जाड़ें में अधिक नमी नहीं होनी चाहिये। सिंचाई बेसिन अथवा फरो विधि द्वारा की जानी चाहिये।

खाद एवं उर्वरक का प्रयोग (प्रति बेल)

पौधों की आयु	यूरिया (ग्रा०)	सु०फा० (ग्रा०)	म्यु०पो० (ग्रा०)
प्रथम वर्ष	220	375	133
द्वितीय वर्ष	440	750	265
तश्तीय वर्ष	660	1125	398
चौथे वर्ष	880	1500	538
पचवें वर्ष एवं बाद में	1100	1875	633

खाद एवं उर्वरक के अतिरिक्त 1 प्रतिशत पोटैशियम सल्फेट के घोल का एक सप्ताह के अन्तराल पर 5–6 छिड़काव करने पर फलों के मिठास एवं गुण में बढ़ोत्तरी हो जाती है। सूक्ष्म तत्वों में जस्ते एवं बोरान की कमी प्रायः हो जाया करती है। साल में 0.4 प्रतिशत जिंक सल्फेट का छिड़काव लाभप्रद पाया गयाहै। इसी प्रकार 0.2 प्रतिशत बोरिक एसिड के घोल का फूल आने के पहले तथा फल लगने के बाद छिड़काव करने से फलों के मिठास एवं गुण में बढ़ोत्तरी हो जाती है।

फल के गुण एवं पैदावार में सुधार

निम्नलिखित क्रियाओं द्वारा फल के गुण में बढ़ोत्तरी संभव है –

फलों की विरलन

क्षमता से अधिक बेलों पर गुच्छे लेने पर समान रूप में अंगूर नहीं पकते तथा उनके गुण में कमी आ जाती है। छोटे एवं बेढब गुच्छों को निकाल देना चाहिये। गुच्छों के निचले हिस्से का करीब 5 से०मी० भाग काट देना चाहिये। यह क्रिया फल लगने के तुरंत बाद की जानी चाहिये।

अनार के रंगीन फलों वाली किस्मों के फल सलाद में अवश्य डालें।

अंगूर किस्म – भोकरी

अंगूर किस्म – पूसा सीडलेस की भरपूर फसल

छल्ला बनाना

अंगूर की बेल के मुख्य तने पर आधा से॰मी॰ चौड़ा छल्ला उतारने से अंगूर की पैदावार एवं गुणों में वृद्धि होती हैं यह कार्य फूल खिलने के एक सप्ताह बाद में दानों में रंग बदलते समय तक विभिन्न उद्देश्य हेतु किया जा सकता है।

रसायन छिड़काव

जिब्रेलिक अम्ल एवं इथेफान का छिड़काव व्यावसायिक स्तर पर किया जा रहा है। फूल खिलने के पश्चात् 40–50 पी॰पी॰एम॰ (48–50 भाग प्रति दस लाख भाग पानी) घोल का गुच्छों पर छिड़काव करने से अंगूर के दाने बड़े होते हैं तथा खाने के गुणों में सुधार के साथ पैदावार भी बढ़ती है। एथेफान के 500 पी॰पी॰एम॰ के घोल का अंगूर के गुच्छों पर छिड़काव करने से अंगूर के गुच्छे पहले पक जाते हैं, दाने के रंग में निखार आ जाता है तथा रस में मिठास बढ़ जाती हैं। इसका छिड़काव फलों के रंग बदलते समय करें।

फलों की तोड़ाई एवं उपज

अंगूर के गुच्छों की तोड़ाई पूर्णरूप से पकने के बाद की जानी चाहिये। प्रातःकाल सावधानीपूर्वक डण्ठल को पकड़कर तोड़ाई की जानी चाहिये। उपज किस्म, संधाई विधि तथा बाग की देखभाल पर निर्भर करती है। साधारणतया 10–15 टन औसत उपज प्रति हेक्टर प्राप्त होती है अधिक उपज लेने पर पौध कमजोर हो जाते हैं। अनाब–ए–शाही किस्म में 78--80 टन तक औसत उपज प्राप्त होती है।

अंगूर औषधि के रूप में

अंगूर का सेवन हमें ठण्ढ़क तथा ताजगी प्रदान करता है। यह फल अनेक रोगों की अचूक औशधि भी है। यह प्यास को दूर करता है। इसके सेवन से कोढ़, टी॰बी॰, दामा, उल्टी, पिलिया, अम्लता, ज्वर तथा औरतों का अनियमित मासिक क्रिया नियमित हो जाती है। आयुर्वेदाचार्य सुश्रुत के अनुसार भोजन में रोज अंगूर खाने वाले लोगों को बुढ़ापा जल्दी नहीं छुता है वे सदैव युवा बने रहते हैं। शराब पीने वालों को रोज–रोज भोजन में अंगूर खिलाने से उनकी शराब पीने की आदत छूट जाती है क्योंकि अंगूर खाने से उन्हें शुद्ध प्राकृतिक शराब अंगूर से प्राप्त होने लगती हैं। बच्चों को अंगूर का ताजा रस पिलाने से उनकी कब्जियत दूर हो जाती है। दिल तथा

किडनी के रोगियों को केवल अंगूर खिलाकर 2–3 दिन रखने से उनकी दशा काफी सुधरने लगती है। अंगूर में विद्यमान जल तथा पोटाश, मैलिक एसिड, सिट्रिक एसिड तथा टारटरिक एसिड, दिल, किडनी तथा लीवर को बल प्रदान कर शक्तिशाली बनाता है। अंगूर का नियमित सेवन से कब्जियत ठीक हो जाती है तथा बावासिर की शिकायत समाप्त हो जाती है। कमजोर नर–नारियों को भोजन में 15–20 दाने ताजे अंगूर के अवश्य खाने चाहिए। इससे उनकी शारीरिक दुर्बलता समाप्त हो जायेगी।

❑❑❑

अध्याय 31

केला

जब कोई बात मिठास भरे फल–सलाद की चलती है तो हमारा मन केले की तरफ अनायास ही खिंच जाता है। केला हमारा जाना–पहचाना फल है। यह भारत का देषज फल है। इसका जन्म–स्थान अरूणाचल प्रदेष का वह भू–भाग है जो वर्मा तथा चीन की सरहद से लगा हुआ है। ईसा से 327 ई॰ पू॰ जब सिकन्दर ने सिन्धु घाटी में केले के वश्क्षों को फलों से लदा हुआ देखा तथा पकेस्वादिष्ट फलों को खाया तो उसका मन मुग्ध हो उठा था। सातवीं सदी में अरब के व्यापारियों को केला को अरब तथा मिश्र में पहुँचाने का श्रेय प्राप्त है। जब वास्कोडिगामा भारत की तरफ आ रहा था तो उसे सर्वप्रथम अफ्रीका के पश्चिमी तट पर केले की खेत देखने को मिला था। कहा जाता है कि अंग्रेजी का शब्द 'बनाना' पश्चिमी अफ्रीका की गिन्नी भाषा के प्रचलित शब्द से विकसित हुआ है।

केला का नामकरण

केला को भारत के विभिन्न प्रांतों की विभिन्न भाषाओं में लगभग अलग–अलग नामों से पुकारा जाता है। असम में इसे 'कोल' कहते हैं। वनस्पतिशास्त्र के प्रसिद्ध

वैज्ञानिक कार्ल लिनियस ने केला को वानस्पतिक भाषा में 'मुसा पाराडिसिआका' तथा 'मुसा सैपिएण्टम' दो नाम दिये हैं। 'मुसा' शब्द उन्होंने लैटिन भाषा के 'मुज' शब्द से लिया है परन्तु कुछ वैज्ञानिकों का कहना है कि सम्राट अगस्ट्स के चिकित्सक 'एण्टोनियो मुसा' से लिनियस ने 'मुसा' शब्द लिया है लेकिन यह तथ्य वैज्ञानिक नहीं प्रतीत होता है। केला का नाम जो भी हो तथा जैसे आया हो, यह तो मानना पड़ेगा कि केला मानव को कुदरत की अनुपम भेंट है। यदि आप केले के बारे में अधिक गहराई में जाकर विचार करें तो इस निष्कर्ष पर पहुँचेंगे कि सममुच कुदर्त ने इस फल को अनेक अद्भुत गुणों से इस प्रकार भर दिया है जो अन्य फलों से अलग प्रतीत होता है। इस तथ्य के पीछे निम्नलिखित आधार हैं।

केला खाद्य तत्वों का खजाना

केला खाद्य तत्वों से परिपूर्ण फल है। केले को आप कच्चा तथा पका दोनों अवस्थाओं में इस्तेमाल कर सकते हैं। केले के पके फलों से फल–सलाद बनायी जाती है जो अत्यन्त लोकप्रिय है। केले के पके फलों के गूदे में जल 70.6 से 75. 9 प्रतिशत, रिड्यूसिंग सुगर 4.10 से 10.73 प्रतिशत, ननरिड्सिंग सुगर 6.12 से 16. 08 प्रतिशत, स्टार्च 2.93 से 6.54 प्रतिशत, कार्बोज 19.78 से 24.78 प्रतिशत, प्रोटीन 0.48 से 1.49 प्रतिशत, वसा 0.24–0.47 प्रतिशत, पेक्टीन 0.36 से॰ 0.36 प्रतिशत, प्रोटोपेक्टीन 0.29 से 0.32 प्रतिशत तथा राख 0.70 से 0.84 प्रतिशत होती है। परन्तु 100 ग्राम गूदे में विटामिन सी 21 से 24 मिलीग्राम तथा 71.95 अन्तर्राष्ट्रीय इकाई कैरोटीन और प्रचुर मात्रा में स्फुर, कैल्सियम तथा लोहा पाया जाता है। अच्छी तरह पका केला सुपाच्य होता है परन्तु अधपका केला हानिकारक होता है।

केला–अपार ऊर्जा का स्रोत

ऊर्जा उत्पादन में, केले की कोई तुलना नहीं। केले से प्रति हेक्टर भूमि से 1 करोड़ 25 लाख किलो कैलोरी ऊर्जा प्राप्त होती है जबकि गेहूँ से 31.5 लाख किलो कैलोरी तथा धान से 32 लाख किलो कैलारी। अतः केला ऊर्जा उत्पादन की दृष्टि से आश्चर्यजनक फल है तथा यह इस फल की बहुत बड़ी विशेषता है।

केला मनुष्य, मृदा तथा पशुओं का पौष्टिक आहार

केला मनुष्यों का ही नहीं बल्कि यह मृदा और पशुओं का भी पौष्टिक आहार है। केले के पके फलों को दूध के साथ खाने पर यह पूर्ण तथा संतुलित आहार हो जाता

है। दक्षिण भारत के लोग भोजन करने के बाद पके केले अवश्य खाते हैं। केले के पके फलों की तो एक बात है परन्तु इस वृक्ष के कच्चे फल भी सब्जी, अचार, रैयता, चटनी, कोफ्ता, चिप्स आदि के रूप में वृहत मात्रा में खाये जाते हैं। कही–कही तो लोग केले के फूल तथा कोमल पौंच के भीतरी भाग की भी सब्जी तथा अचार बनाते हैं। केले के हरे पत्ते तथा थम्भ पशुओं का पौष्टिक चारा है। केले के फलों की घौंद कटाई के बाद थम्भ को सड़ाकर उच्चकोटि का कम्पोस्ट बनाया जाता है जो कृषि का आधार है तथा मृदा की क्षुधापूर्ति करता है।

केला–ईधन, वस्त्र तथा बर्तन का भंडार

केला बहुपयोगी फल है। केले के पुंजों को उखाड़ने पर जो भूमिगत प्रकन्द निकलते हैं, उन्हें सुखाकर ईंधन के रूप में इस्तेमाल किया जाता है। केले के तनों और पत्तों की मध्य शिराओं से रेशे निकाल कर जापान तथा फिलिपिन्स में मोटा किस्म का कपड़ा बनाया जाता है। भारत में ही नहीं बल्कि उत्तरी–पूर्वी एशिया के अनेक देशों के लोग केले के पत्तों को थाली के सथान पर खाना खिलाने के काम में लाते हैं। इसके पत्ते साफ–सुथरे होते हैं तथा खाने के बाद लोग उसे फेंक देते हैं। केले के सूखे पत्तों से झोपड़ियाँ बनायी जाती हैं।

केला–पुनीत कार्य का प्रतीक

शास्त्रों में केला को पवित्र वृक्ष माना गया है। आज भी शादी–विवाह, कथा, पूजा, अर्चना आदि मांगलिक अवसरों पर केले के वृक्षों से मंडप सजाने की प्रथा इसी बात का इजहार प्रस्तुत करती है। कथा–पूजा आदि में केले का प्रसाद शुभ माना जाता है। असम में प्रथम रजस्वला (माहवारी) के बाद लड़कियों की प्रथम शादी केले के पेड़ से कर दी जाती है। हिन्दु शास्त्रों में केले को देवताओं के गुरु वृहस्पति का वृक्ष बताया गया है तथा वृहस्पतिवार को केले के वृक्ष की जड़ों में जल चढ़ाकर पूजा की जाती है। बिहार तथा बंगाल में ही नहीं, असम में भी लड़कियों की विदाई में दी जाने वाली भेंटों में केला अवश्य रहता है जो शुभ तथा समृद्धि का सूचक है।

केला–औषधीय गुणों का भंडार

केला केवल पौष्टिक तथा स्वादिष्ट हीं नहीं होता है बल्कि इसमें अनेक रोगों को ठीक करने की अद्भुत शक्ति है। पतला दस्त होने पर दो पके केले के भीतर 3–4 कपूर के छोटे–छोटे टूकड़े डालकर खाने से दस्त तुरन्त रूक जाती है। पेचिस में

कच्चा बतीसा केले का चोखा लाभप्रद होता है। असम में प्रत्येक माँ अपने बच्चें को तीन साल की उम्र तक भीमकोल के पके फलों के गूदे में गाय का दूध मिलाकर खिलाती है जिससे उनका स्वास्थ्य उच्चकोटि का हो जाता है। केले के तने के भीतरी भाग को सुखाकर जला दिया जाता है और उससे प्राप्त राख की एक चम्मच मात्रा को पानी के साथ खाने पर पेट दर्द, अपच तथा बदहजमी ठीक हो जाती है। खाना खाने के बाद दो अच्छी तरह पके केले खाने से कब्जियत दूर हो जाता है। कच्चे केले में स्टार्च होता है जो सब्जी बनाने पर अधिक सुपाच्य होकर पाचन को ठीक कर देता है। केले के सेवन से बच्चों का सिलियक रोग दूर हो जाता है।

केला–कुटीर उद्योगों का आधार

केले पर आधारित केला चिप्स उद्योग, केला आटा उद्योग, केला जैम उद्योग, केला अचार उद्योग, केला फिग उद्योग, केला मिल उद्योग तथा केला रस्सी उद्योग लगा कर आप घर बैठे अच्छी आमदनी प्राप्त कर सकते हैं। आजकल करोड़ों रूपये मूल्य का केला भारत से निर्यात हो रहा है।

इस प्रकार केला सचमुच कुदरत का करिष्मा है। जब केला इतना अद्‌भुत फल वृक्ष है तो आप इसकी बागवानी अवश्य करें। केला विश्व का दूसरा महत्वपूर्ण फल है तथा चावल, गेहूँ दुग्ध उत्पादों के बाद चौथी महत्वपूर्ण खाद्य सामग्री है। भारत का यह एक अति प्राचीन फल है, जिसका सामाजिक एवं आर्थिक पहलू बहुत महत्वपूर्ण हैं। भारत के उत्तर पूर्व क्षेत्रों में केला औषधिय रूप में विभिन्न बीमारियों के इलाज हेतु इस्तेमाल किया जाता है।

भारत के कुल फल उत्पादन में केला का हिस्सा 31.72 प्रतिषत है। यहाँ केला की खेती उष्ण एवं उपोष्ण जलवायु में सफलतापूर्वक की जाती है। केला, ऊर्जा एवं पोषण मूल्य के दृष्टिकोण से भी बहुत ही अच्छा स्रोत है। यह प्रत्येक आयु वर्ग के लोगों के लिए आर्दश फल है, जिसे बुढ़ों से लेकर नवजात शिशु तक पसन्द हैं। भारत के विभिन्न क्षेत्रों में केला का पाउडर बना कर नवजात शिशु के भोजन के रूप में प्रयोग किया जाता है। तमिलनाडु में इसकी खेती पत्तों के लिए लगभग 2000 एकड़ में की जाती हैं, क्योंकि घर हो या बड़े–बड़े होटल, खाना परोसने के लिए केला के पत्तों का उपयोग बहुतायत से होता है। इसकी पत्तियाँ काटकर हरा चारा के रूप में पषुओं को दी जाती हैं। हिन्दुओं का शायद ही कोई ऐसा पर्व हो जिसमें केला का किसी न किसी रूप में उपयोग न होता हो। केला के रेशों से धागा बनाया

जाता है, जिससे अति सुन्दर चटाई, समान ढ़ोनेवाला बैंग इत्यादि बनाया जाता है। केला कच्चा या पका कर उपयोग में तो लाया ही जाता है इसके अलावा इससे चिप्स, शराब, पाउडर इत्यादि भी बनाया जाता है।

केला उत्पादन का लक्ष्य

भारत में सन् 2020 तक के लिए केला उत्पादन का लक्ष्य 2.5 करोड़ टन रखा गया है, इस लक्ष्य की प्राप्ति के लिए यह आवश्यक है कि केला का उत्पादन एवं उत्पादकता दोनों में वृद्धि की जाय। उत्पादन एवं प्रति हेक्टर उत्पादकता बढ़ाने के लिए आवश्यक है कि परिष्कृत उत्पादन तकनीक का बड़े पैमाने पर उपयोग किया जाय। उत्पादन के हर पहलु जैसे पौध प्रर्वधन, रोपण, सिंचाई उर्वरकों का प्रयोग, समन्वित कीट एवं रोग प्रबंधन इत्यादि पर यथोचित ध्यान दिया जाय। उत्पादकों को अपने उत्पाद का उचित मूल्य मिले इसके लिए आवश्यक है कि केला के भण्डारण एवं विपणन पर भी समुचित ध्यान दिया जाय। चूँकि यह एक शीघ्र ही नष्ट हो जाने वाला फल है और अपने देश में भंडारण की क्षमता बहुत सीमित है, परिरक्षण द्वारा इसके विभिन्न उत्पादों के निर्माण में गुणात्मक वृद्धि लाने की आवश्यकता है।

केला की उत्पत्ति

केला म्यूजेसी कुल से संबंधित है तथा इसकी उत्पत्ति दक्षिण पूर्व एशिया में हुई है। प्रायः केला की सभी व्यवसायिक किस्में केला की दो प्राचीनतम प्रजातियाँ (मुसा एकुमिनेटा एवं मुसा वाल्वीसियाना) के प्राकृतिक संकरण द्वारा अस्तित्व में आयी है। कुछ वैज्ञानिकों के अनुसार भारत का उत्तरी पूर्वी हिस्सा भी केला का एक उद्गम स्थल है। वैज्ञानिकों के सतत् अनुसंधान के फलस्वरूप अब कई संकर प्रभेद भी उपलब्ध हैं।

उत्पादन एवं उत्पादकता

भारत विश्व का सबसे बड़ा केला उत्पादक राष्ट्र है। यहाँ 46700 हेक्टर क्षेत्रफल से लगभग 1.5 करोड़ टन केला पैदा होता है। भारत के विभिन्न प्रमुख केला उत्पादक प्रदेशों में तमिलनाडु, महाराष्ट्र, कर्नाटक, मध्यप्रदेष, गुजरात एवं बिहार का नाम आता है। इसकी खेती भारत के केवल उन प्रदेषों में नहीं होती है जिसमें अत्यधिक ठंढ़क पड़ती है, जैसे हिमाचल प्रदेश, जम्मू एवं कश्मीर। बिहार में इसकी खेती 28300 हेक्टर क्षेत्रफल में होती है जिससे प्रति वर्ष 5.6 लाख टन केला प्राप्त होता है। प्रति हेक्टर उत्पादन 32 टन है। पूर्वी उत्तर प्रदेश में केला की खेती की

असीम संभावनाएँ हैं क्योंकि वहाँ की जलवायु केला की खेती के लिए उपयुक्त है। अभी उत्तर प्रदेश में केवल 1300 हेक्टेयर में ही इसकी खेती होती है जबकि यहाँ की उत्पादकता 27.54 टन प्रति हेक्टर है। यूँ तो भारत केला उत्पादन के अग्रणी देशों में एक है, लेकिन यहाँ से केला का निर्यात सन् 1998 में मात्र 280 टन था जो कि नगण्य है। इसमें वृद्धि की अपार संभावनाएँ हैं।

जलवायु तथा भूमि का चुनाव

केला की खेती सफलतापूर्वक आर्द्र उपोष्ण एवं उष्ण क्षेत्रों में समुद्र की सतह से 2000 मीटर की ऊँचाई तक की जा सकती है। भारत में 8 डिग्री से लेकर 28 डिग्री उत्तर अक्षांष तक 10–40 सेल्सीय्स तापक्रम एवं 500–2000 मिलीमीटर वार्षिक वर्षा वाले क्षेत्रों में इसकी खेती होती है। केला की खेती के लिए आदर्श तापक्रम 20 डिग्री से 30 डिग्री सेल्सियस है। इसके उपर या नीचे केला की वृद्धि प्रभावित होती है। 10 डिग्री सेल्सियस से नीचे के तापक्रम पर पौधे की वृद्धि रूक जाती है। यदि केला का पौधा जाड़े के मौसम में निकलता है तो कई किस्में जाड़ा की वजह से प्रभावित होती हैं। फूल तना के भीतर फँसा हुआ प्रतीत होता है और कभी–कभी विलम्ब से तना को फाड़ते हुए बाहर निकलता है। अत्यधिक जाड़े के समान ही 38 डिग्री से॰ से अधिक गर्मी भी केले की वृद्धि हेतु घातक साबित होती है। अतः अत्यधिक जाड़ा एवं गर्मी दोनों ही केला के पौधे के लिए हानिकारक है। खेत में जल जमाव की स्थिति भी इसकी वृद्धि को प्रभावित करती है, यद्यपि केला पानी को अधिक पसंद करने वाली फसल है। केले के पौधे की गर्म एवं तेज हवाओं से रक्षा करने के उद्देश्य से वायुरोधक पौधे या वृक्ष खेत के किनारे या मेंड़ पर लगाये जाने चाहिए।

केले की प्रजातियाँ

भारत में लगभग 500 किस्में उगायी जाती हैं लेकिन एक ही किस्म का विभिन्न क्षेत्रों में भिन्न–भिन्न नाम है। राजेन्द्र कृषि विष्वविद्यालय, पूसा के पास केला की 100 से ज्यादा प्रजातियाँ बिरौली एवं केला अनुसंधान केन्द्र, हाजीपुर में संग्रहित है। केला का पौधा बिना शाखाओं वाला कोमल तना निर्मित होता है। इसकी ऊँचाई 1.8 मी॰ से लेकर 6 मी॰ तक होती है। इसके तना को झूठा तना या आभासी तना कहते हैं क्योंकि यह पत्तियाँ के नीचले हिस्से के संग्रहन से बनता है। असली तना जमीन के नीचे होता है जिसे प्रकन्द कहते हैं। इसके मध्यवर्ती भाग से पुष्पक्रम निकलता है। हमारे देश की मुख्य व्यवसायिक किस्मों का वर्णन निम्नलिखित है।

डवार्फ कवेंडिश

इसके अन्य नाम हैं – बसराई, काबुली, वामनकेली, भूसावल, जहाजी, मोरीस, मोरीसस आदि। इसका पौधा काफी छोटा केवल 1.6–1.8 मीटर ऊँचा होता है। फल लम्बे, झुके हुए, छाल हरा, गूदा मुलायम तथा मीठा होता है। फलों के गुच्छे (घौंद) का वजन 20–25 किलोग्राम के आसपास होता है, जिसमें सामान्यतः 120–130 फल होते हैं। फसल चक्र सामान्यतः 14–16 महीने का होता है। केला की व्यवसायिक किस्मों में यह सबसे महत्वपूर्ण है। इस प्रजाति में तेज हवा सहन करने की क्षमता होती है। ड्रिप सिंचाई तथा अत्याधुनिक उत्पादन तकनीक द्वारा प्रति इकाई क्षेत्रफल से अधिक लाभ देने वाली किस्म है। इस किस्म से कभी–कभी 30–40 किलोग्राम तक की घौंद प्राप्त होती है। पानामा विल्ट के प्रति प्रतिरोधक पर गुच्छ शीर्ष रोग के प्रति रोगग्राही प्रजाति है। सर्दी (शीत ऋतु) में घौंद पौधे के शीर्ष भाग में फॅस जाता है और जब बाहर आता है तब विकृत अवस्था में होता है। इस अवरोध के कारण फलियों/छिमियों का विकास सामान्य ढंग से नहीं हो पाता। यह विकृति दैहिक व्यतिक्रम में व्यवधान के कारण उत्पन्न होता है और इससे बचने के लिए इस किस्म को अगस्त या इसके बाद रोपने की सलाह नहीं दी जाती है।

रोबस्टा

इसके अन्य नाम है : जॉयंट कवेन्डिस, पोयो, सेलरी, हनुमान। इस किस्म का आगमन हमारे देष में पश्चिम द्वीप समूह से हुआ है। इसका फल हरी छाल से मिलता–जुलता है लेकिन पकने पर छाल अपेक्षाकश्त अधिक हरा रहता है। पौधा अधिक लम्बा 2.8 से 3.6 मीटर ऊँचा होता है। फलों के गुच्छे का वजन 25–30 किलोग्राम होता है। फल का आकार अच्छा होता है तथा थोड़ा सा मुड़ा होता है। इसका फसल चक्र लगभग 10 से 15 महीने का होता है। यह प्रजाति आर्द्रक्षेत्रों में सिंगाटोका रोग के प्रति रोगग्राही होती है जबकि पनामा विल्ट के प्रति रोगरोधी है।

मालभोग

इसके अन्य नाम है : सिल्क, रसथेली, मर्त्तमान, अमृतपानी, आदि। यह बिहार एवं बंगाल की एक मुख्य किस्म है जो अपने विशिष्ट स्वाद एवं सुगन्ध की वजह से विश्व में एक प्रमुख स्थान रखती है। यह अधिक वर्षा को सहन कर सकती है। इसका पौधा लम्बा, फल औसत आकार का, छाल पतली तथा पकने पर कुछ

पीलापन लिए हुए हो जाती है। फल धीरे–धीरे पकते हैं तथा गुदा कड़ा ही रहता है। फलों के गुच्छे का वजन 10–12 किलो तथा फल की संख्या लगभग 120 होता है। पनामा विल्ट की वजह से यह प्रजाति लुप्त होने के कगार पर है।

अल्पान

पूवन, चम्पा, चीनी चम्पा, चीनिया, पंचानकोर्दन आदि। यह बिहार, तमिलनाडु, बंगाल तथा आसाम की एक मुख्य एवं प्रचलित किस्म है। इसका पौधा लम्बा तथा पतला होता है। फल छोटे उनकी छाल पीली तथा पतली, कड़े, गुद्दोर, मीठा, कुछ–कुछ खट्टा या स्वादिष्ट होता है। फलों का गुच्छा 20–25 किलोग्राम का होता है। प्रति गुच्छा फलों की संख्या 150–300 तक होती है। फसल चक्र 16–17 महीने का होता है। इसकी खेती बहुतायत से होती है, क्योंकि इसका पौधा पनामा रोग के प्रति कुछ हद तक अवरोधी होता है। इसमें केवल धारीदार विषाणु रोग का प्रकोप ज्यादा होता है।

ने पूवन

इसका पौधा लम्बा एवं तना पतला होता है। फल छोटे आकार के होते हैं। छाल कागज की तरह पतला, गुदा सफेद मीठे तथा स्वाद में कुछ स्टार्ची होता है। घौंद लगभग 12 किलोग्राम का होता है जिसमें फलों की संख्या लगभग 150 तक होती है।

लाल केला

इसका पौधा 3.5–4.5 मीटर लम्बा होता है। फलों का रंग पकने पर लाल हो जाता है। फल लम्बा एवं मोटा होता है। छाल भी मोटा होता है। गुदा हल्का केसरिया रंग लिए कड़ा कुछ नम, मीठा तथा अच्छी गंध वाला होता है।

विरूपक्षि

ये ऐसे केलों का समूह हैं जो निचले पहाड़ पर जैसे, मद्रास के नीलगिरी तथा मदुराई जिला, बम्बई तथा कर्नाटक में उत्पन्न होता है। ये समुद्र तल से 600–1500 मीटर की ऊँचाई पर पाया जाता है। ये अपनी विषिष्ट गंध एवं स्वाद के लिए इन क्षेत्रों में प्रसिद्ध है। अन्य केलों की तुलना में इसकी बिक्री से दुगुना मूल्य मिलता है।

इसका पौधा ऊँचे कद का होता है। घौंद छोटी होती है। घौंद का औसत भार 11–13 किलोग्राम तथा फलों की संख्या 60–70 के आसपास होती है।

नेद्रन (रजेली)

दक्षिण भारत की यह एक किस्म है। इस केला के उत्पाद जैसे चिप्स तथा पाउडर आदि खाड़ी के देशों में निर्यात किया जाता है। इसे मुख्यतः सब्जी के रूप में प्रयोग किया जाता है। इसका पौधा 2.7–3.6 मीटर लम्बा होता है। फलों का गुच्छा छोटा होता है। फल लम्बे 22.5–25 से॰मी॰ आकार वाले, छाल मोटी, गूदा कड़ा तथा स्टार्ची लेकिन मीठा होता है। फलों को उबालकर नमक एवं काली मिर्च के साथ भी खाया जाता है।

मोन्थन

अन्य नाम हैं : कचकेल, बनकेल, बौंथा, कारीबेल आदि। यह सब्जी वाली किस्म केरल में मालाबार, तमिलनाडु में मदुराई, तंजावर, कोयम्बटूर तथा तिरूचिरापल्ली में तथा बम्बई के थाने जिले में मुख्यतया पाई जाती है। इसका पौधा लम्बा तथा मजबूत होता है। केलों का गुच्छा छोटा तथा फल बड़े सीधे तथा एन्गुलर होते हैं। छाल बहुत मोटी तथा पीली होती है। गूदा नम, मुलायम, कुछ मीठापन लिए होता है। इसका मध्य भाग कड़ा होता है। कच्चा फल सब्जी तथा पके फल को खाने के रूप में प्रयोग करते हैं। फलों के गुच्छे का वजन 18–22.5 किलोग्राम होता है। जिसमें आमतौर पर 100–112 फल होते हैं।

ग्रैंड नैने

डवार्फ कवेंडीश से मिलती जुलती किस्म है। यह महाराष्ट्र एवं कर्नाटक के केला उत्पादकों के मध्य अति लोकप्रिय है। इसमें डवार्फ कवेन्डीष के लगभग सभी गुण होते हैं बजाय मजबूती पन के। घौंद का वजन 25–30 किलोग्राम होता है तथा इसमें इसके फल लगभग समान होते हैं।

कोठिया

यह बिहार एवं तमिलनाडु की एक लोकप्रिय प्रजाति है। इसका पौधा अधिक सहिष्णु होता है, जो हवा, सूखा, पानी, उँची नीची जमीन, पी॰एच॰ मान से निरपेक्ष

प्रजाति है। इसकी सबसे बड़ी विशेषता है कि विषम परिस्थितियों के प्रति सहिष्णु होती है। अन्य केला की प्रजाति की तुलना में यह कुछ ज्यादा समय लेती है। घौंद का औसत वजन 20–25 किलोग्राम होता है। यह मुख्यतः सब्जी हेतु प्रयोग में लाई जाती है। इसका फल पकने के पश्चात् भी घौंद से अलग नहीं होता है इसमें कीड़े एवं बीमारियों का प्रकोप कम होता है।

केला की उन्नत संकर किस्में

जिस केले की हम खेती करते हैं वह स्वयं बन्ध्य होता है और बिना परागन और निषेचन के ही फल विकसित होते हैं। यही कारण है कि अधिकांश किस्मों के फलों में बीज नहीं होता है और अलैंगिक प्रवर्धन से ही उनका जीवन संभव होता है। अधिकांष व्यवसायिक किस्मों का प्रादुर्भाव प्राकृतिक संकरण से हुआ है। संकर विधि द्वारा केला की नई किस्म विकसित करना आसान नहीं है। लेकिन वैज्ञानिकों के अथक प्रयास के फलस्वरूप कुछ संकर किस्मों को विकसित किया गया है जिसमें से कुछ उन्नत किस्मों का विवरण निम्नलिखित है :

हाइब्रीड–1

यह केला की एक उन्नत संकर किस्म है जिसमें मध्यम से लेकर उच्च स्तर की पूर्ण चित्ती एवं उखड़ा रोग के प्रति रोगरोधी गुण होता है। पौधे की उँचाई मध्यम आकार की होती है। इसमें 14–16 किलोग्राम का घौंद निकलता है। फल पकने पर सुनहले पीले रंग का हो जाता है जिसका स्वाद खट्टापन लिए होता है।

हाइब्रीड–2

इसके पौधे मध्यम उँचाई के होते हैं। फसल की अवधि एच–1 की अपेक्षा कुछ छोटी होती है। घौंद का औसत वजन 15–20 किलोग्राम होता है। फल आपस में पास–पास व्यवस्थित होते हैं। फल का स्वाद हल्का खट्टा होता है, जिससे हल्की–हल्की मनपसन्द गंध निकलती है।

फिया (गोल्ड फिंगर)

यह संकर प्रजाति, पोम ग्रुप से संबंधित है। जिसकी जिनोमिक संरचना ए ए ए बी है। यह प्रजाति सिंगाटोका एवं पनामा विल्ट के प्रति रोगरोधी है। इसकी घौंद का औसत भार 23–28 किलोग्राम होता है।

केले का प्रवर्धन

केला का प्रवर्धन सकर (पौंच) द्वारा होता है। ऊतक संवर्धन द्वारा भी पौधे तैयार किये जाते हैं। सकर दो प्रकार के होते हैं।

स्वोर्ड सकर

सर्वाधिक उपयुक्त सकर पतली व नुकीली पत्तियों वाले स्वोर्ड सकर (तलवारी सकर) होते हैं। देखने में पतले लगते हैं, परन्तु प्रवर्धन के लिए अत्यधिक उपयुक्त होते हैं। इनकी पत्तियाँ तलवार की तरह पतली चौड़ाई वाली एवं नुकीली होती हैं।

वाटर सकर

यह सकर चौड़ी पत्तियों वाले होते हैं। देख़ने से मजबूत लगते हैं लेकिन आन्तरिक रूप से ये कमजोर होते हैं। प्रवर्धन हेतु इनका प्रयोग वर्जित है। सकर सदैव स्वस्थ उच्च गुणवत्ता वाली किस्मों के पौधों से ही लेना चाहिए। जिसमें रोग एवं कीड़ों का प्रकोप बिल्कुल न हो। दो तीन माह पुराना ओजस्वी सकर प्रवर्धन हेतु अच्छा होता है।

प्रकन्द द्वारा

केले के प्रकन्द से भी नये पौधे तैयार हो सकते हैं। बहुत अधिक पौधे जल्द तैयार करने के लिए पूरा प्रकन्द या इसके टुकड़े काटकर प्रयोग में लाते हैं। इनसे पौधा बनने में थोड़ा अधिक समय लगता है। परन्तु पहली फसल के पौधे अधिक समरूप होते हैं। प्रकन्द का औसत वजन लगभग एक से डेढ़ किलोग्राम होना चाहिए।

ऊतक संवर्धन विधि द्वारा केला का प्रवर्धन

विगत कुछ वर्षों से ऊतक संवर्धन (टिसू कल्चर) विधि द्वारा केले की उन्नत प्रजातियों के पौधे तैयार किये जा रहे हैं। इस विधि द्वारा तैयार पौधों से केले की खेती करने के अनेकों लाभ हैं। ये पौधे स्वस्थ, रोग रहित होते हैं। पौधे समान रूप से वृद्धि करते हैं। अतः सभी पौधों में पुष्पन, फलन, कटाई तथा विपणन में सुविधा होती है। फलों का आकार प्रकार एक समान होता है। प्रकन्दों की तुलना में ऊतक संवर्धन द्वारा तैयार पौधों में फलन 2–3 माह पूर्व हो जाता है। इस प्रकार रोपण के बाद

13–15 माह में केला की फसल प्राप्त हो जाती है। जबकि प्रकन्दों से तैयार पौधों से फलन 15–17 माह बाद मिलती है। ऊतक संवर्धन विधि से तैयार पौधों से औसत उपज 30–35 किलोग्राम प्रति पौधा तक मिलती है। पहली फसल लेने के बाद दूसरी फसल (रैटुन) घौंद कटाई के 8–10 माह के भीतर पुनः ली जा सकती है। इस प्रकार 24–25 माह में केले की दो फसलें ली जा सकती हैं जो कि प्रकन्दों से तैयार पौधों से संभव नहीं है। ऐसे पौधों के रोपण में समय तथा धन की बचत होती है, परिणामस्वरूप, पूँजी की वसूली शीघ्र होती है।

बाग संस्थान

केला की खेती से अधिकाधिक आय प्राप्त करने हेतु खेत की तैयारी, बाग लगाने का समय, पौधें से पौधे, तथा पंक्ति से पंक्ति की दूरी सकर का चुनाव (या ऊतक संवर्धन द्वारा तैयार पौधों का चयन) इत्यादि पर विशेष ध्यान देना आवश्यक होता है।

भूमि की तैयारी

गड्ढ़ा खोदने से पूर्व खेत की 2–3 जुताई करके खरपतवार खेत से निकाल देना चाहिए तथा मिट्टी को भुरभुरी बना देना चाहिए। इसके बाद 30 x 30 x 30 से॰मी॰ या 45 x 45 x 45 से॰मी॰ आकार के गड्ढ़े, 1.5 x 1.5 मीटर की दूरी पर बौनी प्रजाति हेतु या 2 x 2 मीटर की दूरी पर (लम्बी प्रजाति हेतु) गड्ढ़े खोद लेते है। गड्ढ़ों की खुदाई का कार्य जून के प्रथम सप्ताह में कर लेना चाहिए। खुदाई के उपरांत उसी अवस्था में गड्ढ़ों को 15 दिन तक छोड़ देना चाहिए। कड़ी धूप की वजह से हानिकारक कीट, फफूँद जीवाणु वक कीट नष्ट हो जाते हैं। गड्ढ़े की मिट्टी 20 किलोग्राम सड़ी गोबर का खाद (कम्पोस्ट) एक किलो अंडी या नीम की खल्ली, 20 ग्राम फ्यूराडान मिट्टी में मिला देना चाहिए तथा गड्ढ़ा भर देना चाहिए। गड्ढ़ा भरने के उपरांत वर्षा के अभाव में सिंचाई करना आवश्यक है, जिससे गड्ढ़ों की मिट्टी बैठ जाय।

ऊतक संवर्धन द्वारा तैयार पौधों या प्रकन्दों का रोपण

पॉलीथिन थैले में 8–10 इंच ऊचाई के ऊतक संवर्धन द्वारा तैयार पौधे रोपण हेतु उपयुक्त होते हैं। पॉलीथिन के पैकटों को तेज चाकू या ब्लेड से काटकर अलग कर देते हैं, तथा पौधों को निकाल लेते हैं, ध्यान देना चाहिए कि मिट्टी के पिण्डी न फुटने पाये। पहले से भरे गये गड्ढ़ों के बीचो–बीच मिट्टी के पिण्डी के बराबर

छोटा–सा गड्ढ़ा बनाकर पौधे को सीधा रख देना चाहिए। पौधे की जड़ों को बिना हानि पहुचाएँ पिण्डी के चारों ओर मिट्टी भरकर अच्छी प्रकार दबा देना चाहिए ताकि सिंचाई के समय मिट्टी में गड्ढ़ा न पड़े। बहुत अधिक गहराई में रोपण कार्य नहीं करना चाहिए। केवल पौधे की पिण्डी तक ही मिट्टी भरना चाहिए।

केला रोपण की दूरी

केला में पौधे से पौधा एवं पंक्ति से पंक्ति की दूरी विभिन्न कारकों द्वारा प्रभावित होती है जैसे केला की किस्म, खेती करने की विधि, मृदा की उर्वरता इत्यादि। केला की परम्परागत खेती में विभिन्न किस्मों के लिए रोपण की दूरी भी भिन्न–भिन्न निर्धारित की गई है जो निम्नवत् है।

तालिका : प्रजाति के अनुसार रोपण की दूरी

क्र. सं.	प्रजाति	दूरी	प्रति हेक्टर पौधों की संख्या
1.	रोबस्टा, डावर्फ कावेन्डीश	1.5 x 1.5 मी.	4444
2.	पूवन, मोन्थन, मालभोग, ने पूवान	2.0 x 2.0 मी.	2500

केला की सघन रोपण विधि

यह केला उत्पादन की एक विधि है इसमें उत्पादन बढ़ाने हेतु प्रति इकाई क्षेत्रफल केला के पौधों की संख्या बढ़ाने की सलाह दी जाती है। इस विधि में उत्पादन तो बढ़ता है लेकिन खेती की लागत घटती है। उर्वरक एवं पानी का समुचित एवं सर्वोत्तम उपयोग हो जाता है। राजेन्द्र कृषि विष्वविद्यालय एवं देश के अन्य हिस्सों में हुए प्रयोगों के आधार पर रोबस्टा एवं बसराई प्रजाति के पौधों की संख्या/हेक्टर बढ़ाकर अधिक उत्पादन प्राप्त किया जा सकता है। प्रकन्दों की संख्या एक स्थान पर एक न रखकर तीन रखकर तथा पौधों से पौधों तथा पंक्ति से पंक्ति की दूरी 2 x 3 मी. रख कर प्रति हेक्टर 5000 पौधे रखे जा सकते हैं। इसमें नेत्रजन, फॉस्फोरस एवं पोटाष की 50 प्रतिषत मात्रा परम्परागत रोपण की तुलना में बढ़ाना पड़ता है। इस व्यवस्था के फलस्वरूप उत्पादन में उल्लेखनीय वृद्धि संभव है।

रोपण का समय

केला रोपण का समय विभिन्न कारकों द्वारा निर्धारित होता है जैसे, प्रजाति, क्षेत्र विशेष की जलवायु, बाजार का योग इत्यादि। पश्चिमी तथा उत्तरी भारत में केला लगाने का सबसे अच्छा समय दक्षिणी–पश्चिमी मानसून की शुरूआत यानि जून–जुलाई का महीना है। दक्षिण भारत के केरल–मालाबार हिस्से से सितम्बर–अक्टूबर में तथा इसके कुछ अन्य क्षेत्रों में दिसम्बर माह में केला लगाते हैं पालिनी की निचली पहाड़ियों पर अप्रैल में, कावेरी नदी के किनारों पर फरवरी, मार्च तथा तंजोर जिले में केला दिसम्बर जनवरी के महीने में लगाया जाता है। मैसूर, आन्ध्रप्रदेश तथा उड़ीसा में केला जून माह के अंत में लगाते हैं। पश्चिम बंगाल, बिहार तथा आसाम में मानसून शुरू होने के बाद जून–जुलाई में केला लगाते हैं। बिहार में केला अगस्त के प्रथम सप्ताह के बाद नहीं लगाना चाहिए क्योंकि इस प्रकार लगाये गये केले में घौंद जाड़ों में निकलती है जो अत्यधिक ठंढ़क की वजह से असामान्य निकलती है। साथ ही अगस्त में लगाई गयी फसल की रोपाई से कटाई तक की अवधि लम्बी हो जाती है क्योंकि सर्दी के कारण फलों को तैयार होने में अधिक समय लगता है।

केले के बागों की सिंचाई

केला के प्रकन्द या ऊतक संवर्धित पौधों के रोपण के उपरांत सिंचाई आवश्यक है। केला के पौधों को किसी भी अवस्था में पानी की कमी से नुकसान नहीं होना चाहिए। गर्मियों में पौधों को 7 दिनों के अंतर से सींचना चाहिए। सर्दियों में ठंढ़क से बचाने के लिए भी सिंचाई आवश्यक है। मानसून मौसम में यदि वर्षा देर से हो तो पौधों को 10–15 दिन के अंतर पर सिंचाई करना अच्छा रहता है। जुलाई–सितम्बर में जब वर्षा हो रही हो उस समय सिंचाई की आवश्यकता नहीं पड़ती है। ड्रिप सिंचाई का केला उत्पादन में एक महत्वपूर्ण स्थान है। इस विधि द्वारा लगभग 40 प्रतिशत पानी को बचाया जा सकता है। इस विधि द्वारा केला की खेती करने से रोग एवं कीड़े कम लगते है तथा उपज अधिक प्राप्त होती है। पौधों की स्वस्थ बढ़वार के लिए 15–20 लीटर पानी प्रति दिन आवश्यक है।

उर्वरक के साथ ड्रिप सिंचाई

ड्रिप सिंचाई के साथ उर्वरक के प्रयोग से केला के प्रति हेक्टर उत्पादन में भारी वृद्धि किया जा सकता है, 20 लीटर पानी के साथ जब 200 ग्राम नेत्रजन, 30 ग्राम

फॉस्फोरस एवं 300 ग्राम पोटाश प्रति पौधा प्रति फसल दिया गया तो सर्वाधिक वजन का घौंद प्राप्त होता है जिसमें फलों की संख्या भी सर्वाधिक रहती है। जिन प्रक्षेत्रों पर ड्रिप सिंचाई की सुविधा उपलब्ध हो वहॉ पर सिंचाई के साथ–साथ उर्वरक का भी प्रयोग करना चाहिए। इस प्रकार के प्रयोग से लगभग 40 से 50 प्रतिषत उर्वरकों की बचत होती है और उत्पादन खर्च को उपज में बिना कमी लाये कम किया जा सकता है।

खाद एवं उर्वरक का व्यवहार

केला भारी मात्रा में पोषक तत्वों का उपयोग करने वाला पौधा है तथा इन पोषक तत्वों के प्रति धनात्मक प्रभाव छोड़ता है। कुल फसल उत्पादन का लगभग 30–40 प्रतिशत लागत खाद एवं उर्वरक के रूप में खर्च होता है उर्वरकों की मात्रा, प्रयोग का समय प्रयोग की विधि प्रयोग की बारम्बारता, प्रजाति, खेती करने का ढ़ग एवं स्थान विशेष की जलवायु द्वारा निर्धारित होती है। केला की सफल खेती हेतु सभी प्रधान एवं सुक्ष्म पोषक तत्वों की आवश्यकता होती है तथा उनकी मात्रा उनके कार्य एवं उपलब्धता के अनुसार निर्धारित होती है। प्रमुख पोषक तत्वों में नाइट्रोजन सर्वाधिक महत्वपूर्ण पोषक तत्व है। केला का सम्पूर्ण जीवन काल को दो भागों में बाँट देते हैं वानस्पतिक वृद्धि की अवस्था एवं प्रजननकारी अवस्था। फूल लगने एवं फल विकास की अवस्था मृदा में उपलब्ध नाइट्रोजन एवं किस्म के अनुसार केला की सामान्य वानस्पतिक वृद्धि हेतु 250–300 ग्राम नेत्रजन प्रति पौधा देना चाहिए। नाइट्रोजन की आपूर्ति सामान्यतः यूरिया के रूप में करते हैं। बेहतर होता कि नेत्रजन का 25 प्रतिषत सड़ी हुई कम्पोस्ट के रूप में या खल्ली के रूप में प्रयोग किया जाय। केला में फॉस्फोरस के प्रयोग की कम आवश्यकता होती है। सुपर फॉस्फेट के रूप में 100–150 ग्राम फॉस्फोरस प्रति पौधे की दर से देना चाहिए। फॉस्फोरस की सम्पूर्ण मात्रा को रोपण के समय ही दे देना चाहिए।

पोटैशियम की भूमिका केला की खेती में अति महत्वपूर्ण है। घौंद में फल लगते समय पोटाश की लगातार आपूर्ति आवश्यक है क्योंकि घौंद में फल लगने की प्रक्रिया में इसकी महत्वपूर्ण भूमिका होती है। केला की वानस्पतिक वृद्धि के दौरान 200 ग्राम पोटैषियम तथा 100 ग्राम की दर से फल बनते समय प्रति पौध देना चाहिए। इसे म्यूरेट ऑफ पोटाश के रूप में देते है। 7.5 पी॰एच॰ मान वाली मृदा में पोटैशियम सल्फेट के रूप में पोटैशियम देना अधिक लाभदायक होता है।

कैल्शियम, नेत्रजन, फॉस्फोरस एवं पोटाश के साथ प्रतिक्रिया करके अपना प्रभाव छोड़ता है। अम्लीय मृदा में भूमि सुधारक के रूप में डोलोमाइट एवं चुना पत्थर सामान्यतः प्रयोग किया जाता है। मैग्नेषियम, पौधों में क्लोरोफिल बनने में तथा सामान्य वृद्धि की अवस्था में महत्वपूर्ण भूमिका अदा करता है, अतः इसकी कमी पौधों की सामान्य बढ़वार को प्रभावित करती है। पौधों में इसकी अत्यधिक कमी की अवस्था में मैग्नीशियम सल्फेट का प्रयोग करने से पोधों में कमी के लक्षण समाप्त हो जाते हैं। यद्यपि मृदा में सल्फर की कमी पाई जाती है। लेकिन केला की खेती में इसकी कोई अहम भूमिका नहीं है। सूक्ष्म या पोषक तत्वों में जिंक, आयरन, बोरन, कॉपर तथा मैंगनीज पौधों की सामान्य वृद्धि एवं विकास में अह्म भूमिका अदा करते हैं। जिंक 0.1 प्रतिशत, बोरन 0.05 प्रतिशत तथा मैग्नीशियम 0.1 प्रतिशत का प्रयोग करने से अधिक उपज प्राप्त होती है।

खर–पतवार नियंत्रण के उपाय

केला की खेती में खर–पतवार नियंत्रण की एक अहम भूमिका है क्योंकि यह लगभग 40–50 प्रतिषत तक मृदा एवं प्रजाति के अनुसार उपज को प्रभावित करती है। केला के बाग को पूर्णतया खर–पतवार से मुक्त रखना चाहिए। कही–कही केला की प्रारंभिक अवस्था में पंक्तियों के बीच में बैल चालित कल्टीवेटर चलाकर खर–पतवार को नियंत्रित किया जाता है। खर–पतवार के प्रबंधन हेतु हाथ द्वारा निकाई–गुड़ाई करनी चाहिए जिससे खर–पतवार कम उगते हैं। इन शस्य क्रियाओं के अलावा कुछ कृषि रसायन भी खोजे गये जिनसे खर–पतवारों को नियंत्रित किया जाता है। ग्लाइसेल की 0.4 प्रतिषत मात्रा का छिड़काव करने से भी खर–पतवार नियंत्रित होते हैं। लेकिन यह आवश्यक है कि खर–पतवार को समेकित तरीके से नियंत्रित किया जाय। इसके लिए मिश्रित खेती जैसे लोबिया की खेती या मृदा को गन्ने की सूखी पत्तियों या धान के पुआल से ढ़कने से भी खर–पतवार नियंत्रित होते हैं। इन विधियों के साथ–साथ ग्लाईसेल का प्रयोग करना आर्थिक दृष्टि से लाभदायक रहता है। जब तक पौधे पूर्ण रूप से न बढ़ जायें, पौधों की निकाई–गुड़ाई आवश्यक है।

अनावश्यक पौधों की छटाई

केला की अच्छी फसल के लिए आर्थिक दृष्टि से लाभदायक उपज प्राप्त करने के लिए आवश्यक है कि मातृ पौधे के आस–पास उग रहे केला के पौधों को हटाते

रहना चाहिए। लगभग 45 दिन में एक बार इस अवांछित पौधों को काटते रहना सामान्य प्रक्रिया है। दो तीन माह के केला के बाग में उग रहे पौधों को किसी तेज धार के चाकू से काटते रहना चाहिए। बेहतर होगा कि इन पौधों के साथ–साथ इनके प्रकन्दों को भी काटते रहें। लेकिन इस बात का ध्यान रखना चाहिए कि मातृ पौधे को किसी प्रकार का नुकसान न पहुँचें। प्रकन्दों के कटे भाग पर 2–3 मीली लीटर मिट्‌टी का तेल भी डालना चाहिए। जब तक मातृ पौधे में फूल न आये तब तक किसी भी अधोभूस्तारी के आगे वृद्धि नहीं होने देना चाहिए। जब मातृ पौधे में घौंद निकल आयें उस समय एक अधोभूस्तारी को आगे वृद्धि करने देना चाहिए। मातृ पौधे को फल काटने के पश्चात् काट देना चाहिए। उस समय पहला अधोभूस्तारी जो 4–5 माह का होता है मातृ पौधे का स्थान ग्रहण कर लेता है।

केले के बागों में अन्तरावर्ती फसल

केला के बागों में दो पंक्तियों के बीच की खाली जमीन में अन्तरवर्ती फसल बोयें। इसके मुख्यतः दो फायेद हैं (1) अतिरिक्त आय (2) खर पतवार नियंत्रित होता है जो कभी–कभी 25–30 प्रतिशत तक उपज को प्रभावित करता है। केला की प्रारंभिक अवस्था में लोबिया, प्याज, हल्दी, अदरख आदि को लगा सकते हैं। ऐसी फसलों को कभी नहीं लगाना चाहिए जो सूत्रकृमि की जनसंख्या को बढ़ाने में सहायक हो, जैसे, बैंगन एवं कद्‌दू कुल की सब्जियाँ। केला में आच्छादन लगाने से मृदा में नमी एवं खरपतवार दोनों का प्रबन्धन होता है। आच्छादन हेतु लगभग प्रति हेक्टर 10 टन के आसपास गन्ने की सुखी पत्तियों की आवश्यकता होती है। पालीथीन का आच्छादन सर्वोत्तम होता है। पौधा जैसे–जैसे वृद्धि करता है, नीचे की पत्ती सूखती जाती है। सूखी पत्तियाँ तने से अलग हो जाती है। सूखी पत्तियों को तने से अलग रखना चाहिए। यह क्रिया दो महीने में एक बार अवष्य करना चाहिए। सुखी एवं रोग्रस्त पत्तियों को तेज चाकू से समय–समय पर काटते रहना चाहिए। इस क्रिया से रोग की सान्ध्रता घटती है। रोग का फैलाव घटता है। हवा एवं प्रकाश नीचे तक पहुँचता रहता है जिससे किटों की संख्या में भी कमी होती है। अधिकतम उपज के लिए स्वस्थ 10–12 पत्तियाँ ही पर्याप्त है।

केले के पौधों की जड़ों पर मिट्‌टी चढ़ाना

पौधों पर वर्षा ऋतु के बाद सदैव मिट्‌टी चढ़ाना चाहिए, क्योंकि पोधों के चारों तरफ की मिट्‌टी धुल जाती है तथा अधोभूस्तारी निकलने से नीचे का सिरा भारी होकर तेज हवा में पौधा उलट जाता है।

उपोष्ण कटिबन्धीय फल – केला

बिहार में उगाई जाने वाली केले की किस्में – 1. कोठिया 2. मालभोग 3. ग्रैंडनेने 4. अल्पान 5. गोल्ड फिंगर 6. रोबस्टा 7. हरीछाल 8. कचकेल

बैलगाड़ी द्वारा केले के पौंच ले जाते हुए किसान

केले की उपज का निरीक्षण करते हुए डा. मौर्य, पूर्व कुलपति एवम् बागवान।

ड्रिप सिंचाई से केले की उपज बढ़ जाती है।

केले के नई बागों में अदरक की खेती।

फूटती हुई केले की नई घौद।

केले के बागों से दूर दूर के शहर की यात्रा ट्रक से।

केले के बागों में हल्दी की अन्तरावर्ती खेती।

केले के बागों से स्थानीय शहर तक की यात्रा ठेले पर।

केला के पके फल – बाजार में।

पौधों को सहारा देना तथा फसल सुरक्षा

केला की खेती को तेज हवाओं से भी भारी खतरा बना रहता है। प्रजातियों में सहारा देना अति आवश्यक है। केले के गुच्छों का भारी होने के कारण पौधे नीचे की तरफ झुक जाते हैं। अगर उनको सहारा नहीं दिया जाता है तो वे उखड़ भी जाते है। अतः उनको बॉस की बल्ली से अर्थात दो बॉसों को आपस में बॉधकर कैंची की तरह बना लेते हैं तथा फलों के गुच्छों को सहारा देते हैं। घौंद निकलते समय सहारा देना आवश्यक है। फसल को कीड़ों एवं व्याधियों से बचाने के लिए समुचित उपाय समय पर करना आवश्यक है।

घौंद का ढ़कना

पौधों में घौंद आ जाने पर वे एक तरफ झुक जाते हैं। यदि उनका झुकाव पूर्व या दक्षिण की तरफ होता है तो फल तेज धुप से खराब हो जाता है, अतः केले के पौधे की उपर वाली पत्तियों से ढ़क देना चाहिए। घौंद का अग्र भाग जिस पर पुष्प होता है बिना फल पैदा किये बढ़ता रहता है। घौंद में फल पूर्ण मात्रा में लग जाने के पश्चात् उनको काट कर अलग कर देना चाहिए जिससे वह भोज्य पदार्थ लेकर फलों की वृद्धि को अवरूद्ध न कर सके तथा इसको बेचकर अतिरिक्त आय प्राप्त किया जा सकता है। क्योंकि इसका प्रयोग सब्जी बनाने में किया जाता है। क्वेन्डीश (बसराई, रोबस्टा) तथा सिल्क (मालभोग) ग्रुप के केलों में घौंद का ढ़कना एक सामान्य क्रिया़ है, क्योंकि इससे केला के फलों का रंग आकर्षक हो जाता है। उपोष्ण जलवायु में फलों को पारदर्षी छिद्रयुक्त पोलीथीन से ढ़कने पर 10–12 प्रतिशत उपज में वृद्धि होती है तथा फल 7–10 दिन पहले पक जाते हैं। घौंद को ढ़कने का सर्वोत्तम समय जब घौंद में फल बनने की प्रक्रिया रूक गई हो तथा नर पुष्प को काटने का समय आ गया हो। उपरोक्त लाभ के अलावा ढ़कने के अन्य फायदे हैं जैसे, स्कैरिंग बीटल नामक कीट जो फल को गन्दा तथा अनाकर्षक बना देता है ढ़क कर फल को खराब होने से बचा सकते हैं तथा सूर्य के प्रकाश से सीधे सम्पर्क में आने की वजह से फलों पर धब्बे बन जाते हैं जिससे कोलेटोट्राइक्म नामक फफूॅद पैदा होता है।

कटाई एवं कटाई उपरांत प्रबन्धन

फलों के कोण अपरिपक्व अवस्था में पूर्णतया स्पष्ट होते हैं जबकि परिपक्वता की अवस्था तक पहुँचते–पहुँचते यह कोण विलीन होने लगते हैं तथा फलों का रंग, गहरे रंग से हल्के रंग में बदलने लगता है। केला के गुच्छे का विकास लगभग 90 से 150

दिनों में प्रजाति के अनुसार होता है। डवार्क क्वेन्डीश प्रजाति के गुच्छे का विकास लगभग 110 से 115 दिनों में होता है। सामान्य से ज्यादा तापक्रम परिपक्वता की अवधि को घटा देता है। दुरस्त क्षेत्रों में भेजने के लिए 75 प्रतिशत परिपक्व अवस्था में ही फलों के गुच्छों को तेज चाकू से काट लेना चाहिए। कटाई एवं ढुलाई के समय विशेष ध्यान देने की आवश्यकता होती है। फलों को आपस में रगड़ से बचाना चाहिए अन्यथा पकने की अवस्था में ये फल काले पड़ जाते हैं। भारत में केला को बद कमरों में पकाने की प्रथा ज्यादा प्रचलित है। गुच्छों को एक कमरे में इकट्ठा कर लेते हैं। इथेलिन गैस (1000 पी॰पी॰एम॰ 24 धंटा के लिए) को कमरे में समान रूप से प्रवाहित करते हैं जिससे फल समान रूप से पकते हैं। एसेटेलिन गैस का प्रयोग नहीं करना चाहिए। फलों के गुच्छों को केला की पत्तियों से बाँध देना चाहिए जिससे ये आपस में रगड़ से बच जाते हैं। निर्यात हेतु केला को 4–16 की संख्या में लम्बाई एवं मोटाई में ग्रेडिंग करके महँगे बक्सों में रखते है। पैकिंग के पूर्व फलों का पानी से या हल्के सोडियम हाइपोक्लोराइड के घोल से धोल देते है। रोबस्टा एवं बसराई प्रजाति के केला के फलों को अखबार के कागज में लपेट कर महगें बक्सों में रख कर बाजार में भेजते है। लेकिन इस प्रकार से भेजने से लागत वृद्धि होती है अतः यह विधि लोकप्रिय नहीं हो पाई है।

केला के फलों को पॉलीथीन (100 गेज तथा 0.2 प्रतिषत छिद्रयुक्त) में पैक करके रखने से इसकी उपयोगिता समय में वृद्धि दर्ज किया गया है। इस प्रकार से पैक किये गये फलों को कमरे के तापक्रम पर प्रशीतन होम में रखा जा सकता है। पालीथीन में छिद्र न करने पर पैकिंग के अंदर आर्द्रता तथा कवक का संक्रमण बढ़ता है। केला के फलों को पकने से बचाने के लिए 12 प्रतिषत बैक्सोल के घोल में डाल देने से केला की उपयोगिता समय में लगभग 10–12 दिनों की वृद्धि दर्ज की गई है। बहुत सारी कटाई उपरांत बिमारियों से बचाव के लिए कार्बेन्डाजीम कवकनाशक का 400 पी॰पी॰एम॰ का छिड़काव किया जा सकता है तथा पकने की अवधि को बढ़ाया जा सकता है।

उपज

परम्परागत ढ़ंग से की गई खेती के अनुसार केला की विभिन्न महत्वपूर्ण प्रजातियों की औसत उपज का विवरण निम्नवत है।

पुवान, मालभोग कंथाली	40–50 टन/हे॰/वर्ष
रोबस्टा, बसराई	60–70 टन/हे॰/वर्ष
कोठिया, मोन्थन	40–50 टन/हे॰/वर्ष

केला की परिष्कृत ढ़ग से की गई खेती के अनुसार जिसमें सघन रोपण तथा ड्रिप सिंचाई के साथ उर्वरकों का प्रयोग किया गया हो तो केला की उपज 100 टन/हे०/वर्ष प्राप्त किया जा सकता है। उन्नत वैज्ञानिक ढ़ग से खेती करके केला की वर्तमान उपज को लगभग दुगुना किया जा सकता है।

केला के औषधीय गुण

- पका केला दूध के साथ सम्पूर्ण आहार है। दूध के साथ लेने पर शरीर को भोजन के सभी तत्व प्राप्त होते हैं।
- जिन लोगों की किडनी फेल हो गई हो, उन्हें केला नहीं खाना चाहिए। केला में पोटैशियम अधिक मात्रा में पाया जाता है।
- जो लोग पाचन संबंधी गड़बड़ी से पिड़ित हो या किसी प्रकार के भोजन से एलर्जी हो उन्हें केला का सेवन करना चाहिए क्योंकि केले में बेनिन एमिनो एसिड पाया जाता है।
- केला लोहा का धनी फल है जिसके नियमित सेवन रक्त अल्पता को दूर करता है।
- केला–कल्प चार दिन करने से गठिया तथा जोड़ों का दर्द समाप्त हो जाता है।
- केला खाने से आँतों की क्रियाशीलता बढ़ जाने से कब्जियत समाप्त हो जाती है।
- दस्त के रोगी को दो पके केले को छिलकर दो भग में लम्बाई में चीर लें, तथा उन पर कपूर का चूर्ण छिड़कर खिलाने से दस्त रूक जाती है।
- पके केले के नियमित सेवन करने वाली कुँवारी लड़कियों को मासिक के दौरान किसी प्रकार का दर्द या अधिक रक्तस्राव नहीं होता है।
- सब्जी वाले केले को पकाकर उसका जूस तपेदिक के रोगी को सुबह–शाम खिलाने से तपेदिक दूर होने लगता है।
- जले या कटे स्थान पर पतला नया कपड़ा रखकर उस पर पके केले का पेस्ट लगाने से घाव जल्द भरता है।

□□□

अध्याय 32

कागजी नींबू

कुदरत ने मानव कल्याण के लिए इस धरती पर तरह–तरह के फलों को पैदा किया है। इनमें से कुछ फल वार्षिक हैं तो कुछ बहुवार्षिक हैं। कुछ जमीन पर पैदा होते हैं तो कुछ जल के भीतर। कुछ फल लताओं पर फलते हैं तो कुछ ऊँचे–ऊँचे पेड़ों पर। कुछ फल एकदम सूखे होते हैं तो कुछ फलों के भीतर रस भरा रहता है। कुछ फल स्वादिष्ट मीठे होते हैं तो कुछ फल अत्यंत खट्टे होते हैं। इन फलों को बनाने में कुदर्त ने क्या करिश्मा दिखाई है? फलों में कागजी नींबू कुदरत के इसी करिश्मा का एक अदभूत मिसाल है।

पहले कागजी नींबू की लोकप्रियता लोगों के आँगनबाड़ी तथा चटनी एवं सलाद के प्लेट तक ही सीमित थी परन्तु कागजी नींबू पर आधारित पेक्टीन उद्योग, अचार उद्योग, शर्बत उद्योग, सिट्रिक एसिड उद्योग, लाईम आयल उद्योग तथा एस्कार्विक एसिड उद्योग आदि में इसकी व्यावसायिक बागवानी के द्वारा खोल दिये हैं और किसान इसके बड़े–बड़े बाग लगा रहें हैं जो उनकी सुदृढ़ अर्थव्यवस्था का आधार साबित हो रहा है। फल वर्गीय सलाद फसलों में नींबू की अपनी अलग पहचान है। कोई सलाद इसके बिना अधूरा रह जाता है।

कागजी नींबू की उत्पत्ति

कागजी नींबू का रूटेसी पौध परिवार के फलों में विशेष अहमियत है। भारत में नींबू वर्गीय फलों का क्षेत्रफल तथा उत्पादन की दृष्टि से कागजी नींबू को तीसरा स्थान प्राप्त है। इसका जन्म स्थान हिमालय का वह गर्म तथातर भाग है जो सिक्किम से लेकर असम तथा वर्मा तक फैला हुआ है। यहीं से विश्व के तथा भारत के अन्य भागों में इसका विस्तार हुआ है परन्तु भारत में कागजी नींबू की बागवानी सदियों से होती आ रही है।

विश्व में कागजी नींबू उत्पादन की एक झलक

पूरी दुनिया में नींबू का कुल उत्पादन एक करोड़ 13 लाख 58 हजार मिट्रिक टन होता है। इसमें मैक्सिकों में 15 लाख 90 हजार मिट्रिक टन, भारत में 14 लाख 14 हजार मिट्रिक टन, अर्जेटिना में 11 लाख 80 हजार मिट्रिक टन, ईरान में 10 लाख 38 हजार मिट्रिक टन, स्पेन में 10 लाख 36 हजार मिट्रिक टन तथा यू॰एस॰ए॰ में 9 लाख 3 हजार मिट्रिक टन होता है। विश्व में, कागजी नींबू उत्पादन में मैक्सिकों के बाद भारत का दूसरा स्थान है जो एक गौरव का विषय है।

विश्व में कागजी नींबू उत्पादन की एक झलक

देश का नाम	उत्पादन (000 मिट्रिक टन)	विश्व में कुल उत्पादन में प्रतिशत योगदान
मैक्सिको	1590	14.03
भारत	1414	12.45
अर्जेटिना	1180	10.39
ईरान	1038	9.40
स्पेन	1036	9.13
यू॰एस॰ए॰	903	7.75
ब्राजील	578	5.08
इटली	574	5.05
टर्की	510	4.48
चीन	368	3.20
अन्य देश	2167	19.07
कुल	**11358**	**100.00**

स्रोत : इंडियन हार्टिकल्चर, डाटाबेस–2003

कागजी नींबू की बागवानी भारत के लगभग सभी राज्यों में न्यूनाधिक स्तर पर होती है। आन्ध्र प्रदेश, महाराष्ट्र, तमिलनाडु, कर्नाटक, गुजरात, बिहार तथा हिमाचल प्रदेश में इसकी बागवानी बड़े पैमाने पर होती है।

कागजी नींबू–आधारित उद्योग

नींबू वर्गीय फलों के क्षेत्रफल तथा उत्पादन के दृष्टिकोण से कागजी नींबू का भारत में तीसरा स्थान है। इसके ताजे फलों का रस चटनी तथा सलाद में इस्तेमाल किया जाता है परन्तु बड़े पैमाने पर कागजी नींबू का उपयोग परिरक्षण उद्योग में किया जाता है। नींबू के रस में अनुमान्य अम्लता सामान्यतया 5–6 प्रतिशत तक होती है। एस्कार्बिक एसिड (विटामिन सी) की प्रति 100 मि॰ली॰ रस में उपलब्धता 65–70 मि॰ग्रा॰ तक होती है। इस प्रकार यह एस्कार्बिक एसिड का प्रमुख स्रोत है। कागजी नींबू की पत्तियों, फूलों तथा फलों के छिलकों में सुगंधित तेल पाया जता है जो कि विभिन्न उत्पादों में प्रयोग किया जाता है। इसके अतिरिक्त कागजी नींबू के वैसे फल जो विपणन के लिये अयोग्य होते हैं उनका उपयोग साइट्रिक एसिड तथा पेक्टिन का व्यापारिक उत्पादन करने में किया जाता है। इन उद्योगों के अतिरिक्त नींबू के अचार, शर्बत, कार्डियल के बड़े–बड़े उद्योग देश में लगे हैं जिसमें लाखों लोगों को रोजगार प्राप्त है।

कागजी नींबू का वानस्पतिक विवरण

कागजी नींबू (सिट्रस आरन्सीफोलिया) रूटेसी पौध परिवार का एक सदस्य है। इसके वृक्ष, छोटे, झाड़ीनुमा लेकिन छोटे नुकीले कांटों से युक्त होते हैं। छोटी पत्तियों के साथ पंखदार पर्णवृंत पाये जाते हैं। फूल आकार में छोटे होते हैं। फल पतले छिलके वाले, गोल से लेकर अंडाकार हरे रंग के होते हैं। पके फलों का रंग चमकदार पीला होता है। नींबू में बहुभ्रुणता पायी जाती है जिससे इसके विषाणु रहित पौध तैयार करना आसान बात है।

कागजी नींबू की उन्नत किस्में

बनारसी कागजी

यह उत्तर भारत की एक सर्वाधिक महत्वपूर्ण किस्म है जिसका जन्म स्थान बनारस है। इस किस्म के फलों के भीतर का रंग हल्का हरा तथा रस की मात्रा

52 प्रतिशत होती है। इसकी लोकप्रियता के कारण ही इसकी बाजार में अधिक माँग है। इस किस्म में एक अपनी अलग सुगंध होती है। यह किस्म ट्रिस्टेजा विषाणु तथा जीवाण्विक केंकर रोग के प्रति अधिक सुग्राह है।

प्रमालिनी

इस किस्म के पौधों पर गुच्छों में फल लगते हैं जिसमें 3–7 तक फल होते हैं। यह कागजी नींबू की तुलना में 30 प्रतिशत अधिक उपज देती है। इसके फलों में 57 प्रतिशत रस पाया जाता है।

विक्रम

इस किस्म में 6–8 के गुच्छों में फल आते हैं। कभी–कभी मई–जून तथा दिसम्बर में बेमौसमी फल भी आते हैं। यह किस्म बनारसी कागजी नींबू की अपेक्षा 30–32 प्रतिशत अधिक फलों की उपज देती है।

चक्रधर

यह अधिक फल देने वाली बीज रहित किस्म है जो रोपण के चौथे वर्ष से फल देना प्रारंभ कर देती है। इसके फलों में 60–66 प्रतिशत रस पाया जाता है। इसके फल प्रायः जनवरी–फरवरी, जून–जुलाई तथा सितम्बर–अक्टूबर में मिलते हैं।

पी॰के॰एम॰–1

यह एक अधिक उत्पादन देने वाली किस्म है, जिसके फल गोल, मध्यम से लेकर बड़े आकार के होते हैं। पीले रंग के फलों में लगभग 50–52 प्रतिशत रस मिलता है।

साई शरबती

यह उच्च उत्पादन क्षमता वाली चयनित किस्म है। इसमें ग्रीष्मकालीन फलन की प्रवृति पाई जाती है। यह किस्म केंकर एवं ट्रिस्टेजा तथा पर्ण–सुरंगक कीट के प्रति सहिष्णुता प्रदर्शित करती है।

तहिती नींबू

इसे पर्सियन नींबू भी कहते हैं। इसके फल बड़े आकार के तथा बीजरहित होते हैं। इस किस्म के फलों में रस की मात्रा अधिक परन्तु खट्टापन कम होता है।

नेपाली नींबू

उत्तरी बिहार की यह नींबू की एक स्थानीय किस्म है जिसके फल बनारसी कागजी से बड़े आकार के गोल तथा अधिक रस युक्त होते हैं। इस जाति में फलन गुच्छे में होती है। रस में खट्टापन अपेक्षाकश्त कम होता है। फलों में बीज पाये जाते हैं। इस किस्म के फल, चूनेदार, मिट्टी में बोरान की कमी होने से फट जाते हैं। इस किस्म के पौधों की वृद्धि अधिक तेजी से होती है।

करीमगंज लाइम

असम के बराक वैली में करीमगंज लाइम की बागवानी काफी प्रचलित है। नींबू की यह किस्म अधिक वर्षा वाले क्षेत्रों के लिए उपयुक्त है। फलों में रस की मात्रा मध्यम तथा रस में एक अलग खुश्बू होती है।

कागजी नींबू के लिए उपयुक्त जलवायु

कागजी नींबू के लिए उष्णकटिबंधीय जलवायु सर्वोत्तम होती है। इसे गर्म वातावरण तथा मध्यम आर्द्रता अधिक पसंद है। पाला तथा ठंडी हवाओं से मुक्त क्षेत्र इसकी बागवानी के लिए आर्दश होता है। इसके अच्छे उत्पादन के लिए औसत तापमान 25 डिग्री से॰ तथा औसत वार्षिक वर्षा 70 मि॰मी॰ से अधिक होनी चाहिए।

बाग लगाने के लिए भूमि का चुनाव

नींबू एक ऐसा फल है जिसका उत्पादन लगभग सभी प्रकार की भूमि में अच्छा होता है। परन्तु ऐसी भूमि जिसमें जीवांश पदार्थ की अधिकता हो तथा उत्तम जल निकास युक्त हो, अच्छी होती है। समतल बुलआर दोमट भूमि, जिसकी गहाराई 2–2. 5 मी॰ या अधिक हो, कागजी नींबू के बाग के लिए आर्दश मानी जाती है। भूमि का पी॰एच॰ मान 5.5–6.5 होने से पौधों की वृद्धि तेज तथा उपज अच्छी मिलती है। यदि कागजी नींबू के व्यावसायिक बाग, पक्की सड़कों के किनारे तथा बाजार के पास लगाये जाये तो आमदनी अधिक मिलेगी।

कागजी नींबू का पौध प्रसारण

नींबू में 90–100 प्रतिशत तक बहुभ्रुणता पाई जाती है। इसके बीज में एक लैंगिक भ्रुण होता है तथा अन्य सभी बीजाण्डकायिका भ्रुण होते हैं। एक बीजाण्डकायिक

भ्रुणों से विकसित पौधे, आनुवांशिक रूप से समरूप तथा विषाणु मुक्त होते हैं। यही कारण है कि इनका व्यावसायिक प्रसारण बीज द्वारा भी किया जा रहा है। बीजू पौधें में फलन देर से प्रारंभ होती है। परंतु ये पौधे दीर्घजीवी तथा अधिक सहिष्णु होते हैं। बीजों की बुआई फल से निकलने के तुरंत बाद जून–जुलाई या नवम्बर–दिसम्बर में कर देनी चाहिए। तीन–चार महीने बाद उन्हें 60 से॰मी॰ की दूरी पर बनी पंक्तियों में 30 से॰मी॰ की दूरी पर बाग लगाने के लिए रोपना चाहिए। अंकुरण के 15–18 महिने बाद, ये पौधे स्थायी खेत में रोपने के लिए पूर्णतया तैयार हो जाते हैं।

कागजी नींबू का वानस्पतिक प्रसारण

कागजी नींबू को कलम, कलिकायन तथा गूटी द्वारा भी प्रसारित किया जाता है। चूँकि नींबू में विभिन्न रोगों का अधिक आक्रमण होता है अतः इन विधियों में सदैव विषाणु मुक्त सामग्री का ही प्रयोग करना चाहिए। नींबू का प्रसारण परिपक्व शाखा से 15–20 से॰मी॰ लम्बी कलम लेकर किया जा सकता है। बिहार में जून–जुलाई का महीना कलम लगाने के लिए अच्छा सि़द्ध हुआ है। जड़ विकास की क्षमता बढ़ाने के लिए सेरेडेक्स–ए अथवा 5000 पी॰पी॰एम॰ आई॰बी॰ए॰ का प्रयोग जड़ निकलने की सफलता को बढ़ा देता है।

कागजी नींबू का प्रसारण जून–जुलाई में गूटी बांध कर भी किया जाता है। कागजी नींबू में ढाल चष्मा विधि सबसे अधिक लोकप्रिय और प्रचलित है। कलिकायन करते समय सांकुर डाली के साथ लकड़ी के लगे रहने से सफलता की दर बढ़ जाती है। उत्तर भारत में चश्मा चढ़ाने का उपयुक्त समय मार्च–अप्रैल या अगस्त–सितम्बर का होता है।

मूलवृंत का चुनाव

कागजी नींबू के लिए उपयुक्त मूलवृंत का ही चुनाव करना चाहिए। क्योंकि उसका प्रभाव पौधे के दीर्घजीवन, फल उत्पादन क्षमता तथा उसकी गुणवत्ता पर पड़ता है। भारत में उचित मूलवृंत के चुनाव के लिए बहुत अनुसंधान हुआ है जिससे पता चला है कि कागजी नींबू के लिए गजानिमा सर्वाधिक उपयुक्त मूलवृंत है। इसके अतिरिक्त कुछ लोग रफ–लेमन तथा मीठा नींबू का भी प्रयोग करते हैं।

पौधों की रोपाई

अप्रैल–मई में 60 से॰मी॰ लम्बा, 60 से॰मी॰ चौड़ा तथा 60 से॰मी॰ गहरा आकार का गड्ढ़ा खोद लेना चाहिए। इसके उपर की आधी मिट्टी के साथ 20 किलोग्राम गोबर की खाद, 2 किलोग्राम सुपरफास्फेट तथा 100 ग्राम मैलाथियान धूल मिलाकर धरातल से 10–15 से॰मी॰ उपर तक भर देनी चाहिए। वर्षा नहीं होने पर इन गड्ढ़ों की एक सिंचाई कर दें। जिससे गड्ढ़े की मिट्टी बैठ जाय। कागजी नींबू को 5 मीटर की दूरी पर रोपना चाहिए। इसकी रोपाई का सबसे बढ़िया समय जून–जुलाई का होता है परंतु पर्याप्त सिंचाई की व्यवस्था होने पर पौधों की रोपनी फरवरी–मार्च में भी कर सकते हैं।

कागजी नींबू के बागों में खाद तथा उर्वरक प्रबंधन

कागजी नींबू के पौधों की उचित वृद्धि तथा फलन के लिए खाद एवं उर्वरकों की उचित मात्रा देना अत्यन्त आवश्यक है। एक वर्ष पुराने पौधों में 5 किलोग्राम गोबर की सड़ी खाद, 50 ग्राम नेत्रजन, 30 ग्राम स्फूर, 40 ग्राम पोटाश प्रति पौध देनी चाहिए। दूसरे वर्ष में दी गई मात्रा के बराबर मात्रा प्रतिवर्ष जोड़ते जाते है जो इस प्रकार पूर्ण वृद्धि प्राप्त 10 वर्ष के वृक्ष को 50 किलोग्राम गोबर की खाद, 500 ग्राम नेत्रजन, 300 ग्राम फॉस्फोरस एवं 400 ग्राम पोटाश देते हैं। पूरी गोबर की खाद, आधी नेत्रजन, पूरा फॉस्फोरस तथा पोटाश दिसम्बर–जनवरी में नेत्रजन की शेष आधी मात्रा अप्रैल–मई में देते हैं। चूनेदार मिट्टी में बोरान की कमी दूर करने के लिए बोरन के 0.3 प्रतिशत के घोल का छिड़काव करना लाभप्रद होता है।

सिंचाई का प्रबंध

कागजी नींबू के बागों में वर्ष भर पर्याप्त नमी बनी रहनी चाहिए। वर्षा ऋतु में सिंचाई की आवश्यकता नहीं पड़ती है जाड़े के मौसम में एक महीने के अंतर पर तथा गर्मियों में प्रत्येक छः दिनों के अंतर पर सिंचाई करनी चाहिए। सिंचाई की संख्या वर्षा के अनुसार घट–बढ़ सकती है।

कागजी नींबू के बागों में अंतरावर्ती फसलें

कागजी नींबू के बागों की स्थापना के 5–6 वर्षों तक पौधों की दो कतारों के बीच की खाली स्थान का बेहतर उपयोग अंतरावर्ती फसल लगा कर करनी चाहिए। दो दाल वाली फसलें जैसे मूँगफली, लोबिया, लूसर्न, उर्द, मूँग, मसूर, चना, मटर

लगा कर अतिरिक्त आय प्राप्त करें। इसके अतिरिक्त सब्जियाँ जैसे प्याज, कद्दू, गाजर, मूली, बैंगन, मटर, गोभी वर्गीय फसलें तथा कन्द मूल फसलें आदि भी उगा सकते हैं। वर्तमान समय में फूलों की बढ़ती हुई माँग को देखते हुए किसान भाई, गेंदा, रजनीगंधा, ग्लेडियोलस तथा गुलदाउदी भी लगा सकते हैं।

पौधों की संधाई तथा कटाई–छटाई

कागजी नींबू के बागों में विभिन्न क्रियाओं को सुविधाजनक ढंग से करने के लिए पौधा की संधाई करनी चाहिए। इस क्रिया में वृक्षों को प्रायः रूपान्तरित अग्र–प्ररोह विधि के अनुसार साधा जाता है। इसके लिए भूमि से एक मीटर की ऊँचाई तक तने को शाखविहीन रखना चाहिए। इसके बाद चार स्वस्थ शाखाएॅ को चारों दिषाओं में बढ़ने दिया जाता है। इसके अलावा रोगग्रस्त और सूखी शाखाओं को समय–समय पर काटते रहना चाहिए। फलों की तुड़ाई के बाद प्ररोह का दो तिहाई भाग छोड़कर, काटने से अगले वर्ष कागजी नींबू में फलोत्पादन बढ़ जाता है।

बागों की निकाई–गुड़ाई

कागजी नींबू के बागों में समय–समय पर खरपतवारों को निकालते रहना चाहिए। खर–पतवार के अधिक आक्रमण होने की अवस्था में रासायनिक नियंत्रण का सहारा लेना चाहिए। डाइयूरान तथा ग्रामोक्सोन की एक किलो मात्रा को 500 लीटर पानी में घोल बनाकर छिड़काव करने से बाग खरपतवार से मुक्त रहती है और पौधों की वृद्धि तथा फलन बढ़िया होती है।

फलों की तुड़ाई तथा उपज

कागजी नींबू में वर्ष में कई बार पुष्पन तथा फलन होता है। फलों के पकने में 160–180 दिनों का समय लगता है। जब फलों का रंग हरा से पीला होना शुरू हो जाये, तो उसी समय फलों की तुड़ाई करनी चाहिए। तुड़ाई के बाद फलों को उनके आकार के अनुसार वर्गीकृत कर लेना चाहिए। इससे बाजार में कीमत अच्छी मिलती है।

बागों में लगाई गई नींबू की किस्म, बाग का वैज्ञानिक प्रबंधन तथा क्षेत्र विषेश की जलवायु आदि कारक फल उत्पादन क्षमता को प्रभावित करते हैं। आठ से दस वर्ष की आयु का एक वृक्ष 800–1000 फल प्रतिवर्ष देता है। जिनका भार लगभग 80–100 किलोग्राम होता है।

नींबू पकाने की विधि

पूर्ण तैयार नींबू के फलों का रंग हरा होता है जो पकने की अवस्था में पीला पड़ने लगते है। इसी अवस्था में फलों को तोड़ना चाहिए। परन्तु बाजार में प्रायः सुनहले पीले रंग वाले फलों की अच्छी माँग होती है इसलिए फलों के हरे रंग को सुनहले पीले रंग में परिवर्तित करना एक आवष्यक पहलू है। इस प्रक्रिया के अंतर्गत फल पकाने वाले कमरे में फलों को भंडारित करने के साथ ही उनपर हल्दी का पाउडर छिड़क दिया जाता है तथा कैल्षियम कार्बाइड के कुछ टुकड़े रखे जाते हैं। इससे निकलने वाली इथायलीन गैस हरे रंग को समाप्त कर पीला बना देती है। यदि नींबू को केले के घौंदों के साथ ही भंडारित किया जाये तो केला के पकने से निकली इथायलीन गैस नींबू के हरे रंग को आसानी से पीले रंग मे परिवर्तित कर देती है।

नींबू वर्गीय फलों की कीट

माहू (एफिड)

नींबू वर्ग के फलों पर माहू का प्रकोप होता है जो दिसम्बर से मार्च तक पौधों पर देखे जाते हैं। ये पत्तियाँ तथा फूलों का रस चूसते हैं। जिससे पत्तियाँ कमजोर हो जाती है और पीली पड़ कर गिरने लगती है। इनके द्वारा ट्रिस्टेजा वायरस का संक्रमण भी हो जाता है। इस कीट के रोकथाम के लिए मेटासिस्टोकस 1.5 मि॰ली॰ प्रति लीटर पानी में घोल कर छिड़कें।

सिट्रस सिला

इस कीट के निम्फ तथा व्यस्क नई पत्तियों तथा कलियों का रस चूसकर कमजोर कर देते हैं। इस कीट के द्वारा एक चिपचिपा पदार्थ का स्राव होता है जिसपर काली मोल्ड का आक्रमण होता है यह कीट ग्रीनिंग रोग को बढ़ावा देता है। इस कीट से प्रभावित टहनियों को काटकर जला देना चाहिए तथा नई शाखाओं पर मोनोक्लोरोफास 0.05 प्रतिशत घोल का छिड़काव करना चाहिए।

पत्र सुरंगक

यह नींबू वर्ग के फलों का अत्यंत हानिकारक कीट है। इस कीड़े की इल्लियाँ कोमल पत्तियों की त्वचा को खाती हैं तथा उसपर सुरंग बनाती है। प्रभावित पत्तियाँ कमजोर होकर गिर पड़ती है। इस कीट के रोकथाम के लिए नई पत्तियों के निकलने के समय मोनोक्लोरोफास का 0.05 प्रतिशत घोल का छिड़काव करना चाहिए।

नींबू की तितली

नींबू की तितली की इल्लियॉ पौधों की कोमल पत्तियों को खाकर पूरे पौधों को पत्तिविहीन कर देती है। इस कीट का आक्रमण अप्रैल–मई तथा सितम्बर–अक्टूबर में अधिक देखा गया है। इस कीट के नियंत्रण के लिए कार्बेरिल नामक दवा के 0. 05 प्रतिशत घोल का छिड़काव लाभप्रद होता है।

नींबू वर्गीय फलों के रोग

गोंद निकालने वाला रोग (गोंदाति)

यह कवक जनित व्याधि है। व्याधि ग्रसित तने से गोंद निकलता है तथा तने का विगलन हो जाता है। छोटी जड़े सड़ जाती है। तने की छाल भी सड़ जाती है तथा पत्तियाँ मुरझाकर गिरने लगती है।

इस व्याधि के रोकथाम हेतु अवरोधी (खट्टी नारंगी, रंगपुर लाइम) मूलवृंत का प्रयोग किया जाना चाहिये। चष्मा चढ़ाने का कार्य मूलवृंत से 25–30 से॰मी॰ उपर किया जाना चाहिए। पौधालय में यदि संक्रमण की आशंका हो तो रोपण के पहले पौधों को 0.2–0.3 प्रतिशत कैप्टान के घोल में उपचारित कर लेना चाहिये। प्रतिवर्ष पौधे के तने पर 1:1:3 बोर्डो मिश्रण का लेप लगाना चाहिये।

ट्रिस्टेजा

इसका प्रकोप विषेशकर कागजी नींबू में होता है। प्रभावित पौधों की पत्तियाँ पीली होकर झड़ जाती है, टहनियाँ उपर से सूखने लगती है। जिस स्थान पर चष्मा चढ़ाया जाता है वहाँ मधुमक्खी के छत्ते की तरह गड्ढ़े बन जाते हैं। इन गड्ढ़ों के नीचे अंदर की लकड़ी के उतक कॉटों के समान उठे रहते हैं। पत्तियों की नसे पीली हो जाती है।

इस व्याधि के रोकथाम हेतु विषाणु प्रतिरोधी (रंगपुर लाइम, क्लिओपेट्रा संतरा) को मूलवृंत के रूप में प्रयोग किया जाना चाहिये। बीजांडकाय पौधे द्वारा प्रवर्धन होना चाहिये। कीटनाशी का छिड़काव करके माहू का रोकथाम करते रहना चाहिये। स्वस्थ एवं रोग विहीन मातृ पौधों से सांकुर शाख लेकर प्रवर्धन किया जाना चाहिये। कागजी नींबू के बीजू पौधों में विषाणु के मंद प्रभेद का प्रवेषन कराके रोपण हेतु वितरण किया जाना चाहिए।

काग़जी नींबू के पके फल – पेड़ पर

काग़जी नींबू के ग्रेडेड फल मण्डी में

यूरेका लेमन के फल

नींबू गोला – कागजी

बनारसी कागजी लाईम के फल

हरितन विषाणु

यह माइकोप्लाजमा जनित व्याधि है। इसके संक्रमण में पीली पत्तियाँ कहीं–कहीं हरी दिखती है। पत्तियों की नसे पीली पड़ जाती हैं। पत्तियाँ झड़ जाती हैं। शाखाएँ सूखने लगती हैं।

कीटनाशी द्वारा रोग वाहक कीट सिल्ला का रोकथाम करते रहना चाहिये। बीजांडकाय पौधों की रोपण को प्राथमिकता देनी चाहिये। व्याधि ग्रसित पौधे को नष्ट कर देना चाहिए।

□□□

अध्याय 33

चकोतरा

सलाद वर्ग के फलों में चकोतरा अपना एक अलग स्थान रखता है। बिहार, बंगाल, मेघालय, असम, मणीपुर, त्रिपुरा, मिजोरम तथा अरूणाचल प्रदेश में चकोतरा प्रत्येक गाँव के हर घरों में आगे या पीछे एक दो पेड़ अवश्य देखने को मिलता है। चकोतरा को असमवासी रबाबटेंगा, बंगाली लोग बटाबी कहते हैं परन्तु कछार के लोग इसे जम्बूरा तथा मेघालय की जनता इसे सोह मिन्नोर के नाम से पुकारती हैं परन्तु बिहार में यह चकोतरा, गागर नींबू, गलगल तथा महानींबू के नाम से विख्यात है।

चकोतरा का वानस्पतिक नाम सिट्रस् ग्रैंडिस् या सिट्रस् मैक्सिमा है जो रूटेसी पौध कुल का सदस्य है। भारत में चकोतरा की व्यावसायिक बागवानी की वृहत संभावनायें इसलिए हैं क्योंकि आजकल इस फल को ताजा सलाद केरूप में खाने तथा इसका ताजा रस पीने का शौक लोगों में तेजी से बढ़ा है। चकोतरा के विभिन्न समय में पकने वाली किस्मों को लगाकर इसकी उपलब्धता लम्बे समय तक बढ़ाकर अच्छी आमदनी प्राप्त की जा सकती है जिससे ग्रामीण जनता की माली हालत सुधरेगी। आवश्यकता चकोतरा की व्यावसायिक बाग लगाकर विभिन्न प्रकार के मूल्य सम्बर्द्धित पदार्थ बनाने हेतू लघु उद्योग लगाने की है।

चकोतर की उत्पत्ति तथा वितरण

विद्वानों का मत है कि चकोतरा की उत्पत्ति थाईलैंड में हुयी थी जहाँ से यह फल चीन, भारत, म्यानमार, कम्बोडिया, वियतनाम, सिंगापुर तथा विश्व के अन्य देशों में पहुँचा है। भारत में चकोतरा के वृक्ष बिहार, बंगाल, असम, त्रिपुरा, नागालैंड, मणीपुर तथा मिजोरम, उत्तर प्रदेश, हरियाणा, पंजाब, उड़ीसा में गृह वाटिका में लगाये जाते हैं। तेज गति से चलने वाली रेलगाड़ियों के उपलब्ध होने से चकोतरा दिल्ली, कलकत्ता तथा चेन्नई और मुम्बई के बाजारों में अधिक माँग होने से उत्पादकों को अच्छी आय मिल रही है।

चकोतरा का वानस्पतिक विवरण

भारत में चकोतरा के वृक्ष साधारणतया 5 से 8 मीटर ऊँचे होते हैं। इनकी शाखायें उपर की ओर बढ़ती हैं तथा षाखाओं का रंग गहरा भूरा हरापन लिये हुए होता है। पत्तियाँ 10–12 से॰मी॰ लम्बी तथा 5–6 से॰मी॰ चौड़ी होती है जिनका किनारा कटावरहित होता है। फूलों का रंग सफेद तथा उनके एन्ड्रोसियम पीले रंग के होते हैं। फूल मार्च में आते हैं। फल गोल, चकरीनुमा तथा अंडाकार भी होते हैं जिनकी ऊँचाई 10–15 से॰मी॰ तथा व्यास 15–16 से॰मी॰ होता है। फल नवम्बर–दिसम्बर में पकते हैं। फलों का भीतरी प्लेसेन्टल रोम रस से भरा रहता है जो खाया जाता है। चकोतरा हेस्पेरीडियम वर्ग का फल है। फलों का वजन विभिन्न किस्मों में अलग–अलग होता है जो 250 ग्राम से 850 ग्राम तक होता है। फलों के भीतर बड़े–बड़े चपटे तथा हल्के पीले रंग के बीज पाये जाते हैं। बीज एक भ्रुणीय होता है। बीज द्वारा प्राप्त पौधों में अधिक भिन्नता पायी जाती है। यह भिन्नता परपरागण के कारण होती है। परपरागण मुधमक्खियों द्वारा सम्पन्न किया जाता है।

चकोतरा की उन्नत किस्में

चकोतरा की भारत में कोई खास प्रचलित किस्में नहीं है लेकिन इसकी किस्मों को गुदे के रंग के आधार पर दो वर्गो में बाँटा गया है – (1) सफेद गुदे वाली (2) गुलाबी गुदे वाली। गुदे के रंग के अतिरिक्त फलों के आकार के आधार पर भी इन्हें अलग–अलग वर्गों में विभाजित किया गया है। असम में कुल आठ किस्में चिन्हित की गई है जो निम्नलिखित है :

दोआडी

इस किस्म के फलों का गुद्दा हल्का गुलाबी होता है। फलों का आकार पगड़ीनुमा होता है जिनकी ऊँचाई 13–14 से॰मी॰ तथा व्यास 12–13 से॰मी॰ तथा वजन 675 ग्राम होता है। फलों का एलबेडो हल्का गुलाबी तथा गुद्दा हल्का गुलाबी रंग का होता हैं। फलों की सतह मुलायम होती है। फलों का रस मीठा, हल्का कड़वा तथा वजन 250--280 ग्राम तक होता है। एक फल में कई बीज पाये जाते हैं।

नवगाँव

इस किस्म के फलों के गुद्दे का रंग हल्का गुलाबी रंग का होता है। फलों की सतह का रंग हल्का पीला होता है तथा आकार स्फेरीकल होता है। फलों की ऊँचाई 13.5 से॰मी॰ से 15.5 से॰मी॰ तक तथा व्यास 14–16 से॰मी॰ होती है। फलों का वजन 1000 ग्राम तक होता है जो रस से भरे रहते हैं। फलों का एलबेडो सफेद रंग का होता है। प्रतिफल रस की मात्रा 224–350 ग्राम तक होता है जो सभी को अच्छा लगता है।

जोरहट

यह उपरी असम की किस्म है जिसका गुदा गुलाबी होता है। फलों का आकार इलिप्सायड होता है तथा ऊँचाई 17–19 से॰मी॰ तथा व्यास 14–16 से॰मी॰ और वजन 1350 से 1800 ग्राम तक होता है। फलों की सतह हल्की पीली होती है जिस पर गुलाबी रंग की छोटी–छोटी विन्दुये पायी जाती हैं। रस गुलाबी 335–420 ग्राम तक हल्का खट्टापन लिए हुए मीठा होता है।

खानापारा

इस किस्म के फलों का आकार ओबलेट होता है जिनकी ऊँचाई 9–12 से॰मी॰ तथा व्यास 15–17 से॰मी॰ होता है। प्रतिफल वजन 1350–1700 ग्राम होता है। गुद्दा का रंग गुलाबी, ऐलबेडो का रंग हल्का गुलाबी तथा रस का रंग गुलाबी तथा प्रतिफल 700–800 ग्राम तक रस होता है। फलों की सतह मटमैले पीले रंग की होती है।

कामरूप

यह किस्म निचले असम में ही लोकप्रिय है। इसके गुद्दे का रंग लाल गुलाब के फूल के रंग का होता है। फलों की ऊँचाई 14–16 से॰मी॰ तथा व्यास 13–15

से॰मी॰ तथा वजन 950–1200 ग्राम तक होता है। एलबेडो का रंग सफेद तथा मध्यम रसदार 168–224 ग्राम तक होता है जिसमें हल्का तीतापन होता है।

खासी

यह मेघालय की किस्म है जिसके गुद्दे का रंग गौमांस के रंग की तरह होता है। इसके फल 250–650 ग्राम वजन के होते हैं तथा अन्य किस्मों की तुलना में यह किस्म कम रसदार तथा देर से पकने वाली होती है। इसमें रस की मात्रा मध्यम होती है जो स्वादिष्ट होती है।

बर्नीहट

यह एक पहाड़ी किस्म है। इसके फलों के गुद्दे का रंग सफेद होता है। फलों की ऊँर्चा 11–13 से॰मी॰ तथा व्यास 10–12 से॰मी॰ तथा वजन 1100–1350 ग्राम तक होता है तथा रस की मात्रा 140–280 ग्राम तक होता है। इसका एलबेडो सफेद तथा फलों की सतह मुलायम, छुने पर हल्का रोयेदार महसूस होती है। इसमें बीज अधिक संख्या में होते है। रस अधिक मीठा होता है जिसे अधिक लोग पसंद करते हैं।

आईजोल

यह मिजोरम की एक लोकप्रिय किस्म है जिसके फूल 6–10 से॰मी॰ ऊँचे, 10–11 से॰मी॰ व्यास के 335–560 ग्राम तक वजन के होते हैं। फूलों की सतह मुलायम तथा एलबेडो का रंग सफेद तथा हल्के पीले रंग का 224 से 350 ग्राम तक होता है। रस खट्टा–मीठा होता है जिसे लोग अधिक पसंद करते हैं। इसका रस माल्टा के रस से मिलता–जुलता है।

बिहार की चकोतरा की कुछ उन्नत प्रजातियाँ

उत्तरी बिहार में चकोतरा प्रत्येक घरों के आगे या पीछे देखने को प्रायः मिलता है। छठ के त्योहार में यह फल भगवान सूर्य को बिहार के नर–नारियों द्वारा अर्पित किया जाता है। चकोतरा को साधारणतया बीज से उगाने से इसमें काफी भिन्नता पाई जाती है। राजेन्द्र कृशि विश्वविद्यालय, पूसा के फल वैज्ञानिकों ने चकोतरा का वृहत सर्वेक्षण करके निम्नलिखित किस्मों को चिन्हित किया है – बिहार में

उपलब्ध विभिन्न प्रकार के चकोतरा के किस्मों के फलों का विषेश गुण तालिका में दिया गया है।

चकोतरा के लिए जलवायु

चकोतरा शीतोष्ण कटिबंध का फल है। यह फल अधिक लम्बी अवधि तक पड़नेवाली ठंढक को बर्दाश्त नहीं कर पाता है। माइनस दो डिग्री से॰ से 0 डिग्री से॰ तापक्रम पौधों को नुकसानदेह सिद्ध हुआ है। चकोतरा के पौधे अधिक उच्च तापक्रम भी सहन नहीं कर पाते हैं। अधिक उच्च तापक्रम पर पत्तियाँ, फूल तथा छोटे–छोटे फल झड़ने लगते हैं। उच्च तापक्रम पर चकोतरा के फलों का छिलका भी झुलस जाता है जिससे इसकी कीमत घट जाती है।

चकोतरा के उच्च गुणवत्ता वाले फल उत्पादन में तापक्रम का विशेष महत्व है। ऐसे स्थान जहाँ फसल अवधि के दरम्यान तापक्रम अधिक रहता है, चकोतरा के फल जल्दी पक जाते हैं तथा उनके भीतर कुल घुलनषील ठोस की मात्रा अधिक होती है परन्तु कम तापक्रम वाले स्थानों पर इसके फल देर से पकते हैं। चकोतरा के सफल उत्पादन के लिए 1200–1500 मि॰मी॰ वार्षिक वर्षा पर्याप्त होती है।

भूमि का चुनाव तथा तैयारी

चकोतरा के व्यावसायिक बाग लगाने के पूर्व भूमि का चुनाव नितांत आवश्यक है। फलों की उत्पादकता तथा क्वालिटी भूमि के किस्म पर निर्भर करती है। ऐसी भूमि जो चकोतरा के पौधों के अच्छी वृद्धि में सहायक हो, चुनना चाहिए। चकोतरा के पौधों पर लवणीय मिट्‌टी का बुरा असर पड़ता है। अधिक लवणीय मिट्‌टी में पौधे पानी को अच्छी तरह से शोषित नहीं कर पाते हैं तथा उनकी वृद्धि रूक जाती है। अधिक लवणीय मिट्‌टी में पौधों की पत्तियों का किनारा भी जलने लगता है। इस तरह की दशा होने पर पौधों की वृद्धि बाधित हो जाने से उपज घट जाती है।

मिट्‌टी की क्षारीयता तथा अम्लीयता का भी चकोतरा के पौधों पर प्रभाव पड़ता है। मिट्‌टी से विभिन्न आवश्यक तत्वों की उपलब्धता पर भी क्षारीयता अम्लीयता का प्रभाव पड़ता है। ऐसी भूमि जो हल्की अम्लीय हो चकोतरा के पौधों की वृद्धि तथा फल उत्पादन के लिए अच्छी होती है इस प्रकार की मिट्‌टी में सभी प्रकार के आवश्यक तत्व चकोतरा के पौधों को उपलब्ध हो जाते हैं। ऐसी भूमि जिसमें पानी का स्तर घटता–बढ़ता हो चकोतरा के लिए उचित नहीं होती हैं। जिस भूमि में पानी

की सतह उपर होती है उसमें जड़ों को ऑक्सीजन की आपूर्ति नहीं हो पाती है और श्वसन बाधित होने से पौधों की वृद्धि कम होती है। ऐसी भूमि में पौधों की जड़ों के सड़ने से उनकी मृत्यु भी हो जाती है। भारी मटियार मिट्टी में पौधों की वृद्धि कम होती है तथा चकोतरा के पौधे जल्दी मर जाते हैं। बलुआर भूमि को भी चकोतरा के व्यावसायिक बागवानी के लिए नहीं चुनना चाहिए।

अतः चकोतरा की सफल बागवानी के लिए बलुआर दोमट मिट्टी का चुनाव करनी चाहिए। जिसमें जल जमाव की समस्या बिल्कुल नहीं हो। पहाड़ी ढ़ालों पर भी इसकी सफल बागवानी होती है।

पौध प्रसारण की विधियाँ

चकोतरा का प्रसारण वर्तमान समय में बीज द्वारा पूरे भारत में होता है परन्तु इस विधि द्वारा तैयार पौधों में अनेक विविधता आ जाती है जिससे फलों की विभिन्न गुण अलग–अलग हो जातें हैं। अतः चकोतरा की गुणवत्ता कायम रखने के लिए इसे एयर लेयरिंग (गुट्टी) विधि द्वारा प्रसासित आसानी से किया जा सकता है। इस विधि में फलों की गुणवत्ता कायम रहती है और पौधे भी बौने किस्म के होते हैं तथा फलन अच्छी होती है।

पौधों की रोपाई

चकोतरा के पौधों की रोपाई वर्गाकार विधि द्वारा करनी चाहिए। इस विधि में पौधों से पौधों की दूरी 7 मीटर तथा पंक्ति से पंक्ति की दूरी भी 7 मीटर रखनी चाहिए। ऐसी भूमि जिसकी उर्वरा शक्ति बहुत कम हो चकोतरा के पौधों को वर्गाकार विधि से 5 मीटर की दूरी पर लगाना चाहिए। पौध लगाने के लिए रेखांकित जगह पर 75 से॰मी॰ x 75 से॰मी॰ x 75 से॰मी॰ आकार का गड्ढा बना लेना चाहिए। गड्ढा बनाते समय 50 से॰मी॰ उपर की उर्वर मिट्टी को अलग रखना चाहिए। इस उर्वर मिट्टी के साथ 50 किलो कम्पोस्ट, 1 किलो हड्डी का चूड़ा तथा 5 किलो राख मिलाकर गड्ढे को जमीन से 15 से॰मी॰ उपर तक भर देना चाहिए। यह कार्य अप्रैल, मई के महीने में पूरा कर लेना चाहिए। मानसून की वर्षा शुरू होने पर पौध रोपाई का कार्य जुलाई, अगस्त में किया जाता है। गड्ढे में गुटी द्वारा तैयार पौधों को सीधे लगाना चाहिए तथा जड़ों के चारों तरफ की मिट्टी दबा देनी चाहिए।

चकोतरा के विभिन्न किस्मों के फलों का भौतिक तथा रासायनिक गुण

विभिन्न किस्मों का नाम	फल का वजन (ग्रा॰)	फल की ऊँचाई (से॰मी॰)	फल का व्यास (से॰मी॰)	बीज की संख्या	छिलके का वजन (ग्रा॰)	गुदे का वजन (ग्रा॰)	रसहीन अवशेष की मात्रा	गुदा/ रसही न अवशेष	गुदे का रंग	कुल घुलनशील ठोस (oB)	रस (प्रतिशत)
सी.जी. (पी.) 1/03	1980	15.0	12.8	63	45	1360	401	3.39	लाल	10.0	26.0
सी.जी. (पी.) 2/03	1000	10.2	10.5	44	30	730	195	3.74	हल्का लाल	9.3	31.0
सी.जी. (पी.) 3/03	650	8.8	10.0	67	35	445	200	2.25	भूरा	11.8	12.5
सी.जी. (पी.) 4/03	1760	11.7	11.2	बीजहीन	40	1207	360	3.35	भूरा	11.4	31.3
सी.जी. (पी.) 5/04	660	9.3	9.5	सी.जी. (पी.)	15	453	210	2.15	हल्का लाल	9.4	11.7
सी.जी. (पी.) 6/04	1630	12.2	17.0	131	40	900	720	1.25	हल्का लाल	10.4	31.3
सी.जी. (पी.) 7/04	1200	13.4	11.1	112	30	833	272	3.06	पीला	9.9	28.4
सी.जी. (पी.) 8/04	1800	17.0	14.2	149	55	1050	600	1.75	भूरा	9.8	30.2
सी.जी. (पी.) 9/05	650	8.2	10.4	62	15	464	150	3.09	लाल	11.5	13.0
सी.जी. (पी.) 10/05	1160	12.7	14.3	46	30	710	326	2.17	लाल	9.5	17.4
सी.जी. (पी.) 11/05	800	20.0	13.0	144	25	570	230	2.47	हल्का गुलाबी	–	24.1
सी.जी. (पी.) 12/05	1700	15.0	18.0	47	65	952	660	1.44	हल्का लाल	11.9	21.7
सी.जी. (पी.) 13/06	1370	13.3	15.0	63	41	800	465	1.72	हल्का गुलाबी	9.8	32.0
सी.जी. (पी.) 14/06	1000	10.5	12.0	110	35	614	210	2.92	हल्का लाल	11.0	35.0
सी.जी. (पी.) 15/06	920	9.7	11.5	19	25	710	180	3.94	गुलाबी	10.8	35.0
सी.जी. (पी.) 16/06	2200	12.3	18.3	124	44	1630	530	3.07	गुलाबी	10.4	27.0

अनुशंसा : बड़े फलों तथा अधिक रस के लिए सी.जी. (पी.) 16/06 उगायें जिसमें रस की मात्रा अधिक होती है।

चकोतरा किस्म – सी.जी. (पी.) 16/06 घर की बगिया में

गृह वाटिका के लिए बेहतर फल – चकोतरा ।

चकोतरा की बीजहीन किस्म – सी.जी. (पी.) 4/03

छोटे फल वाली किस्म – सी.जी. (पी.) 3/03

चकोतरा सी. जी. (पी.) 16106 के स्वस्थ फल

चकोतरा के फलों का ग्रेडिंग करते व्यापारी

चकोतरा की रंगीन फाँके सलाद में रंग घोल देती हैं।

सिंचाई तथा निकाई–गुड़ाई

बरसात में रोपे गये पौधों को किसी प्रकार की सिंचाई की आवष्यकता नहीं पड़ती है परन्तु अक्टूबर के बाद पौधों की सिंचाई मिट्टी में नमी की मात्रा तथा वर्षा के दशा के अनुसार करनी चाहिए। रबी के मौसम में नये लगाये गये पौधे की पंक्तियों के बीच की खाली जगह में मटर, बाकला, राजमा, दलहनी फसलें उगानी चाहिए। परन्तु खरीफ में मूँग, उड़द तथा लोबिया उत्तम अन्तरावर्ती फसलें हैं। 8–10 वर्षो में चकोतरा के पौधे पूर्णतया विकसित हो जाते हैं इसलिए उसके बाद कोई अन्तरावर्ती फसल नहीं उगानी चाहिए। परन्तु समय–समय पर बगीचे में उगे हुए खर–पतवार को निकालकर बाग की निकाई–गुड़ाई अवश्य करनी चाहिए। इससे पौधों की वृद्धि अच्छी होती है। चकोतरा के पौधों को जाड़े के मौसम में 25–30 दिनों के अंतर पर तथा गरमियों में 12–15 दिन के अंतर पर सिंचाई करनी चाहिए।

कटाई–छँटाई

चकोतरा के 8–10 वर्ष की उम्र के वयस्क वृक्षों की ऐसी टहनियाँ जो भूमि को छू रही हों या सूख गई हों उन्हें काट कर निकाल देना चाहिए तथा कटे स्थान को बोर्डो पेस्ट से बन्द कर देना चाहिए।

खाद तथा उर्वरक का व्यवहार

चकोतरा के पौधों को आयु के अनुसार खाद तथा उर्वरक की मात्रा निर्भर करती है। एक वर्ष की आयु वाले पौधे को 5 कि॰ग्रा॰ गोबर की खाद, नेत्रजन, 50 ग्राम, फॉस्फोरस 30 ग्राम तथा पोटाष 30 ग्राम देनी चाहिए। दूसरे वर्ष से 9 वें वर्ष तक प्रतिवर्ष इतनी ही मात्रा बढ़ाते जाते हैं। 10 वें वर्ष में प्रतिवर्ष 50 कि॰ग्रा॰ गोबर की खाद, 500 ग्राम नेत्रजन, 300 ग्राम फॉस्फोरस तथा 400 ग्राम पोटाष देते हैं। गोबर की खाद की पूरी मात्रा, आधी नेत्रजन तथा पूरा फॉस्फोरस और पोटाश दिसम्बर–जनवरी में तथा नेत्रजन की शेष आधी मात्रा अप्रैल–मई में देते हैं। मिट्टी में पौधों के तने से 1 मी॰ की दूरी में खाद तथा उर्वरक को अच्छी प्रकार मिलाकर पानी दे देनी चाहिए।

चकोतरा का पुष्पण, फलन तथा उपज

चकोतरा में वर्ष में एक ही बार पुष्पण तथा फलन होता है। फूल झरने के बाद फलों के पकने में 5–6 महीने का समय लगता है। जब फलों का रंग हरा से पीला

होना शुरू हो जाय तब तुड़ाई के लिए यह अवस्था उपयुक्त होती है। तुड़ाई के बाद फलों को उनके आकार के अनुसार ग्रेडिंग करके बाजार भेजना चाहिए। चकोतरा के एक वयस्क पेड़ पर 50 से 60 फल लगते हैं। फलों की संख्या उनके आकार पर निर्भर करती है। बीजू चकोतरा के वृक्षों पर फलों का आकार छोटा लेकिन संख्या अधिक लगती है।

नींबू वर्गीय फलों में चकोतरा का फल अपने वृहत आकार के लिए प्रसिद्ध है। चकोतरा का रसीला गुदा ताजा सलाद के रूप में खाया जाता है। इसके फलों का रस तथा शर्बत उम्दा किस्म का होता है जिसकी माँग बड़े–बड़े शहरों में काफी तेजी से बढ़ रही है। इस फल की बढ़ती हुई माँग के आधार पर अब आवश्यक हो गया है कि इसे गृह वाटिका से निकाल कर व्यावसायिक बागों में पहुँचाया जाये। आवष्यकता इस बात की है कि इस फल के उच्च गुणवत्त वाली किस्मों का विकास किया जाये, तथा चकोतरा के अच्छी किस्मों के पौधे किसानों को उपलब्ध कराये जाए तभी भारत चकोतरा उत्पादन में पूरे विश्व में एक अग्रणी राष्ट्र बन सकेगा।

□□□

अध्याय 34

नाशपाती

शीत कटिबन्धीय सलाद वाले फलों में सेव के बाद नाशपाती का दूसरा स्थान है। इसे अँग्रेज लोग पियर कहते हैं। नाशपाती रोजेसी पौध कुल का सदस्य है जिसका वानस्पतिक नाम पायरस कम्यूनिस है जो पोम किस्म का फल है। भारत में नाशपाती उगाने वाले राज्यों में जम्मू–कश्मीर, हिमाचल प्रदेश, उत्तरांचल, उत्तर प्रदेश, नीलगिरी की पहाड़ियाँ, अरूणाचल प्रदेश, मेघालय, मणिपुर तथा त्रिपुरा मुख्य हैं। कम शीतन वाली किस्मों की खेती पंजाब, हरियाणा तथा उत्तर प्रदेश के तराई वाले मैदानी क्षेत्रों में बढ़ रही है। नाशपाती के पके फलों का सलाद लाजवाब होता है। वैसे नाशपाती का जैम, बेहतरीन होता है तथा इसे डिब्बाबंदी भी किया जाता है।

उत्पत्ति का इतिहास

वनस्पतिशास्त्री बेवीलाव के अनुसार नाशपाती चीन की धरोहर है। एशिया का वह मध्य भाग जिसके अन्तर्गत भारत का उत्तरी पश्चिमी क्षेत्र आता है। वहाँ की पहाड़ियों में अभी भी नाशपाती की जंगली जातियाँ पाई जाती हैं। कुछ अन्य विद्वानों

का कहना है कि नाशपाती की जन्मभूमि यूरोप के काकेकष पर्वत का क्षेत्र है जहाँ से यह फल पूरे विश्व में फैला है।

भारत में नाशपाती की बागवानी का श्रेय अँग्रेजों को जाता है। इस फल को अधिक लोकप्रियता ब्रिटिश शासन काल में मिला। सेव की तुलना में नाशपाती की बागवानी अधिक लोकप्रिय इसलिए हुयी है क्योंकि इसे भारत के पहाड़ी क्षेत्रों के अतिरिक्त मैदानी तथा तराई क्षेत्रों में काफी सफलतापूर्वक उगाया जा रहा है। चीन में सेव से अधिक क्षेत्रफल नाशपाती के अन्तर्गत है। इस फल को भी लम्बे समय तक भंडारित किया जा सकता है।

जलवायु

नाशपाती शीत कटिबन्धीय फल है जिसके वृक्ष पर्णपाती प्रकृति के हाते हैं। इसे समुद्र तल से 1700–2400 मीटर तक की ऊँचाई वाले स्थानों पर आसानी से उगाया जा सकता है। यह विविध जलवायु के प्रति अधिक सहनशील फल है। इसके वृक्ष सुसुप्तावस्था में शून्य डिग्री से॰ से नीचे तापमान को तथा वृद्धि के अवस्था में 45 डिग्री से॰ तक के तापमान को सहन कर लेते हैं। फूल लगने के समय में पाला पड़ने या तापमान –3 डिग्री से॰ से कम होने पर तथा तेज हवा से काफी क्षति पहुँचती है। फलों का रंग तथा स्वाद 15–21 डिग्री से॰ पर अच्छा विकसित होता है। नाशपाती के बागों के चारों तरफ वायुरोधक वृक्षों की पट्टी अवष्य लगानी चाहिए।

भूमि का चुनाव तथा तैयारी

नाशपाती के व्यावसायिक बाग लगाने के लिए सैदव जीवांश की अधिकता वाली गहरी मटियार दोमट भूमि चुनें जिसका पी॰एच॰ 6.0 से 7.5 हो। भूमि मध्यम उर्वरता वाली ही अच्छी होती है। ऐसी भूमि जिसमें नेत्रजन की अधिकता होती है उसमें फायर ब्लाइट तथा नाशपाती सायला का आक्रमण अधिक होता है। खेत से खर–पतवार निकाल कर दो तीन जुताई करके पाटा चला कर खेत को अच्छी प्रकार तैयार कर लें।

पौध प्रसारण की विधियाँ

नाशपाती की कलम तैयार करने के लिए जंगली नाशपाती के बीजू पौधों को रूट स्टॉक (मूल वृंत) के रूप में काम में लाया जाता है। रूट स्टाक एक वर्ष पुराना

होना चाहिए। इस पर टंग ग्राफ्टिंग विधि द्वारा मनवांछित सायन लगायी जाती है। यह कार्य फरवरी–मार्च में करते हैं। नाशपाती के पौध प्रसारण की अन्य विधियों में शील्ड बडिंग तथा स्टेम कटिंग भी मुख्य हैं।

पौध लगाने की विधि

नाशपाती के पौधों को रोपने का बढ़ियाँ समय दिसम्बर से मार्च तक का है। पौधों की रोपाई की दूरी रूट स्टॉक के किस्म पर निर्भर करती है। जैसे जंगली नाशपाती के रूट स्टॉक पर तैयार पौधे काफी ऊँचे होते हैं तथा इनके वृक्ष अधिक फैले होते हैं। अतः इन्हें 7–8 मीटर की दूरी पर लगाते हैं परन्तु मैलिंग ए, बी तथा सी रूट स्टॉक पर तैयार पौधे छोटे तथा कम फैलने वाले होते है अतः उन्हें 4–5 मीटर की दूरी पर रोपना चाहिए। पौध रोपने हेतु वर्गाकार विधि द्वारा रेखांकन करके 75 X 75 X 75 से॰मी॰ आकार के गड्ढे खोदें तथा आधी उपर की उर्वर मिट्टी तथा उतना ही कम्पोस्ट मिला कर गड्ढो को 15 से॰मी॰ उपर तक भरें तथा गड्ढ़े की हल्की सिंचाई कर दें। जब गड्ढो की मिट्टी जमीन के बराबर हो जाये तो उसके बीच में नाशपाती के कलमी पौधे लगायें।

खाद तथा उर्वरक का व्यवहार

पौधों की कटाई छँटाई के बाद प्रथम वर्ष में केवल 30–40 किलोग्राम गोबर की सड़ी खाद प्रति पौध डालनी चाहिए। गोबर की खाद को पौधों के चारों तरफ की मिट्टी में मिला देनी चाहिए। दूसरे वर्ष से प्रति पौध प्रति वर्ष 50 ग्राम नेत्रजन, 40 ग्राम स्फूर तथा 40 ग्राम पोटाष तथा प्रथम वर्ष में दी गई गोबर की खाद की मात्रा दी जाती है। उपरोक्त उर्वरक की मात्रा प्रति वर्ष जोड़ते जाते है जो 10 वें वर्ष में बढ़ कर 500 ग्राम नेत्रजन, 400 ग्राम स्फूर तथा 400 ग्राम पोटाष हो जाता है परन्तु गोबर की खाद की मात्रा 30–40 किलो ही प्रति वर्ष रखी जाती है। आधी नेत्रजन तथा पूरा स्फूर तथा पोटाश फरवरी–मार्च में तथा गोबर की खाद की पूरी मात्रा तथा शेष आधी नेत्रजन जून–जुलाई में डालनी चाहिए। 15–20 वर्ष की आयु वाले वृक्ष के लिए उर्वरक की यह मात्रा डेढ़गुनी कर देनी चाहिए।

नाशपाती की किस्में

नाशपाती की किस्मों को तीन वर्गों में बाँटा गया है :–

- **यूरोपीय किस्में** – इस वर्ग के किस्मों के फल बड़े आकार के तथा गुदा मुलायम होता है। फल उच्च्च गुणवत्ता वाले होते हैं परन्तु फायर ब्लाइट का रोग

अधिक लगता है। जैसे – थम्बपियर, विन्टरनेलिस, ब्यूरेहार्डी, वार्टलेट तथा बग्गू गोशा मुख्य हैं।

- **एशियन किस्में** – इन किस्मों की प्रशीतन की आवश्यकता कम होती है अतः ये उच्च तापमान वाले क्षेत्रों में भी अच्छी उपज देती है। फल रसदार मीठे होते हैं। इसमें जापानी तथा चीनी किस्में आती हैं। जैसे – पत्थरनाख, ट्वन्टीएथ सेन्चुरी तथा चायना पियरगोला। इन पर फायर ब्लाइट का प्रकोप नहीं होता है।
- **संकर किस्में** – संकर किस्मों का विकास यूरोपीयन तथा एशियन किस्मों के संकरण द्वारा किया गया है। इनके फलों की गुणवत्ता उपरोक्त दोनों किस्मों की तुलना में उतना अच्छा नहीं होता है। जैसे ली–कोन्टे, कीफर।

पौधों की संधाई तथा कटाई–छँटाई

नाशपाती के पौधों का उचित ढाँचा तैयार करने हेतु कई विधियाँ जैसे – बुश, पिरामिड, कार्डन तथा सेन्ट्रल माडीफाइड लीडर विधियाँ अपनाई जाती है परन्तु माडीफायड लीडर विधि ही अधिक प्रचलन में है। इस विधि में मुख्य तना सीधे बढ़ने दिया जाता है और 40–50 से॰मी॰ की ऊँचाई से कई शाखाएँ निकालते हैं। प्रत्येक शाखा की आपस की दूरी 15–20 से॰मी॰ रखते हैं। लगभग 6–8 वर्षों में शाखायें चारों तरफ निकल आती हैं। इस विधि में इस बात का ध्यान रखते हैं कि उपर की शाखायें नीचे की शाखाओं को ढकें नहीं। मुख्य शाखा से निकले वाटर सूट्स को काट दिया जाता है। यह कार्य दिसम्बर जनवरी में करनी चाहिए तथा कटे भागों पर चौबटिया पेस्ट लगा देनी चाहिए।

सिंचाई तथा निकाई–गुड़ाई

नाशपाती की अच्छी उपज के लिए अप्रैल से जून तक 12–15 दिनों के अंतराल पर सिंचाई करनी चाहिए। इस फल को शीत ऋतु में सिंचाई की कोई आवश्यकता नहीं पड़ती है। नाशपाती के वृक्षों के तनों के चारो तरफ निकाई–गुड़ाई कर के खर–पतवार मुक्त रखने से उपज पर अच्छा प्रभाव पड़ता है। बागों में लोबिया, मटर, राजमा या सोयाबीन अन्तरावर्ती फसल के रूप में ले सकते हैं इससे पौधों की वृद्धि अच्छी होती है।

नाशपाती घर की बगिया में।

पके नाशपाती के फल।

नाशपाती में फूल तथा फल उत्पादन

नाशपाती के वृक्षों पर फरवरी में फूल आते हैं। इस फूल में पर परागण होता है। अतः अधिक फल के लिए नाशपाती के बागों में 40 मधुमक्खियों के बक्से प्रति हेक्टर की दर से पुष्पन के समय रखना अनिवार्य है। इससे परागण बढ़ेगा तथा नाशपाती की शहद प्राप्त होगी जिससे कुछ आय बढ़ेगी। बागों में परागण किस्में भी लगाना आवश्यक है। इस फल में पूर्ण फलन सात–आठ वर्षों के बाद ही होता है।

फलों की तुड़ाई तथा भंडारण

नाशपाती के फलों की तुड़ाई उस समय करें जब फल पीले पड़ने शुरू हो जायें। पेड़ पर फलों को पूर्णरूपेण नहीं पकेन दिया जाता है क्योंकि पूर्ण पके फल शीघ्र क्षतिग्रस्त होते ही सड़ने लगते हैं। तुड़ाई के बाद फलों के आकार तथा किस्मों के अनुसार ग्रेडिंग कर के लकड़ी के बक्सों में फलों के चारों तरफ कागज लपेट कर बंद कर दिया जाता है तथा दूर–दूर की मंडियों में भेज दिया जाता है। चायना पियर तथा लीकान्ट आदि कड़ी किस्मों की अधिक समय तक सुरक्षित भंडारण किया जा सकता हैं परन्तु–1 डिग्री से॰ ताप पर तथा 85 प्रतिशत आपेक्षिक आर्द्रता पर इसे 3–4 माह तक भंडारित कर सकते हैं। इसके रोग तथा उसकी रोकथाम सेव की तरह हैं।

नाशपाती के फलों का पोषणमान

नाशपाती के फल के 100 ग्राम खाने योग्य भाग में पानी 86.9 ग्राम, कार्बोहाइड्रेट्स 13.4 ग्राम, प्रोटीन 0.2 ग्राम, वसा 0.1 ग्राम, खनीज तत्व 0.3 ग्राम जिसमें फॉस्फोरस 0.01 मिली ग्राम, कैल्शियम 0.01 मिली ग्राम तथा लोहा 0.07 मिली ग्राम प्राप्त होता है। इससे 47 किलो कैलोरी ऊर्जा, विटामिन सी 20 मिली ग्राम तथा कैरोटिन 14 अन्तर्राष्ट्रीय इकाई भी प्राप्त होता है।

□□□

अध्याय 35

पपीता

आजकल कई सितारे होटल हों या अन्तर्राष्ट्रीय स्तर के हॉस्पीटल, सभी में मेहमानों और रोगियों को फल सलाद में पपीता एक मुख्य फल होता है। यह एक शीघ्र तैयार होने वाला फल है। इसकी बागवानी उष्ण तथा उपोष्ण कटिबंधीय क्षेत्रों में होती है। भारत का विश्व में पपीता उत्पादक देशों में ब्राजील, मैक्सिको तथा नाइजिरिया के बाद चौथा स्थान है। भारत में पपीता की खेती 73.7 हजार हेक्टर क्षेत्रफल में होती है जिससे उत्पादन 25.90 लाख टन फल मिलता है। आन्ध्र प्रदेश, पश्चिम बंगाल, कर्नाटक, उड़ीसा, गुजरात, महाराष्ट्र, असम, बिहार, तमिलनाडु, मध्य प्रदेश और उत्तर प्रदेश प्रमुख उत्पादक राज्य हैं। बिहार में इसका क्षेत्रफल अनुमानतः 2000 हेक्टर तथा उत्पादन 64 हजार टन है। पपीता की बढ़ती माँग, इसके औषधीय गुणों तथा बागवानी के आर्थिक रूप से लाभकारी होने के कारण पूर्व के कुछ वर्षो में किसानों ने इसकी खेती की ओर अधिक ध्यान देना शुरू किया है जिससे पिछले एक दशक में पपीता के उत्पादन में तीन गुणा वृद्धि दर्ज हुयी है।

इसके फलों में विटामिन 'ए' प्रचुर मात्रा में पाया जाता है जो कि आम के बाद दूसरे नम्बर पर है। इसके अतिरिक्त विटामिन सी एवं खनिज लवण भी पाये जाते हैं। ताजा उपयोग के अतिरिक्त पपीता के फलों से अनेक परिरक्षित पदार्थ बनाये जाते हैं। कच्चे फल का उपयोग पेठा, बर्फी, खीर, रायता इत्यादि बनाने के लिए किया जाता है जबकि पके फलों से शर्बत, जैम, जेली, नेक्टर तथा कैंडी आदि बनायी जाती है। इसके साथ–साथ इसमें एक विशिष्ट प्रकार की एंजाईम होती है जिसे पपेन कहते हैं। यह पपीते के कच्चे फलों से प्राप्त दूध को सुखा कर बनाया जाता है। पपीता में औषधीय गुण इसी पपेन के कारण होता है।

जलवायु और भूमि का चुनाव

पपीता एक उष्ण कटिबंधीय फल है किन्तु इसकी बागवानी बिहार की समशीतोश्ण जलवायु में सफलतापूर्वक की जा रही है। इसकी बागवानी समुद्र तल से 1000 मीटर की ऊँचाई तक की जा सकती है। वायुमण्डल का तापमान 10 डिग्री से॰ से कम होने पर पपीता की वृद्धि, फलों का लगना तथा फलों की गुणवत्ता प्रभावित होती है। पपीता की अच्छी वृद्धि के लिए 22 डिग्री से॰ से 26 डिग्री से॰ तापमान उपयुक्त माना गया है। औसत वार्षिक वर्षा 1200 से 1500 मि॰मी॰ प्रति वर्ष पर्याप्त होती है। पपीता के पकने के समय शुष्क एवं गर्म मौसम होने से फलों की मिठास बढ़ जाती है।

पपीते की सफल बागवानी हेतु गहरी और उपजाऊ, सामान्य पी–एच॰ मान वाली बलुई दोमट मिट्‌टी अत्यधिक उपयुक्त मानी गयी है। इसकी बागवानी के लिए भूमि में जल निकास की अच्छी सुविधा होनी चाहिए। क्योंकि जल जमाव को यह सहन नहीं कर पाता है और जल जमाव के कारण पौधे मुर्झा कर सूख जाते हैं।

पपीता की किस्में

पपीता एक पर परागण वाला फल है तथा इसका व्यावसायिक प्रवर्धन बीज द्वारा होने के कारण एक ही प्रजाति में बहुत अधिक भिन्नता पायी जाती है। वर्तमान में भारत में पपीता की कई किस्में विभिन्न प्रदेशों में उगायी जा रही है। जिनमें प्रमुख रूप से 20 उन्नत किस्में हैं तथा कुछ स्थानीय एवं विदेशी किस्में है। स्थानीय किस्मों में राँची, बाडवानी ओरेंज तथा बाडवानी पिंक तथा मधु बिन्दू प्रमुख हैं। विदेशी किस्मों में वाशिंगटन, सोलों, सनराइज, तथा रेड लेडी प्रमुख हैं। पपीता की कुछ प्रमुख किस्मों की संक्षिप्त जानकारी इस प्रकार है।

भारतीय कृषि अनुसंधान संस्थान, क्षेत्रीय स्टेशन, पूसा (बिहार) द्वारा विकसित किस्में

पूसा डेलिसियस्

यह एक गायनोडायोसियस प्रजाति है जिसमें मादा और उभयलिंगी पौधे निकलते हैं तथा उभयलिंगी पौधे भी फल देते हैं। यह 80 से॰मी॰ की ऊँचाई से फल देता है। इसका फल अत्यन्त स्वादिष्ट एवं सुगंधित होता है। फल का आकार मध्यम से लेकर साधारण बड़ा होता है। जिसका वजन 1–2 किग्रा॰ तक होता है। पकने पर फल के गूदे का रंग गहरा नारंगी होता है तथा ठोस होता है। गूदे की मोटाई 4.0 सेमी॰ तथा कुल घुलनशील ठोस की मात्रा 10 से 13 डिग्री ब्रिक्स होता है। फलों की पैदावार 45 किग्रा॰ प्रति पेड़ होती है।

पूसा मजेस्टी

इस प्रजाति में भी पूसा डेलिसियस की भाँति मादा एवं उभयलिंगी पौधे निकलते हैं। यह 50 सेमी॰ की ऊँचाई से फल देता है तथा एक फल का वजन 1.0–2.5 किग्रा॰ तक होता है। यह किस्म की पैदावार उत्तम है तथा फल में पपेन की मात्रा अधिक पायी जाती है। इसके फल अधिक टिकाऊ होते है तथा इसमें विषाणु रोग का प्रकोप कम होता है। पकने पर गूदा ठोस एवं पीले रंग का होता है तथा कुल घुलनशील ठोस 9 से 10 डिग्री ब्रिक्स होता है। एक पेड़ से 40 किग्रा॰ फल प्राप्त होता है। इसके गूदे की मोटाई 3.5 सेमी॰ होती है। यह प्रजाति सूत्रकृमि अवरोधी है। औसतन एक पौधे से प्रतिवर्श 460 ग्राम पपेन प्राप्त होता है। कुल घुलनशील ठोस की मात्रा 9 डिग्री ब्रिक्स होती है। यह प्रजाति सघन बागवानी तथा गृह वाटिका के लिए काफी उपयुक्त पायी गयी है।

भारतीय बागवानी अनुसंधान संस्थान बंगलौर द्वारा विकसित किस्में:

कुर्ग हनी ड्यू

यह किस्म भारतीय बागवानी अनुसंधान संस्थान, बंगलौर के केन्द्रीय बागवानी प्रयोग केन्द्र चेट्टाली द्वारा चयनित किस्म है जिसका चयन हनी ड्यू (मधु बिन्दु) नामक प्रजाति से किया गया है। यह एक गायनोडायोसियस प्रजाति है। इसके पौधे मध्यम आकार के होते हैं। इसके फल लम्बे, अंडाकार आकार के मोटे गूदेदार

होते हैं। फल का वजन 1.5 से 2.0 किग्रा॰ होता है। गूदे का रंग पीला होता है। इसमें कुल घुलनशील ठोस 13.5 डिग्री ब्रिक्स होता है। प्रति पौध औसत उपज 70 किग्रा॰ तक होती है।

सूर्या

यह सनराइज सोलो एवं पिंक फ्लेश के संकरण द्वारा विकसित गायनोडायोसियस प्रजाति है। इसके फल मध्यम आकार के होते हैं जिनका औसत वजन 600–800 ग्राम तक होता है तथा बीज की कैविटी कम होती है। फल का गूदा गहरा लाल रंग का होता है जिसकी मोटाई 3–3.5 सेमी॰ तथा कुल घुलनशील ठोस 13.5–15 डिग्री ब्रिक्स होता है। फल की भंडारण क्षमता अच्छी होती है। प्रति पौध औसत उपज 55–65 किग्रा॰ तक होती है।

तमिलनाडु कृषि विश्वविद्यालय, कोयम्बटूर द्वारा विकसित किस्में:

को॰–1

यह प्रजाति 1972 में राँची प्रजाति से चयनित की गयी है। यह एक डायोसियस किस्म है जिसके पौधे छोटे होते हैं। फल मध्यम आकार के गोल होते हैं जिनका गूदा पीले रंग का होता है। फल में कुल घुलनशील ठोस की मात्रा 10 से 12 डिग्री ब्रिक्स होती है। प्रति पौध औसत उपज 40 किग्रा॰ तक होती है।

को॰–2

इस किस्म का चयन 1979 में स्थानीय किस्म से किया गया है। यह एक डायोसियस प्रजाति है जिसमें पपेन प्रचुर मात्रा (4 से 6 ग्राम प्रति फल) में पायी जाती है। फल का औसत वजन 1.0 से 2.0 किग्रा॰ होता है। फल में 75 प्रतिशत गूदा होता है जिसकी मोटाई 3.8 सेमी॰ तथा रंग नारंगी होता है। फल का आकार बड़ा होता है जिसमें कुल घुलनशील ठोस की मात्रा 11.4 से 13.5 डिग्री ब्रिक्स होती है। प्रति पौध औसत उपज 80–90 फल प्रति वर्ष होती है। पपेन की औसत उपज 250 से 300 किग्रा॰ प्रति हेक्टर होती है।

को॰–3

यह को॰–2 एवं सनराइज सोलो के संकरण द्वारा वर्ष 1983 में विकसित गायनोडायोसिस प्रजाति है। यह ताजे फल के रूप में खाने हेतु सर्वोत्तम किस्म है।

इसके फल मध्यम आकार के होते हैं जिनका औसत वजन 500 से 800 ग्राम तक होता है। फल के गूदे का रंग लाल होता है। जिसमें कुल घुलनशील ठोस की मात्रा 14.6 डिग्री ब्रिक्स होती है। प्रति पौध औसत उपज 90 से 120 फल होती है।

को॰–4

यह किस्म भी वर्ष 1983 में को॰–1 एवं वाशिंगटन के संकरण से विकसित की गयी है। यह एक डायोसियस प्रजाति है। पौधे के तने तथा पत्ती के डंठल का रंग बैंगनी होता है। फल मध्यम आकार का होता है जिसका औसत वजन 1.2 से 1.5 किग्रा॰ तक होता है। फल के गूदे का रंग पीला होता है जिसमें कुल घुलनशील ठोस की मात्रा 13.2 डिग्री ब्रिक्स होती है। औसत उपज प्रति वर्श 80 से 90 फल प्रति पौध होती है।

को॰–5

इस प्रजाति का चयन वर्ष 1985 में वाशिंगटन प्रजाति से किया गया है। यह एक डायोसियस प्रजाति है जो पपेन उत्पादन हेतु सर्वोत्तम पायी गयी है। प्रति फल 14. 45 ग्राम शुष्क पपेन पाया जाता है। पत्ती के डंठल का रंग गुलाबी होता है। फल का औसत वजन 1.5 से 2.0 किग्रा॰ होता है। फल का कुल घुलनशील ठोस की मात्रा 13 डिग्री ब्रिक्स होती है। 2 वर्ष के फसल चक्र में औसत उपज 75–80 फल प्रति पौध होती है। शुष्क पपेन का औसत उपज 1500–1600 किग्रा॰ प्रति हेक्टर होता है जिसमें 72 प्रतिशत प्रोटीन पायी जाती है।

को॰–6

इस प्रजाति का चयन वर्ष 1986 में पूसा जायन्ट प्रजाति से किया गया है। यह एक डायोसियस प्रजाति है जो पपेन उत्पादन तथा ताजा खाने के लिए उपयोगी पायी गयी है। इसके पौधे छोटे होते हैं तथा फल की तुड़ाई पौध रोपण के आठवें माह से षुरू हो जाती है। फल का औसत वजन 2 किग्रा॰ तक होता है। फल के गूदे का रंग पीला होता है जिसमें कुल घुलनशील ठोस की मात्रा 13.6 डिग्री ब्रिक्स है। प्रति पौध औसत उपज 80–100 फल हैं। प्रति फल शुष्क पपेन की मात्रा 7.5 से 8.0 ग्राम तक होती है।

को॰–7

यह पूसा डेलिसियस, को॰–3, सी॰पी॰–75 एवं हनी ड्यू के बहुसंकरण द्वारा वर्ष 1997 में विकसित संकर किस्म है। यह एक गायनोडायोसियस प्रजाति है जिसमें फल जमीन से 52.2 सेमी॰ की ऊँचाई से लगते हैं। इसके फल लम्बे, अंडाकार होते है। जिसमें गुदे का रंग लाल होता है। फल में कुल घुलनशील ठोस की मात्रा 16.7 डिग्री ब्रिक्स होती है। यह प्रजाति 112.7 फल प्रति पौध उपज देती है जो कि 340.9 टन प्रति हेक्टर है।

पपीता की अन्य किस्में

राँची

यह प्रजाति राँची (झारखण्ड) के आस–पास छोटानागपुर क्षेत्र में पायी जाती है। इसमें नर, मादा तथा उभयलिंगी फल का वजन 15 किग्रा॰ तक पाया गया है। मादा पेड़ से एक फल का वजन 5 से 8 किग्रा॰ तक पाया गया है जो दूर से देखने पर कद्दू जैसा दिखाई देते हैं। लेकिन इसका बीज बाहर कही भी ले जाकर बोने से फल का वजन घट जाता है।

पौध प्रवर्धन

पपीता का व्यवसायिक प्रवर्धन बीज द्वारा होता है। किन्तु पपीता को बड़े पैमाने पर उगाने में सबसे बड़ी बाधा शुद्ध बीज का उपलब्ध न होना है। अतः पपीता का शुद्ध बीज ही बुआई हेतु उपयोग करना चाहिए जो कि किसी शोध संस्थान या प्रमाणित बीज भंडार से क्रय करना चाहिए।

बीज की मात्रा : 300–500 ग्राम प्रति हेक्टर

पपीता का पौधशाला तैयार करना

पौधशाला में बीज बोने के लिए 3 मीटर लम्बी, 1 मीटर चौड़ी तथा 15 सेमी॰ ऊँची क्यारियाँ बनानी चाहिए। मिट्टी में गोबर की खाद मिलाकर मिट्टी को खूब बारीक बना लेनी चाहिए। बीज को क्यारी में कतार में बोना चाहिए। कतार से कतार की दूरी 10 सेमी॰ रखनी चाहिए तथा बीज 2 से॰मी॰ की गहराई में बोना चाहिए। इसके बाद बीज को गोबर की खाद या कम्पोस्ट को खूब भुरभुरा बनाकर उससे ही ढ़क देना चाहिए। वर्षा या तेज धुप से बीज को बचाने के लिए खर या पुआल से

क्यारी को ढ़क देनी चाहिए। इसके उपरांत पौधशाला में सुबह फव्वारे से पानी प्रतिदिन देना चाहिए जब तक बीज का अंकुरण न हो जाय। पौधे को गलका रोग से बचाने के लिए बीज को थीरम, केप्टान या सिरेसान (2 ग्राम प्रति किग्रा॰ बीज) नामक दवाओं से उपचारित करना चाहिए। पौधशाला में जब भी गलका रोग दिखाई पड़े बोर्डो मिश्रण (5:5:50) या मैंकाजेब या रिडोमिल या कॉपर ऑक्सीक्लोराइड (2 ग्राम प्रति लीटर पानी में) तुरंत छिड़काव करना चाहिए। पपीते के बीज 7 से 15 दिनों के भीतर जम जाते हैं। बीज के जमने के बाद पुआल हटा देना चाहिए। पुआल हटाने के बाद फब्बारा द्वारा हल्की सिंचाई कर देनी चाहिए।

पौधों को पॉलीथीन की थैलियों में उगाना

पौधों को पॉलीथीन की थैलियों में उगाने हेतु छेद किये गये 150 से 200 गेज वाले पॉलीथीन की थैलियाँ चुने जिनकी लम्बाई 22 सेमी॰ तथा चौड़ाई 15 सेमी॰ हो। थैलियों को एक तिहाई बालू एवं तिहाई कम्पोस्ट तथा एक तिहाई मिट्टी मिलाकर भर लेना चाहिए। प्रति थैली में 3–4 बीज एक सेमी॰ की गहराई में बोने के बाद पानी से सिंचाई करें। पौधे जमने के बाद उचित देखभाल करनी चाहिए।

पौध तैयार करने का समय

साधारणतया पपीते का बीज नर्सरी में रोपने की निर्धारित तिथि से दो महीने पहले बोना चाहिए। इस प्रकार पौधे मुख्य क्षेत्र में रोपाई के समय 15–20 सेमी॰ की ऊँचाई के हो जाते हैं। बिहार में जहाँ पानी जमाव की समस्या है तथा वर्षा के दिनों में विषाणु रोग अधिक तेजी से फैलते हैं वहाँ अगस्त के अंत में या सितम्बर के शुरू में नर्सरी में बीज बोना ही उचित होता है।

पौध रोपण तथा देखभाल

पपीता की खेती हेतु ऐसी जगह का चुनाव करना चाहिए जहाँ बरसात में पानी नहीं ठहरता हो। भूमि का चुनाव करने के बाद गर्मी के दिनों में भूमि को अच्छी तरह 2–3 बार जुताई करके तैयार करना चाहिए। प्रति इकाई क्षेत्रफल में अधिक उपज प्राप्त करने के लिए पपीता को 1.8 ग 1.8 मी॰ की दूरी पर लगाना चाहिए। पौध लगाने हेतु निर्धारित दूरी पर गर्मी के दिनों में 60 x 60 x 60 सेमी॰ के आकार के गड्ढ़े तैयार कर लेना चाहिए। गड्ढ़े को 15 दिन तक खुला छोड़ दें। वर्षा शुरू होने के पूर्व गड्ढ़े के उपर की भुरभुरी मिट्टी में 20 किग्रा॰ गोबर की सड़ी खाद, 1 किग्रा॰

नीम की खल्ली तथा 1 किग्रा॰ हड्डी का चूर्ण तथा 5 से 10 ग्राम फ्यूराडान या थीमेंट 10 जी का मिश्रण मिलाकर गड्ढ़े को अच्छी तरह भी दें।

जब पौधे नर्सरी में 15–20 सेमी॰ की ऊँचाई के हो जायें तब अक्टूबर माह में पौधे को गड्ढ़े के बीचो बीच लगाये। डायोसियस किस्म के तीन पौधे तथा गायनोडायोसियस किस्म का एक पौधा प्रति गड्ढा लगाना चाहिए। इसके बाद पौधे की हल्की सिंचाई कर देनी चाहिए।

पौधों को खेत में लग जाने के बाद समुचित देखभाल करने की आवश्यकता पड़ती है। कभी–कभी अधिक वर्षा के कारण भी पौधे नश्ट हो जाते हैं। अतः उन्हें उचित देखरेख द्वारा बचाना चाहिए। जाड़े के दिनों में जहाँ ठंढ़ अधिक पड़ती है, कोमल पौधों को पालीथीन या ज्वार की टट्टी द्वारा ढ़क देना चाहिए। कुछ कीड़े कोमल पौधों को काटकर शुरू में नष्ट कर देते हैं उनसे पौधों को बचाना चाहिए। वर्षा के कारण नष्ट हुए पौधों को बंसत ऋृतु में दूसरा पौधा लगाकर भर देना चाहिए।

खाद एवं उर्वरक

पपीते को बहुत अधिक खाद की आवश्यकता होती है। पूसा स्थित क्षेत्रीय स्टेशन पर किये गये प्रयोगों द्वारा साबित हुआ है कि प्रत्येक फैलने वाले पेड़ों को 200–500 ग्रा॰ नाइट्रोजन, 200–250 ग्राम फॉस्फोरस तथा 250–500 ग्रा॰ पोटाश देने से अच्छी उपज प्राप्त होती है। साधारणतया उपरोक्त खाद तत्व के लिए यूरिया 450 से 550 ग्रा॰, सिंगल सुपर फॉस्फेट 1200 से 1500 ग्रा॰ तथा म्यूरियेट ऑफ पोटाश 450–850 ग्रा॰ लेकर उन्हें मिश्रित कर लेना चाहिए तथा चार भागों में बाँट कर प्रत्येक माह के शुरू में जुलाई से अक्टूबर तक वृक्ष के छाँव में नीचे पौधे से 30 सेमी॰ की गोलाई में देकर मिट्टी में अच्छी तरह मिला देना चाहिए। खाद देने के बाद हल्की सिंचाई कर देनी चाहिए। इसके अतिरिक्त सूक्ष्म तत्व बोरान 1 ग्रा॰ प्रति लीटर पानी में तथा जिंक सल्फेट 5 ग्रा॰ प्रति लीटर पानी में, का छिड़काव पौध रोपण के चौथे एवं आठवें महीने में करना चाहिए।

पपीता के बागों की सिंचाई

पपीता के सफल उत्पादन के लिए बगीचे में जल प्रबंध बहुत ही आवश्यक है। जब तक पौधा फलन में नहीं आता तब तक हल्की सिंचाई करनी चाहिए जिससे

पौधे जीवति रह सके। अधिक पानी देने से पौधे काफी लम्बे हो जाते हैं तथा विशाणु रोग का प्रकोप भी ज्यादा होता है। फल लगने पर तथा पकने तक पौधों को अधिक सिंचाई की आवश्यकता होती है। ऐसा देखा गया है कि पानी की कमी के कारण फल झरने लगते हैं। गर्मी के दिनों में एक सप्ताह के अंतराल पर जाड़े के दिनों में 15 दिन के अंतराल पर सिंचाई करनी चाहिए। पपीता में टपकन सिंचाई प्रणाली (ड्रिप) के अर्न्तगत 8–10 लीटर पानी प्रतिदिन देने से पौधे की वृद्धि एवं उपज अच्छी पायी गयी है। इस प्रकार 40–50 प्रतिशत पानी की भी बचत होती है। मृदा नमी को संरक्षित करने के लिए पौधे के तने चारों तरफ सूखे खर पतवार या काली पॉलीथीन की पलवार बिछानी चाहिये।

फूलन एवं फलन

पौधे लगाने के लगभग 6 माह बाद मार्च–अप्रैल माह से पौधों में फूल आने लगते हैं। पपीता में मुख्य रूप से तीन प्रकार के लिंग नर, मादा एवं उभयलिंगी पाये जाते हैं। नर एवं उभयलिंगी पौधे वातावरण के अनुसार लिंग परिवर्तन कर सकते हैं, किन्तु मादा पौधे स्थायी होते हैं। नर एवं मादा पौधों की पहचान फूल के आधार पर कर सकते हैं। ज्योंही नर पौधे दिखाई पड़े तुरंत काटकर खेत से निकाल लेना चाहिए। किन्तु परागण हेतु खेत में 10 प्रतिशत नर पौधे अवश्य छोड़ देनी चाहिए।

पपीता का पौधा 10 से 15 महीनों के अंदर फल देना प्रारम्भ कर देता है तथा वसंत ऋतु से लेकर ग्रीष्म ऋतु तक फल परिपक्व होते रहते हैं। पपीते जब परिपक्व हो जाये तो उन्हें पेड़ से तोड़ लेना चाहिए।

रोग एवं कीट नियंत्रण

कवक जनित रोग

आर्द्रगलन रोग

यह बीमारी पौधशाला में पीथियम एफैनिडरमेट्म नामक कवक के कारण होती है। इसका प्रभाव नये अंकुरित पौधों पर होता है तथा पौधे का तना जमीन के पास से सड़ जाता है और पौध मुरझाकर गिर जाता है। अतः इससे बचाव के लिए नर्सरी की मिट्टी को बोने से पहले फारमेल्डिहाइड के 2.5 प्रतिशत घोल से उपचारित कर सफेद पालीथीन से 48 घंटो के लिए ढ़क देना चाहिए तथा बीज को थायरम, एग्रोसन जी॰एन॰ या कैप्टान (2 ग्रा॰ प्रति किग्रा॰ बीज) नामक दवाओं से उपचरित

कर बोना चाहिए। पौधशाला में इस रोग से बचाव के लिए बोर्डो मिश्रण (5:5:50) या रिडोमिल (मेटोलाक्सिल) या मैंकोजेब (2 ग्रा॰ प्रति लीटर पानी में) का छिड़काव एक सप्ताह के अंतराल पर 3–4 बार करना चाहिए।

जड़े तथा तनों का सड़ना

यह रोग पीथियम एफैनिडरमेट्म एंव फाइटोफ्थोरा पामीवोरा नामक कवक के कारण होता है। इस रोग में जड़ तथा तना सड़ने से पेड़ सूख जाता है। इसका तने पर प्रथम लक्षण जलीय धब्बे के रूप में होता है। जो बाद में बढ़कर तने के चारों तरफ फैल जाता है। पौधे के उपर की पत्तियाँ मुरझाकर पाली पड़ जाती है तथा पेड़ सूखकर गिर जाते हैं।

इसकी रोकथाम के लिए पपीता को जल जमाव क्षेत्र में नहीं लगाना चाहिए तथा पपीता के बगीचे में जल निकास का उचित प्रबंध होना चाहिए। यदि तने में धब्बे दिखाई देते हो तो रिडोमिल (मेटालाक्सिल) या मैंकोजेब 2 ग्रा॰ प्रति लीटर पानी में घोल बनाकर पौधों के तने के पास मिट्टी में डालना चाहिए।

फलों का सड़ना (एन्थ्रेक्नोंज)

यह पपीता के फल की प्रमुख बीमारी है। यह कोलिटोट्राईक्म ग्लियोस्पोरायड्स नामक कवक के द्वारा होती है। इस रोग में फलों के उपर छोटा जलीय धब्बा बन जाता है जो बाद में बढ़कर पीले या काले रंग का हो जाता है। यह रोग फल लगने से लेकर पकने तक लगता है जिसके कारण फल पकने के पूर्व ही गिर जाते हैं। इसकी रोकथाम के लिए ब्लाइटाक्स 50 या मैंकोजेब 2.5 ग्रा॰ दवा प्रति लीटर पानी में घोल कर छिड़काव करना चाहिए।

कली एवं तनों का सड़ना

यह पपीता में लगने वाली एक नई बीमारी है। फ्यूजैरियम सोलनाई नामक कवक के द्वारा लगती है। शुरू में इस रोग के कारण फल तथा कलिका के पास तना पीला हो जाता है जो बाद में पूरे तना पर फैल जाता है। जिसके कारण फल सिकुड़ जाते हैं तथा बाद में झड़ जाते हैं। इसकी रोकथाम के लिए बोर्डो मिश्रण (5:5:50) का ब्लाइटाक्स 50 (3 ग्रा॰ प्रति लीटर पानी में) का छिड़काव करना चाहिए।

उष्ण कटिबन्धीय फल–पपीता
पपीता किस्म – सूर्या के पेड़ पर पके फल

ज्यादा उपज देने वाली पपीते की सुधरी किस्म 'पूसा ड्वार्फ'

पपीता – बाडवानी रेड

पपीता – पूसा डेलिसियस

पपीता – पूसा डेलिसियस की बाग

पपीता किस्म – अर्का सूर्या के पके फल

चूर्णी फफूँद

यह रोग ओडियम यूडिकम एवं ओडियम कैरिकी नामक कवक से होता है। इससे प्रभावित पत्तियों पर सफेद चूर्ण जैसा जमाव हो जाता है जो बाद में सूख जाती है। इस रोग की रोकथाम के लिए सल्फेक्स (2 ग्रा॰ प्रति लीटर पानी में) का छिड़काव करना चाहिए।

विषाणु जनित रोग

पर्ण कुंचन रोग

यह पपीते का एक गंभीर विषाणु रोग है। इस रोग के कारण शुरू में पौधों का विकास रूक जाता है और पत्तियाँ गुच्छानुमा हो जाती है तथा पत्तियाँ का आकार छोटा हो जाता है। पत्तियों का उपरी सिरा अंदर की ओर मुड़ जाता है। प्रभावित पौधों में फूल एवं फल नहीं लगते हैं।

पपीते का रिंग स्पॉट रोग

पर्ण कुंचन की तरह यह भी एक विषाणु रोग है। इस रोग में पपीते की पत्तियाँ कटी–फटी सी हो जाती है तथा हर गाँठ पर कटे–कटे पत्ते निकलने लगते हैं। पत्तियों के तनों एवं फलों पर छोटे गोलाकार धब्बे पड़ जाते हैं। प्रभावित फल का आकार अच्छा नहीं होता है तथा फलन बहुत ही कम हो जाती है।

उपरोक्त दोनों विषाणु रोगों का पूरी तरह रोकथाम संभव नहीं है। विषाणु रोग वर्शा के दिनों में काफी तेजी से फैलता है। अतः वर्षा के समाप्त होने पर (अक्टूबर माह) खेत में पपीता लगाने से विषाणु रोगों का प्रभाव कम होता है। यह विषाणु रोग कीटों जैसे सफेद मक्खी और माहू से फैलते हैं। अतः इनकी रोकथाम हेतु डाइमेथोऐट (2 मिली॰ प्रति लीटर पानी में) का छिड़काव प्रति माह करना चाहिए। प्रयोगों द्वारा ऐसा देखा गया है कि नीम की खल्ली या अत्याधिक कम्पोस्ट खाद के उपयोग करने पर विषाणु रोग का प्रकोप कम होता है। इस रोग से प्रभावित पौधों को उखाड़कर जला देना चाहिए।

कीड़ों की रोकथाम

पपीते में कीड़े बहुत कम लगते हैं। इसमें मुख्य रूप से माहू का आक्रमण होता है जो पत्तियों के निचले भाग में छेद कर रस चूसता है तथा विषाणु रोगों के फैलाने

में वाहक का कार्य करता है। इसके नियंत्रण के लिए डाइमेथोएट (2 मिली॰ प्रति लीटर पानी में) का एक से दो छिड़काव करना चाहिए।

पपीता औषधि के रूप में

पपीता के पके फलों में कैरोटिन के 2500 से 3000 अ॰ ई॰ पाया जाता हैं जिससे शरीर में विटामिन–ए का निर्माण होता है। पपीता का फल रक्तस्रावी रोग जैसे अर्श में लाभदायक होता है। इसका दूध यकृत वृद्धि तथा अतिसार में लाभकारी पाया गया है। इसके कच्चे फलों के दूध का उपयोग मुहाँसे दूर करने में किया जाता है। पपीते के दूध में चीनी मिलाकर सेवन करने से प्लीहा वृद्धि में आशातीत लाभ मिलता है। इसके अतिरिक्त इसका प्रयोग बच्चों के आँत कृमियों को दूर करने में किया जाता है।

पके हुए पपीता के रस में दूध तथा मिश्री मिलाने से मधुर एवं स्वादिष्ट पेय बनता है जिसका सेवन एक ग्लास सुबह और एक ग्लास शाम में करने से मधुर नींद आती है। पपीता का सेवन करके पित्त को नष्ट किया जा सकता है। यह वीर्यवर्द्धक फल है। इसमें विटामिन्स ए, बी, सी तथा डी होते हैं जिससे नेत्र रोगों, मुत्र रोगों तथा अस्थि रोगों में काफी लाभ मिलता है। पपीता का सेवन रक्तचाप तथा पक्षाघात से मुक्ति दिलाता है। पके हुए फल का लुगदी बनाकर सारे शरीर तथा मुख पर मालिस करने से ओजस प्राप्त होता है तथा मालिस करने के आधे घंटे बाद स्नान करने से शरीर का रंग रूप चमकदार हो जाता है। इसके अतिरिक्त मुँह की कील, मुहाँसे तथा घमौरियाँ मिट जाती है। पपीते के बीज का सेवन करने से आँखों की रोशनी बढ़ जाती है। कच्चे पपीते के फल पर चाकु द्वारा चिरा लगाने से निकलने वाले दूध को दाद पर लगाने से आराम मिलता है तथा इसे पीने से आँतों की कृमि मर जाते हैं। इसके पत्तियों का रस हृदय को षक्तिशाली बनाता है तथा फलों से निकलने वाले दूध को बतासे में भर कर खाने से हृदय रोग में लाभ होता है। पपीता से प्राप्त पपेन का सेवन करने से रक्तचाप का नियंत्रण होता है तथा अस्थि रोग में लाभ पहुँचता है।

□□□

अध्याय 36

मोसम्बी

मोसम्बी का ही लोकप्रिय नाम मीठी नारंगी तथा माल्टा भी है। यह टाईट स्किन्ड नींबू वर्ग का एक स्वादिष्ट फल है। पूरे विश्व में इसका उपयोग मुख्य रूप से ताजा रस के लिए किया जाता है परन्तु आजकल मोसम्बी के रसदार फॉकों का उपयोग फल सलाद में होने लगा है। इसके 100 ग्राम खाने योग्य भाग में जल 88.40 प्रतिशत, प्रोटीन 0.8 प्रतिशत, रेशा 0.5 प्रतिशत, वसा 0.5 प्रतिशत अन्य कार्बोहाइड्रेट 9.3 प्रतिशत, कैल्षियम 40 मि॰ग्रा॰, लोहा 0.7 मि॰ग्रा॰ तथा फास्फोर 30 मि॰ ग्रा॰ पाया जाता है। यह बीमार लोगों के लिए पथ्य का काम करता है। मीठी नारंगी का वानस्पतिक नाम सीट्रस् साइनेन्सीस है परन्तु उत्तर भारत के लोग इसे लोकप्रिय नाम मोसम्बी या माल्टा कह कर पुकारते हैं। यह रूटेसी पौध परिवार का ही एक सदस्य फल है।

उत्पत्ति तथा इतिहास

विदेशी विद्वानों का मत है कि मीठी नारंगी की उत्पत्ति दक्षिण चीन के चीन–चीन में हुआ था। परंतु एक भारतीय विद्वान का कहना है कि सोहनियानग्रीयांग नामक

मीठी नारंगी की स्पेसीज असम के विभिन्न हिस्सों में पायी जाती है जो इसकी उत्पत्ति स्थान भारत होना सिद्ध कर देती है। जब 1498 ई॰ में वास्को–डि–गामा भारत से लौटा तो अपने साथ मीठी नारंगी के फल पुर्तगाल ले गया था। यदि यह फल भारत में चीन से आया तो इसे लाने का श्रेय भारतीय व्यापारियों को जाता है। परन्तु मीठी नारंगी का माल्टा और मोसम्बी नाम होना मोजाम्बीक या पश्चिम से भारत में आने का संकेत देते हैं।

विश्व तथा भारत में वितरण

विश्व में मीठी नारंगी की बागवानी चीन, जापान, भारत, श्रलंका, पाकिस्तान, अमेरिका तथा यूरोप के कई देशों में होती है। भारत में मीठी नारंगी उगाने वाले राज्यों में आन्ध्र प्रदेश, महाराष्ट्र, हरियाणा, पंजाब, राजस्थान, उत्तर–प्रदेश तथा उत्तर–पूर्व के राज्य मुख्य है। भारत में इस फल की बागवानी 1,26,400 हेक्टर भूमि में होती है जिसमें 12,10,400 मी॰ टन उपज प्राप्त होती है तथा उत्पादकता 9.6 मी॰ टन प्रति हेक्टर है।

उपयुक्त जलवायु

मीठी नारंगी को सूखा तथा उपोष्ण जलवायु अधिक पसंद है। पौधों की वृद्धि 16–20 डिग्री से॰ तापक्रम पर बेहतर होती है। समुद्र तट से 350 मीटर की ऊँचाई तक तथा 100–120 से॰मी॰ वर्षा वाले क्षेत्रों में मीठी नारंगी की बागवानी अच्छी होती है। अधिक पाला इसे नुकसान पहुँचाता है।

मीठी नारंगी की किस्में

हेमालिन तथा मोसम्बी अगात किस्में हैं। ब्लडरेड, जाफा, पाइन एपिल मध्यम समय में पकने वाली किस्में है तथा सतगुदी, वेलेंसिया रेड, रूबी, वाशिंगटन नावेल शामाती तथा टोरे पिछात किस्में हैं।

पौध–प्रसारण की विधियाँ

मीठी नारंगी का पौध–प्रसारण टी–बडिंग द्वारा किया जाता है। बडिंग करने के लिए जत्ती– खत्ती, करना खट्टा या रंगपूर लाइम नामक मूलवृंत का प्रयोग करना चाहिए। बडिंग का कार्य जनवरी से मार्च तक पूरा किया जाता है। कहीं–कहीं लोग बडिंग सितम्बर–अक्टूबर में भी करते हैं।

भूमि का चुनाव

मीठी नारंगी के व्यावसायिक बाग लगाने के लिए ऐसे स्थान का चुनाव करें जो सड़क के पास हो। जहाँ से फल दूर–दूर के बाजारों को भेजना आसान हो। मीठी नारंगी के लिए भूमि ऐसी होनी चाहिए जिसमें जल–जमाव नहीं होता हो और मिट्टी बलुआर दोमट या मटियार दोमट होनी चाहिए जिसमें जैवांष पदार्थ की बहुलता हो तथा मिट्टी का पी–एच मान 5.5 से 7.5 तक होना चाहिए।

मीठी नारंगी के पौध–रोपण की विधि

मीठी नारंगी के पौधों की रोपाई या तो 15 फरवरी के बाद या वर्षा ऋतु के शुरू हो जाने पर करनी चाहिए। इस समय मौसम ठंढ़ा रहता है। मीठी नारंगी के बडिंग द्वारा तैयार एक से दो वर्ष पुराने पौधों को नये बाग लगाने हेतु चुनना चाहिए। पौधें स्वस्थ तथा रोग रहित होना चाहिए। पौधों की रोपाई वर्गाकार विधि द्वारा 6 मी॰ x 6 मी॰ की दूरी करनी चाहिए। रोपाई संध्या के समय की जाती है। पौधों को गड्ढ़ों में सीधा लगा कर जड़ों के चारों तरफ की मिट्टी अच्छी प्रकार दबा कर हल्की सिंचाई अवष्य कर देनी चाहिए।

पौध की काट–छांट आवश्यक

मीठी नारंगी के पौधों के तनों को एक मीटर की ऊँचाई से काट दिया जाता है। इस ऊँचाई तक तने के उपर किसी प्रकार की डाल नहीं रखते हैं। एक मीटर के उपर 5–6 निकलने वाली डालों को बढ़ने दिया जाता है इससे वृक्ष पूर्णतया सुडौल विकसित होता है। समय–समय पर सूखी तथा बिमार टहनियों को काटते रहना चाहिए।

खाद एवं उर्वरक का इस्तेमाल

मीठी नारंगी में खाद तथा उर्वरक की मात्रा का व्यवहार मृदा की उर्वरा–शक्ति पर निर्भर करता है। उत्तर भारत में मौसम्बी के लिए निम्नलिखित खाद तथा मुख्य उर्वरक तत्वों की मात्रा की अनुशंसा की गई है :

वर्ष	गोबर की खाद की मात्रा (कि॰ग्रा॰)	नेत्रजन (ग्रा॰)	स्फूर (ग्रा॰)	पोटाश (ग्रा॰)
प्रथम	5	75	40	75
द्वितीय	10	150	80	150
तृतीय	15	225	120	225
चतुर्थ	20	300	160	300
पंचम	25	375	200	375
छठा	30	450	240	450
सातवाँ	35	525	280	525
आठवाँ	40	600	320	600
नौवाँ	45	675	360	675
दशवाँ	50	750	400	750

दसवें वर्ष में दी जानेवाली मात्रा ही ग्यारहवें वर्ष से अंत तक देना चाहिए। सूक्ष्म तत्वों के कमी के लक्षण नजर आने पर इनके मिश्रण के घोल का छिड़काव करना चाहिए। जैसा कि संतरा के लिए अनुशंसित किया गया है। गोबर की खाद तथा स्फूर एवं पोटाश वाली उर्वरक दिसम्बर–जनवरी में तथा नेत्रजन को दो बराबर भाग में प्रथम भाग को फरवरी के प्रथम सप्ताह में तथा दूसरे भाग को अप्रैल के प्रथम सप्ताह में देना चाहिए। प्रथम वर्ष में पौधों के तने के चारों तरफ बनी बेसिन में खाद तथा उर्वरक देकर मिट्टी में मिला दिया जाता है इसके बाद बेसिन की साईज बढ़ाते हुए दसवें वर्ष में खाद तथा उर्वरक को पूरे खेत में छिटक कर मिट्टी में मिला देना चाहिए।

बागों की सिंचाई तथा निकाइ–गुड़ाई

मीठी नारंगी को पानी की अधिक आवश्यकता पड़ती है। पानी के अभाव में पौधों की वृद्धि रूकने लगती है। फलों की संख्या तथा साईज प्रभावित होती है। ऐसा जल जिसमें अधिक लवण की मात्रा हो, सिंचाई के लिए नहीं प्रयोग करना चाहिए। पौधों के वृद्धि के प्रथम चरण में बेसीन विधि द्वारा सिंचाई करें। बेसीन की साईज वृक्ष की साईज पर निर्भर करती है। इनका साईज 50 से॰मी॰ अर्द्ध व्यास वाली होनी चाहिए। बेसीन को एक नाली से जोड़ दिया जाता है जो प्रत्येक दो पंक्तियों के बीच होती है। जब पेड़ 10 वर्ष से उपर के होते हैं तब फलड विधि द्वारा बागों की सिंचाई

की जाती है। गर्मी के ऋतु में सिंचाई एक सप्ताह के अंतराल पर तथा जाड़े में 3–4 सप्ताह के अंतराल पर करनी चाहिए। बागों को उथली निकाई–गुड़ाई करके खर–पतवार रहित रखना अधिक लाभप्रद पाया गया है।

मोसम्बी के पके रसीले फल

अन्तरावर्ती फसलोंत्पादन

मीठी नारंगी में बागों में शुरू के 8–10 वर्षों तक दो कतारों और दो वृक्षों के बीच में खाली जगह में रबी में मटर, राजमा, मसूर, बाकला या चना की फसलें उगाई जा सकती है परन्तु वर्षा ऋतु में लोबिया, उड़द या मूँग बोई जा सकती है। गर्मी के ऋतु में कद्दू वर्ग की सब्जियाँ जैसे कद्दू, नेनुआ, करेला, तरबूज, खरबूज की फसलें उगाई जा सकती हैं जिससे हर मौसम में कुछ न कुछ अतिरिक्त आय मिलती रहती है।

फूल–फल लगने का समय तथा उपज

मीठी नारंगी पर फरवरी में फूल लगते हैं। मीठी नारंगी के वृक्ष पर बड़ी संख्या में फूल लगते हैं परन्तु 8–10 प्रतिशत फूल ही फल के रूप में विकसित होकर पकने तक पहुँच पाते हैं शेष फूल तथा फल विभिन्न अवस्थाओं में झड़ जाते हैं। फलों के पकने से पहले झड़ने से रोकने के लिए जिंक सल्फेट तथा 2, 4 डी॰ नामक पादप वृद्धि नियामक के 10 पी॰पी॰एम॰ के घोल का छिड़काव करना चाहिए। इसके लिए 6 ग्राम 2, 4 डी॰, 500 ग्राम जिंक सल्फेट, 500 लीटर पानी में घोल कर घोल बनाना चाहिए।

उपज तथा भंडारण

मीठी नारंगी के फलों की उपज, उगाई गई किस्म, आबोहवा तथा देख–रेख पर निर्भर करती है वैसे एक पूर्ण विकसित वक्ष पर 500–800 फल लगते हैं जिसका वजन 80–160 किलो तक हो सकता है। मीठी नारंगी को 5–7 डिग्री से॰ तापक्रम पर तथा 85–90 प्रतिशत आपेक्षिक आर्द्रता पर 4–6 सप्ताह तक बिना किसी प्रकार के खराबी के भंडारित कर सकते हैं।

वर्तमान समय में फलों के सेवन संबंधी जागरूकता तेजी से बढ़ रही है। ऐसे समय में आवष्यकता मीठी नारंगी का व्यावसायिक बाग लगाकर, उत्पादन बढ़ाने की है। इसके लिए मोसम्बी, माल्टा, सतगुडी आदि बेहतर किस्मों के बाग लगाकर अच्छी आय प्राप्त की जा सकती है। जिससे किसानों तथा बागवानों की माली हालत बेहतर और सुखद होगी।

❑❑❑

अध्याय 37

सन्तरा

नींबू वर्ग के फलों में संतरा सबसे अधिक लोकप्रिय है। क्षेत्रफल तथा उत्पादन की दृष्टि से रूटेसी पौध परिवार के फलों में संतरा का भारत में प्रथम स्थान है। इसका वानस्पतिक नाम सिट्रस् रेटीकुलाटा है। संतरे को अंग्रेजी में मैन्डरिन्स कहते हैं परन्तु इसे हिन्दी में संतरा, समतोला, संगतरा तथा असमिया में कमला टेंगा कहते हैं। कुछ जगहों पर संतरा के छोटे फलों वाली किस्मों का लोग नारंगी कहते हैं परंतु नारंगी, संतरा का ही पर्यायवाची शब्द है। संतरा के फलों का छिलका गुद्देदार फाकों से अलग ढ़ीला रहता है। इसलिए इसे लूजस्किन्ड ओरेन्ज भी कहते हैं। संतरा का उपयोग फल सलाद बनाने में वृहत स्तर पर हो रहा है। इसके बिना कोई भी फल–सलाद अधूरा रह जाता है।

उत्पत्ति तथा इतिहास

संतरा चीन तथा कोचीन–चीन का मूल निवासी फल है। कुछ विद्वानों का कहना है कि नींबू वर्ग के कई फलों की उत्पत्ति स्थली भारत है जहाँ अभी भी इनकी

जातियाँ जंगली अवस्था में पायी जाती हैं। संतरा की उत्पत्ति चीन में यूनान नामक स्थान पर हुयी थी जहाँ से यह फल शान नामक जाति के लोगों द्वारा भारत के उत्तरी–पूर्वी राज्यों में सम्राट बाबर के शासन काल में लाया गया था। भारत के इन राज्यों में संतरा की बागवानी सन् 1815 ई॰ में काफी विकसित हो चुकी थी। आज भी भारत के उत्तरी–पूर्वी राज्यों में संतरा के उच्चकोटि के फलों का उत्पादन हो रहा है। भारत से ही संतरा पश्चिम के अन्य देषों में व्यापारियों द्वारा पहुँचा होगा, ऐसा विद्वानों का मत है।

विश्व तथा भारत में संतरा का वितरण

विश्व में संतरा का कुल उत्पादन 62.19 मिलियन मिट्रिक टन होता है जिसमें ब्राजील 16.98 मिलियन मिट्रिक टन, संयुक्त राज्य अमेरिका 11.08 मिलियन मिट्रिक टन, मैक्सिको 4.03 मिलियन मिट्रिक टन और चीन 3.61 मिलियन मिट्रिक टन संतरा उपजाता है परंतु भारत में अभी भी संतरा का 1.66 मिलियन मिट्रिक टन उत्पादन होता है। इन देशों के अतिरिक्त संतरा उगाने वाले देशों में स्पेन, ईरान, इटली, मिश्र तथा पाकिस्तान मुख्य हैं।

भारत में संतरे की बागवानी मुख्य रूप से महाराष्ट्र, मध्य प्रदेश, बंगाल, तमिलनाडु, राजस्थान, उत्तरांचल, सिक्किम, असम, मेघालय, त्रिपुरा तथा मणीपुर में होती है।

संतरा के लिए उपयुक्त जलवायु

संतरा उपोष्ण जलवायु का फल है। इसे समुद्र तल से 350 से 1500 मीटर की ऊँचाई वाले स्थानों पर आसानी से लगाया जा सकता है। संतरे की अच्छी फसल के लिए 10–35 डिग्री से॰ तक तापक्रम उपयुक्त होता है। ऐसे क्षेत्रों में जहाँ 100–120 से॰मी॰ वार्षिक वर्षा होती हो, वहाँ संतरा की फसल अच्छी होती है।

भूमि का चुनाव

संतरे की व्यावसायिक बाग लगाने के लिए सदैव बलुआर दोमट मिट्टी का चुनाव करें। मिट्टी का पी–एच मान 6 से अधिक होना चाहिए। परंतु उत्तरांचल तथा उत्तर–पूर्वी राज्यों में संतरे की बागवानी अम्लीय मृदा जिसका पी–एच मान 4 से 5 होता है, उसमें सफलतापूर्वक होती है। भूमि में जल–जमाव पौधों को भारी नुकसान पहुँचाता है।

पौध प्रसारण की विधियाँ

संतरे का व्यावसायिक प्रसारण पैच बडिंग द्वारा किया जाता है। रूट स्टॉक के रूप में करना खट्टा या रंगपुर लाइम का प्रयोग करना चाहिए। यह कार्य फरवरी–मार्च या सितम्बर–अक्टूबर में सम्पन्न करना चाहिए।

पौध लगाने की विधियाँ

संतरे के पौधों को 6 मी॰ x 6 मी॰ की दूरी पर वर्गाकार विधि से लगाना चाहिए। परंतु वर्गाकार विधि द्वारा ही किन्नों के पौधों की सघन बागवानी करने पर इसे 1.8 मी॰ x 1.8 मी॰ की दूरी पर लगाया जाता है जिससे फलों की उपज में भारी वृद्धि दर्ज हो जाती है। पौधों को संध्या के समय लगाना चाहिए तथा लगाने के बाद हल्की सिंचाई अवश्य कर देनी चाहिए।

खाद तथा उर्वरक का प्रयोग

संतरे के वृक्षों से भरपुर उपज के लिए प्रति वृक्ष 75 ग्राम नेत्रजन, 40 ग्राम स्फूर तथा 75 ग्राम पोटाश देनी चाहिए। इस मात्रा को प्रति वर्ष जोड़ते जाते हैं और दसवें वर्ष में जो मात्रा आती है उसे 11 वीं वर्ष से दिया जाता है। प्रतिवर्ष 25 किलो गोबर की सड़ी खाद अवश्य देनी चाहिए। खाद तथा उर्वरक को पौधों के तनों से 50 से॰मी॰ की दूरी पर 15 से॰ मी॰ गहरी तथा 15 से॰मी॰ चौड़ी बनी हुयी नाली में मिट्टी में मिला कर देनी चाहिए तथा बाद में मिट्टी से उसे ढ़क देना चाहिए और हल्की सिंचाई अवश्य करनी चाहिए।

सूक्ष्म तत्वों का इस्तेमाल

संतरा के पौधों में सूक्ष्म तत्वों की कमी के कारण विभिन्न प्रकार की दैहिक व्याधियों के फलस्वरूप सूखा रोग का प्रकोप व्यापक होता जा रहा है। अतः जिन तत्वों की कमी दिखाई पड़ती है उनके मिश्रण का साल में दो बार छिड़काव सितम्बर और फरवरी में करना चाहिए। इस घोल में कॉपर सल्फेट 0.2 प्रतिशत, जिंक सल्फेट 0.4 प्रतिशत, मैंगनीज सल्फेट 0.2 प्रतिशत, बोरेक्स 0.5 प्रतिशत तथा बुझा हुआ चूना 0.4 प्रतिशत होनी चाहिए।

सिंचाई एवं निकाई–गुड़ाई

संतरे के बागों की, जाड़ें में 12 दिनों पर तथा गर्मी में 6–7 दिनों पर सिंचाई करनी चाहिए। संतरे के बागों में कहीं–कहीं कोई निकाई–गुड़ाई नहीं करके साड

कल्चर विधि अपनाई जाती है। परंतु अधिकांष जगहों पर बाग के खर–पतवार रहित रखा जाता है और निकाई–गुड़ाई आवश्यक माना जाता है इससे मिट्टी में वायु संचार होता है और पौधों और जड़ों का समुचित विकास होने से पौधों का विकास अच्छा होता है।

पौधों की कटाई–छटाई

संतरे के पौधों के मुख्य तनों को एक मीटर की ऊँर्चा तक अकेले रखा जाता है। एक मीटर की ऊँचखई पर 5–6 शाखाओं को बढ़ने हेतु प्रोत्साहित करते हैं। यह कार्य सावधानीपूर्वक करना चाहिए। पौधों की टहनियों को काटने के बाद कटे स्थान पर चौबटिया पेस्ट लगा देनी चाहिए।

पुष्पन तथा फलन

संतरे के वृक्षों पर दक्षिण भारत तथा मध्य भारत में तीन बार पुष्पण होता है। प्रथम फरवरी में अम्बे बहार के रूप में दूसरी बार जून में मृग बहार के रूप में तथा तीसरी बार अक्टूबर में हस्त बहार के रूप में फूल–फल लगते हैं तथा साल भर कुछ न कुछ फल की प्राप्ति होती रहती है जो व्यावसायिक दृष्टि से लाभप्रद नहीं है। अतः फरवरी माह में आने वाली अम्बे बहार की भरपूर फसल लेने के लिए दिसम्बर के शुरू में वृक्षों के तनों से 50 से०मी० की दूरी पर गोलाई में मिट्टी हटा देते हैं और जड़ों को नंगा कर देते हैं जिससे कुछ पत्तियाँ पीली पड़कर झड़ने लगती हैं। तब उपर की आधी उपजाऊ मिट्टी तथा आधी मात्रा कम्पोस्ट की मिलाकर भर देते हैं और सिंचाई कर देते हैं। इससे फरवरी में फूल–फल भरपूर लगते हैं और उपज अच्छी मिलती है।

फलों की तोड़ाई, उपज तथा भंडारण

संतरे के पकने का समय जलवायु के अनुसार अलग–अलग जगहों पर अलग–अलग होता है। कर्नाटक के कुर्ग क्षेत्र में संतरा के पकने का समय दिसम्बर से अप्रैल तक का है। परंतु उत्तर पश्चिम भारत के मैदानों में यह फल दिसम्बर से फरवरी तक पकता है। उत्तरी–पूर्वी के अन्य प्रदेशों में इसके फल जाड़ें में पक कर तैयार होते हैं और मार्च–अप्रैल तक मिलते रहते हैं। संतरे के पूर्ण पके फलों को ही तोड़ना चाहिए। क्योंकि तोड़ने के बाद ये पकते नहीं हैं। यदि संतरे के वृक्षों की

बढ़िया से देखभाल की जाये तो दस वर्ष के उपर के वृक्षों में 800–1000 फल मिल जाते हैं। संतरे के फलों को 5–6 डिग्री से॰ तापमान पर तथा 85–90 प्रतिशत आपेक्षिक आर्द्रता पर 40–50 दिनों तक सफलतापूर्वक भंडारित किया जा सकता है।

संतरा के फलों का खाद्यमान

संतरा के 100 ग्राम खाने योग्य भाग में जल 89.70 प्रतिशत, प्रोटीन 0.60 प्रतिशत, वसा 0.2 प्रतिशत, रेशा 0.3 प्रतिशत, कार्बोहाइड्रेट 8.90 प्रतिशत, कैलोरी 40 विटामिन ए 1800 अ॰ई॰, विटामिन सी 30 मि॰ग्रा॰, खनिज लवण 0.30 प्रतिशत, कैल्शियम 20 मिलीग्राम, फॉस्फोरस 20 मि॰ग्रा॰ तथा लोहा 0.5 मि॰ग्रा॰ मिलता है।

संतरा का औषधीय उपयोग

संतरा मानव को, प्रकृति का एक अनुपम उपहार है। यह एक अत्यंत स्वादिष्ट फल है। इसके खट्टे–मीठे स्वाद की तुलना किसी भी फल से नहीं की जा सकती है। संतरा खाने से शरीर में क्षार का निर्माण होता है जिससे शरीर में बीमारियों से लड़ने की रक्षात्मक गुण की वृद्धि होती है। अन्य फलों की तुलना में बच्चों, बीमार तथा बूढ़ों के लिए यह फल अधिक स्वास्थ्यवर्द्धक होता है।

संतरा रक्षात्मक भोज्य तत्वों जैसे विटामिन ए, बी, सी तथा कैल्षियम का अच्छा स्रोत है। संतरे में सूक्ष्म तत्व जैसे – कैल्शियम, सोडियम, पोटैशियम, मैगनेशियम, कॉपर तथा सल्फर सूक्ष्म मात्रा में पाये जाते हैं। संतरा खाने से मुँह में लार का निर्माण अधिक होता है जिससे भोजन का पाचन शीघ्र तथा सुचारू रूप से होता है। यह यकृत को बल प्रदान करता है तथा आँत में पनपते कीड़ों को मार देता है। संतरा खाने के तुरंत बाद शरीर को शक्ति मिलती है क्योंकि इसमें विद्यमान फल शर्करा सीधे रक्त द्वारा शोषित कर ली जाती है। संतरे का नियमित उपयोग सर्दी–जुकाम से हमें बचाता है। संतरा विभिन्न रोगों की अचूक घरेलू औषधि है जो निम्नलिखित है :

- ऐसे बच्चे जिन्हें अपनी माँ का दूध मवसर नहीं हो पाता है उनके लिए संतरा का ताजा रस ही सर्वोत्तम आहार है।
- संतरा का ताजा रस टैक्सीमिया के रोगी की प्यास तथा भूख बढ़ाता है जिससे पेशाब प्रचूर मात्रा में होती है। तथा ज्वर जड़ से समाप्त हो जाता है तथा शरीर में रोग रोधिता के गुण का विकास होता है।

सन्तरा उत्पादक क्षेत्रों में फलों की ग्रेडिंग करती महिलायें। रोजगार का श्रोत।

वैज्ञानिक विधि द्वारा उगाये गये बागों में बेहतर फलन।

- रात्रि में सोने से पहले एक संतरा तथा सुबह नाष्ता के समय एक संतरा का इस्तेमाल कब्जियत को जड़ से समाप्त कर देता है।
- संतरे के एक कप रस में एक चुटकी नमक तथा एक चम्मच शहद मिला कर सुबह–शाम पीने से टी॰बी॰, अस्थमा तथा दमा समाप्त होने लगता है।
- विटामिन सी तथा कैल्षियम का उत्तम स्रोत होने के कारण संतरा खाने वाले के दाँत स्वस्थ तथा मजबूत होते हैं। दाँतों से रक्त स्राव की शिकायत दूर हो जाती है तथा टूटी हड्डियाँ शीघ्र ही जुड़ने लगती है।
- आयुर्वेद के डाक्टरों का कहना है कि संतरा खाने वाले लोगों को पेट में जलन तथा बदहजमी की षिकायत नहीं होती है। दिल के रोगियों को संतरे के एक कप रस में एक चम्मच शहद मिला कर रोज लेना चाहिए। इससे दिल मजबूत होता है।
- संतरे का नियमित सेवन कील, मुहाँसों से बचाता है। इसके छिलके का उबटन चेहरे को चमकीला बनाता है तथा कील–मुहाँसों को दूर करता है।

❑❑❑

अध्याय 38

स्ट्राबेरी

स्ट्राबेरी शीतोष्ण जलवायु का एक आकर्षक, स्वादिष्ट, पौष्टिक तथा सुंदर महक वाला मुलायम फल है। परंतु कम प्रकाशदीप्ता और दिवस उदासीन किस्मों के विकसित होने से इसकी खेती समशीतोष्ण जलवायुवीय क्षेत्रों में भी हो रही है। जिस कारण से पिछले कुछ दशकों में इसके क्षेत्रफल और उत्पादन दोनों में तेजी से वृद्धि हुई है। स्ट्राबेरी के फल मिट्‌टी के सीधे सम्पर्क में आने से खराब होने लगते हैं। अतः इन्हें खराब होने से बचाने के लिए पुवाल के बिछावन (मल्चिंग) का प्रयोग किया जाता है। इसी कारण से इसका नाम स्ट्राबेरी पड़ा है। स्ट्राबेरी का उपयोग मुख्यतः ताजा खाने तथा फल सलाद के अतिरिक्त विभिन्न प्रकार के प्रसंस्करित उत्पाद जैसे आइसक्रीम, जैम, केनिंग, स्क्वॉश तथा विभिन्न प्रकार के पेय पदार्थ बनाने में किया जाता है। स्ट्राबेरी पोषकता की दृष्टि से खनिज और विटामिनों का एक उत्तम स्रोत है। स्ट्राबेरी के नियमित सेवन से पढ़ने वाले बच्चों की स्मरण शक्ति में तेजी से वृद्धि होती है।

विश्व में स्ट्राबेरी का वितरण

ऐसा माना जाता है कि स्ट्राबेरी की खेती रोम में ईसा पूर्व से की जाती थी। हालांकि प्रचलित स्ट्राबेरी का विकास अमेरिकन मूल की दो किस्मों फ्रेगेरिया चिलोनासिस और फ्रगेरिया विरजिनियनाई के संकरण से फ्रांस में 17वीं शताब्दी के आरंभ में हुआ। स्ट्राबेरी का औद्योगिक रूप 18वीं शताब्दी के आरम्भ में अमेरिका से हुआ और लगभग 25 वर्षो के अंदर ही स्ट्राबेरी का लार्ज स्कारलेट, अर्ली हड्सन आदि व्यावसायिक किस्मों का उत्पादन होने लगा। आज भी लगभग 50 फीसदी स्ट्राबेरी का उत्पादन अकेले यूरोप में होता है।

स्ट्राबेरी का पोषणमान

स्ट्राबेरी के प्रति 100 ग्राम खाने योग्य भाग में जल 89.9 ग्राम, प्रोटीन 0.7 ग्राम, वसा 0.5 ग्राम, कार्बोहाइड्रेट्स 8.4 ग्राम, विटामिन ए 60 आई॰यू॰, थायमीन 0.03 आई॰यू॰, राइबोफ्लेविन 0.07 मि॰ग्रा॰, नियासिन 0.6 मि॰ग्रा॰, विटामिन सी 59 मि॰ग्रा॰ तथा कैल्शियम 21 मि॰ग्रा॰, फॉस्फोरस 21 मि॰ग्रा॰, आयरन 1.0 मि॰ग्रा॰, सोडियम 1. 0 मि॰ग्रा॰ तथा पोटैशियम 164 मि॰ग्रा॰ पाया जाता है।

स्ट्राबेरी का भारत में आगमन

भारत में इसकी खेती 1960 के दशक से हिमाचल प्रदेश तथा उत्तरांचल के कुमाऊं के पर्वतीय क्षेत्रों में आरम्भ हुई। परंतु उपयुक्त किस्मों, उन्नत तकनीकी तथा शीत भंडारण और पैकिंग आदि के अभाव में इससे मिलने वाला प्रतिफल काफी कम था। परंतु आजकल अच्छी किस्मों तथा तकनीकी ज्ञान की सुलभता की वजह से इसके क्षेत्रफल और उत्पादन में आशातीत वृद्धि हुई है।

भारत में इसकी खेती के लिए उपयुक्त जलवायु हिमाचल प्रदेश, उत्तराखण्ड, महाराश्ट्र (महाबलेश्वर, सांगली), कर्नाटक (बंगलोर, मैसूर), शिलांग और असम की पहाड़ी क्षेत्रों में पायी जाती है। जबकि मैदानी क्षेत्रों में इसकी बागवानी उत्तर प्रदेश के मेरठ, मुजफ्फरनगर, उत्तराखण्ड के देहरादून तथा पंजाब के गुरदासपुर और होशियारपुर क्षेत्रों में हो रही है। हालांकि इन क्षेत्रों में स्ट्राबेरी की गुणवत्ता शीतोष्ण जलवायु की तरह अधिक उत्तम नहीं होती है।

स्ट्राबेरी की उन्नत किस्में

वर्त्तमान में स्ट्राबेरी की बहुत सी किस्में उपलब्ध हैं, जो स्वाद एवं पैदावार दोनों के लिए अच्छी है। इसकी अधिकांश किस्में विदेशों से आयात की गई है। जैसे – टयोगा, रैड्कोट, ज्योलीकोट लोकल, हावर्ड–17, स्वीट–2, स्वीट चारले, अर्ली ब्राइट, ऐडी, हीरा, दिलपसंद, फर्न, ईटाना, चांदलर तथा डागलस इत्यादि। इनका फल स्वादिष्ट, मीठा, अच्छा तथा बड़े आकार का होता है। परंतु जम्मू क्षेत्र में राश्ट्रीय बागवानी बोर्ड, कृशि मंत्रालय, भारत सरकार की सहायत से स्वीकृत परियोजनाओं में किसानों द्वारा चांदलर किस्म उत्पादन तथा गुणवत्ता के आधार पर विशेष रूप से अच्दी पाई गई है।

यह किस्म आकर्षक रंग, अच्छी महक तथा अपेक्षाकृत बड़े फलों वाली किस्म हैं जो ताजा खाने तथा प्रसंस्करण दोनों के लिए अच्छी है। यह विभिन्न प्रकार के विषाणु रोगों के सहनशील तथा वर्षा से होने वाली हानि के प्रति काफी हद तक रोधी है। इसके एक फल का भार 15–18 ग्राम होता है, इसके फलों का टी॰एस॰एस॰ 12 प्रतिशत, अम्लता 0.85 प्रतिशत, विटामिन सी 55.5 ग्राम तथा शर्करा 6.1 ग्राम प्रति 100 ग्राम फल में होती है।

भूमि का चुनाव

स्ट्राबेरी की खेती विभिन्न प्रकार की भूमियों–बलुई से लेकर चिकनी दोमट में की जाती है परंतु जीवांश पदार्थ तथा जल निकास सुविधायुक्त 5.7–6.8 पी॰एच॰ मान वाली दोमट मृदा सर्वोत्तम पाई गई है। अधिक लवणीय या खराब जलनिकास वाली भूमि में इसकी खेती नहीं करनी चाहिए।

उपयुक्त जलवायु

स्ट्राबेरी के सफल उत्पादन के लिए शीतोष्ण जलवायु सर्वोत्तम है, परंतु कम/उदासीन प्रकाशदीप्ता वाली किस्मों के विकसित होने से इसकी खेती समशीतोष्ण जलवायुवीय क्षेत्रों में भी सफलतापूर्वक की जा सकती है। इसकी खेती के लिए दिन का तापमान 22–25 डिग्री से॰ तथा रात का तापमान 7–13 डिग्री से॰ होना चाहिए। पौधों की वृद्धि के लिए जाड़ों के निम्न तापमान की तथा फूलने के लिए बसंत वाली सामान्य गर्मी की आवश्यकता होती है। ग्रीष्म काल में अत्यधिक गर्मी और लू वाले क्षेत्रों में इसकी खेती नहीं करनी चाहिए।

पौध प्रवर्धन की विधि

स्ट्राबेरी का पौध एक छोटी बूटी के समान होता है जिसके तने से कई पुत्तियां निकलती हैं जिन्हें भूस्तारी (रनर) कहते हैं। प्रवर्धन भूस्तारी (रनर) के द्वारा किया जाता है। मैदानी क्षेत्रों में तैयार होने वाले रनर को गर्मी तथा उमस भरे वातावरण में बचाना मुश्किल होता है। इसलिए किसान भाईयों को शीतोष्ण क्षेत्रों से पौध खरीदने चाहिए या ग्रीनहाउस बनाकर भी प्रर्वधन कर सकते हैं। आमतौर पर एक पौधे से 7–10 भूस्तारी निकलती हैं परंतु उचित प्रबंधन तथा देखरेख में यह संख्या 15–18 तक हो सकती है। 50 पी॰पी॰एम॰ जिब्रेलिक अम्ल का छिड़काव करने से कल्ले अच्छे फूटते हैं। स्वस्थ तथा रोगरहित पौध तैयार करने के लिए आजकल ऊतक संवर्द्धन (टिश्यू कल्चर) तकनीक का भी उपयोग किया जा रहा है। इस विधि से मातृ पौधों के गुणों वाले पौधे अधिक संख्या में तैयार किये जा सकते हैं।

पौधें की रोपनी

पहाड़ी क्षेत्रों में पौधे अगस्त–अक्टूबर में तथा मैदानी भागों में सितम्बर–नवम्बर में लगाये जाते हैं। पौध रोपण के पूर्व खेत भली–भांति तैयार कर लेना चाहिए तथा मिट्टी में 20–30 टन गोबर की सड़ी खाद, 50 किलो स्फूर तथा 40 किलो पोटाश प्रति हेक्टर की दर से मिला लेना चाहिए। पौध रोपण के लिए 60 से॰मी॰ की दूरी पर 4–6 मीटर लम्बी तथा 1–1.2 मीटर चौड़ी तथा 20–25 से॰मी॰ ऊँची क्यारी बनाये। इन क्यारियों में 20–25 से॰मी॰ की दूरी पर बनी पत्तियों में पौध लगायें। पौध से पौध की दूरी 15–20 से॰मी॰ होनी चाहिए। प्रति एकड़ 64000 पौध रखने पर अच्छी उपज प्राप्त होती है। मृदाजनित रोगों से बचाव के लिए पौधें की जड़ों को रोपाई से पहले किसी फफूंदनाशक दवा से उपचारित कर लें तथा पौधें को लगाने से पूर्व उसमें से पुरानी पत्तियां निकाल दें, केवल एक से दो नई उगने वाली पत्तीयाँ ही रखें। पौधे शाम के समय ही रोपनी चाहिए उसके बाद हल्की सिंचाई अवश्य करनी चाहिए।

खाद तथा उर्वरक का व्यवहार

सामान्यतः स्ट्राबेरी को अधिक खाद देने की आवश्यकता नहीं होती, परन्तु खाद तथा उर्वरक की मात्रा का निर्धारण मृदा जांच के पश्चात अथवा क्षेत्रीय विशेशज्ञों की संस्तुति को ध्यान में रखकर करना चाहिए। सामान्य दशाओं में 20–30 टन भलीभांति सड़ी गोबर की खाद, 80 कि॰ग्रा॰ नाइट्रोजन, 40 फास्फोरस तथा 40 कि॰ग्रा॰ पोटाश प्रति हेक्टर की दर से प्रयोग करना चाहिए।

गोबर की खाद की पूरी मात्रा खेत की तैयारी के समय तथा 40 कि॰ग्रा॰ नाइट्रोजन तथा फास्फोरस तथा पोटाश की पूरी मात्रा क्यारियाँ बनाते समय तथा नाइट्रोजन की षेश मात्रा दो बार में पौध की रोपाई के क्रमशः 30 तथा 60 दिनों के अंतराल पर देनी चाहिए।

इसके अतिरिक्त दो सूक्ष्म पोशक तत्वों (बोरान, जिंक, मैंगनीज तथा कॉपर) तथा जल में घुलशील पोटाश की दो छिड़काव कली बनने अर्थात् फूल आने के समय से पूर्व, करने से फलों के आकार, उत्पादन तथा मिठास और विटामिन सी की मात्रा में वृद्धि होती है।

सिंचाई का समय तथा विधियाँ

स्ट्राबेरी की जड़े उथली होने के कारण प्रायः ऊपरी मृदा सतह अर्थात् 15–25 से॰मी॰ की गहराई में ही पाई जाती हैं अतः इसे हल्की परन्तु नियिमित अंतराल पर सिंचाई की आवश्यकता होती है। सिंचाई से पौधों की बढ़वार तथा विकास के साथ–साथ बेरी के आकार और उपज में वृद्धि होती है साथ ही अधिक ठंड या पाला से भी पौधों का बचाव होता है।

जड़ों के समुचित विकास के लिए जल निकास की भी पर्याप्त सुविधा होनी चाहिए अन्यथा जलभराव के कारण जड़ें सड़ जाती हैं। पौधें के उचित विकास और उत्पादन के लिए गर्मियों में 4–6 तथा सर्दियों में 10–15 दिनों के अंतराल पर हल्की सिंचाई करें। ड्रिप या टपकाव सिंचाई विधि से जल का नियंत्रित मात्रा में प्रयोग होने से फर्टीगेशन भी अनुकूल होता है साथ ही संतुलित मात्रा में जल प्रयोग से कवकजनित बीमारियों का प्रकोप भी कम हो जाता है।

पादप हार्मोन का प्रयोग

स्ट्राबेरी के पौधें पर फूल आने से पूर्व जिब्रेलिक एसिड 75 मि॰ग्रा॰ प्रति लिटर पानी में घोल कर दो बार छिड़काव करने से उपज में 25–30 प्रतिशत की वृद्धि हो जाती है।

फसल की निकाई–गुड़ाई

खेतों में आवश्यकतानुसार निकाई–गुड़ाई करते रहना चाहिए। साथ ही इसमें एक विशेश प्रक्रिया–मल्चिंग की आवश्यकता होती है। स्ट्राबेरी की क्यारियों को सूखी

घास या पुवाल या काले रंग की पॉलीथीन की चादर से ढकना मल्चिंग कहलाता है। भारतीय कृषि अनुसंधान संस्थान के क्षेत्रीय अनुसंधान केन्द्र शिमला में किए गए शोध से ज्ञात हुआ है कि दिसम्बर से फरवरी में (कम तापमान के समय) स्ट्राबेरी की क्यारियों को काले रंग की पॉलीथीन की चादर से ढकने से फल एक माह पूर्व ही तैयार हो जाते हैं, साथ ही उपज में भी 20 प्रतिशत तक की वृद्धि होती है।

मल्चिंग से भूमि का तापमान नियंत्रण के अतिरिक्त फलों को पाले के कुप्रभाव और सड़न से बचाने में भी सहायता मिलती है साथ ही खरपतवार भी नियंत्रित रहते हैं।

पौधों में फूल आने से पूर्व भूस्तारी (रनर) भी निकल आते हैं। इन्हें तुरंत तोड़ देना चाहिए अन्यथा पौधों की वानस्पतिक वृद्धि अधिक होती है जिसका बुरा असर फलन तथा उपज पर पड़ता है।

स्ट्राबेरी के कीट तथा उनकी रोकथाम

स्ट्राबेरी के सफल उत्पादन के लिए आवश्यक है कि रोगों एवं कीटों का उचित प्रबंधन किया जाये। इसमें मुख्यतः लाल मकड़ी, सफेद ग्रब, कटुआ कीट तथा सूत्रकृमि का प्रकोप होता है। लाल मकड़ी पौधों की पत्तियों की निचली सतह पर रस चूसती हैं, जिससे पत्तियों की ऊपरी सतह पर पीली चित्तियां सी उभर आती हैं तथा पौधों की बढ़वार भी रूक जाती है। इसकी रोकथाम के लिए फल आने से पहले डाइकोफोल 1–2.0 मि॰ली॰ या सल्फर 2–3 ग्राम प्रति लीटर पानी में घोल कर प्रयोग करें। सफेद ग्रब, कटुआ कीट नए पौधों की जड़ों एवं तनों को काटते हैं। इसकी रोकथाम के लिए ग्रीष्मकालीन गहरी जुताई या क्लोरोपाइरीफास 2–3 लीटर प्रति हेक्टर की दर से प्रयोग करें। जबकि सूत्रकृमि की रोकथाम के लिए ग्रीष्मकालीन गहरी जुताई कर खेत को खुला छोड़े या नीम की खली 4–6 क्विंटल प्रति हेक्टर की दर से खेत की तैयारी के समय प्रयोग करें।

स्ट्राबेरी के रोग तथा निदान

स्ट्राबेरी में मुख्यतः फफूंदजनित रोगों जैसे फल सड़न, भूरी फफूंदी और चूर्ण आसिता रोग का प्रकोप होता है। इसमें फल सड़न, भूरी फफूंदी की रोकथाम के लिए फूल आने तक फफूंदीनाशक दवा कॉपर ऑक्सीक्लोराइड 1–2 ग्राम प्रति लीटर पानी में घोल कर या बोर्डोमिक्चर या लाइम सल्फर का 1.5 प्रतिशत की दर से छिड़काव

करें। चूर्ण आसिता रोग में पत्तियों पर सफेद चूर्ण या दिखाई देता है। सूखे मौसम में पत्तियां ऊपर की तरफ मुड़ जाती हैं। ये कलियों को भी प्रभावित करती है। पत्ती धब्बा रोग में छोटे–छोटे सफेद धब्बे, लाल भूरे किनारों वाले हो जाते हैं। इसकी रोकथाम के लिए फल आने से पहले हैक्साकोनाजोल 0.5–1 ग्राम या डीनोकैप 0. 2–0.5 मि॰ली॰ दवा प्रति लीटर पानी में घोल कर छिड़काव करें।

लाल कोर

इसमें खराब जल निकास के कारण पौधें मुरझा जाते हैं और उकठा जैसे लक्षण दिखाई देते हैं तथा पत्तियां नीलापन लिए हरे रंग में बदल जाती है। इसकी रोकथाम के लिए रोगरोधी प्रजातियां लगाएं। जड़ क्षेत्र में बाविस्टीन या मेटालैक्सिल 1–1.5 प्रतिशत से ड्रेचिंग करना लाभदायक होता है।

फलों की तुड़ाई तथा पैकिंग

मैदानी क्षेत्रों में फरवरी के अंतिम सप्ताह से मार्च तक फल पकने शुरू हो जाते हैं। पकने के समय फलों का रंग हरे से लाल में बदलने लगता है। सामान्यतः स्ट्राबेरी के फलों को आधा या तीन चौथाई रंग बदलने पर तोड़ लेना चाहिए या बाजार की दूरी के अनुसार हरी–सफेद अवस्था में या हल्का रंग बदलने की अवस्था पर भी तोड़ा जा सकता है।

फलों की तुड़ाई शाम को देर से या सुबह के समय सावधानीपूर्वक करनी चाहिए। तुड़ाई के समय यह ध्यान रखना चाहिए कि फलों को कोई क्षति/चोट न लगे। तुड़ाई के लिए फलों को कम गहरी टोकरियों में एक ही परत में रखना चाहिए। फलों को तुड़ाई के पश्चात दो घंटे शीत भंडारण में रखने से उनकी भंडारण क्षमता/अवधि बढ़ जाती है।

स्ट्राबेरी फल काफी मुलायम/नरम होते हैं। अतः इसकी पैकिंग में सावधानी की आवश्यकता होती है। आजकल स्ट्राबेरी के फलों की पैंकिग के लिए 200–300 के विशेष कार्ड बोर्ड या सख्त प्लास्टिक के छोटे–छोटे छिद्रयुक्त डब्बे उपयोग में लाये जाते हैं। शीत भंडारण में इन्हें 6–10 दिनों तक बिना महक के ताजा रखा जा सकता है।

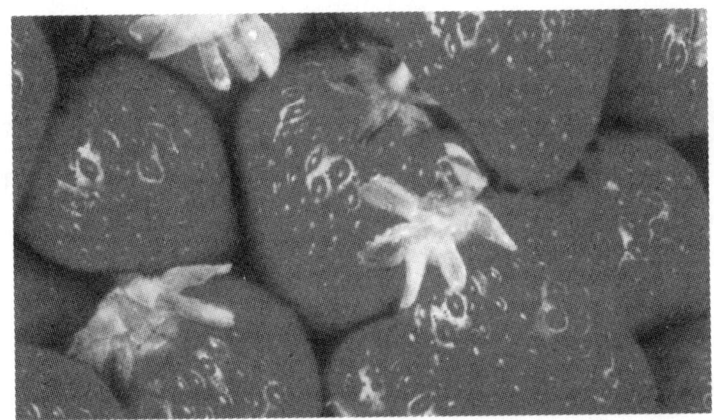

स्ट्राबेरी की उन्नत किस्म – चान्दलर के स्वादिष्ट फल

स्ट्राबेरी का एक स्वस्थ पौधा – फलों से लदा हुआ।

स्ट्राबेरी की फसल में नमी के लिये पलवार

स्ट्रॉबेरी के फल

बाजार भेजने की तैयारी

स्ट्राबेरी के पके रसीले फल

फलों की उपज

स्ट्राबेरी के फलों का उत्पादन विभिन्न कारकों जैसे पौधों का आकार, पुष्पक्रम की संख्या, प्रति पुष्पक्रम बेरियों (फल) की संख्या, प्रति पौध कुल बेरियों (फल) की संख्या, फल का वजन, मौसम, अपनाई गई तकनीकी (कृष्ण क्रियाएं) पोषक तत्व प्रबंधन, खरपतवापर और पादप सुरक्षा इत्यादि पर निर्भर करता है। समान्यतः स्ट्राबेरी के एक स्वस्थ पौधें से 1.4–2.0 कि॰ग्रा॰ तक फल प्राप्त होते हैं या 10–12 टन प्रति हेक्टर उपज प्राप्त होती है। उपज की यह मात्रा विशेश परिस्थितियों में घट या बढ़ सकती है।

❑❑❑

अध्याय 39

सेब

शीत कटिबन्धीय सलाद वाले फलों में सेव का महत्व सर्वोपरि है क्योंकि खाने में यह अत्यन्त स्वादिष्ट होता है तथा इसे लम्बी अवधि तक भंडारित किया जा सकता है और इससे तरह–तरह के उत्पाद भी बनाये जाते हैं। सेव का जूस तथा शराब अधिक कीमती उत्पाद हैं। कोई भी फल–सलाद, सेव के बिना अधूरा रह जाता है।

उत्पत्ति तथा वितरण

कुछ वैज्ञानिकों का मत है कि सेव की जन्म भूमि इंग्लैंड है परन्तु कुछ वैज्ञानिक इस फल को ग्रीस की धरोहर बताते है। प्राचीन काल में जब तक अच्छी किस्मों का विकास नहीं हुआ था तब तक लोग जंगली जातियों के सेव का ही उपयोग करते थे। कुछ वनस्पति षास्त्री सेव की जन्म स्थली कैस्पियन सागर तथा काला सागर के मध्य के शीत जलवायु वाला क्षेत्र बताते हैं जहाँ से यह 2000 वर्ष पहले यूरोप के अन्य देशों में फैला।

भारत में सबसे पहले कुमायूँ क्षेत्र में विषेश कर रामगढ़, दूनागिरि नैनीताल तथा अल्मोड़ा में इसाई धर्म प्रचारकों और अंग्रेज सैनिकों ने सेव को 1870 के आसपास लगाया था। बीसवीं सदी के प्रारम्भ में अमेरिका के स्व॰ सत्यानन्द स्टोक ने हिमाचल प्रदेष के कुल्लू मनाली में डेलीषस वर्ग की जातियाँ जैसे रेड, रीचरेड, रायल आदि को परीक्षण हेतु लगा कर देखा कि ये किस्में यहाँ सफलतापूर्वक उगायी जा सकती है। फिर तो ये किस्में यहीं से कश्मीर तथा उत्तर प्रदेष में फैल गईं। बाद में विदेषी किस्मों को भारत लाने में कैप्टन वैनन, कर्नल रेनक, श्रीमती विल्सन और श्री स्मिथ का कार्य सराहनीय रहा।

भारत सरकार ने पूर्वी राज्यों – मेघालय, अरूणाचल प्रदेश, सिक्किम, मणीपुर एवम् त्रिपुरा तथा नीलगिरी में न्यून शीत चाहने वाली किस्मों की बागवानी पर विषेश अभियान चलाकर सफलता हासिल की है।

सेव का वानस्पतिक विवरण

सेव को अंग्रेजी भाशा में एपल तथा वानपसपितक भाशा में मैलस पुमिला कहते हैं जो रोजेसी पौध परिवार का सदस्य है। सेव का पेड़ 8–10 मीटर तक ऊँचा होता है। यह एक पर्णपाती वृक्ष है। पत्तियों का किनारा आरी के दाँत जैसा कटा रहता है। सेव के फूल सफेद होते हैं कुछ किस्मों के फूल गुलाबी होते हैं। फूलों में पुंकेसर की संख्या 15 से 30 तक होती है। इसकी अण्डाषय अधोवर्त्ती होती है। फल पोम किस्म के होते हैं जिनके भीतर 3 से 5 कोष्टक होते हैं। फलों का उपरी तथा नीचला हिस्सा दबा हुआ होता है।

सेव के फलों का पोषणमान्

सेव के फलों के 100 ग्राम खाने योग्य गुदे में जल 85.20 ग्राम, प्रोटीन 0.30 ग्राम, वसा 0.10 ग्राम, रेषा 0.80 ग्राम, कार्बोहाइड्रेट्स 13.30 ग्राम, ऊर्जा 55 किलो कैलोरी, कैल्शियम 9.0 मि॰ग्रा॰, फास्फोरस 20 मि॰ग्रा॰, लोहा 1.00 मि॰ग्रा॰ तथा थियामीन 0.12 मि॰ग्रा॰, राइबोफ्लेविन 0.30 मि॰ग्रा॰, निकोटिनिक एसिड 0.20 मि॰ग्रा॰ तथा विटामिन–सी 2.0 मि॰ग्रा॰ पाया जाता है।

सेव के लिए उपयुक्त आबोहवा

सेव शीत कटिबन्धीय फल है। इसकी अच्छी किस्मों की प्रशीतन आवश्यकता (7 डिग्री से॰ से कम) 1000–1500 घंटे के मध्य होती है। सेव की बागवानी के लिए

समुद्र तल से 1500–2700 मीटर ऊँचाई वाले पर्वतीय पहाड़ी–स्थान उपयुक्त होते हैं वैसे क्षेत्र जहाँ वार्षिक वर्षा 120–150 से॰मी॰ होती है, सेव की बागवानी के लिए उपयुक्त होते हैं। फल आने के समय वर्षा, हिमपात तथा पाला पड़ने से भारी क्षति होती है। परागण पर इसका प्रतिकूल प्रभाव पड़ता है और फलन कम हो जाती है। फलों के विकास के समय अधिक लम्बा सूखा मौसम तथा फल पकने के समय अधिक वर्षा फलों की गुणवत्ता को प्रभावित करता है।

भूमि का चुनाव

सेव की सफल बागवानी के लिए सदैव भारी मटियार दोमट भूमि का चुनाव करें, जिसकी गहराई 1.5 मीटर से अधिक हो तथा उसका पी–एच मान 5.5 से 6.5 तक हो। जीवांष तथा नेत्रजन की अधिकता वाली भूमि जिसमें जल–जमाव नहीं होता है सेव के लिए उत्तम होती है। ऐसी भूमि जिसमें एक मीटर की गहराई में चट्टान हो, सेव के लिए उपयुक्त नहीं होती है। अधिक अम्लीय मृदा में बोरन तथा मैंगनीज की कमी हो जाती है अतः ऐसी भूमि जिसका पी–एच 6 से कम हो उसमें सेव नहीं लगाना चाहिए।

पौध प्रसारण की विधियाँ

सेव का पौध–प्रसारण कायिक विधि द्वारा किया जाता है। कायिक विधियों में शील्ड बडिंग तथा टंग ग्राफ्टिंग अच्छी पायी गई हैं। बडिंग अगस्त–सितम्बर में तथा ग्राफ्टिंग फरवरी–मार्च में करते हैं। मूलबृन्त के रूप में जंगली सेव (क्रेब एपुल) या गोल्डन डिलीषॅस, मैक इन्टोस, यलो न्यूटन तथा नादर्न स्पाई किस्मों के बीजों द्वारा उगाये गये पौधों का इस्तेमाल किया जाता है। बीज बोने के पहले पानी में भींगे बीजों को 2–3 से॰मी॰ मोटी बालू के पर्त्त के भीतर 4–7 डि॰से॰ तापमान पर 60–90 दिनों तक रखते हैं जिससे अंकुरण शीघ्र हो जाता है।

आजकल क्लोनल मूलबृन्त अधिक उपयोग किये जा रहे हैं जो निम्नलिखित हैंः

क्लोनल मूलबृन्त का विशेष गुण	क्लोनल मूलबृन्त का नाम
अति बौना	एम–27
बौना	एम–8 एवम् एम–9
अर्द्ध बौना	एम–4726 एवम् एम॰एम॰ 106
ओजस्वी	एम–11 तथा 13* और एम॰एम॰ 104 और 111
अति ओजस्वी	एम–16, 25 तथा एम॰एम॰ 109

* भारतीय दशा के लिए उपयुक्त।

क्लोनल मूलबृन्त पर तैयार पौधे 3 वर्ष में फल देना शुरू कर देते हैं जबकि जंगली सेव के मूलबृन्त पर तैयार पौधे 5–6 वर्ष के बाद फल देना शुरू करते हैं।

सेव के पौधों की उद्यान में रोपाई

सेव के एक वर्ष की आयु के पौधे लगाने के लिए उपयुक्त होते हैं। जिस भूमि में सेव के बाग लगाना के लिए शटकोण विधि द्वारा खाका तैयार कर लेना चाहिए। उसके बाद तैयार पौधों के मूलबृन्त (जंगली सेव) के अनुसार 6 मीटर की दूरी पर तथा बौने मूलबृन्त पर तैयार पौधों के लिए 2 मीटर की दूरी पर एक मीटर लम्बा, एक मीटर चौड़ा तथा एक मीटर गहरा गड्ढे खोल लिए जाते हैं। इन गड्ढों के उपर की आधी उपजाऊ मिट्टी तथा उतना ही गोबर की सड़ी खाद मिला कर गड्ढ़ों में 15 से॰मी॰ उपर तक भर दिया जाता है। इन्हीं गड्ढों के बीच में दिसम्बर से फरवरी तक पौधे लगाये जाते हैं। ऊँचे स्थानों पर जहाँ ठंडक अधिक पड़ती है वहाँ पौधे फरवरी के अंत तक लगाना चाहिए। डेलीषॅस वर्ग की किस्में स्वयम् अनिशेच्य होती हैं। अतः उनके साथ 15–25 प्रतिशत परागक किस्म लगायें।

खाद एवं उर्वरक का व्यवहार

सेव के वृक्षों की उचित वृद्धि तथा अच्छी उपज के लिए खाद तथा उर्वरक का प्रयोग अत्यन्त आवश्यक है। गोबर की खाद की 10–40 किलो मात्रा प्रति पेड़ तथा स्फूर और पोटाश की पूरी मात्रा पेड़ों के तनों के चारों तरफ दिसम्बर–जवरी में मिट्टी में डाल कर मिला दें। परन्तु नेत्रजन की खाद वसंत ऋतु में पत्ते निकलने के 20–25 दिनों के बाद देना ठीक रहता है। विभिन्न उर्वरकों की मात्रा नीचे की तालिका में दी जा रही है :

सेव के वृक्ष की आयु	गोबर की खाद (कि॰ग्रा॰)	नेत्रजन (ग्रा॰)	स्फूर (ग्रा॰)	पोटाश (ग्रा॰)
एक वर्ष	10	70	35	70
दो वर्ष	20	140	70	140
तीन से नौ वर्ष *	30	210	105	210
10 वर्ष	100	700	350	700

* चौथे वर्ष से प्रति वर्ष 10 कि॰ग्रा॰ गोबर की खाद, 70 ग्रा॰ नेत्रजन, 35 ग्रा॰ स्फूर तथा 70 ग्रा॰ पोटाश प्रति वर्ष बढ़ाते जाते हैं।

सेव के बागों की सिंचाई

सेव के अधिकतर बाग पहाड़ों की ढलान पर लगे होने के कारण वर्षा पर ही निर्भर रहते हैं परन्तु जहाँ सिंचाई की सुविधा है वहाँ अप्रैल से अगस्त तक सिंचाई करते हैं। सिंचाई नमी की दशा के अनुसार 9–10 दिनों पर करें। ड्रिप सिंचाई भी काफी प्रभावी पाई गई है।

पेड़ों की सधाई

सेव के बीजू मूलबृन्तों पर तैयार वृक्षों की सधाई परिवर्तित अग्र प्ररोह विधि द्वारा करें। इसमें प्रथम वर्ष में पौधों को 50–60 से॰मी॰ की ऊँचाई से काट देते हैं तथा वहाँ से 2–3 शाखाओं को उगने देते हैं। अगले वर्ष इन शाखाओं को सुसुप्तावस्था में फिर काट देते हैं जिससे प्राथमिक शाखाओं पर प्रत्येक वर्ष 2–3 द्वितीयक षाखायें बढ़ने देते हैं। इस प्रकार सधाई की यह क्रिया चौथे वर्ष पूरी हो जाती है। तीसरे वर्ष अवांछनीय शाखायें हटा देते हैं। जब वृक्ष 4–4.5 मीटर हो जाये तो अग्र प्ररोह को पुनः शिराहीन कर दिया जाता है।

पौधों की कटाई–छँटाई

सेव में वानस्पतिक वृद्धि और स्पर विकास के मध्य संतुलन बनाये रखने के लिए नियमित कटाई–छँटाई आवश्यक है। पुरानी तथा सूखी टहनियों को हटा देनी चाहिए। उपर की ओर बढ़ रही शाखाओं को काट देते हैं ताकि उनके बग़ल में निकलने वाली शाखायें प्राप्त हो सके।

बागों की निकाई–गुड़ाई

सेव के वृक्षों का स्थान साफ रखते हैं। इसके लिए खुर्पी से निकाई–गुड़ाई करते हैं। अधिक बड़े बाग में काले रंग की पालीथिन से मिल्चिंग करते हैं या ग्रेमैक्सोन का छिड़काव करते हैं। सेव की नई बागों में अन्तरावर्ती फसल के रूप में हरी खाद की फसल उगायें तथा बाद में लूसर्न लगायें। इससे उर्वरा शक्ति मिट्‌टी की बनी रहती है।

फलों की छँटाई

यदि सेव के पेड़ में अधिक फल लगते हैं तो फलों की छँटाई अप्रैल के बाद करने के लिए 1500 पी॰पी॰एम॰ कार्वेरिल के छिड़काव करने से 30–45 प्रतिशत फल

झड़ जाते हैं। सेव में तुड़ाई के पूर्व फल झड़ने की समस्या देखी गई है। इसे रोकने के लिए नेप्थलीन एसिटिक एसिड के 10 पी॰पी॰एम॰ के घोल का छिड़काव करना चाहिए।

फलों की तुड़ाई तथा ग्रेडिंग

सेव के वृक्षों पर फूल फरवरी–मार्च में आते हैं। इसके फल किस्मों के अनुसार अलग–अलग समय पर तैयार होते हैं। जब फलों का रंग हरा से हल्का पीला होने लगे तब यह माना जाता है कि सेव के फल तोड़ने हेतू तैयार हो गये हैं। सेव की अलग–अलग किस्में फूल निकलने से पकने तक अलग–अलग समय लेती है। जैसे – रेड डेलिषॅस 148–154 दिन, गेल्डेन डेलीषॅस 115–120 दिन, ग्रेनी स्मिथ 173–182 दिन तथा रॉयल डेलीषॅस 115–120 दिनों में पक कर तैयार होती है। फलों को एक–एक करके सीढ़ी या स्टूल की सहायता से तोड़ना चाहिए। सेव के फलों को किस्म, रंग, रूप, आकार तथा गुणवत्ता के आधार पर ग्रेडिंग करके लकड़ी की पेटियों में फलों का कागज लपेट कर 8–10 कि॰ग्रा॰ वनज में रखा जाता है तथा दूर–दूर की मंडियों को भेज दिया जाता है। फल मंडी पहुँचते–पहुँचते पूर्णतया पक जाते हैं। कश्मीर तथा कुल्लू में एक पेड़ से 300–400 कि॰ग्रा॰ सेव के फल मिल जाते हैं।

सेव की उन्नत किस्में

सेव की किस्मों को उनके उगाये जानेवाले प्रदेशों के अनुसार तथा उनके पकने के समय के आधार पर बाँटा गया है जो निम्नलिखित हैं :

उत्तराचंल के लिए सेव की किस्में

- आगात किस्में – ग्रीन स्वीट, बिनौनी, फैनी, चौबटिया प्रिंसेज, अर्लीशानवरी, रेडस्ट्रेकन।
- मध्यम किस्में – जोनाथन, स्पार्टन, मैकेन्टोष', किंग ऑफ दि पिपिन, रेड डेलीषॅस।
- पिछात किस्में – गोल्डन डेलीषॅस', राइमर, इसोपस–कोर्टलैंड, स्विटजनवर्ग तथा बंकिघम्।

हिमाचल प्रदेश के लिए सेव की किस्में

- आगात किस्में – रेड जून, टाइडमैंस, अर्ली बोरसेस्टर
- मध्यम किस्में – जोनाथन, मैकेन्टोष, रिचर्ड, रेड डेलीशॅस, स्टार्किंग डेलीशॅस
- पिछात किस्में – विन्टर डेलीशॅस, ग्रैनी स्मिथ', रसपिपिन तथा येलो न्यूटन'

जम्मू–कश्मीर के लिए सेव की किस्में

- आगात किस्में – आइरिष पीच, बिनौनी, अर्लीशानवरी
- मध्यम किस्में – जोनाथन', अमेरिकन मदर, रजकवार, काक्स ओरेन्ज पिपिन', रेड गोल्ड', रोम व्यूटी, स्कारलैट साइबेरियन।

'ये सभी परागक किस्में भी हैं।

कुनूर तथा बंगलौर में एक सेव के पेड़ की लाभदायक आयु 25 वर्ष होती है जबकि कश्मीर तथा कुल्लू में सेव के वक्षों की आयु 60–75 वर्ष है। इसके बाद इनकी फलन कम होने लगती है।

सेव के फलों का भंडारण

सेव के फलों की भंडारण क्षमता अन्य फलों की तुलना में कहीं अधिक है। शरद प्रदेशों में ये शरदी से टिके रहते हैं परन्तु गर्मी में इनको शीत गृहों में रखा जाता है। बड़े फलों की तुलना में छोटे तथा मध्यम आकार के फल अधिक टिकते हैं। अधिक पके फलों का भंडारण नहीं करना चाहिए। कश्मीर की अम्बरी किस्म शीत गृहों में 6–8 महीने तक ठीक रहती है परन्तु हिमाचल की डेलीशॅस, बाल्डविन, ग्रैनी स्मिथ, वाइन सैप आदि किस्में 4–6 महीने तक ही टिकती हैं। शीत गृहों में सापेक्षिक आर्द्रता 85–90 प्रतिशत रखी जाती है।

सेव के बागों में पौध सुरक्षा प्रबन्धन

सेव खुबसूरत, स्वादिश्ट फल है जिसके वृक्षों पर तरह–तरह के रोग तथा कीड़ों का आक्रमण होता है। यदि इन रोगों तथा कीड़ों का समुचित रोकथाम नहीं किया गया तो फसल को भारी क्षति पहुँचती है। अतः सेव की अच्छी उपज के लिए पौध सुरक्षा प्रबन्धन एक आवश्यक उत्पादन अवयव है जिसे नकारा नहीं जा सकता है।

शीत कटिबन्धिय फल – सेब

सेब – रेड डेलिशियस के चमकिले फल

अच्छी देख–भाल से सेब की भरपूर फसल

ग्रेडेड सेब के फल – मण्डी में।

सेव के रोग तथा उनकी रोकथाम

तने की गुलाबी, भूरी तथा काली व्याधि

इसका प्रकोप पेड़ की पतली एवं मोटी षाखाओं पर होती है और धीरे–धीरे उन्हें सुखा देती है। इनकी रोकथाम के लिये प्रतिवर्श लाइम सल्फर (1:25) या किसी गन्धक युक्त फफूँदी नाषक या कॉपर युक्त दवा का छिड़काव करना चाहिये। इन दवाओं का प्रयोग दिसम्बर–जनवरी के महीने में पूरे बगीचे में करना चाहिये। जिन शाखाओं पर बीमारी दिखाई दे रही हो उन्हें दिसम्बर–जनवरी में ग्रसित भाग से 10–15 से॰मी॰ नीचे तक काट देना चाहिये एवं कम ग्रसित भाग को चाकू से छील देना चाहिय। इस प्रकार सभी कटे और छिले हुए भागों पर चौबटिया पेस्ट (1 भाग रेड लेड, एक भाग कॉपर कार्बोनेट एवं सवा भाग कच्चा अलसी का तेल) का लेप करना चाहिये। चूँकि यह बीमारियाँ वर्षा ऋतु में फैलती है इसलिये वर्षा ऋतु मे बगीचे में एक या दो छिड़काव कॉपर युक्त फफूँदी नाशक दवा जैसे ब्लाइटॉक्स (200–300 ग्रा॰ दवा 100 लीटर पानी में) से करना चाहिए।

कालर राट की बीमारी

इससे पेड़ की जड़ प्रभावित होती है और वह धीरे–धीरे सड़ने लगती हैं। जाड़ों में जबकि पेड़ सुशुप्तावस्था में होता है उस समय जड़ों को काटकर जला देते हैं तथा कम ग्रसित भागों को छीलकर कटे तथा छिले भागों पर चौबटिया पेस्ट लगा देते हैं। इस प्रकार से उपचारित जड़ों को 10–15 दिन तक बिना मिट्टी चढ़ाये खुला छोड़ दिया जाता है। जड़ों को मिट्टी से ढ़कते समय ब्रेसिकोल या थायोडान जेड–78 (30 ग्रा॰ दवा 2 ली॰ पानी में और मेटासिस्टॉक्स 10 मिली॰ दवा 5 ली॰ पानी में) दोनों का घोल डाल देना चाहिये। चूँकि बीमारी अम्लीय मिट्टी में अधिक होती है इसलिये मिट्टी की अम्लीयता की जाँच करवाकर उस हिसाब से चूना मिलाना चाहिये।

पाउडरी मिलड्यू

यह बीमारी वैसे तो सेव की सभी जातियों में लगती है। परन्तु जोनाथन, रोम ब्यूटी, नादर्न स्पाई तथा कॉक्स ओरेन्ज पिपिन जातियों में सबसे अधिक हानि पहुँचती है। इस बीमारी के जीवाणु पत्ती और फूलों की कलियों में रहते हैं। कलियाँ जब मार्च–अप्रैल में खिलती हैं, वे सफेद चूर्ण से ढकी रहती है। इसकी रोकथाम के लिये पहला छिड़काव लाइम सल्फर दवा (1:25) का पंखुड़ियों के निकलने के 20–25 दिन

पहले करते हैं। इसके बाद जब फल लग जायें उस समय 10–12 दिन के अंतर पर केराथेन (40 से 60 ग्रा॰ दवा 100 ली॰ पानी में) नामक दवा के 3–4 छिड़काव करना चाहिये।

सूटी ब्लाच

यह फफूँदी से होने वाली बीमारी है। यह बीमारी देर से पकने वाली जातियों जैसे राइमट, न्यूटन पिपिन एवं बकिंघम आदि में लगती है। इस बीमारी से फलों पर भूरे एवं काले धब्बे पड़ जाते हैं और इस तरह फसल की शोभा खराब हो जाती है।

रोकथाम के लिए जून के माह से ही डायथेन जेड 78 या कैप्टान दवा का 0. 2 प्रतिशत का घोल 15 दिन के अंतर पर छिड़कना चाहिए।

सेव के कीड़ों की रोकथाम

जड़ छेदक कीट

इसके कैटर पिलर (इल्ली) जमीन में रहते हैं और सेव की जड़ों को खाते हैं। इस प्रकार जब जड़ें ग्रसित होती रहती हैं तो पेड़ की षाखाएँ और पत्तियाँ मुरझाने लगती है और नये कल्लों की बाढ़ रूक जाती है। नये पेड़ लगाने से पहले प्रत्येक गड्ढे में 200 से 250 ग्रा॰ एल्ड्रीन चूर्ण मिट्टी में अच्छी तरह मिला देना चाहिए। बाद में समय–समय पर यह दवा पेड़ों के चारों तरफ मिट्टी में मिलाते रहना चाहिए। इस बात का ध्यान रखना चाहिए कि कभी भी बिना सड़ी या कम सड़ी गोबर की खाद का उपयोग न करें।

तना छेदक कीट

यह कीड़ा तने में छेद करता है और अन्दर ही अन्दर नालियाँ बनाता है जिसके कारण टहनियाँ सूखने लगती है और वह मोटी शाखाओं में होते हैं तो छेद से रस बहने लगता है। रूई का फाहा क्लोरोफार्म क्रियोजोट दवा के घोल में भिगोंकर छेद में घुसा देते हैं और छेद को गिली मिट्टी से बन्द कर देते हैं। क्लोरोफार्म की जहरीली गैस से कीड़ा मर जाता है।

वूली एफिस

यह कीड़ा सेव की जड़ों तथा शाखाओं पर पाया जाता है। इसकी माहू पेड़ों का रस चूसती है और चूसे हुए भाग पर गोल–गोल गांठें बन जाती है। माहू समूह में

रहती है और पूरे समूह पर रूई के समान एक पदार्थ पैदा कर देते है। मेटा सिस्टाक्स या रोगार नामक दवा (एक लीटर दवा को 1000 लीटर पानी में) का छिड़काव सितम्बर–अक्टूबर के माह में फल तोड़ने के पश्चात् करना चाहिये। जाड़ों में तने के चारों ओर की मिट्टी में मेटा सिस्टॉक्स का 0.2 प्रतिशत शक्ति का घोल डालना चाहिए।

रायल डेलीशस अर्ली शनवरी

फैनी रेड डेलीशॅस

गुबरैले कीड़े

वर्षा ऋतु में अनेक प्रकार के गुबरैले कीड़े फलों एवं पत्तियों को नुकसान पहुँचाते हैं। दिन के समय यह कीड़े जमीन की दरारों, घासों आदि में छिपे रहते हैं और रात्रि में फलों को खाते हैं तथा पत्तियों को काट देते हैं। थायोडान 25 ई॰सी॰ की दवा की 125 लीटर मात्रा 1000 लीटर पानी में घोलकर प्रति हेक्टर की दर से पेड़ों पर छिड़काव करना चाहिए।

सेव औषधि के रूप में

सेव एक स्वादिष्ट फल होने के साथ–साथ यह अनेक रोगों की घरेलू औषधि भी है। इसमें अनेक औषधीय गुण हैं जो इस प्रकार है :

- स्कैण्डिनेविया के लोग सेव को जन्नत का फल कहते हैं। उनका विश्वास है कि यह मन और शरीर दोनों को स्वस्थ रखता है। अंग्रेजी की एक कहावत है: 'एन एप्पल ए डे, कीप्स दि डॉक्टर अवे'' मतलब यह कि 'रोज एक सेव खाने से डॉक्टर के पास जाने की जरूरत नहीं रहती'। सेव बहुत उपयोगी फल है जिसे रोज खाने से सेहत अच्छी बनी रहती है।
- खट्टे जंगली सेव की सब्जी और आचार बनता है। पके सेव के मुरब्बे और सेव के ताजे रस को हकीम लोग रोगियों को दिल की ताकत के लिए देते हैं।
- जो लोग दिन भर बैठे रहते हैं उन्हें भोजनों में सेव शामिल करने से लाभ होगा। यह फल सुस्त जिगर के कार्य को उत्तेजित करता हैं। कब्ज के रोगियों को दिन भर में तीन–चार सेव खा लेने चाहिए। रात को जो फलाहार या हल्का भोजन करते हैं वे दो–तीन सेवों को कच्चा या पका कर खा सकते हैं।
- आमाशय की अम्लता को कम करने के उद्देश्य से अम्लपित्त के रोगी बिना चीनी मिलाये सेव का रस पीते हैं। आमाशय में जाकर यह क्षारीय कार्बोनेट्स में परिवर्तित हो जाता है और इस प्रकार यह अम्ल के प्रभाव को निश्क्रिय कर देता है।
- कहते हैं कि चीनी रहित सेव का रस प्रतिदिन पीने से पथरी या शर्करा नहीं बनती। यह गुरदों को साफ रखता है और खून को शुद्ध करता है।
- सेव के एक सौ मि॰ली॰ (साढ़े तीन औंस) रस में दो सौ चौंतीस मि॰ग्रा॰ एस्कोर्बिक एसिड (विटामिन सी) के रूप में पाया जाता है। सेव में थोड़े परिमाण में विटामिन ए और बी भी पाये जाते हैं। फल में विद्यमान मैलिक एसिड तथा अन्य ऑर्गेनिक एसिड्स खून में जाकर क्षारीय कार्बोनेट्स में बदल जाते हैं और इस प्रकार यूरिक एसिड के कारण पैदा हो गई खून की अम्लता को उदासीन करते हैं, यूरेट्स में विद्यमान पत्थरी को घोलते हैं और शरीर से उन्हें बाहर निकालने में सहायक बनते हैं। इसलिए सेव का ताजा रस गठिया, आमवात के

विकार, कटिशूल, ग्रंथसी, नाड़ी–शूल, नाड़ी–शोथ, दमा और गठिये के कारण पैदा होने वाले एग्जिमा की उपयोगी दवा है। बदहजमी में पके सेवों को खूब चबाकर खाना चाहिए।

- हमारे देश मे वैद्यों द्वारा जैसे आम्रकल्प कराके विविध रोगों का उपचार किया जाता है, उसी तरह यूरोप में सेव–कल्प द्वारा इलाज का प्रचलन है।
- सेव में हल्के जीवाणुनाषक गुण विद्यमान हैं। पुरानी कब्ज में मल के देर तक अवरूद्ध रहने से विषैले पदार्थ खून में मिलते रहते हैं। इस विष संचार से बचने के लिए सेव का नियमित सेवन लाभदायक होता है।
- मुख–गुहा में जीवाणुओं के क्रियाशील होने से मुख, मसूड़े या गले में षोथ या व्रण होने पर सेव का प्रयोग उपयोगी होता है। रोगियों और स्वस्थ लोगों को रसीले सेवों के खाने से भूख खूब लगती है।
- शराब पीने वालों को, सेव का सेवन कराने से शराब पीने की आदत छुटने लगती है और इसके हानिकारक प्रभाव से भी शराबी बच जाता है।
- आँख दुखने पर सेव को पका कर आँख के ऊपर बाँधा जाता है जिससे आँख का दुखना समाप्त हो जाता है।

□□□

अनाज, दलहन, तेलहन तथा मसाला वर्ग की सलाद फसलों की उत्पादन–प्रौद्योगिकी

अध्याय 40

गेहूँ

विश्व में सबसे अधिक लोगों का भोजन चावल है। चावल खाने वालों के बाद दूसरे नम्बर पर वे लोग आते हैं जिनका मुख्य भोजन गेहूँ है। प्रायः यही दशा भारत में भी है। भारत, विश्व में गेहूँ उत्पादन में दूसरे नम्बर पर है। यहाँ गेहूँ से पूड़ी, पुवा, चपाती, ब्रेड, मैदा, सूजी, मिठाईयाँ, हलवा तथा अन्य तरह–तरह के पकवान बनाये जाते हैं। पौष्टिकता की दशष्टि से भी गेहूँ का कोई जवाब नहीं है। इसमें 11–14 प्रतिशत प्रोटीन तथा प्रचुर मात्रा में कार्बोहाइड्रेट्स, वसा तथा रेशे पाये जाते हैं।

आजकल के भागम–भाग वाली जिन्दगी के कारण लोगों के खान–पान में काफी बदलाव आया है। लोग अब अधिक पौष्टिकता पर जोर दे रहे हैं, यही कारण है कि अंकुरित अनाज जैसे गेहूँ मूँगफली, मूँग, चना, मेथी को सलाद के रूप में विशेष स्थान प्राप्त हुआ है। ये अंकुरित अनाज पौष्टिक तत्वों के अतिरिक्त हमें एन्टी आक्सीडेन्ट, रेशे तथा ग्रोथ प्रोमोटिंग रसायन भी देते हैं जो हमें निरोग, चुस्त–दुरूस्त तथा दिर्घायु बनाने में मदद करते हैं। गेहूँ को आप बड़े–बड़े खेतों में, अपनी आँगन बाड़ी में तथा लकडी के बक्सों में मिट्टी भर कर उगा सकते हैं।

गेहूँ को जाड़े (रबी) के मौसम में उगाया जाता है। इसकी बुआई के समय 15–20° से॰ तापमान उपयुक्त माना जाता है। इसकी पहचान किसान सुबह के समय मुँह से निकलने वाली भाप से करते हैं। फसल के बाढ़ के समय जाड़ा तथा फसल पकने के समय तेज धूप की आवश्यकता होती है।

भूमि का चुनाव

गेहूँ की खेती के लिए दोमट भूमि सर्वोत्तम रहती है। परन्तु उचित जल निकास की व्यवस्था होने की दशा में इसे मटियार दोमट तथा मटियार भूमि में भी सफलतापूर्वक उगाया जा सकता है।

भूमि की तैयारी

प्रायः गेहूँ की बुआई खरीफ की कटाई के बाद करते है। अतः जिन खेतों में ध ाान की फसल के बाद गेहूँ लेना हो उन खेतों में धान की रोपाई समय से करनी चाहिए। धान की कटाई के बाद पहली जुताई मिट्टी पलटने वाले हल से करके प्रति हेक्टेयर 20 कि॰ग्रा॰ यूरिया डालकर पलेवा कर देना चाहिए। ऐसा करने से धान के ठूँठ सड़कर मृदा में कार्बनिक पदार्थ की वृद्धि करते हैं तत्पश्चश्त् तीन–चार जुताईयाँ देशी हल द्वारा करके मिट्टी को खूब भुरभुरी बना लेना चाहिए।

उन्नत जातियाँ

असिंचित दशा के लिए

बी॰एल॰–616, बी॰एल॰–404, बी॰एल–421, यू॰पी॰–1109

सिंचित दशा के लिए

बी॰एल॰–616, बी॰एल॰–404, बी॰एल–421, यू॰पी॰–1106, एच॰एस॰–240। सिंचित दशा में बुआई के समय के आधार पर निम्न प्रजातियों का चयन करना चाहिए।

1. **अक्टूबर का द्वितीय पक्ष** : सी॰ 306, के॰ 65, के॰ 68, के॰ 8027 (मगहर)।
2. **नवम्बर का प्रथम पक्ष** : सी॰ 306, के॰ 65, के॰ 8027, यू॰पी॰ 2003, के॰ 68, एच॰डी॰ 2204, एच॰डी॰ 2326, एच॰यू॰डब्लू 542, सी॰पी॰ए॰एन 3004, डब्लू॰एच॰ 147, राज 1555, लोक 1, डी॰एल॰ 784–3 (वैशाली)

3. **नवम्बर का द्वितीयशपक्ष** : डब्लू.एच. 542, एच.डी. 2285, एच.डी. 2226, यू.पी. 2003, सोनाली, मालवीय 206, के. 88, एच.पी. 1102
4. **विलम्ब से बुआई** : (25 दिसम्बर तक) सी.ए.पी.एन. 3004, एच.डी. 2428, एच.डी. 2326, के. 88, एच.डी. 2285, सी.पी.डब्लू 226, डब्लू.एच 261, मालवीय 234, राज 3077

ऊसरीली भूमि हेतु : के. आर.एल. 1–4, राज 3077 तथा लोक–1

उगाने की वैज्ञानिक तकनीक

(अ) सिंचित दशा के लिए

बुआई का समय

गेहूँ की बुआई समय से एवं पर्याप्त नमी पर करना चाहिए। जैसे–जैसे बुआई में विलम्ब हो जाता है, गेहूँ की पैदावार में गिरावट आती जाती है। दिसम्बर में बुआई करने पर 3–4 क्विंटल प्रति हेक्टेयर एवं जनवरी में बुआई करने पर 4–5 क्विंटल प्रति हेक्टेयर प्रति सप्ताह उपज में कमी होती है।

बीज–दर एवं बीज–शोधन

पंक्ति में बुआई करने के लिए प्रति हेक्टर 100 कि.ग्रा. बीज की आवश्यकता होता है। यदि किसी कारवणवश पंक्ति में बुआई न की जा सके तो छिड़काव विधि द्वारा 125 कि.ग्रा. बीज प्रति हेक्टर आवश्यक होता है। बुआई से पहले केप्टान 2 ग्राम या थीरम 2.5 ग्राम प्रति कि.ग्रा. बीज की दर से उपचारित कर लेना चाहिए। बीज निथार कर प्रयोग करें। ध्यान रहे कि जिंक सल्फेट के साथ यूरिया या चूना का पानी जरूर प्रयोग करें।

उर्वरकों की मात्रा

उर्वरकों का प्रयोग मृदा परीक्षण के आधार पर करना उचित होता है। बौने गेहूँ की अच्छी उपज के लिए धान, मक्का, ज्वार, बाजरा इत्यादि खरीफ की फसलों के बाद भूमि में 120:60:40 कि.ग्रा. प्रति हेक्टर की दर से क्रमशः नेत्रजन, फास्फोरस एवं पोटाश प्रयोग करना चाहिए। देशी उन्नतिशील किस्म जैसे के. 68 आदि जातियों के लिए 60:30:30 कि.ग्रा. नाइट्रोजन, फास्फोरस तथा पोटाश प्रति हेक्टर प्रयोग करना

चाहिए। यदि खरीफ में खेत परती रहा हो या दलहनी फसलें बोई गई हो तो नेत्रजन की मात्रा 20 कि॰ग्रा॰ प्रति हेक्टर तक कम प्रयोग की जाये। अगर हरी खाद का प्रयोग किया गया हो तो 40 कि॰ग्रा॰ प्रति हेक्टर नेत्रजन कम प्रयोग करते हैं। अब प्रायः भूमियों में जिंक की कमी देखने को मिलती है। जिंक की कमी से पौधे स्वस्थ की तुलना में बौने रह जाते हैं, पत्तियों के आधार से पीलापन प्रारम्भ होकर ऊपर को बढ़ता है। खड़ी फसल में यदि जिंक की कमी के उपरोक्त लक्षण दिखाई दें तो 5 कि॰ग्रा॰ जिंक सल्फेट को 2 प्रतिशत यूरिया के घोल के साथ मिलाकर 800–1000 लीटर पानी के साथ प्रति हेक्टर की दर से पहला छिड़काव किया जाय। यदि यूरिया की टापड्रेसिंग हो चुकी हो तो यूरिया के स्थान पर 2.5 कि॰ग्रा॰ बुझे हुए चूने को 10 लीटर पानी में सायंकाल डाल दें तथा दूसरे दिन प्रातःकाल इस पानी को जिंक के साथ प्रयोग करें।

उर्वरक प्रयोग की विधि एवं समय

चिकनी या दोमट मृदा

इस प्रकार की मृदाओं में नेत्रजन की आधी मात्रा तथा फास्फोरस तथा पोटाश की पूरी मात्रा बुआई के समय कूड़ों में बीज के नीचे दी जाय। नेत्रजन की शेष मात्रा पहली सिंचाई के 24 घंटे पहले या ओट आने पर दें। यदि बुआई के समय पोटाश का प्रयोग नहीं किया गया हो तो पहली सिंचाई के समय इसकी पूरी मात्रा भी प्रयोग किया जा सकता है।

बलुई दोमट या बलुई मृदा

नेत्रजन की 1/3 मात्रा, फास्फोरस की पूरी मात्रा तथा पोटाश की 1/3 मात्रा बुआई के समय कूड़ों में बीज के नीचे देना चाहिए। शेष नेत्रजन तथा पोटाश दूसरी सिंचाई के बाद देनी चाहिए।

सिंचाई

पहली सिंचाई : क्राउन रूट अवस्था पर (बुआई के 20–25 दिन बाद)

दूसरी सिंचाई : कल्ले निकलते समय (बुआई के 40–45 दिन बाद)

तीसरी सिंचाई : दीर्घ संधि अथवा गाँठे बनते समय (बुआई के 60–65 दिन बाद)

चौथी सिंचाई : पुष्पावस्था (बुआई के 80–85 दिन बाद)

पाँचवी सिंचाई : दुग्धावस्था (बुआई के 100–115 दिन बाद)

छठी सिंचाई : दाना पकने के पूर्व (115–120 दिन बाद)

सीमित सिंचाई साधन की दशा में

तीन सिंचाई उपलब्ध होने पर : पहली सिंचाई क्राउन रूट दशा में, दूसरी बाली निकलने के पूर्व तथा तीसरी दुग्धावस्था में करनी चाहिए।

दो सिंचाई उपलब्ध होने पर : पहली क्राउन रूट तथा दुसरी पुष्पावस्था में।

एक सिंचाई उपलब्ध होने पर : क्राउन रूट अवस्था पर करें।

बुआई

सीड ड्रिल से बुआई करने या हल के पीछे बुआई करने की दशा में पंक्ति की दूरी 20 से॰मी॰ रखकर बीज को 5 से॰मी॰ की गहराई में बोना चाहिए। यह ध्यान रहे कि कल्ले निकलने के बाद प्रतिवर्ग मीटर 400–500 बाली युक्त पौधे अवश्य रहे अन्यथा उपज पर कुप्रभाव पड़ेगा।

खरपतवार नियंत्रण

गेहूँ की फसल में रबी ऋतु के लगभग सभी खरपतवार जैसे – गजरी, बथुआ, प्याजी, हिरनखुरी, चटरी–मटरी, जंगली गाजर, अंकरा, अंकरी, कृष्णनील, तथा जंगली जई इत्यादि की समस्या होती है। जिनकी रोकथाम निराई के अतिरिक्त निम्नलिखित खरपतवारनाशक रसायनों द्वारा की जाती है।

1. चौड़ी पत्ती वाले खरपतवार जैसे – बथुआ, हिरनखुरी, कृष्णनील, गजरी तथा प्याजी हेतु 2.4 डी॰ सोडियम साल्ट (80 प्रतिशत) 675 ग्राम मात्रा बुआई के 35–40 दिन के अंदर 600–800 लीटर पानी में प्रति हेक्टर का छिड़काव करना चाहिए।
2. गेहूँसा तथा जंगली जई हेतु आइसोप्रोट्यूरान (50 प्रतिशश) 1.5 कि॰ग्रा॰ पहली सिंचाई के एक सप्ताह बाद (बुआई के 30–35 दिन के अंदर) 500–700 लीटर पानी के साथ प्रति हेक्टर प्रयोग करें। यदि 75 प्रतिशत का आइसोप्रोट्यूरान हो तो उसकी 10 कि॰ग्रा॰ प्रति हेक्टर मात्रा प्रयोग करें।

कटाई–मड़ाई

बालियों के पक जाने पर फसल को काट लेनी चाहिए, अच्छी तरह सुखाने के बाद ट्रैक्टर व थ्रेसर या बैलों द्वारा मड़ाई कर लेते हैं।

(ब) असिंचित एवं बारानी दशा में

खेत की तैयारी

मानसून की अंतिम वर्षा का यथोचित जल संरक्षण करके खेत की तैयारी करें। असिंचित क्षेत्रों में अधिक जुताई की जरूरत नहीं होती है। अन्यथा नमी का ह्रास होता है। ऐसे क्षेत्रों में सायंकाल जुताई करके दूसरे दिन प्रातः पाटा लगाने से नमी का समुचित संरक्षण किया जा सकता है।

बुआई

अनुशंसित प्रजातियों जैसे–सी॰ 306, के॰ 65 इत्यादि की बुआई अक्टूबर के द्वितीय पक्ष में भूमि की उपयुक्त नमी पर करें। ऐसी दशा में 100 कि॰ग्रा॰ बीज प्रति हेक्टर की दर से 23 से॰मी॰ की दूरी पर बोना चाहिए। बीज के ऊपर 4–5 से॰मी॰ से अधिक मिट्टी नहीं रहना चाहिए।

उर्वरक एवं उसका प्रयोग

बारानी गेहूँ की खेती के लिए 40 कि॰ग्रा॰ नेत्रजन 30 कि॰ग्रा॰ फास्फोरस तथा 30 कि॰ग्रा॰ पोटाश प्रति हेक्टर की दर से बुआई के समय कूड़ों में देना चाहिए।

अन्य सस्य क्रियायें सिंचित की ही तरह

(स) पर्वतीय क्षेत्रों में

उन्नत जातियाँ : बी॰एल॰ 616, बी॰एल॰ 404, एच॰एस॰ 240

बुआई का समय

- निचली पहाड़ी क्षेत्र : नवम्बर का प्रथम पखवाड़ा।
- ऊँचे पहाड़ी क्षेत्र : अक्टूबर का द्वितीय पक्ष।
- बीज की मात्रा एवं बुआई : हल के पीछे बुआई करने पर 100–125 कि॰ग्रा॰ बीज प्रति हेक्टर 18–22 से॰मी॰ की दूरी पर पंक्तियों में बोयें। छिटकवाँ विधि से बुआई हेतु 125–150 कि॰ग्रा॰ बीज प्रति हेक्टर प्रयोग करते हैं।

- खाद की मात्रा एवं विधि : प्रति हेक्टर 80–100 कि॰ग्रा॰ नेत्रजन 40–60 कि॰ग्रा॰ फास्फेट तथा 40 कि॰ग्रा॰ पोटाश प्रति हेक्टर प्रयोग करें। उर्वरकों का उपयोग सिंचित क्षेत्रों की ही भाँति करना चाहिए।
- अन्य शस्य क्रियाएँ मैदानी भागों की ही तरह।

प्रमुख कीट एवं व्याधियाँ

माहूँ

छोटे कोमल शरीर वाले हरे रंग के कीट है जो पत्तियों, पुष्प विन्यास तथा पौधे के रस को चूसकर पौधों को कमजोर कर देते हैं। रोकथाम हेतु इन्डोसल्फान 35 ई॰सी॰ 125 लीटर 600 लीटर पानी के साथ प्रति हेक्टर छिड़काव करें।

आल्टरनेरिया झुलसा

कुछ पीले तथा कुछ भूरापन लिए हुए अंडाकार धब्बे निचली पत्तियों पर दिखाई देते हैं। ये धब्बे बाद मे हल्के भूरे रंग के हो जाते हैं। जिरम 80 प्रतिशत घुलनशील चूर्ण 2.0 कि॰ग्रा॰ दूसरे छिड़काव के घोल में 20 कि॰ग्रा॰ यूरिया प्रति हेक्टर मिलायें।

गेरूई

गेरूई भूरे पीले अथवा काले रंग की होती है फफूंदी के फफोले पत्तियों पर पड़ जाते है। मैंकाजेबया जिनेब 2 कि॰ग्रा॰ प्रति हेक्टर का छिड़काव किया जाना चाहिए।

चूहे

इनकी रोकथाम हेतु जिंक फास्फेट अथवा बोरियम कार्बोनेट जहरीली चारे का प्रयोग करते हैं। चारा बनाने की विधि – जिंक फास्फेटक भाग, सरसों का तेल एक भाग तथा 48 भाग दाना अथवा बोरियम कार्बोनेट 100 ग्राम + गेहूँ का आटा 850 ग्राम + शक्कर 25 ग्राम + 50 ग्राम सरसो का तेल।

पहाड़ी बंट या दुर्गंध युक्त कण्डुआ

रोगी पौधों की बालियाँ काली हो जाती है। इसमे सड़ी मछली जैसी दुर्गंध आती है। बीज को थीरम 2.5 ग्राम अथवा केप्टान 2 ग्राम प्रति कि॰ग्रा॰ बीज की दर से उपचारित करें।

यदि आप के आँगन–बाड़ी में अधिक जमीन है तो आप अपने सलाद के लिए गेहूँ भी उगा सकते हैं बशर्ते कि सिंचाई हेतू जल की सुविधा भी हो।

करनाल बंट

रोगी पौधे की बालियाँ छोटी तथा दाने काले चूर्ण में बदल जाते हैं। बीज पैदा करने के लिए बाली आने पर 2.3 कि॰ग्रा॰ मैंकाजेब 1000 लीटर पानी में मिलाकर प्रति हेक्टर की दर से छिड़काव से करनाल बंट की रोकथाम की जा सकती है।

सेहूँ रोग

यह रोग सूत्रकृमि द्वारा फैलता है। प्रभावित पत्तियाँ टेढ़ी–मेढ़ी हो जाती है तथा बालियाँ छोटी बन जाती है। दाने के स्थान पर सुत्र कृमि की छोटी–छोटी भूरी या काली गॉठे बन जाती हैं। बीज को 20 प्रतिशत नमक के घोल में डुबाने से रोगी दाने पानी की सतह पर तैरने लगते हैं उन्हें निकाल दें। तथा पानी में डुबे दानों को ही बोना चाहिए।

□□□

अध्याय 41

चना

दलहन वर्ग की सलाद फसलों में चना का महत्वपूर्ण स्थान है। इसके हरे कच्चे दानों का इस्तेमाल सब्जी तथा सलाद के रूप में खूब हो रहा है। कारण किसी से छिपा नहीं है। चने के हरे दाने स्वादिश्ट तथा अत्यधिक पौष्टिक होते है। इसे बच्चे, जवान तथा बूढ़े खूब चाव से खाते हैं। जब हरे चने का मौसम समाप्त हो जाता है तब सूखे चना को पानी में भिगोया जाता है और उसके फूल जाने पर उसका बेहतरीन सलाद बनायी जाती है। इसकी कोई भी उन्नतशील किस्म आप लगा सकते हैं। चना का सलाद प्रोटीन की उपलब्धता को बढ़ा देता है। इसके आवश्यक अमीनो एसिड उच्च गुणवत्ता वाले होते हैं जो अच्छी स्वास्थ्य के लिए आवश्यक हैं।

खेत का चुनाव

लवणीय–क्षारीय भूमि जहाँ पर जल निकास की समस्या है, के अतिरिक्त चना सभी प्रकार की भूमि में उगाया जा सकता है। मक्का, धान, ज्वार तथा मूंगफली आदि फसलों के बाद चना की खेती करें। असिंचित क्षेत्रों में गेहूँ के साथ मिश्रित खेती भी की जा सकती है। टाल क्षेत्रों में चना रबी मौसम की प्रमुख फसल है।

खेत की तैयारी

पहली जुताई मिट्टी पलटने वाले हल से तथा बाद की दो जुताई देशी हल अथवा कल्टीवेटर से करनी चाहिये। मिट्टी को काफी भुरभुरी करने की आवश्यकता नहीं है। बुआई के समय भूमि में उचित नमी का होना आवश्यक है।

उन्नत प्रभेद

पूसा 256 : यह 152–155 दिनों में तैयार होने वाली किस्म है जिसकी उपज 22–25 क्विंटल प्रति हेक्टर होती है। इसकी बुआई 25 अक्टूबर से 25 नवम्बर के बीच में करने की अनुशंसा है। इसके दाने बड़े होते हैं। धान की कटनी के बाद खाली खेतों के लिये विशेष रूप से उपयुक्त है जहाँ इसकी बुआई 15 दिसम्बर तक की जा सकती है।

पूसा 240 : यह 150–155 दिनों में तैयार होने वाली किस्म है जिसकी उपज क्षमता 20–22 क्विंटल प्रति हेक्टर पायी गयी है। इसके दाने छोटे होते हैं और इसकी बुआई 15 अक्टूबर से 15 नवम्बर तक की जा सकती है।

पन्त जी॰ 114 : यह 150 दिनों में तेयार होने वाली किस्म है जिसकी उपज क्षमता 22–25 क्विंटल प्रति हेक्टर है। इसकी बुआई 1 से 25 नवम्बर तक की जा सकती है। यह रोगों के प्रति सहनशील प्रभेद है।

सी॰ 235 : यह छोटे दाने वाली 155–165 दिनों तें तेयार होने वाली किस्म है जिसकी उपज 22–25 क्विंटल प्रति हेक्टर आती है। इसकी बुआई 10 नवम्बर से 10 दिसम्बर तक की जा सकती है।

राजेन्द्र चना–1 : यह 140–150 दिनों में तैयार होने वाली किस्म है जिसकी उपज 15–18 क्विंटल प्रति हेक्टर आती है। यह टाल एवं दियारा क्षेत्रों के लिए अनुशंसित है। इसकी बुआई 10 नवम्बर से 10 दिसम्बर के बीच की जाती है।

आर॰ए॰यू॰–52 : यह 140–150 दिनों में तैयार होने वाली टाल क्षेत्रों के लिए अनुशंसित किस्म है जिसकी उपज क्षमता 22–25 क्विंटल प्रति हेक्टर है। इसकी बुआई 15 अक्टूबर से 30 नवबर तक की जानी चाहिये।

एस॰जी॰–2 : यह 140–145 दिनों में पकने वाली भागलपुर दियारा क्षेत्र के लिए विशेश रूप से अनुशंसित किस्म है जिसकी उपज क्षमता 20–22 क्विंटल प्रति हेक्टर है। यह उखड़ा रोग के प्रति सहनशील किस्म है।

अन्तरवर्ती खेती के लिये सी॰ 235 तथा पूसा 209 प्रभेद विशेष रूप से उपयुक्त पायी गयी है। इनके अतिरिक्त एल 550 एक अधिक उपज क्षमता वाली काबूली किस्म है जिसकी खेती देश के सभी भागों में सफलतापूर्वक की जा सकती है।

खाद एवं उर्वरक

उर्वरक का प्रयोग मृदा परीक्षण के आधार पर करना उचित होता है। वैसे चना की शुद्ध फसल के लिए सामान्य उर्वराशक्ति वाले खेतों में 20 किलोग्राम नेत्रजन यानि 44 किलोग्राम यूरिया एवं 40 किलोग्राम फॉस्फोरस यानि 250 किलोग्राम सिंगल सुपर फॉस्फेट खेत में अंतिम जुताई से पूर्व डालें। एस॰एस॰पी॰ उर्वरक में अतिरिक्त रूप से सल्फर की मात्रा पायी जाती है जो चना की फसल के लिए लाभकारी पायी गयी है। बोरन की कमी वाले खेतों में बुआई से पूर्व प्रत्येक 2 वर्ष पर 10 किलोग्राम प्रति हेक्टर की दर से बोरैक्स पाउडर का प्रयोग करें।

बीज एवं बुआई

प्रभेदों के लिए अनुशंसित समयानुसार ही बीज की बुआई करें। शुद्ध फसल के लिये 80 किलोग्राम/हेक्टर की दर से बुआई करें। बड़े दाने वाले प्रभेदों जैसे पूसा 256 के लिए 100 किलोग्राम/हेक्टर की दर से बुआई करें। टाल क्षेत्रों के लिए बीज दर सामान्य से प्रति हेक्टर 20 किलोग्राम अधिक की अनुशंसा है जबकि मिश्रित फसल में 40 किलोग्राम बीज प्रति हेक्टर की दर से बोयी जाती है। शुद्ध फसल के लिए बुआई दूरी लाइन से लाइन 30 से॰मी॰ एवं पौधा से पौधा 10 से॰मी॰ रखें। बुआई की गहराई 5–6 से॰मी॰ से अधिक नहीं रखनी चाहिए।

भूमि में दीमक एवं कटवर्म यदि अधिक लगते हों तो इनसे बचाव हेतु 1.5 प्रतिशत क्यूनालफॉस या पाराथियान चूर्ण 25 ई॰सी॰ 6 मिलीलीटर प्रति किलोग्राम बीज की दर से मिलाकर उपचारित करें। कीटनाशक से बीज को उपचारित करने से पूर्व बीज को कीट–व्याधियों से मुक्त रखने के लिए 2.5 ग्राम थीरम या 2 ग्राम कार्बेन्डाजिम प्रति किलो की दर से उपचारित करें। अंत में बीज को छाया में सुखाकर चना के लिए अनुशंसित राइजोबियम कल्चर से उपचारित कर पुनः छाया में सुखायें तथा बुआई करें।

टाल क्षेत्र के लिए बेहतर किस्म – राजेन्द्र चना–1

सफेद चना के ग्रेडेड दानें।

सिंचाई

आमतौर पर किसान भाई चने की फसल में सिंचाई नहीं करते हैं। परन्तु अनुसंधानों से ज्ञात हुआ है कि यदि जाड़े में वर्षा न हो तो चने में 1–2 सिंचाई आवश्यक हो जाता है। कम नमी वाले खेतों में पहली सिंचाई बुआई के 45 दिनों बाद एवं दूसरी सिंचाई 65–70 दिनों बाद आवश्यकतानुसार करनी चाहिए।

खरपतवार नियंत्रण

आवश्यकता तथा सुविधानुसार बुआई के 25–30 दिनों बाद एक निराई–गुड़ाई करनी चाहिए। जिन खेतों में बथुआ एवं प्याजी जैसे घासों का उगाव अधिक होता हो उनके नियंत्रण हेतु 2.0 लीटर फ्लूक्लोरिलीन (बासालीन) को 800 लीटर पानी में घोलकर प्रति हेक्टर की दर से बुआई से पूर्व अंतिम जुताई के समय छिड़ककर भूमि में अच्छी तरह मिला दें या बुआई के 4 दिनों के अंदर खेत में छिड़काव करें।

फसल सुरक्षा

रोग

(क) **उखड़ा रोग** : उखड़ा रोग चना के लिए अत्यधिक खतरनाक होता है। इसमें जड़ें सड़ने लगती हैं और पौधा पूरी तरह सूख जाता है। इस बीमारी से बचाव हेतु दीर्घकालीन फसल चक्र अपनाएँ जिसमें 3–4 वर्षों के बाद चना की फसल लें। साथ ही बुआई से पूर्व बीज को 2 ग्राम कार्बेन्डाजिम प्रति किलोग्राम बीज की दर से उपचारित करें।

(ख) **झुलसा रोग** : झुलसा रोग में पत्तों पर काले धब्बे बनने लगते हैं जो फेलकर पूरी फसल को नष्ट कर देते हैं। अतः इस बीमारी के नियंत्रण हेतु लक्षण दिखाई देते ही डायथेन एम–45 का 2 ग्राम दवा प्रति लीटर पानी की दर से घोलकर 10–15 दिनों के अंतराल पर दो छिड़काव करें।

कीट : फलीं छेदक : हरे रंग की सूड़ियाँ फलियों में छेद कर दानों को खा जाती है जिसके कारण उपज में भारी कमी आती है। अतः इनसे बचाव के लिए 1. 25 लीटर इण्डोसल्फान 35 ई॰सी॰ या क्यूनॉलफॉस 25 ई॰सी॰ या 1 लीटर मोनोक्रोटोफॉस 36 एस॰एल॰ प्रति हेक्टर की दर से 500–600 लीटर पानी में मिलाकर आवश्यकतानुसार 12–15 दिनों पर 2–3 छिड़काव करें। इनका छिड़काव

फसल पकने के एक माह पूर्व तक ही करें। जैविक विधि से फली छेदक के नियंत्रण हेतु प्रतिदिन खेत में जाकर निरीक्षण करें। कुछ ऐसी हरी सूड़ियाँ जो पौधों में उलटी लटक कर मरी रहती हैं उन्हें इकठ्ठा कर लें एवं उसका चटनी बनाने के बाद पानी में घोलें एवं फसल में छिड़काव करें। इससे और अधिक संख्या में सूड़ियाँ उलटी लटक कर मरेंगी जिसे पुनः इकठ्ठा कर बड़े क्षेत्र में पुनः छिड़काव करें। इस तरह से जैविक विधि द्वारा सूड़ियों को नियंत्रित किया जा सकता है। इसके अलावा 2–3 किलोग्राम बाजरे के दाने फसल में छिड़काव करें जिससे चिड़ियों का आगमन खेत में बढ़ेगा जो दाने के साथ–साथ इन सूड़ियों का शिकार भी करतीं है। चना में धनिया की अन्तरावर्ती फसल उगाने से फली छेदक कीट का प्रकोप कम हो जाता है।

कटनी एवं दौनी

फसल तैयार हो जाने पर सुबह में कटनी करें। कटाई के बाद खलिहान में 4–5 दिन सुखाकर दौनी कर लें। भंडारण से पूर्व दानों को अच्छी तरह सुखा लें।

उपज

चना की अच्छी फसल से 20–25 क्विंटल प्रति हेक्टर बीज प्राप्त होता है।

□□□

अध्याय 42

हरी मटर

सब्जी वर्ग की फलीदार–सलाद फसलों में हरी मटर की विषेश अहमियत है। मटर के हरे दानों में प्रोटीन, कार्बोहाइड्रेट, विटामिन तथा खनीज तत्व जैसे कैल्शियम तथा लोहा भरपूर पाया जाता है। हरी मटर के दानों की उच्च कोटि की सब्जी आलू, टमाटर, बैंगन, पनीर आदि के साथ बनती है परन्तु इसके ताजे हरे दानों को सलाद के रूप में खाने का प्रचलन इधर खूब बढ़ा है। मटर के हरे दानों की डिब्बाबंदी (कैनिंग) करके बे–मौसम में खाने के लिए प्रयोग किया जाता है।

सलाद तथा सब्जी के लिए उन्नत प्रभेद

मटर की दाल वाली किस्में अलग होती हैं जैसे – रचना, अपर्णा, शिखा, सपना तथा मालवीय मटर–2। इन्हें सलाद तथा सब्जी हेतू नहीं लगायें। निम्नलिखित किस्मों में से किसी एक को लगायें :

1. **काशी नन्दनी** : यह 60 दिनों में 60–65 क्विंटल प्रति हेक्टर उपज देती है।
2. **काशी शक्ति** : यह 75 दिनों में 90–100 क्विंटल प्रति हेक्टर उपज देती है।

3. **हरभजन** : यह किस्म 60–70 दिनों में हरी छीमी पैदा करती है जिसकी उपज क्षमता 50–60 क्विंटल हरी छीमी प्रति हेक्टर है। इसकी बुआई 15 अक्टूबर से 30 नवम्बर तक की जा सकती है।
4. **आजाद मटर–3** : यह किस्म भी 60–70 दिनों में सब्जी हेतु तैयार हो जाती है जिसके छीमियों की उपज 60–70 क्विंटल प्रति हेक्टर होती है। इसकी बुआई 15 अक्टूबर से 15 नवम्बर तक करनी चाहिए।
5. **आरकेल** : यह किस्म 60–70 दिनों में सब्जी हेतु तैयार हो जाती है जिसके छीमियों की उपज 60–70 क्विंटल प्रति हेक्टर होती है। इसकी बुआई 15 अक्टूबर से 15 नवम्बर तक करनी चाहिए।
6. **आजाद मटर–1** : यह किस्म 75 से 85 दिनों में सब्जी हेतु तैयार हो जाती है। इसकी औसत उपज क्षमता 80–90 क्विंटल प्रति हेक्टर है। इसकी बुआई भी 15 अक्टूबर से 15 दिसम्बर के बीच करें।
7. **बोनविले** : यह किस्म 95–105 दिनों में सब्जी तथा सलाद के लिए तैयार हो जाती है। इसकी उपज 80–100 क्विंटल प्रति हेक्टर है। इसकी बुआई उपयुक्त दवा से उपचारित कर 1 अक्टूबर से 15 नवम्बर तक की जा सकती है।

भूमि का चुनाव

मटर के अच्छे उत्पादन के लिए अच्छी जल निकास वाली दोमट भूमि जिसका पी॰एच॰ मान 6.5 हो, सर्वोत्तम होती है। परन्तु ऊसर भूमि को छोड़कर अच्छे जल निकास वाली सभी तरह की भूमि में इसकी खेती की जा सकती है। इसे आप मिट्टी के गमलों, लकड़ी के बक्सों में तथा गृहवाटिका में भी लगा सकते हैं।

खेत की तैयारी

एक बार गहरी जुताई मिट्टी पलटने वाले हल से करने के बाद 2–3 जुताई हैरो या देशी हल से करें। जिससे मिट्टी भुरभुरी हो जाये। खेत की जुताई करते समय भूमि में प्र्याप्त नमी होनी चाहिए।

बीज दर एवं बुआई

दाने के लिए प्रति हेक्टर 80–100 किलोग्राम बीज की आवश्यकता होती है जबकि बौने प्रभेदों के लिए बीज दर 125 किलोग्राम प्रति हेक्टर रखनी चाहिए। सब्जी

के आगात प्रभेदों के लिए बीज दर 100–125 किलोग्राम तथा अन्य प्रभेदों के लिए 80–100 कि॰ग्रा॰ बीज प्रति हेक्टर आवश्यक होता है। दाने व सब्जी के लिए मटर देशी हल या सीडड्रील द्वारा बोना चाहिए। बुआई लाइन से लाइन 30 से॰मी॰ तथा पौधा से पौधा 5 से॰मी॰ की दूरी पर 4–5 से॰मी॰ महरी कूड़ों में करनी चाहिए। सब्जी के लिए मटर की अगेती किस्मों के पौधों का आकार छोटा होने के कारण 20 से॰मी॰ की दूरी पर लाइनों में बोना चाहिए।

बुआई से पूर्व बीज में कैप्टान या थीरम या वेविस्टीन 2.5 ग्राम प्रति कि॰ग्रा॰ बीज में मिलाकर छायादार जगह में सुखायें। पुनः राईजोबियम कल्चर से बीज को उपचारित करें एवं छाया में सुखाकर बुआई करें।

खाद एवं उर्वरक

सामान्य उर्वरता वाली भूमि में 20 किलोग्राम नेत्रजन एवं 50 किलोग्राम स्फुर की आवश्यकता पड़ती है परन्तु पोटाश की कमी वाले क्षेत्रों में 30 किलोग्राम पोटाश भी डालना चाहिए। सभी उर्वरकों की पूरी मात्रा अंतिम जुताई से पहले डालनी चाहिए। गोबर की खाद उपलब्ध होने पर 15–20 टन गोबर की अच्छी सड़ी खाद या नैडप कम्पोस्ट प्रति हेक्टर की दर से जुताई के पहले खेत में बराबर से फेलावें। ध्यान रहे कम्पोस्ट डालने के बाद खेत की जुताई षीघ्र हो सके अन्यथा धूप लगने से इसकी गुणवत्ता तेजी से घटती है। यदि पी॰एस॰वी॰ कल्चर उपलब्ध हो सके तो प्रति हेक्टर 5 पैकेट की दर से 10–15 कि॰ग्रा॰ गोबर की खाद में मिलाकर खेत में जुताई से तुरंत पहले छीट देवें।

सब्जी मटर में नाइट्रोजन की अधिक मात्रा का उपज पर अच्छा प्रभाव पड़ता है। अतः अन्य पोशक तत्वों के साथ नेत्रजन की 60 किलोग्राम मात्रा प्रति हेक्टर प्रयोग की जाती है। यदि संभव हो तो उर्वरकों की सम्पूर्ण मात्रा बोते समय बीज की कतारों से 5 से॰मी॰ की दूरी पर तथा बीज की सतह से 3–4 से॰मी॰ गहराई पर डालें।

सिंचाई एवम् जल निकास

बीज की बुआई के समय भूमि में पर्याप्त नमी होनी चाहिए जिससे बीजों का उपयुक्त अंकुरण हो सके। अच्छी उपज के लिए मटर में दो हल्की सिंचाई की आवश्यकता पड़ती है। पहली फूल निकलते समय एवं दूसरी फलियों में दाने पड़ते समय। खेत में 2–3 घंटे भी पानी का जमाव फसल के लिए घातक होता है। जाड़े

में यदि वर्षा हो जाती है तो सिंचाई देने की आवश्यकता नहीं पड़ती है। पाले की संभावना होने पर एक अतिरिक्त सिंचाई देनी पड़ सकती है। वैसे खेतों में जहाँ लम्बे समय तक पर्याप्त नमी बनी रहती है सिंचाई की आवष्यकता नहीं भी पड़ सकती है या मात्र एक सिंचाई से काम चल सकता है।

खरपतवार नियंत्रण

मटर की फसल को 35–40 दिनों तक खरपतवार से मुक्त होना चाहिए क्योंकि तबतक मटर के पौधे भूमि को पूर्ण रूप से ढ़क नहीं पाते और खरपतवार शीघ्र उग आते हैं। इसके लिए 2 बार निराई–गुड़ाई, बुआई के 20 व 45 दिनों बाद करनी चाहिए। यदि निराई–गुड़ाई करना संभव नहीं हो तो खरपतवार नियंत्रण हेतु पेंडीमेथिलीन 30 ई॰सी॰ 3.3 ली॰/हे॰ 600 लीटर पानी में घोलकर बुआई के तुरंत बाद या 2–3 दिनों के अंदर छिड़काव करना चाहिए।

फसल सुरक्षा

रोग नियंत्रण : मटर में वैसे तो कई रोग लग सकते हैं परंतु मुख्य रूप से झुलसा एवं उकठा रोग देखा जा सकता है। झुलसा रोग में सर्वप्रथम नीचे की पुरानी पत्तियों पर लगभग गोल, हरे रंग से केन्द्र एवं भूरे किनारे वाले धब्बे, तनों पर लम्बे धब्बे तथा अधपकी फलियों पर गोल, लाल एवं धँसे हुये धब्बे बनते हैं। इसके रोकथाम के लिए 2.5 ग्राम थीरम नामक दवा से प्रति किलोग्राम बीज को उपचारित करना चाहिए। खड़ी फसल में मैंकाजेब का 0.2 प्रतिषत घोल बनाकर छिड़काव करें।

उकठा रोग में पौधों की पत्तियाँ नीचे से ऊपर की ओर पीली होने लगती है, अन्तस्थ कलिका की वृद्धि रूक जाती है, तने व ऊपर की पत्तियाँ अधिक कठोर होने लगती हैं, जड़ें भंगुर हो जाती है। कभी–कभी पूरा पौधा पीला हो जाता है और पत्तियों का झड़ना धीरे–धीरे पौधों के नीचे से ऊपर की ओर बढ़ता है। नीचे की कुछ पत्तियों के गिरने के बाद पौधों के ऊपर का हिस्सा एकदम मुरक्षा जाता है एवं पूरा पौधा सूख जाता है। जिस खेत में इस बीमारी का प्रकोप हुआ हो, उसमें 3–4 वर्षों तक मटर की बुआई नहीं करनी चाहिए। बीज को 2.5 ग्राम कार्बेडाजिम अथवा बेनोमिल प्रति किलोग्राम बीज में मिलाकर बुआई करें।

कीट नियंत्रण : कीट में फली छेदक का प्रकोप लगभग सभी जगहों पर होता है। इस कीट की सूड़ियाँ फलियों में छेद बनाकर अंदर से दानों को खाती है। प्रायः

मटर किस्म – हरभजन

मटर किस्म – काशी नन्दनी

मटर किस्म – अपर्णा की फसल

मटर किस्म – आरकेल की फलियाँ मण्डी में।

देर से बोई गयी फसल में इस कीट से अधिक नुकसान होता है। इसके रोकथाम के लिए 5 प्रतिषत मालाथियॉन चूर्ण 30 किलोग्राम का भुरकाव अथवा मोनोक्रोटोफॉस 36 ई॰सी॰ 750 मि॰ली॰ का छिड़काव प्रति हेक्टर की दर से करना चाहिए। हरी फलियों की तुड़ाई हमेषा छिड़काव के 15 दिन बाद करनी चाहिए।

कटनी एवं दौनी

किस्म के अनुसार हरी फलियाँ अलग–अलग समय में तैयार होती है। फलियाँ तैयार होने पर 10–12 दिन के अंतर पर 3–4 बार में तोड़नी चाहिये। फलियाँ तोड़ने से पहले देख लेना चाहिये कि फलियाँ पूर्ण रूप से भरी हुयी हों तथा उनके छिलके का रंग गहरा हरा हो। बीज के लिए बोई गयी फसल को पकने पर काट लेवें। फसल काटने के पश्चात् एक सप्ताह तक सुखाकर दौनी करके दानों को निकाल लेना चाहिए। तत्पष्चात् दानों को 4–5 दिन तक सुखा कर भंडारण करना चाहिए।

□□□

अध्याय 43

मेथी

मेथी बीज वाली मसाला फसल है। इसकी पत्तियों तथा कोमल फलियों का उपयोग सब्जी के रूप में किया जाता है। मेथी के सूखे दानों का उपयोग मसाले के रूप में सब्जियों को छौंकने, अचार में तथा औषधियों में किया जाता है। मेथी के वीजश्लेष्मक, तापहर, मूत्रल तथा पेट के विकारों में लाभकारी है। वे आर्तवहनक, स्रावरोधक, कामोदीपक तथा शीतकारी भी होते हैं। पत्तियाँ ठंडक पहुँचानेवाली तथा क्षुधावर्धक होती है। मेथी के बीजों का चूर्ण सिर में लगाने से बालों का झरना रूक जाता है तथा बालों की अच्छी वृद्धि होती है।

मेथी का सेवन मधुमेह से ग्रसित रोगियों के लिए काफी फायदेमंद है। यही कारण है कि आज–कल पानी में फुलायी हुयी तथा अंकुरित मेथी का इस्तेमाल सलाद के रूप में अधिक लोकप्रिय हो गया है।

मेथी की उत्पत्ति

मेथी भारत के उत्तरी–पश्चिमी इलाकों में काफी समय से जंगली रूप में पाई जाती है फिर भी इसकी उत्पत्ति दक्षिण पूर्वी यूरोप माना जाता है। भारत में मुख्य रूप

से इसे राजस्थान, मध्य प्रदेश, उत्तर प्रदेष, गुजरात तथा कुछ हद तक बिहार में उगाया जाता है। अब तो इसे कम या अधिक क्षेत्रफल में समूचे देश में उगाया जा रहा है।

मेथी के पोषक तत्व

हरी मेथी प्रोटीन, वसा तथा खनीज का भंडार है। मेथी के 100 ग्राम पत्तियाँ खाने से हमें जल 86.1 ग्राम, वसा 8.9 ग्राम, प्रोटीन 4.4 ग्राम, रेशा 1.1 ग्राम, खनिज पदार्थ 1.5 मिलीग्राम, कार्बोहाइड्रेट्स 6.0 ग्राम, मैग्नेशियम 67.0 मिलीग्राम, फॉस्फोरस 51.0 मिलीग्राम, सोडियम 76.1 मिलीग्राम, थियामिन 0.05 मिलीग्राम, कैल्षियम 360.0 मिलीग्राम, लोहा 17.2 मिलीग्राम, पोटैशियम 51.0 मिलीग्राम, सल्फर 267.0 मिलीग्राम, विटामिन ए 6450 अन्तर्राष्ट्रीय इकाई, निकोटिक एसिड 0.7 मिलीग्राम, विटामिन सी 54.0 मिलीग्राम तथा क्लोरीन 165.0 मिलीग्राम मिलता है। सेन्ट्रल फूड टेक्नीलोजिकल रिसर्च इन्स्टीच्यूट, मैसूर के वैज्ञानिकों ने पाया है कि बीज में पानी 7–11 प्रतिशत, प्रोटीन 27.7 से 38.6 प्रतिशत, खनीज 3.4 से 6.8 प्रतिशत, ईथर निष्कर्ष 5.2 से 8.2 प्रतिशत, एल्कोहल निष्कर्ष 16.6 से 24.8 प्रतिशत तथा अम्ल घुलनशील राख 0.2 से 2.3 प्रतिशत पायी जाती है। मेथी में डायोस्‌जेनिन 0.78 से 1.0 प्रतिशत होती है।

मेथी की प्रमुख किस्में

मेथी प्रायः दो तरह की होती है। पहली सामान्य मेथी या देशी मेथी जिसका वानस्पतिक नाम "ट्राइगोनेला फोइनम्ग्रीकम्" है। सामान्य मेथी देश भर में उगाई जाती है लेकिन दक्षिण की अपेक्षा उत्तर भारत में अच्छी उपज देती है। इसके पौधे जल्द बढ़ते हैं और उनसे सीधे खड़े प्ररोह निकलते हैं और इसके पत्तों के आधार से दो–तीन फल निकलते हैं। फलियाँ 8–10 से॰मी॰ लम्बी तथा सीधी होती है जिनमें 10 से 12 बड़े–बड़े बीज होते हैं।

दूसरी तरह की मेथी को कसूरी मेथी या चम्पा मेथी कहते हैं जिसका वानस्पतिक नाम ट्राइगोनेला कोर्निकुलाटा है। कसूरी मेथी उत्तर पष्चिमी ठंडे भागों में उगाने के लिए विषेश उपयुक्त है। इस प्रजाति के पौधे धीरे–धीरे बढ़ते हैं। वृद्धि की अवस्था में हरी–हरी पत्तियाँ अधिक दिखाई पड़ती हैं। बाद में लम्बे डंठलों पर चमकीले नारंगी पीले फूल निकलते हैं। फलियाँ आकार में छोटी तथा हंसिए के आकार की होती हैं जिनमें 3–4 महीन बीज होते हैं।

देशी मेथी की उन्नत किस्में

राजेन्द्र कांति

इस किस्म का विकास राजेन्द्र कृषि विश्वविद्यालय के ढोली परिसर में किया गया है। पौधे मध्यम ऊँचाई वाले झाड़ीवाली और अधिक शाखाओं वाले होते हैं। यह पत्ती धब्बा रोग अवरोधी किस्म है। बीज वाली फसल बुआई के 120 दिनों बाद कटाई के लिए तैयार हो जाते हैं। इसकी बीज की औसत उपज 12 से 15 क्विंटल प्रति हेक्टर है। बीज सुनहले पीले रंग के काफी आकर्षक होते हैं।

को॰–1

इस किस्म का विकास तमिलनाडु कृषि विश्वविद्यालय, कोयम्बतूर द्वारा किया गया है। यह एक जल्द बढ़ने वाली किस्म है। बुआई के 50–55 दिनों बाद पत्तियों की पहली कटाई के लिए तैयार हो जाती है। इसकी पत्तियों की औसत उपज 40–50 क्विंटल तथा बीज का 6 से 7 क्विंटल प्रति हेक्टर है।

प्रभा

इस किस्म का विकास राजस्थान कृषि विश्वविद्यालय के जोबनेर केन्द्र द्वारा किया गया। इसके पौधे लम्बे तथा मध्य शाखाओं वाले होते हैं। यह जड़ विगलन तथा चूर्ण फफूँदी अवरोधी किस्म है। यह बीज बुआई के 145 दिनों बाद पक कर तैयार हो जाती है। इसकी औसत उपज 15 क्विंटल प्रति हेक्टर है।

लेम सेलेक्शन–1

इस किस्म का विकास आन्ध्रप्रदेश कृषि विश्वविद्यालय के लैम केन्द्र द्वारा किया गया है। यह बुआई के लगभग 65 से 70 दिनों बाद हरी पत्तियों के पहली कटाई के लिए तैयार हो जाती है। इसके पौधे झाड़ीदार होते हैं। इसके बीज का औसत उपज 7–8 क्विंटल प्रति हेक्टर है।

पूसा अर्लि बंचिग

यह आई॰ए॰आर॰आई॰ की एक अनुमोदित किस्म है। इसकी पत्तियाँ काफी मुलायम तथा यह अधिक उपज देने वाली किस्म है। इसके फूल सफेद तथा तीन से चार गुच्छों में आते हैं। इसकी फलियाँ लगभग 8 से 10 से॰मी॰ लम्बी होती है। इसके बीजों की औसत उपज 10 से 12 क्विंटल प्रति हेक्टर है।

मेथी नं॰ 14 तथा मेथी नं॰ 47

ये दोनों किस्में कृषि विभाग महाराष्ट्र की जातियाँ हैं जो पौष्टिक तथा विटामिन "सी" से भरपूर होती है परन्तु इनकी उपज अन्य किस्मों की तुलना में कम होती है।

ई॰सी॰–491

यह पंजाब कृषि विभाग के द्वारा पंजाब के लिए अनुमोदित एक अच्छी किस्म है। उपज अच्छी होती है।

टाईप–226

यह भारतीय कृषि अनुसंधान संस्थान, नई दिल्ली की अनुशंसित एक अच्छी किस्म है तथा इसकी उपज भी सराहनीय है।

सी॰एस॰–960

यह भी भारतीय कृषि अनुसंधान संस्थान, नई दिल्ली की एक अच्छी अनुशंसित किस्म है।

सी॰एस॰–381

यह मध्य प्रदेश के लिए जवाहरलाल नेहरू कृषि विश्वविद्यालय, जबलपुर की अनुशंसित किस्म है। इसकी उपज अच्छी होती है।

प्लूम–55 एवं प्लूम–57

ये 140 से 150 दिनों में तैयार होने वाली अच्छी किस्में हैं। इसके पौधे देखने से काफी खूबसूरत होते हैं।

कसूरी मेथी या चम्पा मेथी

यह महीन दाने वाली मेथी है जिसकी पत्तियाँ साग के रूप में तथा बीज मसाले के रूप में इस्तेमाल किये जाते हैं। इसकी पत्तियाँ काफी सुगंधित होती है। इसके फूल पीले होते है। यह मेथी बुआई के 60 से 65 दिनों बाद पत्तियों के कटाई के लिए तैयार हो जाती है। इसके बीजों की औसत उपज 7 से 8 क्विंटल प्रति हेक्टर प्राप्त होती है। राजेन्द्र आभा इसकी अनुशंसित किस्म है।

मेथी के लिए जलवायु

मेथी ठंढे मौसम की फसल है। यह पाले के आक्रमण को आसानी से सह लेती है। इसके वानस्पतिक विकास के लिए लम्बे ठंढे मौसम का होना जरूरी है।

भूमि का चुनाव तथा तैयारी

मेथी हर प्रकार की मिट्टी में उगाई जा सकती है लेकिन अच्छी उपज के लिए जीवांष युक्त दोमट मिट्टी विशेष उपयुक्त है। खेतों से पानी के निकास का उचित प्रबंध जरूरी है। हल्की अम्लीय से लेकर हल्की क्षारीय मिट्टी इसकी खेती के लिए ठीक पायी गई है।

खेत की तैयारी के लिए पहली जुताई मिट्टी पलटने वाले हल से तथा शेष तीन जुताई देशी हल से करें। प्रत्येक जुताई के बाद पाटा अवश्य चलायें ताकि खेत समतल एवं मिट्टी भूरभूरी हो जाय। ठीक ढंग से निकाई–गुड़ाई तथा सिंचाई के लिए सुविधाजनक आकार की 5 मी॰ लम्बी तथा 1.5 से 2.0 मी॰ चौड़ी क्यारियॉ बना लें।

खाद एवं उर्वरक का व्यवहार

मेथी की अच्छी उपज के लिए कम्पोस्ट या गोबर की सड़ी खाद 250 से 300 क्विंटल, नेत्रजन 50 किलोग्राम, फॉस्फोरस 40 किलोग्राम तथा पोटाश 20 किलोग्राम प्रति हेक्टर की दर से देनी चाहिए। गोबर की खाद बीज बुआई के लगभग एक माह पूर्व खेत की तैयारी के समय मिट्टी में डालकर जुताई करें। फॉस्फोरस एवं पोटाश की पूरी मात्रा तथा नाईट्रोजन की आधी मात्रा अंतिम जुताई के समय खेत में डालकर खेत की जुताई कर दे। नाईट्रोजन की शेष आधी प्रथम सिंचाई के बाद खड़ी फसल में देनी चाहिए।

बीज दर तथा बीज की बुआई

उत्तर भारत के मैदानी भागों में मेथी की बुआई का सही समय मध्य सितम्बर से मध्य नवम्बर है। पत्तियों की प्राप्ति के लिए इसे फरवरी माह में भी बोई जा सकती है। पर्वतीय क्षेत्रों में इसकी बुआई मार्च–अप्रैल में करनी चाहिए परन्तु कसूरी मेथी की बुआई अक्टूबर माह में ही करनी चाहिए।

पत्तियों के लिए मेथी उगाने हेतू 35 किलो तथा बीज हेतू मेथी की फसल के लिए देषी मेथी या सामान्य मेथी की 25 किलोग्राम बीज तथा कसूरी मेथी के लिए 10 किलोग्राम बीज प्रति हेक्टर की आवष्यकता होती है। हरि पत्तियों के लिए मेथी की बुआई तैयार क्यारियों में छिटकवॉ विधि द्वारा करनी चाहिए। बीज बोते समय ध्यान रखें कि क्यारियों में हर जगह बीज समान रूप से गिरे। बीज के लिए मेथी की बुआई पंक्तियों में करें। पंक्तियों से पंक्तियों की दूरी 20 से 25 से॰मी॰ तथा पौधों से पौधों की आपसी दूरी 10 से॰मी॰ रखें। बीज मिट्टी में 2 से 3 से॰मी॰ की गहराई में बोएँ। साधारण मेथी का अंकुरण 5 से 7 दिनों में तथा कसूरी मेथी का अंकुरण 8 से 10 दिनों में होता है। बीज को बुआई के पूर्व, राइजोबियम कल्चर से उपचारित करने से उपज अच्छी मिलती है।

सिंचाई तथा निकाई–गुड़ाई

मेथी के अंकुरण के लिए मिट्टी में पर्याप्त नमी का होना जरूरी है। अगर खेत में नमी कम हो तो खेत की हल्की सिंचाई करके बीज की बुआई करें। खेत में नमी बनी रहे इसके लिए 15 से 20 दिनों के अंतर पर सिंचाई करें। मेथी में वर्शा के अभाव में कुल तीन सिंचाई की जरूरत पड़ती है। फसल की सिंचाई के बाद मिट्टी में निखार आने पर फसल की आवष्यकतानुसार निकाई–गुड़ाई करें। इससे खेत भी घास–पात से साफ रहेगा तथा उपज में वश्द्धि होगी।

फसल की कटाई तथा उपज

साधारण मेथी की हरी पत्तियों के लिए बुआई के लगभग 50–55 दिनों बाद पौधों को जड़ से उखाड़ लेना चाहिए। इस समय जमीन में पर्याप्त नमी होनी चाहिए। अगर बीज लेना हो तो पौधों की कटाई नहीं करनी चाहिए। कसूरी मेथी की पाँच से छः कटाई लेने के बाद बीज के लिए कटाई बंद करें। कटाई बंद होने पर पौधे बढ़ेगे तथा उसमें फूल फल एवं बीज लगेंगे। जब मेथी के फल पक कर तैयार हो जाएँ तब बीज के लिए फसल की कटाई करें। काटे गये पौधों को पहले 6–7 दिन छाया में तथा फिर खुली धूप में अच्छी प्रकार सुखा कर बीज निकाल लेते हैं। साधारण मेथी की हरी पत्तियों की उपज 75 से 80 क्विंटल प्रति हेक्टर होती है जबकि कसूरी मेथी की 90 से 100 क्विंटल प्रति हेक्टर होती है परन्तु बीज की उपज क्रमषः 10 से 15 क्विंटल प्रति हेक्टर तथा 7–8 क्विंटल प्रति हेक्टर मिलती है। भली–भाँति सुखाई गई मेथी की हरी पत्तियों को एक वर्ष तक भंडारित किया जा सकता है परन्तु मेथी के बीज को अच्छी तरह सूखाकर 3 वर्षों तक रखा जा सकता है।

बीजोत्पादन

विभिन्न प्रयोगों से पता चला है कि अतिरिक्त लाभ के लिए बीज उत्पादन हेतु पौधों को बढ़ने देना चाहिए। कसूरी मेथी और सामान्य मेथी का साग के लिए कोई कटाई नहीं करनी चाहिए। यदि पौधों को बिना काटे बढ़ने दिया जाए तो बीज की उपज अधिक मिलती है। बीज के लिए उगाई गई सामान्य मेथी तथा कसूरी मेथी की फसल क्रमषः 155 और 165 दिनों में तैयार हो जाती है। जहाँ तक संभव हो, बीज के लिए लगाई गई फसल के पौधे पीले पड़ कर सुखने लगें तभी उनकी कटाई करनी चाहिए। और पौधों को धूप में सूखा कर दाना निकाल लेना चाहिए।

मेथी के कीट तथा रोगों का नियंत्रण

अधिक उपज के लिए फसल की कीट एवं रोगों से बचाव जरूरी है। इसके प्रमुख कीट, रोग एवं उनका निदान इस प्रकार है :

दीमक

दीमक कीट से फसल की कभी–कभी विशेष हानि हो जाती है। ये पौधों की जड़ों को काटकर फसल को हानि पहुँचाते है। इसकी रोकथाम के लिए खेत की जुताई के समय बी॰एच॰सी॰ (10 प्रतिशत) धूल 25 कि॰ग्रा॰ प्रति हेक्टर की दर से खेत में व्यवहार करें या साग वाली फसल में नीम की खल्ली 5 क्विंटल प्रति हेक्टर की दर से खेत की तैयारी के समय मिट्टी में मिला देनी चाहिए।

लाही

ये कीट फूल एवं पत्तियों से रस चूसकर पौधों को हानि पहुँचाते हैं। इसकी रोकथाम के लिए रोगर 30 ई॰सी॰ दवा 1.0 से 1.5 मिलीलीटर प्रति लीटर पानी में घोलकर छिड़काव करने से ये कीड़े नष्ट हो जाते हैं।

लीफ स्पौट

इस रोग के प्रकोप से मेथी की पत्तियों पर छोटे–छोटे भूरे रंग के धब्बे बनते हैं। यह सरकोस्पोरा नामक फफूँद के कारण होता है। इससे फसल की सुरक्षा हेतु बैभिस्टीन नामक दवा का 0.25 प्रतिशत घोल बनाकर फसल पर छिड़काव करें।

मेथी किस्म – राजेन्द्र कान्ति की फसल उपर तथा सुनहले पीले बीज नीचे।

मेथी के औषधीय गुण

मेथी का बीज हर घर में मसाले के रूप में प्रयोग होता है। मेथी का शाक बहुत ही शक्तिवर्धक और सुपाच्य होता है। आयुर्वेद के अनुसार मेथी में कई औशधीय गुण भी है। आप मेथी को निम्न रोगों में औशधि के रूप में प्रयोग कर सकते हैं।

- यदि खूनी बवासीर हो तो, 250 ग्राम दूध में एक छोटा चम्मच मेथी के बीज डालकर औट लेना चाहिए तथा जब ठंढा हो जाय तो रोगी को पिलाना चाहिए। प्रातः सायं दो दिन पिलाने से खून आना बंद हो जाता है।
- 50 ग्राम मेथी की पत्ति को 10 ग्राम घी में तल कर सुबह–षाम खाने से पतली दस्त बंद हो जाती है।
- शरीर के किसी भाग में दाह (जलन) हो तो मेथी के पत्तों को पीस कर लेप लगाने से आषातीत लाभ होता है।
- प्रसूता महिलाओं को अन्य वस्तुओं के साथ यदि एक सप्ताह तक मेथी के बीज का पाक बनाकर खिलायें तो गर्भाषय की गंदगी दूर हो जाती है, भूख खुल जाती है तथा पाचन क्रिया सामान्य हो जाती है।
- प्रसूता महिलाओं की कमजोरी, संधिवत तथा जोड़ों के दर्द के लिए मेथी के बीज का चूर्ण खोयें में मिला कर 15 ग्राम वजन का लड्डू बना लें। रोगी को एक लड्डू प्रातः दूध के साथ दें। कमजोरी समाप्त हो जायेगी।
- यदि कान से मवाद बह रहा हो तो मेथी को दूध में पीस कर हल्का गुनगुना करके कान में टपकायें। मवाद बहना तत्काल बंद हो जायेगा।

❑❑❑

अध्याय 44

मूँग

मूँग भारत की लोकप्रिय दलहनी फसल है जिसमें उच्च गुणवत्ता वाला 25 प्रतिशत प्रोटीन पाया जाता है। दाल में प्रयोग करने के अलावा इससे बड़ी एवं अन्य पौष्टिक पकवान बनाये जाते हैं। यह रोगियों के लिये विशेष रूप से लाभदायक है। मूँग के हरे कच्चे दानों तथा सूखे दानों को पानी में फुला कर सलाद बनाई जाती है। कोई भी सलाद मूँग के बिना अधूरा माना जाता है। सभी दलहनी फसलों की तरह मूँग अपनी जड़ों में बनने वाली गांठों में रहने वाले बैक्टीरिया के द्वारा नेत्रजन का स्थिरीकरण कर भूमि की उर्वराशक्ति बढ़ाता है साथ ही मृदा संरक्षण में भी सहायक होती है।

मूँग की खेती भारत के विभिन्न प्रदेशों में की जाती है। इसकी खेती मुख्य रूप से गर्मी तथा खरीफ में की जाती है। इसकी खेती मक्का, अरहर, मडुआ आदि के साथ अन्तरावर्ती फसल के रूप में भी की जाती है। नई किस्मों के विकास एवं सिंचाई की सुविधा में वृद्धि के साथ–साथ बदलते नये–नये फसलचक्रों में गरमी मौसम में भी मूँग की खेती कर दलहन उत्पादन में आशातीत वृद्धि की जा सकती

है। गरमी मौसम में कीट–व्याधियों का अपेक्षाकष्त कम प्रकोप होना, अच्छी धूप के कारण फलियों की संख्या में वृद्धि होना एवं फलियाँ पकते समय बरसात न होने के कारण नुकसान न होने से गरमी की फसल की उत्पादकता खरीफ फसल की अपेक्षा अधिक पायी गयी है। मूँग को आप गमलों में तथा गृहवाटिका में भी उगा सकते हैं।

भूमि का चुनाव

मूँग के लिये अच्छी जल निकासयुक्त बलुआही दोमट से लेकर भारी दोमट मिट्टी उपयुक्त पायी गयी है। मूँग के लिये क्षारीय एवं बलुई जमीन अच्छी नहीं होती है।

खेत की तैयारी

खरीफ में वर्षा के बाद मिट्टी पलटने वाले हल से पहली जुताई करने के बाद दो बार कल्टीवेटर या देशी हल चलाकर खेत तैयार कर लिया जाता है। गरमा मूँग की खेती के लिये रबी फसलों जैसे आलू, गन्ना, शकरकंद, तेलहन, दलहन तथा जौ के बाद खाली खेतों में सिंचाई के बाद खेत जोतने लायक होने पर एक क्रॉस हैरो चलाने पर खेत तैयार हो जाता है। गन्ने के खेत में दो अतिरिक्त जुताई की आवश्यकता पड़ती है।

उन्नत प्रभेद

टी॰ 44 : यह प्रभेद 65–70 दिनों में पक कर तैयार होती है जिसकी औसत उपज 8–10 क्विंटल/हेक्टर है। यह खरीफ में जून एवं गरमा में मार्च के दूसरे पखवाड़े में बुआई हेतु उपयुक्त है।

पी॰डी॰एम॰ 54 : इसकी कटनी 65–70 दिनों में होती है और औसत उपज 10–12 क्विंटल/हेक्टर है। दाना चमकदार एवं हरा होता है। यह गरमा एवं खरीफ दोनों मौसम के लिये उपयुक्त है।

सोना (12–333) : यह 55–60 दिनों में पककर तैयार होने वाली किस्म है जिसका औसत उपज 9–10 क्विंटल/हेक्टर है। इसके दाने सुनहले रंग के चमकदार होते हैं और यह 15 मार्च से 10 अप्रैल तक बुआई के लिये अनुशंसित है। इसकी सभी फलियाँ एक साथ ही परिपक्व होती है। अतः फलियों की बार–बार तुड़ाई नहीं करनी पड़ती है।

पी॰एस॰ 16 : यह किस्म 60 से 65 दिनों में तैयार हो जाती है जिसकी औसत उपज 10–12 क्विंटल/हेक्टर है। इसकी बुआई गरमा फसल के लिये पूरे मार्च में की जा सकती है।

पूसा विशाल : इसकी कटनी 70–75 दिनों में होती है। यह गरमा एवं खरीफ दोनों मौसम के लिये उपयुक्त है। इसकी उपज क्षमता 15–20 क्विंटल/हेक्टर है।

खाद एव उर्वरक

भूमि की अंतिम तैयारी के समय 15 किलोग्राम नेत्रजन यानि 33 किलोग्राम यूरिया एवं 40 किलोग्राम फॉस्फोरस यानि 250 किलोग्राम सिंगल सुपर फॉस्फेट प्रति हेक्टर की दर से भूमि में मिलावें। फॉस्फोरस के लिये सिंगल सुपर फॉस्फेट श्रेष्ठ होता है। यदि एस॰एस॰पी॰ उर्वरक नहीं डाला जाता है तो सल्फर की भरपाई हेतु 20 किलोग्राम गंधक अलग से सल्फर की कमी वाले खेतों में डाला जाना चाहिये। बोरन की कमी वाले क्षेत्रों में प्रत्येक 2 वर्ष पर 10 किलोग्राम बोरैक्स पाउडर प्रति हेक्टर की दर से बुआई पूर्व खेत में मिलावें।

बीज एवं बुआई

बीज की बुआई किस्मों के अनुसार मार्च–अप्रैल में गरमा फसल हेतु एवं जून–अगस्त में खरीफ फसल हेतु की जानी चाहिये। बीज दर 20 किलोग्राम प्रति हेक्टर रखनी चाहिये। लाईन से बुआई करने पर कतार से कतार 30 से॰मी॰ एवं पौधे से पौधे की दूरी 10 से॰मी॰ के आस–पास रखें। बुआई 5–6 से॰मी॰ की गहराई में करें। बुआई पूर्व प्रति किलो बीज को 2 ग्राम थीरम या 1 ग्राम कार्बेन्डाजिम से उपचारित कर सुखने के उपरांत अनुशंसित राइजोबियम् कल्चर से उपचारित करना चाहिए। तदोपरांत बीज को छाया में सुखाकर बुआई करनी चाहिये।

जल प्रबंध

वर्षा ऋतु की फसल में सिंचाई की आवश्यकता नहीं पड़ती है। परन्तु सूखे की स्थिति में सिंचाई करनी चाहिये। गरमा मौसम की फसल में बुआई के 25–30 दिनों बाद पहली सिंचाई करते हैं। इससे जड़ों का विकास अच्छा होता है। इसके बाद आवश्यकतानुसार 1–2 सिंचाई करनी पड़ सकती है।

खरपतवार नियंत्रण

मूँग की फसल के खेत से आवश्यकतानुसार खरपतवार निकालते रहना चाहिये। बुआई के 30–35 दिनों बाद निकौनी अत्यधिक जरूरी होता है। खरपतवार के रासायनिक नियत्रंण के लिये फ्लूक्लोरेलिन 45 ई॰सी॰ की 2 लीटर मात्रा प्रति हेक्टर की दर से 1000 लीटर पानी में मिलाकर बुआई से पूर्व भूमि पर एक साथ छिड़काव कर मिट्टी में मिला देते हैं या प्रति हेक्टर एलाक्लोर की 4 लीटर मात्रा को 1000 लीटर पानी में मिलाकर बुआई के तुरंत बाद या पेन्डीमेथिलीन 30 ई॰सी॰ की 3 लीटर मात्रा प्रति हेक्टर की दर से 1000 लीटर पानी में घोलकर बुआई के दो दिन के अंदर छिड़काव करते हैं।

फसल सुरक्षा

रोग

(क) **पीला मोजैक** : मूँग की फसल का यह सबसे प्रमुख रोग है। यह रस चूसने वाले सफेद मक्खियों से फैलता है। इसमें पत्तियों पर पीले सुनहरे धब्बे पड़ जाते हैं। उग्र अवस्था में पत्तियाँ पीली पड़ जाती हैं। इससे बचाव के लिये प्रति हेक्टर मेटासिस्टॉक्स अथवा रोगर या मानोक्रोटोफॉस की 1–1.5 लीटर मात्रा 700–800 लीटर पानी में घोलकर बुआई के एक महीने बाद से शुरू कर हर 15 दिन के अंतराल पर 3 छिड़काव करना चाहिये।

(ख) **पत्तियों का धब्बा (चित्ती रोग)** : खरी मूँग बोने पर यह रोग उनमें जैंथोमोनास शाकाणुओं द्वारा फैलता है। इस रोग में पत्तियों पर गोलाई लिए हुये कोणीय धब्बे बन जाते हैं, जिसमें बीच का भाग हल्के राख के रंग का या हल्का भूरा तथा किनारा लाल बैंगनी रंग का हो जाता है। प्रकोप बढ़ने पर ये फलियों और तने पर भी दिखाई देते हैं और पौधे मुरक्षा जाते हैं। इसकी रोकथाम के लिये प्रति हेक्टर 3 किलोग्राम कॉपर ऑक्सीक्लोराइड का 2–3 छिड़काव हर 10 दिन पर या 500 ग्राम कार्बेन्डाजिम प्रति हेक्टर का एक छिड़काव पर्याप्त होता है।

कीट

(क) **फली छेदक** : इस कीट की सूड़ियाँ फलियों में दाना पड़ते समय छेद कर दाने को खा जाती है। इसके नियंत्रण के लिये मोनोक्रोटोफॉस 36 एस॰एल॰ 1. 25 लीटर या क्यूनॉलफॉस 20 ई॰सी॰ 1.25 लीटर 1000 लीटर पानी में घोल कर प्रति हेक्टर की दर से छिड़काव करना चाहिये।

(ख) **रस चूसक** : इन कीटों के वयस्क फलियों का रस चूसकर काफी नुकसान पहुँचाते हैं। इनकी रोकथाम के लिये मेटासिस्टॉक्स या डाईमिथोएट 30 ई॰सी॰ या मोनोक्रोटोफॉस 36 एस॰एल॰ का 1.0 लीटर प्रति हेक्टर की दर से आवश्यकतानुसार छिड़काव करना चाहिए।

मूँग किस्म – सोना

कटनी एवं दौनी

फलियों से दाने झड़ कर होने वाली हानि को रोकने के लिए अधिकतर फलियों के पकने के बाद एवं झड़ने से पहले पौधों को काट कर खलिहान में बिखेरकर सूखने के लिए रखा जाता है। गरमा की फसल में 70–75 प्रतिशत फलियाँ पकने पर हाथ से तुड़ाई करते हैं। फलियों की तुड़ाई करने या सम्पूर्ण फसल की कटाई के बाद उसे सुखाकर दौनी कर दानों को निकाल लिया जाता है और दानों को अच्छी तरह सुखाकर भंडारण किया जाता है।

□□□

अध्याय 45

मूँगफली

प्रकृति ने मानव आहार के लिए तरह–तरह की फसलों को बनाया है जिसमें कुछ जमीन के उपर पैदा होती हैं तो कुछ जमीन के भीतर। कुछ प्रोटीन से ओत–प्रोत होती हैं तो कुछ वसा से। मूँगफली वसा की बहुलता वाली जमीन के भीतर पैदा होने वाली फसल है जिसकी गिरियों (दानों) का इस्तेमाल स्वादिष्ट सलाद और चटनी बनाने में किया जाता है। सलाद में मूँगफली के दानों को कुछ देर तक पानी में फुलाकर डाला जाता है जिससे सलाद अधिक स्वादिश्ट, पौश्टिक तथा वसा युक्त हो जाता है। मूँगफली को चिनिया बादाम के नाम से भी जाना जाता है। अँग्रेजी में इसे ग्राउन्डनट तथा वानस्पतिक भाषा में अरैचिस हाईपोजिया कहते हैं जो लेग्यूमिनोसी पौध परिवार की तेलहनी फसल है। इसकी गिरी में 48–50 प्रतिशत तक तेल पाया जाता है। मूँगफली को आप लकड़ी के बक्सों में या मिट्टी के गमलों में बलुआर दोमट मिट्टी भरकर उगा सकते हैं। गृह वाटिका में इसे सदैव धूपदार क्यारी में ही लगायें। हल्की बलुई दोमट भूरभूरी मिट्टी जिसका पी॰एच॰ 5 से उपर हो, मूँगफली के लिए उत्तम होती है। ऐसी भूमि जिसमें जल–जमाव होता है, उसमें मूँगफली नहीं लगानी चाहिए।

जलवायु

मूँगफली के लिए लम्बे दिन तथा गर्म मौसम उपयुक्त होता है। अंकुरण तथा प्रारम्भिक वृद्धि के लिए 14–15° से॰ तापक्रम अच्छा माना जाता है। इसके लिए औसत वार्षिक वर्षा 50–60 से॰मी॰ होनी चाहिए। फसल के कटाई के समय मौसम स्वच्छ तथा पर्याप्त धूपदार होना चाहिए।

भूमि की तैयारी

जिस भूमि में मूँगफली लगानी है उसकी प्रथम जुताई मिट्टी पलटने वाले हल से तथा 2–3 जुताईयाँ कल्टीवेटर से करके पाटा चलाकर भूमि को समतल कर लेनी चाहिए। अंतिम जुताई के समय बुआई से एक महिना पहले मिट्टी में 10 टन गोबर की सड़ी खाद तथा 50 किलोग्राम स्फूर तथा 25 किलोग्राम पोटाश प्रति हेक्टर की दर से डालकर अच्छी प्रकार मिला देनी चाहिए। बुआई के समय मिट्टी में 25 किलोग्राम नेत्रजन प्रति हेक्टर डालें। यदि आपके मिट्टी में जिंक तथा सल्फर की कमी हो तो, 25 किलो जिंक सल्फेट तथा 20 किलो सल्फर चूर्ण प्रति हेक्टर की दर से डालकर मिला दें।

मूँगफली की उन्नत किस्में

क्रमांक	किस्म का नाम	पौधों की विशेषता	तैयार होने की अवधि (दिन)	उपज क्विं॰/हे॰	गिरि की मात्रा (%)	तेल की मात्रा (%)
1.	कुबेर	गुच्छेदार	100–104	15–16	70	48
2.	फूले प्रगति	गुच्छेदार	90–100	20–21	72	50
3.	कौषल	गुच्छेदार	108–120	18–20	70	48
4.	ए॰के॰ 12–24	गुच्छेदार	100–105	13–15	71	49
5.	एम॰–13	फैलनेवाली	130–135	25–27	72	49
6.	चन्द्रा	फैलनेवाली	130–135	25–30	72	48
7.	चित्रा	अर्द्ध प्रसारित	125–130	25–30	71	48

बीजदर

मूँगफली का बीज दर विभिन्न प्रभेदों के गिरि के वजन के हिसाब से घटता–बढ़ता है। बड़े दाने वाली किस्मों का बीज दर 95–100 किलो प्रति हेक्टर लगता है जबकि छोटे दाने वाली किस्मों का बीज 60–70 किलो प्रति हेक्टर लगता है।

बुआई का समय

मूँगफली की अच्छी उपज के लिए इसकी बुआई जून के प्रथम सप्ताह से लेकर जुलाई के प्रथम सप्ताह तक अवश्य कर दें। देर से बुआई करने पर उपज क्रमषः घटती जाती है।

बीजोपचार

कार्बेंडाजिम (वाविस्टीन) 100 ग्राम अथवा थीरम 250 ग्राम प्रति क्विंटल बीज (गिरी) की दर से उपचारित कर लेना चाहिए। इसके अतिरिक्त मूँगफली के विशिष्ट राइजोबियम कल्चर के एक पैकेट से 10 किलोग्राम बीज (गिरी) को उपचारित करना चाहिए। आधा लीटर पानी, 50ग्राम गुड़ और एक पैकेट कल्चर 250 ग्राम मिला लें। इस मिश्रण को 10 किलोग्राम बीज में मिलाकर हाथ से धीरे–धीरे मसल दें। छाया में सुखा लें। बुआई प्रातःकाल अथवा सायंकाल में ही करनी चाहिए।

मूँगफली के लिए फसल चक्र

मूँगफली–गेहूँ/जौ, मूँगफली–चना/मटर, मूँगफली–प्याज/मिर्च/लहसुन, मूँगफली–सूरजमुखी।

मूँगफली के लिए अन्तःफसलें

मूँगफली+ज्वार, मूँगफली+बाजरा, मूँगफली+अरहर, मूँगफली+अण्डी।

जल प्रबंध

यदि वर्षा न हो तो 2–3 सिंचाईयाँ करें। खूंटियाँ बनते समय तथा फलियाँ भरते समय भूमि में पर्याप्त नमी रहनी चाहिए।

खरपतवार नियंत्रण

(अ) रासायनिक–प्रोमेटिन तथा लासो की प्रति हेक्टर 1–2 किलोग्राम सक्रिय अवयव 500–600 लीटर पानी में घोलकर छिड़कना चाहिए। बुआई के तुरंत बाद टोक ई–25 की 4 लीटर मात्रा प्रति हे॰ 600 लीटर पानी में छिड़काव करना चाहिए।

(ब) यांत्रिक – एक से दो बार खुरपी से निराई की जाय। खूंटी बनते समय निराई नहीं करना चाहिए।

मूँगफली की उन्नत किस्म -- कुबेर की भारी उपज

मूँगफली किस्म – चित्रा। अधिक उपज वाली एक किस्म।

पौध सुरक्षा

(अ) कीट

1. रोमिल इल्ली–2.5 लीटर थायोडान, 1000 लीटर पानी में घोलकर प्रति हेक्टर की दर से छिड़कें।
2. एफिड–मेटासिस्टॉक्स 25 ई॰सी॰ 1 लीटर दवा को 1000 लीटर पानी में घोलकर छिड़कें।
3. सफेद भृंग : फोरेट 10 जी॰ अथवा कार्बोफ्यूरान 3 जी॰ क्रमषः 10 कि॰ग्रा॰ एवं 25 कि॰ग्रा॰ प्रति हेक्टर की दर से भुरक दें।
4. दीमक : क्लोरपायरीफास 20 ई॰सी॰ की 2.5 ली॰ मात्रा प्रति हेक्टर की दर से छिड़की जाय।

(ब) रोग

1. टिक्का रोग : जिंक मैंगनीज कार्वामेट 2 कि॰ग्रा॰ अथवा जिनेव (75:) धूल 2.5 कि॰ग्रा॰ 600 लीटर पानी में घोलकर 2–3 छिड़काव करें।
2. शिखर गलन – एग्रोसेन जी॰एन॰ या सिरेसन 2.5 ग्रा॰ प्रति कि॰ग्रा॰ बीज की दर से बीज उपचार किया जाय।
3. रोजेट या गुच्छ रोग – मैलाथियान या मेटासिस्टाक्स नामक दवा की दो मि॰ली॰ मात्रा प्रति लीटर जल में घोल कर छिड़काव करें।

मूँगफली की खुदाई

जब मूँगफली के पौधों की पत्तियाँ पीली पड़ कर झड़ जाय तब इसकी खुदाई करनी चाहिए। खुदाई खुर्पी या कुदाल या मिट्टी पलटनेवाले हल से करनी चाहिए तथा पौधों को धूप में सुखा कर फलियों को पौधों से अलग कर लेनी चाहिए। उन्हें धूप में अच्छी प्रकार सुखा कर भंडारण करना चाहिए।

उपज तथा गिरी की मात्रा

मूँगफली की उपज भिन्न भिन्न किस्मों की अलग–अलग होती है। एक अच्छी फसल की उपज 20–30 क्विंटल प्रति हेक्टर होती है। मूँगफली में दाने (गिरी) की मात्रा 70–72 प्रतिशत होती है तथा किस्मों के अनुसार प्रति फली में दाने की मात्रा 2–3 तक पाई जाती है।

□□□

अध्याय 46

फलों की पौध तथा सलाद फसलों के बीज की खरीददारी में समझदारी

आजकल आँगनबाड़ी में फल, सब्जियाँ तथा मसाले उगाने का प्रचलन खूब बढ़ा है। आम तौर पर सीधे–सादे घरेलू लोग फलों की कलम तथा सलाद फसलों के बीज की खरीददारी में चालाक नर्सरीवालों तथा बीज बिक्रेताओं द्वारा ठगे जाते हैं। प्रस्तुत लेख में फलों की कलम तथा सलाद फसलों के बीज खरीदते समय दिमाग में रखने योग्य कुछ सावधानियों की चर्चा की जा रही है :

जीवन का आधार–पेड़ पौधे

प्रकृति ने मनुष्य को, पेड़–पौधों का अनुपम उपहार दिया हैं। यह कहा जाये कि इस मनोहर वसुन्धरा पर यदि पेड़–पौधे नहीं होते तो इस पर कोई जीवन नहीं होता तो कोई अतिश्योक्ति नहीं होगी। पेड़–पौधे हमें भोजन, वस्त्र, घर, पानी, ईंधन, शुद्ध हवा, उर्वर भूमि, दवा तथा भांति–भांति की जीवनपयोगी वस्तुएं प्रदान करते हैं। ये अपनी प्रकृति प्रदत्त सुन्दरता से हमारे दिमाग को ताजगी प्रदान करते हैं तथा हमारे जीवन में उमंग भर देते हैं और साथ ही साथ हमें जीवन में जीने का सलीका सिखाते हैं।

पेड़ पौधों में सुन्दर, पौष्टिक तथा स्वादिष्ट फलों और सलाद फसलों की अहमियत की तो कोई तुलना ही नहीं की जा सकती है। ये फल केवल मनुष्य तथा पशु–पक्षियों को ही प्रिय नहीं होते हैं बल्कि देवी–देवताओं को भी अपनी अलौकिक गुणों से मुग्ध कर देते हैं। इनके भीतर अपार शक्ति का भंडार भरा है। ये नाना प्रकार के रोगों को भी दूर कर देते हैं। शारीरिक शक्ति हो, दाँतों की चमक हो या आँखों की रोशनी, सब कुछ ये हमें प्रदान करते हैं। रामचरितमानस में वर्णन है कि भगवान राम, माँ सीता तथा भाई लक्ष्मण 14 वर्षों के वनवास काल में कंद–मूल तथा फलों का ही आहार लिए थे। इन कंद–मूल तथा फलों में कितनी ऊर्जा है इसका कितना रोचक वर्णन रामचरितमानस के अयोध्या कांड में गोस्वामी तुलसीदास जी ने किया है। जब श्रीराम तथा भ्राता लक्ष्मण के साथ वन जाने के लिए सीता जी हठ करती हैं तब प्रभु श्रीराम उन्हें समझाते हुए कहते हैं कि :

भूमि शयन बल्कल बसन, असन कन्द–फल मूल ।
तेकि सदा सब दिन मिलहीं, समय–समय अनुकूल ।।

हे जानकी! तुम्हें पृथ्वी पर सोना पड़ेगा, पेड़ों की छाल के वस्त्र पहनने पड़ेगें और भोजन में कन्द–मूल, फल ही मिलेगें। वे भी सब दिन नहीं बल्कि अपने समय पर ही मिलेगें। तब इन बातों को सुनकर माँ जानकी भगवान राम से कहती हैं कि:

कन्द–मूल फल अमिय अहारू, अवध सौध सत सरिस पहारू ।
क्षण–क्षण प्रभु पद कमल विलोकी, रहिहौ मुदित दिवस जिमि को की ।।

हे नाथ, कन्द–मूल फल अमृत के समान भोजन होगें और पहाड़ अयोध्या के राजमहल के समान सुखदायी होगें तथा क्षण–क्षण में आप के चरण–कमलों को देख कर मैं दिन–रात प्रसन्न रहूँगी। सलाद फसलों की अमृत तुल्य गुणों को भला कौन नकार सकता है।

फल तथा सलाद फसलों के बीजों की खरीददारी

सलाद–फलों में पपीता बीज द्वारा उगाया जाता है। पपीता की अच्छी उपज के लिए उन्नत किस्म के शुद्ध बीज ही बोना चाहिए। पपीता का बीज सदैव तमिलनाडू कृषि विश्वविद्यालय, कोयम्बटूर (तमिलनाडू) से तथा पूसा की किस्में भारतीय कृषि अनुसंधान संस्थान के क्षेत्रीय केन्द्र पूसा (समस्तीपुर), बिहार से खरीदे जहाँ प्रति वर्ष

वैज्ञानिकों के देख–रेख में पपीता का बीज–उत्पादन कार्य किया जाता है। इसके अतिरिक्त पपीता का बीज आप अपने राज्य के कृशि विश्वविद्यालय के उद्यान विभाग से या राजकीय पौधशालाओं से ही खरीदें। अब तो हर राज्य में एक या दो या चार कृषि विश्वविद्यालय कार्यरत हैं जहाँ बीज उत्पादन का कार्य बड़े पैमाने पर हो रहा हैं। अन्य सलाद फसलों के बीज भी आप इन कृषि विश्वविद्यालयों के बीज निदेशालयों से ही खरीदे। भारतीय कृषि अनुसंधान संस्थान, नई दिल्ली, भारतीय सब्जी अनुसंधान संस्थान, वाराणसी तथा भारतीय औद्यानिक फसल अनुसंधान संस्थान, बंगलौर से विभिन्न सलाद वाली सब्जियों की अनेक किस्मों का विकास हुआ है। इन किस्मों के बीज आप सीधे इन संस्थानों से भी मगाँ सकते है। प्याज का बीज राश्ट्रीय प्याज तथा लहसुन अनुसंधान केन्द्र, नासिक से खरीदना अधिक लाभप्रद होगा। इस समय देश में कुछ सब्जी बीज उत्पादन का कार्य प्राइवेट कम्पनियाँ भी कर रही हैं जहाँ से आप सलाद वाली सब्जियों का बीज खरीद सकते हैं।

पपीता तथा सब्जी बीज को खरीदते समय पैकेट पर छपी हुयी सुचनाओं को ध्यान से पढ़ लें तथा देखें कि बीज कई साल पुराना तो नही है तथा अंकुरण प्रतिशत कितनी है? तथा किस्म जो आप माँग रहे है वही है या कोई अन्य। खुला बीज लेना अच्छा नहीं होगा अतः इसे छोड़ दें। अदरक तथा आमादि का बीज–प्रकन्द भी कृषि विश्वविद्यालयों तथा सरकारी संस्थानों से खरीदें।

फलों के ग्राफ्ट, गुटी तथा कलम की खरीददारी

फलों का बाग लगाना एक लम्बी अवधि का व्यवसाय है। यदि बाग लगाते समय फलों के ग्राफ्ट, गुटी तथा कलम घटिया किस्म के लग जाते हैं तो उनकी पहचान पाँच साल बाद जब वे फलते हैं तब होती है। उस समय यदि गलती पकड़ में आती है तब तक काफी देर हो चुकी रहती है। अतः फलों की पौध निम्नलिखित स्रोतों से ही खरीदें :–

- विभिन्न फल अनुसंधान केन्द्रों से।
- भारतीय कृषि अनुसंधान संस्थान, नई दिल्ली के उद्यान (फल) विभाग से।
- भारतीय औद्यानिक फसल अनुसंधान संस्थान, बंगलोर से।
- केन्द्रीय उपोष्ण फसल अनुसंधान संस्थान लखउऊ (उ०प्र०) से।
- राजकीय फल अनुसंधान केन्द्रों से।
- कृषि विश्वविद्यालयों के उद्यान नर्सरियों से।

वैज्ञानिक ढ़ंग से तैयार की गई अमरुद की गूटी।

हाई–टेक नर्सरी में सफेद मूसली के तैयार होते पौध।

हाई–टेक नर्सरी में पौधों की देख–भाल वैज्ञानिक ढंग से की जाती है।

हाई–टेक नर्सरी में रोग मुक्त संतरा की पौध, रोपड़ के लिए तैयार।

खरीददारी में ध्यान रखने योग्य सावधानियाँ

- फलों की कलम द्वारा तैयार पौध एक वर्ष की आयु का ही खरीदें तथा देख लें कि पत्तियों पर किसी प्रकार के कीड़े या बिमारी तो नहीं लगी है।
- अधिक लम्बे तनों वाले तथा अधिक पत्तियों से युक्त पौधे नये स्थानों पर कठिनाई से लगते हैं या सूख जाते हैं। अतः इस प्रकार के पौधों को नहीं खरीदना चाहिए।
- सदैव उन्नत किस्मों के पौध ही खरीदनी चाहिए। यदि नर्सरी वाला कोई ऐसी किस्म आप को दे रहा है जिसके बारे में आप को काई ज्ञान नहीं है तो उसे नहीं खरीदना चाहिए।
- पौध खरीदने से पहले उसके उन्नत किस्मों के बारे में जानकारी पुस्तकों के माध्यम से या किसी उद्यान विभाग के वैज्ञानिक से मिलकर प्राप्त कर लेनी चाहिए। यह बढ़िया सोच है। इससे गलती होने की संभावना दूर हो जाती है।
- पौधशाला में जाकर आप स्वयं अच्छे–अच्छे पौध चून कर उन्हें अपने सामने पर्याप्त मिट्‌टी तथा जड़ों के साथ निकलवायें तथा उसे धान के पुआल या खर में अच्छी तरह बधवाँ ले ताकि घर तक पौध सुरक्षित पहुँच जाये। पौधों को किसी टोकरी में रखकर अच्छी तरह बाँध कर ले जानी चाहिए।
- सदैव ऐसे पौधे खरीदें जिनका आकार सही तथा सुन्दर हो। टेढ़ी–मेढ़ी षाखाओं वाले पौधों को नहीं खरीदना चाहिए।

फलों के पौध कब खरीदें

फलों के पौधों के उचित संवर्द्धन और पूर्ण विकास के लिए जितना महत्वपूर्ण उन्नत किस्म के पूर्ण स्वस्थ पौधे खरीदना है उससे भी अधिक महत्वपूर्ण है, उन्हें उचित मौसम में सही समय पर खरीदना। नये पौधे खरीदने का सर्वश्रेश्ठ समय वर्षा ऋतु का है क्योंकि इस ऋतु में मौसम हर समय नम रहता है तथा समय–समय पर पानी बरसने से और बिना अधिक देखरेख के पौधे अपने को नये वातावरण में तेजी से और सुविधापूर्वक स्थापित कर लेते हैं और उनमें नई वृद्धि शुरू हो जाती है। यह कार्य कड़ाके की सर्दी या लू भरी गर्मी में नहीं करनी चाहिए।

अक्टूबर–नवम्बर तथा फरवरी–मार्च में फलों की पौध को खरीदना और लगाना नहीं चाहिए। क्योंकि इनके लगाने के कुछ ही दिनों बाद या तो कड़ाके की ठंड या

गर्मी शुरू हो जाती है जिससे पौधों की वृद्धि रूक जाती है तथा उन्हें बचाने के लिए अधिक रखरखाव की जरूरत पड़ती है। इस कार्य में कमी होने पर पौधों की मृत्यु दर बढ़ जाती है।

सलाद वाले फलों की पौध कैसे लगाएं

तैयार खेत में सलाद वाले फलों की पौध लगाने की दूरी तथा विधि प्रत्येक फलों के अध्याय में दिया गया है। इसी प्रकार सलाद वाली फसलों की उगाने की विधि विस्तार पूर्वक प्रत्येक फसल के अध्याय में दिया गया है। फिर भी तैयार खेत में सलाद वाले फलों को लगाने हेतु 60 x 60 x 60 से॰मी॰ आकार के गड्ढे खोद लेना चाहिए। इन गड्ढ़ो की उपर की आधी मिट्टी के बराबर कम्पोस्ट तथा एक किलोग्राम नीम की खल्ली मिलाकर गड्ढ़ो में 15 से॰मी॰ उपर तक भर दें। यह कार्य मई मध्य तक कर लें। जब पहली वारिस हो जाये तथा गड्ढ़े की मिट्टी बैठ जायें तब गड्ढ़ो के मध्य में पौध सीधे लगाकर तने के चारों तरफ की मिट्टी अच्छी प्रकार दबा दें और हल्की सिंचाई कर दें। पौध का जितना भाग पौधशाला में जमीन में था उतना ही भाग यहाँ भी मिट्टी में रखना चाहिए। यदि दूसरे दिन तेज धूप होती है तो पौधों को कृत्रिम छाया प्रदान करनी चाहिए और सुबह ही सिंचाई कर देनी चाहिए तथा संध्या के समय कृत्रिम छाया हटा देनी चाहिए। यह क्रिया दो–तीन दिन तक दोहराते रहें जब तक कि पौधे नये वातावरण में पूर्णतया स्थापित नहीं हो जाते हैं।

सलाद फलों तथा सलाद फसलों के क्रमशः पौध तथा बीज की खरीददारी एक मुश्किल कार्य है जिसमें विशेष सावधानी तथा समझदारी की आवश्यकता पड़ती है। यदि आप उपरोक्त बातों को ध्यान में रखेंगे तो आप की खरीददारी सही होगी। जिससे आप को अपनी मेहनत तथा खीरददारी पर व्यय की गई रकम का सही तथा मनोवांछित फल प्राप्त होंगे।

□□□

लेखक परिचय

डा॰ के॰ आर॰ मौर्य का जन्म पहली अप्रैल, सन् 1947 ई॰ में उत्तर–प्रदेश के बलिया जिले के शाहपुर गाँव में एक साधारण कृषक परिवार में हुआ। प्रारंभिक शिक्षा अपने ही गाँव तथा गृह जनपद में प्राप्त करने के उपरान्त डा॰ मौर्य सन् 1968 ई॰ में कानपुर विश्वविद्यालय से उद्यान विज्ञान में एम॰एस॰सी॰ (कृषि) प्रथम श्रेणी में तथा पी॰एच॰डी॰ की उपाधि सन् 1973 ई॰ में इलाहाबाद विश्वविद्यालय से प्राप्त किया था। डाक्टर ऑफ फिलासॉफी के अध्ययन हेतु सी॰एस॰आई॰आर॰, नई दिल्ली ने डा॰ मौर्य को सीनियर रिसर्च फेलोशिप प्रदान किया था।

डा॰ मौर्य ने अपना वैज्ञानिक जीवन सहायक अनुसंधान अधिकारी (उद्यान) के पद पर राजेन्द्र कृषि विश्वविद्यालय, पटना में 10 अगस्त, 1973 को प्रारम्भ किया था। आप असम कृषि विश्वविद्यालय, जोरहट तथा गुवाहाटी में आठ वर्षों तक उद्यानविद् तथा सह–प्राध्यापक के पद पर कार्यरत थे। सन् 1980 में डा॰ मौर्य सह–प्राध्यापक (मसाला फसलें) एवं सन् 1985 में विश्वविद्यालय प्राध्यापक एवं अध्यक्ष, उद्यान विभाग का कार्यभार राजेन्द्र कृषि विश्वविद्यालय के ढ़ोली परिसर में ग्रहण किए। राजेन्द्र कृषि विश्वविद्यालय, पूसा ने डा॰ मौर्य की प्रशासनिक, शैक्षणिक तथा अनुसंधान की उत्कृष्ट उपलब्धियों को देखते हुए उन्हें बिहार कृषि महाविद्यालय, सबौर (भागलपुर) के सह–अधिष्ठाता एवं प्राचार्य के पद पर पहली सितम्बर सन् 1996 को पदस्थापित किया। आप सन् 2002 में अधिष्ठाता कृषि के पद पर पदस्थापित हुए। डा॰ मौर्य की, मसाला फसलों पर बेहतर अनुसंधान की उपलब्धियों को देखते हुए भारतीय कृषि अनुसंधान परिषद्, नई दिल्ली ने देश में इन्हें मसाला फसलों पर चल रहे अनुसंधान परियोजनाओं की **पंच वर्षीय समीक्षा समिति** का एवं **राजस्थान में बीज वाले मसालें हेतु अनुसंधान केन्द्र** स्थापित करने के लिये बनी **स्थल चयन समिति का सदस्य** मनोनित किया। आप भारतीय मसालें अनुसंधान संस्थान, कालीकट, केरल के तीन वर्षों तक **अनुसंधान सलाहकार समिति के सदस्य** भी रहे हैं। वर्तमान में भारत के एक दर्जन से अधिक कृषि विश्वविद्यालयों के उद्यान विज्ञान में एम॰एस–सी॰ (कृषि), पी–एच॰डी॰ के परीक्षक तथा चयन समितियों के सदस्य भी हैं। डा॰ मौर्य के एक सौ नब्बे अनुसंधान पत्र तथा तकनीकी आलेख भारतीय एवं विदेश पत्र–पत्रिकाओं में प्रकाशित हैं। उद्यान विज्ञान के क्षेत्र में डा॰ मौर्य ने पाँच पुस्तकें प्रकाशित की हैं जिनमें से **"लत्तर वाली सब्जियों की खेती"** नामक पुस्तक पर इन्हें वर्ष 2003 में डा॰ राजेन्द्र प्रसाद पुरस्कार से सम्मानित किया गया है।

कृषि शिक्षा, अनुसंधान तथा प्रसार के क्षेत्र में बिहार में सराहनीय कार्य करने के उपलक्ष्य में सन् 1997 ई॰ में डा॰ मौर्य को **सर्वोदय सम्मान** तथा सन् 1981 में **मैंन ऑफ दी ईयर**, सन् 2001 में **एकेडमिक प्रोमेशन अवार्ड** और 2004 में **अन्तर्राष्ट्रीय शांति पुरस्कार** से नवाजे गये। डा॰ मौर्य पाँच मई 2005 से चार दिसम्बर 2005 तक राजेन्द्र कृषि विश्वविद्यालय, पूसा के कुलपति भी रहे हैं।

- सलाद फसलों पर जानकारी देनी वाली हिन्दी भाषा में लिखी गई यह भारत की एकमात्र पुस्तक है।
- यह प्रकाशन भारत की सलाद फसलों पर आधारित केवल एक मार्गदर्शिका मात्र ही नहीं है, बल्कि सलाद फसलों के उत्पादन, औषधीय गुण एवं व्यापार से जुड़ी सरल सुगम्य हिन्दी भाषा में जानकारी समृद्ध देश की पहली पुस्तक भी है।
- यह पुस्तक भारत के सलाद फसल–उत्पादकों, गृहणियों, व्यवसायियों, गृह विज्ञान तथा उद्यान वैज्ञानिकों, प्रसार कार्यकर्त्ताओं तथा कृषि, गृह विज्ञान और उद्यान विज्ञान के छात्र–छात्राओं के लिए अत्यन्त उपयोगी एवं सारगर्भित ग्रन्थ है।

– लेखक